EUL VERLAG

Kultivierung von Kundenwissen

- ein Systematisierungsrahmen für das Customer Knowledge Management -

Von der Fakultät Wirtschafts- und Sozialwissenschaften der Universität Stuttgart zur Erlangung der Würde eines Doktors der Wirtschafts- und Sozialwissenschaften (Dr. rer. pol.) genehmigte Abhandlung.

Vorgelegt von
Dipl.-Kffr. techn. Michaela Schaschke
Köln, 2010

Hauptberichter: Prof. Dr. Erich Zahn
Mitberichter: Prof. Dr. Michael Reiß

Tag der mündlichen Prüfung: 30. Juni 2010

Betriebswirtschaftliches Institut der Universität Stuttgart
2010

Reihe: Planung, Organisation und Unternehmungsführung · Band 128

Herausgegeben von Prof. Dr. Dr. h. c. Norbert Szyperski, Köln, Prof. Dr. Winfried Matthes, Wuppertal, Prof. Dr. Udo Winand, Kassel, Prof. (em.) Dr. Joachim Griese, Bern, Prof. Dr. Harald F. O. von Kortzfleisch, Koblenz, Prof. Dr. Ludwig Theuvsen, Göttingen, und Prof. Dr. Andreas Al-Laham, Kaiserslautern

Michaela Schaschke

Kultivierung von Kundenwissen

Ein Systematisierungsrahmen für das Customer Knowledge Management

EUL VERLAG

Bibliografische Information der Deutschen Nationalbibliothek

Die Deutsche Nationalbibliothek verzeichnet diese Publikation in der Deutschen Nationalbibliografie; detaillierte bibliografische Daten sind im Internet über <http://dnb.d-nb.de> abrufbar.

Dissertation, Universität Stuttgart, 2010

D 93

ISBN 978-3-89936-975-5
1. Auflage Oktober 2010

JOSEF EUL VERLAG GmbH
Brandsberg 6
53797 Lohmar
Tel.: 0 22 05 / 90 10 6-6
Fax: 0 22 05 / 90 10 6-88
E-Mail: info@eul-verlag.de
http://www.eul-verlag.de

Bei der Herstellung unserer Bücher möchten wir die Umwelt schonen. Dieses Buch ist daher auf säurefreiem, 100% chlorfrei gebleichtem, alterungsbeständigem Papier nach DIN 6738 gedruckt.

Vorwort

Die wachsende Bedeutung von Wissen als Potenzialfaktor der Leistungserstellung von Unternehmen wurde bereits vor geraumer Zeit erkannt. Das führte zu einem zunehmenden Interesse in der Betriebswirtschaftslehre, in der ihm eine zentrale Stellung als strategischer Wettbewerbsfaktor eingeräumt wird. Auch dass Kunden und ihre Bedürfnisse den Markterfolg und schlussendlich die Wettbewerbsfähigkeit von Unternehmen determinieren, ist nicht neu. Hieraus wurden zahlreiche Forschungsarbeiten und Managementkonzepte motiviert. Daher liegt es nahe, Kundenwissen als Teil des Wissens zu begreifen und gezielt in die Leistungserstellung zu integrieren.
Während der Zeit, in der diese Arbeit entstand, gab verschiedene Ansätze, Konzepte aus den Themenbereichen Wissens- und Kundenmanagement zu kombinieren. Ein integratives Konzept im Sinne eines Customer Knowledge Managements fehlte aber.

Die vorliegende Arbeit entwickelt einen Systematisierungsrahmen für das Kundenwissensmanagement. Er baut auf den Gestaltungsfeldern Faktoren, Akteure und Aktionen auf, die gleichzeitig das Gerüst des Systematisierungsrahmens bilden. Eine parallele Betrachtung der drei Gestaltungsfelder erlaubt nicht nur, zentrale Anforderungen an ein ganzheitliches Kundenwissensmanagement abzuleiten, sondern auch ihr wechselseitiges Zusammenspiel zu untersuchen und den Konnex zwischen den drei Dimensionen zu identifizieren. Diese Grundüberlegungen bilden die Basis für den in dieser Arbeit vorgestellten ganzheitlichen Ansatz, d.h. zur Kultivierung von Kundenwissen.

Glücklicherweise war ich bei der Erstellung der Dissertation nicht auf mich alleine gestellt, sondern wurde von meiner Familie, Freunden, Kollegen und Professoren unterstützt: sie alle haben mittel- und unmittelbar zum Gelingen der vorliegenden Arbeit beigetragen. Jetzt endlich – im Rahmen dieses Vorworts – kann ich mich auch offiziell für diese Unterstützung bedanken.
Dieser Dank schließt Herrn Prof. Dr. Erich Zahn ein, dem ich neben der Begleitung der Arbeit für viele wertvolle Erfahrungen aus einer langjährigen Zusammenarbeit danke. Herrn Prof. Dr. Michael Reiß danke ich sehr herzlich für die Übernahme des Zweitgutachtens.

Weiterer Dank gilt den Mitarbeitern der Unternehmen, die mich bei meinen qualitativ und quantitativ angelegten Studien unterstützt haben: für die hervorragende Zusammenarbeit und die Möglichkeit, die Ergebnisse in meiner Arbeit zu veröffentlichen.
Für eine kritische Durchsicht der Arbeit und viele hilfreiche Anregungen bin ich Frau Dr. Anne Rother dankbar. Herrn Dr. Christan Piehler danke ich dafür, dass er mich – insbesondere in der letzten Phase meines Dissertationsprojektes – moralisch unterstützt hat und mir die zum Zieleinlauf erforderliche Motivation gegeben hat.
Danken möchte ich darüber hinaus meinen Kollegen im Deutschen Zentrum für Luft- und Raumfahrt in Köln. Durch ihr Verständnis, die angenehme Arbeitsatmosphäre und nicht zuletzt dadurch, dass sie mir – auch in turbulenten Zeiten – Arbeit abgenommen haben, wurde es mir überhaupt ermöglicht, ein so umfangreiches Projekt wie eine Dissertation trotz beruflicher Aufgaben zu Ende zu führen.

Den mit Abstand größten Teil zum Gelingen dieser Arbeit hat mein Mann Robert beigetragen. Er hat es durch seine positive Art und seine permanente Unterstützung immer wieder geschafft, mich zu motivieren. Mit viel Verständnis hat er meine Nächte vor dem Computer ertragen und mich bei der Erreichung meiner Ziele immer hundertprozentig unterstützt. Dafür bin ich ihm sehr dankbar.
Mein größtes Anliegen ist es, meinen Eltern für eine uneingeschränkte Unterstützung während meiner gesamten Ausbildung zu danken. Sie waren zu jedem Zeitpunkt für mich da und haben mich bei allen meinen Schritten motiviert und gefördert.

Ihnen sowie meinem Mann ist diese Arbeit gewidmet.

Michaela Schaschke

Inhaltsübersicht

Inhaltsverzeichnis

Abbildungsverzeichnis

Tabellenverzeichnis

Abkürzungsverzeichnis

AIS	Association for Information Systems
al.	alii
ARIS	Architektur integrierter Informationssysteme
Aufl.	Auflage
B2A	Business-to-Administration
B2B	Business-to-Business
B2C	Business-to-Consumer
B2G	Business-to-Government
bspw.	beispielsweise
bzgl.	bezüglich
bzw.	beziehungsweise
CAP	Customer Active Paradigm
CC-CKM	Kompetenzzentrum Customer Knowledge Management
CKM	Customer Knowledge Management
CRM	Customer Relationship Management
d. h.	das heißt
EIBA	European International Business Academy
F&E	Forschung und Entwicklung
ggf.	gegebenenfalls
HAB	Hochschulgruppe Arbeits- und Betriebsorganisation
IEEE	Institute of Electrical and Electronics Engineers
IM	Information Management
INSEAD	Institut Européen d'Administration des Affaires
ISIC	International Standard Industrial Classification of all Economic Activities
IT	Informationstechnologie
IuK	Information und Kommunikation
JITE	Journal of Information Technology Education
KM	Knowledge Management
KMU	kleine und mittlere Unternehmen
MAP	Manufacturer Active Paradigm

MIS	Management Information Systems
MIT	Massachusetts Institute of Technology
MNC	Multinational Corporation
NACE	Nomenclature générale des activités économiques dans les Communautés Européennes
o. g.	oben genannt
o. Jg.	ohne Jahrgang
POIS	Profiles of organizational influence strategies
R&D	Research and Development
RBV	Resource based View
Rev.	Revision
ROI	Return on Investment
SCM	Supply Chain Management
TU	Technische Universität
u. a.	unter anderem
VRIN	Akronym für wertschaffend („valuable“), knapp („rare“), nicht imitierbar („inimitable“) und nicht substituierbar („non-substitutable“)
vs.	versus
WZ	Wirtschaftszweig
z. B.	zum Beispiel
ZFP	Zeitschrift für Forschung und Praxis

Zusammenfassung

Vor dem Hintergrund der Transformation der Industrie- zur Informations- und Wissensgesellschaft hat die Bedeutung von Wissen als Wettbewerbsfaktor in der jüngsten Vergangenheit stark zugenommen und auch in der Betriebswirtschafts- und Managementlehre zu einem zunehmenden Interesse an der Ressource Wissen geführt. Als Abnehmer von Unternehmensleistungen kanalisiert der Kunde die Unternehmensanstrengungen durch seine Kauf- und Nichtkaufentscheidungen. Es liegt daher nahe, das Kundenwissen mit den Unternehmensressourcen zu verknüpfen. Eine Analyse der bisherigen Untersuchungen zu der Fragestellung, wie sich Unternehmensressourcen durch die Integration von Kundenwissen nachhaltig steigern lassen, zeigte, dass zwar verschiedene Ansätze vorhanden sind, ein integratives Konzept im Sinne eines Customer Knowledge Managements (CKM) aber bisher fehlt.

Diese Forderung nach einem integrativen CKM-Konzept, das die Gestaltungsfelder und das Zusammenspiel von Faktoren, Akteuren und Aktionen umfasst, entspricht dem Ansatz der Kultivierung: von der Genese über die Metamorphose, Evolution und Reifung bis zur Blüte in Gestalt einer Innovation. Im Gesamtverständnis der vorliegenden Arbeit umfasst Kultivierung das bewusste Ingangsetzen und Lenken von Einflussfaktoren, um dynamische komplexe Strukturen zu verbessern. Doch wie lassen sich Einflussfaktoren zur Verbesserung von dynamischen komplexen Strukturen bewusst in Gang setzen und lenken? Ausgehend von dieser Leitfrage wird in dieser Arbeit ein Systematisierungsrahmen für die Kultivierung von Kundenwissen entwickelt, der darauf abzielt, ein nachhaltiges Management von Kundenwissen zu ermöglichen. Da die Kultivierung von Kundenwissen bisher nur unzureichend erforscht ist, ist das grundsätzliche Anliegen der Arbeit Erkenntnisgewinn und nicht Erkenntnissicherung. Deshalb wird die Arbeit neben dem theoriegeleiteten Forschungsdesign, das den Schwerpunkt bildet, durch eine empirische Untersuchung ergänzt.

Im Mittelpunkt der Untersuchung zur Kultivierung von Kundenwissen stehen Ressourcen, Interaktionen sowie organisationale Determinanten und Prozesse, die in jeweils eigenen Kapiteln unter faktor-, akteurs- und aktionszentrierten Gesichtspunkten untersucht werden. Die Ergebnisse dieser Theoriediskussion lassen sich zu drei Teilmodellen verdichten: den Transformationsstufen des Wissens, den Modellierungsebenen des Wissenstransfers sowie den organisationalen und prozessbezogenen Modellbausteinen des Kundenwissensmanagements. Sie dienen auch als Basis für Aussagen zu den Ursache-Wirkungsbeziehungen zwischen den drei Gestaltungsfeldern Faktoren, Akteure und Aktionen. Als Perspektiven übergreifende Propositionen verdichtet, postulieren sie enge Verknüpfungen und Wechselwirkungen zwischen den Kultivierungsdimensionen. Die Propositionen konzentrieren die Erkenntnisse der vorangegangenen Kapitel und zeigen auf, dass ein ganzheitliches CKM nicht aus isolierten Betrachtungen von Einzelaspekten heraus generiert werden kann.

Um die entwickelten Propositionen in der Praxis zu testen, wird eine zweiteilige empirische Studie durchgeführt. In der qualitativ angelegten Vorstudie wird der Status Quo des CKM in der Unternehmenspraxis untersucht. Die Ziele der Vorstudie waren zum einen, die Modifikation der zugrunde liegenden theoriegeleiteten Annahmen und zum anderen, eine Grundlage zur Erstellung der Fragebogenstudie, innerhalb derer der eigentliche Test der Propositionen in der unternehmerischen Praxis durchgeführt wurde, zu schaffen. Über die Überprüfung der Propositionen hinaus konnten mit der Studie wesentliche Erkenntnisse zum Verbreitungsgrad von CKM sowie zum Verständnis und zur Bedeutung von Kundenwissen in der unternehmerischen Praxis gewonnen werden sowie die faktor-, akteurs- und aktionszentrierten Teilmodelle dieser Arbeit um Lösungen aus der Unternehmenspraxis ergänzt werden.

Verbunden werden die theoriegeleiteten und empirischen Erkenntnisse in einem dreischichtigen Systematisierungsrahmen zur Kultivierung von Kundenwissen, der die Kultivierungsdimensionen Faktoren, Akteure und Aktionen auf den Ebenen Ressourcen, Planung und Interaktion sowie Organisation und Steuerung zusammenfasst. Das Ergebnis der vorliegenden Arbeit ist ein Aussagesystem zur Kultivierung von Kundenwissen, das die engen Ursache-Wirkungsbeziehungen der drei Gestaltungsfelder aufzeigt und verdeutlicht, wie sich Prozesse der Wissenskultivierung bewusst in Gang setzen und lenken lassen.

Abstract

Accompanied with the transformation of the industry economy to the information and knowledge economy, the impact of knowledge has recently increased strongly as a competition factor and has led to a growing interest in knowledge as a resource in management research and business administration. As a consumer of business products and services the customer directs the operations of a business by his or her decision to purchase or not purchase. Thus signifying the connection between customer knowledge and business resources is made relevant. An analysis of prior research into to the question, how business resources can be strengthened and sustained by the integration of customer knowledge, showed that different approaches are present; however an integrative concept for the field of Customer Knowledge Management (CKM) has yet to be identified.

The demand for an integrative CKM concept, which covers the three areas of the interaction of factors, participants and actions, corresponds to the approach of cultivation: of the genesis of the metamorphosis, evolution and the development and maturation of an idea to shape an innovation. In the conception of this work, cultivation covers the conscious set and the direction of factors of influence, in order to improve dynamic complex structures. How are factors of influence able to be formed into a conscious set and steered toward the improvement of dynamic complex structures? On the basis of this guidance question, this study develops a systematization of the framework for the cultivation of customer knowledge, which intends to enable a sustained management of customer knowledge. Since cultivation of customer knowledge has been as yet, rather insufficiently investigated, the fundamental aim of this research is to examine knowledge creation as opposed to knowledge assurance. Therefore, to complement the theory-based research design, the main focus of this work is supplemented by an empirical analysis.

This research project in the cultivation of customer knowledge focuses resources, interactions, as well as organizational determinants and processes, which are examined in each case chapter under factor, participant and action-centred criteria. The results of this theory-based discussion can be consolidated into three partial models: the stages of development of knowledge, the modelling levels of the knowledge transfer, as well as the organizational and process-referred model construction aspects of CKM. They also represent the basis of statements for the cause-effect relations between the three perspectives: factors, participants and actions. As comprehensive perspectives condensed into propositions, they postulate close linkages and reciprocal effects between the cultivation dimensions. The propositions concentrate the findings of the previous chapters and indicate that a holistic CKM is unable to be generated from isolated examinations of single aspects.

In order to test the developed propositions empirically, a two-stage empirical study is conducted. In the preliminary study the status quo of CKM in business practice is qualitatively examined. The goals of the preliminary study were on the one hand, the modification of the theory-based assumptions and on the other hand, to create a basis for a questionnaire study. During the examination phase, the propositions were tested in actual business practice. Beyond the examination of the propositions the empirical study brought an overview of the degree of dispersal of CKM as well as insights into the understanding and meaning of customer knowledge within business practices. Furthermore the three partial models could be supplemented with solutions from business practices.

The theory-based and empirical findings are connected by a three-layer systematization framework for the cultivation of customer knowledge, which the cultivation dimension factors, participants and actions combine on the level of resources, planning and interaction, as well as organization and management. The result of this study is a system for the cultivation of customer knowledge, which indicates and clarifies the close cause-effect relations of the three perspectives, which explains how processes of knowledge cultivation can be a conscious set and can be directed, in order to improve dynamic complex structures.

1. Einleitung

Das zunehmende Interesse an der Ressource Wissen in der Betriebswirtschafts- und Managementlehre wird angetrieben von der Transformation der Industrie- zur Informations- und Wissensgesellschaft. Wissen wird mittlerweile eine zentrale Bedeutung als Wettbewerbsfaktor beigemessen.[1] Die Forderung, Wissen gezielt zu managen, umfasst dabei sämtliche Wissensressourcen im Unternehmen. Vielfach reicht das im Unternehmen vorhandene Wissen allerdings nicht aus, um sich im Wettbewerb zu differenzieren und Renten generierende Potenziale aufzubauen. Zusätzliche Wissensressourcen ergänzen in dieser Situation vorhandene Potenziale. Zudem können sie durch Kombination mit den vorhandenen Wissensbeständen zu neuen Potenzialen transformiert werden. Ziel der Integration zusätzlicher Wissensressourcen ist es, kundenorientierte Produkte und Leistungen für den Markt zu schaffen. Daher liegt es nahe, das Wissen des Kunden über seine Bedürfnisse und Erfahrungen zu akquirieren und dieses Wissen mit den Unternehmensressourcen zu verknüpfen.

„Attracting customers is the province of the marketing department, and making the transaction falls to the sales organization. Keeping customers happy is the job of customer service personnel."[2] Sich, wie hier vorgeschlagen, auf die traditionellen Kundenschnittstellen zu beschränken, ist für die Integration von Kundenwissen allerdings nicht ausreichend. Es existieren zwar zahlreiche Ansätze zur Unterstützung kundennaher Prozesse wie etwa das Customer Relationship Management[3] (CRM) oder das Business Engineering.[4] Diese Konzepte dienen entweder dazu, die operativen Prozesse von Marketing, Vertrieb und Service zu unterstützen oder fokussieren auf die Analyse, Konzeption und Entwicklung von Informationssystemen

---

1 Vgl. Pautzke (1989), S. 2 f., Stata (1989), S. 64, Nonaka/ Takeuchi (1997), S. 13 f., Bullinger et al. (1998), S. 21, Grant (1996a), S. 375, Spender/ Grant (1996), S. 375, Davenport/ Prusak (1998), S. 13 f., Stewart (1998), Sveiby (1998), S. 20 ff., Zahn (1998), S. 44 f., Probst et al. (1999), S. 19 ff., Von Krogh et al. (2000), S. 3, Zahn et al. (2000a), S. 242, Zahn et al. (2000b), Willke (2001), S. 1 f., Bornemann/ Sammer (2002), S. 1, Champy (2002), S. 18 f., Choo/ Bontis (2002), Al-Laham (2003), S. 1, Edvinsson (2003), S. 153, Al-Laham (2004), Tallman et al. (2004)

2 Wayland/ Cole (1997), S. 47

3 Vgl. bspw. Rapp (2000), Gerecke (2001), Sexauer (2002), Maciejewski (2002), Bose/ Sugumaran (2003), Rowley/ Haynes (2005), S. 176 ff. und Grabner-Kräuter/ Schwarz-Musch (2006)

4 Vgl. Scheer (1999), Kolbe et al. (2003a), S. 5, Österle/ Winter (2003), Winter (2003) sowie Riempp (2004), S. 49 f. und Schantin (2004), S. 76 ff.

und die damit verbundene (Re-)Organisation kundenbezogener Prozesse. Zur Unterstützung strategischer Optionen und zur Generierung von Leistungsinnovationen reichen diese Ansätze, die sich am bereits vorhandenen Wissen orientieren, jedoch nicht aus. Bisher fehlt ein integrativer Ansatz im Sinne eines Customer Knowledge Managements (CKM), der nicht nur Kundendaten und -informationen, sondern auch das facettenreiche Kundenwissen in die Wertschöpfungsprozesse integriert.

1.1 Problembezug und Identifikation der Forschungslücke

Die grundlegende Frage für Unternehmen, die über den Mehrwert eines integrativen CKM-Konzepts nachdenken, lautet: Wie lassen sich Unternehmensressourcen durch die Integration von Kundenwissen nachhaltig steigern? In der Literatur finden sich zahlreiche Veröffentlichungen zu Themen wie Kundenwissen, Kundeninteraktion, Kundenintegration oder Wissenstransfer externer Partner.[5] Offenkundig handelt es sich bei CKM um ein vielfältiges und vielschichtiges Konstrukt.

Dabei fällt auf, dass einige Autoren darauf hinweisen, dass das Gebiet des CKM – wie auch immer die Autoren es inhaltlich abgrenzen und definieren – längst noch nicht ausreichend erschlossen und wissenschaftlich aufgearbeitet ist. Aus vielen Gründen:

- Das Management von Kundenwissen steht noch am Anfang. Kundenwissen wird in den Unternehmen bisher meist undifferenziert erfasst, an den Schnittstellen nur semikompetent aufgegriffen und nicht strukturiert integriert.[6]
- Ein interner Prozess, der organisationsweites Lernen über Kunden ermöglicht, fehlt in der Regel.[7] Unternehmen, die sich diese Aufgabe vornehmen, stehen vor der Herausforderung, Interaktionsmuster und Kommunikationswege durch Prozesse zu verstärken. Auch die Wissenschaft steht vor der Heraus-

---

[5] Zu Kundenwissen vgl. Park et al. (1992), Cooper (1998), Mahling (2000), Geib/ Riempp (2002), Lin (2002), O'Brien (2003) und Donath (2005). Zur Kundeninteraktion vgl. Riempp/ Gronover (2002), Prahalad/ Ramaswamy (2004), Sumner (2004) und Weckmann (2004). Zur Kundenintegration vgl. Dahlke/ Kergaßner (1996), Jacob (1996), Kleinaltenkamp (1996), Plinke (1996), Mangold (2002), Dorsch/ Walcher (2004) und Lüthje (2004). Zum Wissenstransfer vgl. Mowery et al. (1996), Kriwet (1997), Tomczak/ Cristofolini (2002), Chen (2004), Gerybadze (2004) und Tries/ Piff (2004).

[6] Vgl. Stauss (2002), S. 289 f., Gary (1999), S. 23 f., Tomczak/ Cristofolini (2002), S. 2

[7] Zu den wissenschaftlichen und den Unternehmensherausforderungen vgl. Campbell (2003), S. 382, Roscoe (2001), S. 314 und Kreuz (2002), S. 29.

forderung, das Kundenwissen differenzierter in seinem Zusammenspiel mit den Unternehmensprozessen, seinen Wirkungen und Abhängigkeiten zu untersuchen.

- Untersuchungen zur Kundenrolle an den Schnittstellen zwischen Kunde und Unternehmen, also dort, wo Kundenwissen entsteht, sind bisher selten.[8]

Es stellen sich zudem viele Einzelfragen:[9]

- Welche Faktoren begünstigen die Kundenpartizipation im Prozess der Entwicklung von Kundenwissen?
- Wie moderieren kundenspezifische Faktoren die organisationalen Prozesse?
- Wo liegt die richtige Balance zwischen virtueller und Face-to-Face-Kommunikation, die die Berücksichtigung von implizitem und explizitem Wissen erlaubt?
- Was sind die Determinanten einer adäquaten Netzwerk-Kollaboration?
- Wie lassen sich neue IuK-Tools integrieren?

Auch auf der strategischen Ebene ist längst nicht alles geklärt:

- Notwendig wäre es, die Konzepte Kundenwissen und Kundenwissensmanagement weiter auszuarbeiten, um aus CKM einen Führungsansatz zu kreieren.[10] Dazu ist die Idee des beziehungsspezifischen Wissens um das Konzept des Kundenwissens zu erweitern.[11]
- CKM ist nicht als Instrument, sondern als dynamischer Prozess zu begreifen, dessen Auswirkungen detaillierter untersucht werden müssen.[12]
- Noch fehlen detaillierte Analysen zu Teilfragen des Wissensmanagements, wie z. B. der Wissenserwerb von externen Partnern.[13]

Vielen offenen Fragen auf der einen Seite steht ein schnell wachsendes Interesse auf der anderen Seite gegenüber. Kundenwissen scheint einer der Bereiche des

---

[8] Vgl. Joshi/ Sharma (2004), S. 56, Levitt (2004), S. 125
[9] Vgl. Gurgul et al. (2002), S. 27
[10] Vgl. Rollins/ Halinen (2005), S. 7, Gibbert et al. (2002), S. 468
[11] Hier verweisen die Autoren besonders auf die Analyse der Kundenverhältnisse, Kundenschnittstellen, Kundenwissensgenerierung und auf eine Untersuchung unter Nutzenaspekten.
[12] Vgl. Smith/ McKeen (2005), S. 754, Marinova (2004), S. 1 f.
[13] Vgl. Amelingmeyer (2000), S. 194

Wissensmanagements zu sein, der verspricht, fühlbaren Wert für Organisationen in naher Zukunft zu liefern.

Die vorliegende Arbeit setzt zunächst bei einer Analyse der Literatur an. Viele CKM-Konzepte sind von Anwendern aus der Praxis entworfen worden und beleuchten häufig nur einzelne Aspekte.[14] Einige Beiträge bauen auf etablierten theoretischen Ansätzen auf, andere basieren auf Problemen der Unternehmenspraxis: Sie befassen sich mit informationstechnischen Problemen oder der Angebots- und Serviceoptimierung. Dementsprechend wenige Arbeiten beruhen auf wissenschaftlichen Theorieforschungen und -konzepten. Die meisten Arbeiten, die die Kriterien einer wissenschaftlichen Arbeit erfüllen,[15] stützen sich auf empirische Untersuchungen.[16] Die Ergebnisse der auf Theoriekonzepten basierenden Arbeiten[17] finden sich entweder als Zusammenfassung in einer Gegenüberstellung von Ansätzen (z. B. Wissensmanagement – CRM – CKM) oder in einem abstrakt gehaltenen Modell wieder. Andere Arbeiten enthalten Ansätze in Form leitfadenartiger Empfehlungen, beschreiben konkrete Umsetzungsaktionen oder schließen mit Best-Practice-Ansätzen. Eine besondere Berücksichtigung der Konsistenz der intangiblen Ressource Wissen, ihrer Transferprozesse und der Integrationsaspekte fehlt dabei naturgemäß.

1.2 Anforderungen an die Kultivierung von Kundenwissen

Thema dieser Arbeit ist die Integration von Kundenwissen – ein Prozess mit dem Ziel, die Unternehmensressourcen nachhaltig zu steigern. Dazu bedarf es der Konzepte und Methoden, wie dieses Wissen lokalisiert, extrahiert, transferiert und integriert werden kann. Wissenslücken müssen identifiziert und Wissensbedarfe konkretisiert werden. Die Gestaltung der Interaktion mit dem Kunden, seine direkte Integration (als physische Eingliederung) oder seine indirekte Integration (durch Assimilation von Wissensexplikaten) in die funktionalen Bereiche des Unternehmens

[14] Siehe hierzu bspw. Wolters (1996), Ofek/ Sarvary (2001), Bendapudi/ Leone (2002), Florenz/ Weich (2002), Braganza (2003), Olsson/ Karlsson (2003), Crostak et al. (2004), Dwyer (2004), Grooms (2004) oder Ivens (2004)

[15] Vgl. zu den Grundlagen einer wissenschaftlichen Arbeit bspw. Corsten/ Deppe (2002), Burchert (2005) oder Bänsch (2007)

[16] Diese empirischen Arbeiten basieren zumeist auf kleinzahligen Fallstudienuntersuchungen (vgl. z. B. Gibbert et al. (2002), Gurgul et al. (2002) und Kolbe et al. (2003)).

[17] Siehe z. B. Stauss (2002) oder Rollins/ Halinen (2005)

erfordern interaktive flexible Mechanismen und Instrumente. Sie unterstützen den Transfer verschiedener Formen von Informationen und Wissen. Der Transfer und die Integration von Kundenwissen in das Unternehmen schaffen zwar die Voraussetzungen, um Potenzial aufzubauen, das Vorhandensein dieser Ressourcen allein muss aber nicht zwingend Potenziale generieren. Es kann sich auch im Sinne eines „information overload" kontraproduktiv auswirken. Deshalb ist ein nachhaltiges Management gefordert. Sein Ziel ist die Kultivierung der akkumulierten Ressourcen: von der Genese über die Metamorphose, Evolution und Reifung bis zur Blüte in Gestalt einer Innovation.[18]

Nach SIMMEL ist Kultivierung das

bewusste Ingangsetzen und Lenken
von Einflussfaktoren, um
dynamische komplexe Strukturen zu verbessern.[19]

Diese Definition beinhaltet die wesentlichen Determinanten für ein ganzheitliches CKM. Um Wettbewerbspotenziale zu generieren, müssen Unternehmen die Kundenwissensakkumulation und -transferprozesse zielgerichtet initiieren und lenken. Zufällig, fragmentarisch oder isoliert integrierte Kundenwissensressourcen können keine Basis für einen kontinuierlichen und nachhaltigen Aufbau von Wettbewerbsvorteilen bilden.

Der Ausschlag gebende Faktor ist der Kunde. Er determiniert die Beziehung und den Ressourcenzustrom. Als Abnehmer der Leistungen des Unternehmens kanalisiert er die Unternehmensanstrengungen auf seine Kauf- und Nichtkaufentscheidungen. Daher scheint es Erfolg versprechend, die Wissensbasis des Unternehmens, die bereits (fragmentarisches) Wissen über den Kunden enthält, mit kundeneigenem Wissen zu ergänzen und dem Kunden Feedbackwissen sowie unterstützendes Wissen zuzuführen. Hierdurch wird das Unternehmenswissen angereichert und „gehebelt".

---

[18] Die Forderung nach einer synergetischen Kultivierung von Wissensressourcen und Unternehmensstrategien wurde ausdrücklich von EDVINSSON im Rahmen des SKANDIA-Projekts formuliert (vgl. Von Krogh et al. (2000), S. 98).

[19] Vgl. Simmel (1908). Diese Definition findet sich nicht ausdrücklich in der philosophischen Abhandlung von SIMMEL. Sie ist ein Derivat der Aussagen zum Wesen der Kultivierung.

Wissen und Wissensprozesse in Unternehmen erweisen sich nicht selten als dynamisch und komplex: Vielfältige und vielschichtige Verknüpfungen zwischen einzelnen Ressourcenbeständen, isolierte Informationen und Inselwissen, verschiedene Aggregatszustände des Wissens und unterschiedliche Historizitäten prägen die Wissensstruktur von Unternehmen. Wissensressourcen müssen häufig erst transformiert werden, damit sie transferiert werden können und andere Akteure zu ihnen Zugang erhalten. In Austauschprozessen wechseln Informationen und Wissensressourcen nicht nur den Träger, sondern auch den Kontext, in dem sie interpretiert werden. Jeder Akteur ist aufgrund der begrenzten eigenen Ressourcenbasis von den komplementären Ressourcen anderer Akteure abhängig.[20] Das Zusammenspiel der Akteure beruht auf Ressourcenangebots- und -abnahmeprozessen, bei denen System-Umwelt-Beziehungen die zentrale Rolle spielen.

Drei Begriffe sind dabei zentral: *Transformation*, als eine qualitative, räumliche oder zeitliche Veränderung von Objekten bzw. ihrer Eigenschaften.[21] *Interaktionen*, als Aktivitäten, bei denen Objekte den Verfügungsbereich von Wirtschaftseinheiten wechseln.[22] *Management*, als die Gesamtheit von Akteurshandlungen, welche die Gestaltung und Koordination von Unternehmens-Umwelt-Interaktionen im Rahmen des Wertschöpfungsprozesses umfassen und diesen grundlegend beeinflussen.[23] Ein tieferes Verständnis einer nachhaltigen Integration von Kundenwissen muss alle drei Perspektiven gestalten. Ein ganzheitliches CKM-Konzept sollte demnach

- faktorzentrierte, d. h. transformationsbezogene Ressourcenaspekte,
- akteurszentrierte, d. h. rollen- und interaktionsbezogene Aspekte
- und aktionszentrierte, d. h. prozessbezogene und organisationale Aspekte

enthalten.

1.3 Problemstellung und Fragenkomplexe der Untersuchung

Der Vorstellung von einem ganzheitlichen Ansatz zur Kultivierung von Kundenwissen entspricht ein integratives CKM-Konzept, das die drei Kultivierungsdimensionen Faktoren, Akteure und Aktionen als Gestaltungsfelder und ihr Zusammenspiel um-

[20] Vgl. Johanson/ Mattson (1991), S. 257, Leonard/ Sensiper (1998), S. 112, Pfeffer/ Salancik (2003), S. 40
[21] Vgl. Dyckhoff (2006), S. 2 f.
[22] Vgl. Dyckhoff (2006), S. 3 und für einen Überblick über Interaktionsarten Homburg (2000), S. 133
[23] Vgl. Macharzina (1999), S. 35

fasst. Der Auftrag ist somit nicht nur, wissensbasierte Interaktionen zwischen Unternehmen und Kunden zu gestalten. Er besteht auch nicht nur darin, zu definieren an welcher Stelle und zu welchem Zeitpunkt Kundenwissen integriert werden kann. Vielmehr geht es auch um eine strukturierte Analyse der Ressource Wissen selbst.

Wissen verändert sich im Laufe seiner Existenz. Basierend auf Daten kann durch Weiterentwicklung Wissen entstehen.[24] Die Ressource Wissen ist nicht nur durch ihre Komplexität gekennzeichnet, sondern auch durch ihre Transformationszustände. Dazu gehören implizites oder explizites Wissen und Konvertierungsformen. Wissen unterliegt dynamischen Veränderungsprozessen. Sprache, Kognition, Lernprozesse, Explikationsprobleme oder Dokumentationen beeinflussen seine physische und inhaltliche Konsistenz. Als Ziel der Anwendung von Wissen wird in aller Regel die Entwicklung von (Kern-)Kompetenzen zur Effizienzerhöhung bezeichnet.

Damit wissensbasierte oder wissensbezogene Interaktionen gelingen, muss zunächst ein geeigneter Kooperationspartner gefunden werden, mit dem der Wissenstransferprozess zu gestalten ist. Treffen die Akteure dann bei Interaktionen zusammen, müssen ihre Rollen geklärt werden. Die Rollenbestimmung ist bei wissensbasierten Interaktionen damit verbunden, zu klären, wer Wissen besitzt und wer Wissen beansprucht. Wesentliche Einflussfaktoren sind nicht nur die Ziele und Motive der Parteien. Auch Macht-, Delegations- und Abhängigkeitsstrukturen formen eine Beziehung.

Wissensbasierte Interaktionen zwischen Kunde und Unternehmen bedürfen der Moderation. Da die Akteure hierbei auf unterschiedlichen Wertschöpfungsstufen operieren, müssen die Rahmenbedingungen für einen Transfer festgelegt werden. Organisationsformen, Unternehmensgrenzen und Schnittstellen (interorganisational, aber auch intraorganisational) beeinflussen den Wissenstransfer grundlegend. Mangelnde Prozessorientierung und Prozessintransparenz konterkarieren Integration. Daher müssen die kritischen Erfolgsfaktoren kollaborativer Wissensarbeit identifiziert werden, damit Lernprozesse dynamisch gestaltet werden können.

Die Untersuchung zur Kultivierung des Kundenwissens befasst sich also mit den folgenden Fragestellungen:

---

[24] Vgl. z. B. Rehäuser/ Krcmar (1996), S. 4 oder Willke (2001), S. 7

1. Welche Transformationszustände durchläuft Wissen?
2. Wie funktioniert eine wissensbasierte Interaktion zwischen Kunde und Unternehmen?
3. Welche organisationalen und prozessualen Determinanten beeinflussen wissensbasierte Interaktionen zwischen Kunde und Unternehmen?

Die Untersuchung dieser Fragen geschieht theoriegeleitet, verfolgt aber auch das Ziel, Lösungen aus der Unternehmenspraxis zu untersuchen.
Die *theoriegeleiteten Untersuchungen* richten sich auf faktorinduzierte Eigenschaften von Wissensressourcen. Um ein CKM-Konzept zu entwerfen, bedarf es einer dezidierten Betrachtung dieser Ressource, wobei seine Aggregatszustände beachtet werden müssen, wie z. B. Partialwissen, implizites oder explizites Wissen. Eine akteursbezogene Perspektive beleuchtet die wechselseitigen Austausch- und Abhängigkeitsbeziehungen zwischen dem Unternehmen und seinen Kunden sowie Aspekte des Wissenstransfers. Dabei wird berücksichtigt, dass Interaktionsprozesse nicht in einem Vakuum stattfinden. Organisationale Rahmenbedingungen und interorganisationale Beziehungen determinieren einerseits die Austauschbeziehungen oder forcieren sie andererseits. Die aktionsorientierte Betrachtung der CKM-Gestaltungsfelder dient der Analyse der Integrationspotenziale und der unternehmensgesteuerten sowie interaktiven Kooperationsinstrumente.
Auf Basis der theoriegeleiteten Untersuchungen werden anschließend Perspektiven übergreifende *Propositionen* formuliert. Sie führen die drei Kultivierungsdimensionen zusammen und verdeutlichen die Ursache-Wirkungsbeziehungen zwischen den Dimensionen.
Die *empirischen Untersuchungen* verfolgen den Anspruch, einen praktikablen CKM-Ansatz zu finden. Basierend auf der Theorie wird mittels einer Methodentriangulation zunächst das Bild des CKM in der Praxis untersucht. Nach der Analyse der Experteninterviews kann dann die Ausgangstheorie modifiziert werden. Danach erfolgt eine erneute Untersuchung in der Unternehmenspraxis in standardisierter Form, in der die Propositionen getestet werden. Das Ergebnis der theoriegeleiteten sowie der empirischen Untersuchungen fließt zum Schluss in einen Systematisierungsrahmen ein.

1.4 Aufbau der Arbeit

Kapitel 2 schafft die Grundlagen der Untersuchung. Zunächst werden die Ursprünge der Diskussion über Kundenwissen betrachtet. Dann erfolgt eine Auswertung der relevanten Literatur. Darauf aufbauend werden die Anforderungen an die drei Gestaltungsfelder der Kultivierung von Kundenwissen formuliert.

Im *Kapitel 3* werden faktorzentrierte Überlegungen zur Kultivierung von Kundenwissen, mit Fokus auf transformationsbezogene Ressourcenaspekte angestellt. Das Kapitel beginnt mit einer wissenschaftstheoretischen Untersuchung zu den grundlegenden Aspekten der Genese von Wettbewerbsvorteilen. Dabei wird das Potenzial von Wissen als einer dynamischen Ressource sichtbar. Anschließend werden die theoretischen Grundlagen gelegt, die zur Wissenstransformation, ihren Chancen und Risiken, führen. Kapitel 3 endet mit einem Teilmodell zu den Transformationsstufen des Wissens.

In *Kapitel 4* werden akteurszentrierte Aspekte zur Kultivierung von Kundenwissen, unter den Gesichtspunkten Rollen- und Interaktionsbezogenheit analysiert. Dazu gehört die theoretische Betrachtung der Interaktionsgrundlagen, aber auch die Diskussion rollenbasierter Theorieansätze. Gestaltungsaufgaben für Kooperationsverhältnisse und der Wissenstransfer stehen im Mittelpunkt der Betrachtung. Abschließend werden die identifizierten Gestaltungsgrößen in ein interaktionsbasiertes Wissenstransfer-Teilmodell zur Wissenskultivierung integriert.

Aktionszentrierte Aspekte zur Kultivierung von Kundenwissen werden in *Kapitel 5* in Hinsicht ihres prozessbezogenen und organisatorischen Betrags diskutiert. Aufbauend auf den theoretischen Grundlagen werden organisationale Rahmenbedingungen und Prozesse zur Wissensintegration modelliert. Es folgen Betrachtungen zur interorganisationalen Akkulturation und zur Nachhaltigkeit. Das Kapitel schließt mit einem Teilmodell zu den prozessualen und organisationalen Determinanten der Wissenskultivierung.

Die in den Kapiteln 3, 4 und 5 gewonnenen Erkenntnisse zu den faktor-, akteurs- und aktionszentrierten Kultivierungsdimensionen werden in *Kapitel 6* kondensiert und zu übergreifenden Aussagen in Form von Propositionen verdichtet.

Bei diesem Forschungsprojekt kommen sowohl qualitative wie auch quantitative empirische Forschungsmethoden zum Einsatz (*Kapitel 7*). Basierend auf den Erkenntnissen der vorhergehenden Kapitel wird eine qualitative Expertenbefragung durchgeführt, die weitere Spezifikationen des Forschungsgegenstands ermöglicht. Die Ergebnisse dieser Untersuchung fließen in die sich anschießende quantitative Analyse ein, die auch dem Testen der in Kapitel 6 aufgestellten Propositionen dient.

Kapitel 8 fasst die Ergebnisse aus den theoriegeleiteten Betrachtungen, der empirischen Untersuchungen und der Propositionen in einem CKM-Systematisierungsrahmen zur Kultivierung von Kundenwissen zusammen.

In *Kapitel 9* wird ein zusammenfassendes Fazit gezogen und im Rahmen eines Ausblicks diskutiert, welche Implikationen mit dieser Arbeit und für weitere Arbeiten auf theoretischer Basis und in der Unternehmenspraxis verbunden sind.

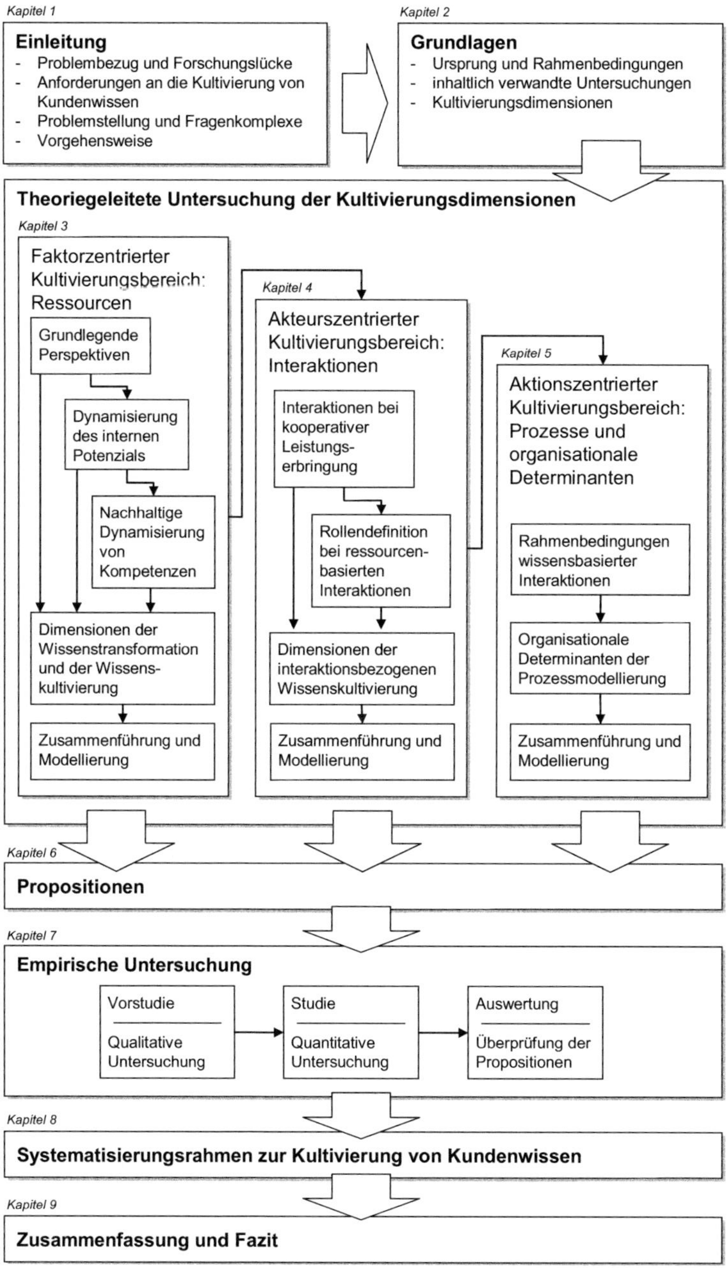

Abbildung 1: Inhaltliche Vorgehensweise dieser Arbeit

„Businesses that successfully manage customer knowledge can react faster to marketplace trends, increase brand loyalty, and facilitate the purchase and use of their products and services.
Through customer knowledge activities, organizations can truly understand their most valued resource."[25]

2. Grundlagen des Customer Knowledge Managements

Die Art und die Qualität des Dialogs eines Unternehmens mit seinen Kunden ist eine Kernfähigkeit: Nur wenige Unternehmen sind in der Lage diesen Dialog effektiv zu führen und das, was sie wissen zu nutzen, um mehr Wert für Kunden zu generieren und schließlich die Unternehmensleistung zu verbessern.[26] Praktiker und Forscher stimmen darin überein, dass die Pflege von Kundenbeziehungen ein kritischer Faktor für den Erfolg einer Organisation ist:[27] Verschiedene Studien zeigen, dass 89 % der Unternehmen Kundeninformationen als extrem wichtig für den Erfolg ihres Unternehmens einstufen.[28] Wie dieses Ziel effektiv erreicht werden kann, führt zu keiner eindeutigen Antwort. Viele Unternehmen investieren bedeutende Summen in CRM-Systeme,[29] die im Wesentlichen als Kundendatenbanken genutzt werden.[30] Sie sammeln damit große Mengen Daten über Kunden und ihre Transaktionen, um besser zu verstehen, wer ihre Kunden sind. Darauf aufbauend sollen die Kundenbindung und die Kundenzufriedenheit durch einen individuelleren Kundenservice verbessert werden.[31] Die Studien zeigen jedoch auch, dass die Mehrheit der CRM-Implementierungen nicht den erwünschten Erfolg bringt.[32] „CRM projects usually fail because ... the resulting applications often don't serve customers any better. They also fail to integrate the disparate data sources or provide the right kind of informa-

---

25 Lesser et al. (2000), S. 37

26 Vgl. Prahalad/ Ramaswamy (2003), S. 49 ff.

27 Vgl. Homburg (2000), Gouthier/ Schmid (2001), Gibbert et al. (2002), Hanvanach et al. (2003)

28 Vgl. hierzu die Studie von McKeen/ Smith (2003), S. 119 und auch die empirischen Arbeiten von Narver/ Slater (1990), S. 32, Gruner (1997), Rowley (2002) und Bose/ Sugumaran (2003).

29 Siehe z. B. die Übersicht bei Pattloch (2001), S. 31

30 TANNER spricht in diesem Zusammenhang von einer „illusion of knowing" (vgl. Tanner (2006), S. 87).

31 Vgl. Gerecke (2001), S. 235, Harris/ Davenport (2001), S. 1, Sexauer (2002), S. 218 f., Homburg/ Sieben (2005), S. 438, Grabner-Kräuter/ Schwarz-Musch (2006), S. 177 f.

32 Vgl. Parasuraman/ Grewal (2000), S. 168 ff., Bose/ Sugumaran (2003), S. 9, Rowley (2002), S. 500, Freitag (2002), S. 123, Helmke/ Uebel (2001), S. 21

tion to the right people at the right time."[33] Folglich sind auch Funktionen eines übergreifenden Wissensmanagements und eines interaktiven Kooperationsmanagements gefragt, um den Dialog mit dem Kunden effektiver zu gestalten, um seinen Anforderungen gerecht zu werden. Trotz der wichtigen Rolle, die Wissensmanagementsysteme im gegenwärtigen kundenzentrierten Unternehmensumfeld spielen, fehlt ein integrativer Rahmen, der über die traditionellen Ansätze hinausgeht und eine „echte" wissensorientierte Kundenbeziehung forciert. Dazu müssen nicht nur die Facetten des Kundenwissens näher beleuchtet werden, es sind auch Wege und Mittel zu finden, wie diese Ressource zu integrieren und aufzubereiten ist, um sie erfolgswirksam einzusetzen.

In diesem Kapitel werden zunächst die Ursprünge der Kundenwissensdiskussion aufgezeigt. Danach erfolgt eine Würdigung inhaltlich verwandter Untersuchungen zum Thema CKM, indem Konzepte und Ansätze aus der Literatur kritisch reflektiert und anhand ihres Aussagegehalts zu den drei Gestaltungsfeldern der Kundenwissenskultivierung strukturiert und ausgewertet werden.

2.1 Ursprung und Rahmenbedingungen der Kundenwissensdiskussion

Unternehmen und ihre Wertschöpfungsketten sind darauf ausgerichtet, Produkte und Leistungen herzustellen und sie den Kunden zu verkaufen. Zur Erhöhung des Markterfolgs und der Reduktion von Risiken werden in den letzten Jahren vermehrt Kunden in die Entwicklung neuer Unternehmensleistungen einbezogen.[34] Dies setzt nicht nur ein Verstehen der Kundenbedürfnisse voraus, sondern auch einen gemeinschaftlichen Dialog, der durch kontinuierliche Interaktion, Engagement und Handlungsbereitschaft[35] bestimmt ist. Der Innovationsprozess muss als gemeinsamer Lernprozess betrachtet werden, der aus der Akquisition, Verteilung und Nutzung von Informationen besteht.[36] Die Fähigkeit eines Unternehmens, Kundenwissen zu extrahieren und in den Entwicklungsprozess zu integrieren, wird von einigen Autoren

---

[33] Bose/ Sugumaran (2003), S. 9

[34] Vgl. Zahn et al. (1995), S. 60 ff. und die Studien von Shaw (1985), Håkansson (1987), Gemünden et al. (1992), Li/ Calantone (1998), Homburg (2000), Lüthje (2000), Brockhoff (2003), die auch die Frage nach den strategischen Grundlagen der Kundenkooperation aufgreifen.

[35] Vgl. Prahalad/ Ramaswamy (2003), S. 49

[36] Vgl. Adams et al. (1998), S. 403 f., Li/ Calantone (1998), S. 16

heutzutage als strategische Ressource gesehen,[37] von anderen als Kernkompetenz.[38]

2.1.1 Fokussierung des Kundenaspekts

2.1.1.1 Kundenorientierung

Die Idee, den Kunden in den Mittelpunkt unternehmerischer Überlegungen zu stellen und ihn als Ausgangspunkt der Leistungserstellung zu betrachten ist nicht neu.[39] Zahlreiche empirische Studien bestätigen positive Effekte auf die Performancegrößen des Unternehmens.[40] Ebenso zahlreich stellt sich auch das Verständnis des Begriffs Kundenorientierung dar. Aus einem Studienvergleich destilliert DAY drei wesentliche Merkmale kundenorientierter Unternehmen: Verstehen von Kundenbedürfnissen, Commitment und Kundenzufriedenheit.[41]

1. „The set of beliefs that puts the customer's interest first."[42]
2. „The ability of the organization to generate, disseminate, and use superior information about customers and competitors."[43]
3. „The coordinated application of interfunctional resources to the creation of superior customer value."[44]

Aus diesen Charakteristika lassen sich Anforderungen an eine kundenorientierte Unternehmensführung ableiten:[45] Die Kundenorientierung ist als Teil der Unternehmenskultur zu verstehen, die die Interessen des Kunden nicht nur in den Vordergrund stellt, sondern als gemeinsame Vision das Verhalten der Mitarbeiter beeinflusst und durch die Führungsperspektive unterstützt wird. Dazu sind Strategien erforderlich, die einerseits die Schaffung interner Potenziale forcieren und deren Umsetzung in Leistungen ermöglichen und denen andererseits die Förderung langfristigen Denkens und die Vermeidung von Markt- und Markforschungskurzsichtig-

---

37 Vgl. z. B. Glazer (1991), S. 16
38 Vgl. z. B. Li/ Calantone (1998), S. 14
39 Vgl. Handlbauer/ Matzler (1998), S. 114, Handlbauer (1999), S. 42, Homburg/ Werner (1998), S. 5, Bruhn (2002), S. 15
40 Siehe hierzu z. B. die Studien von Deshpandé et al. (1993), Narver/ Slater (1990), Jaworski/ Kohli (1993), Pelham/ Wilson (1996) und Slater/ Narver (1994).
41 Vgl. Day (1990), S. 358 ff.
42 Day (1994), S. 37 und vgl. dazu Deshpandé et al. (1993), S. 27
43 Day (1994), S. 37 und vgl. dazu Kohli/ Jaworski (1990), S. 57 und S. 60
44 Day (1994), S. 37 und vgl. dazu Narver/ Slater (1990), S. 21 f. sowie Shapiro (1988), S. 120 f.
45 Vgl. im Folgenden Handlbauer/ Matzler (1998), S. 114, Homburg/ Werner (1998), S. 6ff f., Handlbauer (1999), S. 43 und S. 46

keiten zugrunde liegen.[46] Um die kontinuierliche Entwicklung und Nutzung von Kunden- und Marktwissen zu unterstützen, sind organisations- und kommunikationsstrukturelle Hindernisse zu überwinden. Barrieren dieser Art wirken sich kontraproduktiv auf die Wissensgenerierung und die unternehmensinterne interfunktionale Verteilung und Nutzung von Informationen aus. Sie erschweren zudem gemeinsame Lernprozesse zwischen Unternehmen und Kunden.

Resultierend aus den o. g. Anforderungen lässt sich Kundenorientierung als eine fokussierte Form der Marktorientierung[47] definieren, bei der der einzelne Kunde im Vordergrund steht und die eine „umfassende, kontinuierliche Ermittlung und Analyse der Kundenerwartungen sowie deren interne und externe Umsetzung in unternehmerische Leistungen sowie Interaktionen mit dem Ziel, langfristig stabile und ökonomisch vorteilhafte Kundenbeziehungen zu etablieren"[48] umfasst.

2.1.1.2 Kundenintegration

Die Kundenintegration geht über die bloße Kundenorientierung insofern hinaus, indem sie auch die Interaktion mit dem Kunden beinhaltet. Im Kern geht es darum, „das Problem des Kunden mit dem Kunden zu lösen"[49] und ihn in die Leistungserstellung einzubeziehen.[50] Kundenintegration beinhaltet die Mitwirkung des Kunden bei der Leistungserstellung und die zielgerichtete Transformation der gewonnenen Informationen im Hinblick auf das gewünschte individuelle Leistungsergebnis.[51] Konstitutives Merkmal ist die Einbringung externer Faktoren aus dem Verfügungsbereich des Nachfragers in den des Anbieters.[52] „To keep buyers happy, vendors must maintain constructive interaction with purchasers – which includes keeping up on their complaints and future needs."[53] Um eine Problemlösung herbeizuführen, ist es notwendig, dass sowohl Anbieter als auch Nachfrager ihren Betrag leisten und Potenziale einbringen. Die Aufgabe der Kundenintegration besteht nicht nur in der physischen Integration des Kunden, sondern auch darin, den Informationsaustausch

---

[46] Zu den Barrieren der Kundenorientierung vgl. Plinke (1996), S. 49 ff.

[47] Die Marktorientierung betrachtet als aggregierte Größe alle Marktteilnehmer oder Produktmärkte, Kundengruppen sowie die Perspektive der Wettbewerbsorientierung (vgl. Bruhn (1999), S. 6, Homburg (2000), S. 7 f.).

[48] Bruhn (1999), S.10

[49] Kleinaltenkamp (1996), S. 10

[50] Vgl. Engelhardt/ Freiling (1995a), S. 38, Kleinaltenkamp/ Marra (1995), S. 103, Fließ (2001), S. 16 f.

[51] Vgl. Enke/ Poznanski (2005), S. 3

[52] Vgl. z. B. Corsten (1997), S. 28, Meffert (2000), S. 1160, Engelhardt/ Freiling (1995b), S. 905

[53] Levitt (1983), S. 84

zwischen Anbieter und Kunde zu gewährleisten, d. h. den Kunden bzw. die von ihm und/ oder durch ihn gewonnene Information effektiv und effizient in die Wertschöpfungsprozesse des Unternehmens zu integrieren.
Unabdingbare Voraussetzungen für eine Kundenintegration sind eine bereits vorhandene Kundenorientierung im Unternehmen, potenzialbedingte Flexibilität (bzgl. des Leistungsprogramms, der Produktionsstrukturen sowie der Mitarbeiter),[54] die Prozessevidenz der Akteure,[55] ein Mindestmaß an gegenseitigem Vertrauen[56] und ein professionelles Schnittstellenmanagement.[57] Weitere Einflussfaktoren sind die Intensität der Kooperation, die Form der Zusammenarbeit und die Auswahl der einzubindenden Kunden.[58] Die vorrangigen Ziele der Kundenintegration bestehen in der Erweiterung der Wissensbasis, der Verbesserung von Methoden und Prozessen sowie der Generierung innovativer Produkte und Leistungen.[59]

2.1.1.3 CRM als Modell integrierter Kundenorientierung

Der Ausgangspunkt des CRM findet sich in der zunehmenden Bedeutung von Kundenorientierung und dem Bedarf nach einer Steigerung des Unternehmens- und Kundenwerts durch das systematische Management der existierenden Kunden.[60] Zentrale Gestaltungselemente sind Prozesse, die funktional in den Bereichen Marketing, Verkauf und Service angesiedelt sind und als gemeinsames Merkmal den direkten Kontakt von Prozessbeteiligten und Kunden haben.[61] CRM ist eine primär kundenorientierte Unternehmensausrichtung: Auf Basis der Kundendaten wird durch systematische Vernetzungen einzelfallbezogener Aspekte ein umfangreiches Kundenprofil angefertigt und der jeweilige Wert des einzelnen Kunden über die Zeit ermittelt, um Kundenbindungsmaßnahmen individuell zu optimieren.[62] Die Grundlage hierfür bildet eine strukturiert angelegte Datenbank. Mit einer entsprechenden Software zur Marktbearbeitung und anhand eines vorher definierten Verkaufsprozesses sollen auf lange Sicht profitable Kundenbeziehungen durch ganzheitliche und

---

54 Vgl. Kleinaltenkamp (1996), S. 22
55 Vgl. Fließ (1996), S. 91 ff. und ausführlich dazu Kapitel 5.3.2.4 in dem die Prozessevidenz und die Routinisierung von Akteuren thematisiert werden.
56 Vgl. Plötner/ Jacob (1996), S. 105 ff.
57 Vgl. Kleinaltenkamp (1996), S. 23
58 Vgl. Gruner (1997), S. 67 und zum Bezugsrahmen der Kundenorientierung vgl. Bruhn (1999), S.14
59 Eine weitere Differenzierung der Kundenintegrationsziele in Risikoreduzierung, Akquisition, Qualitätssteigerung, Zeitersparnis und Kostenreduktion finden sich bei GRUNER (vgl. Gruner (1997), S. 68 ff.).
60 Vgl. Rapp (2000), S. 42
61 Vgl. Riempp (2003), S. 26
62 Vgl. Stahl (2000), S. 74 f. und den Überblick bei Gerecke (2001), S. 235 ff.

differenzierte Marketing-, Vertriebs- und Servicekonzepte aufgebaut und gefestigt werden.[63] Die vornehmlichen Aufgaben des CRM bestehen in der Kundensegmentierung zur Identifikation profitabler Kunden, der Schaffung und Umsetzung von Kundenbindungsmaßnahmen und der Neukundengewinnung.[64] Ziel der Maßnahmen ist die Erhöhung von Kundenbindung und Loyalität, die Verbesserung der Kundenorientierung, eine Stärkung der Kundenzufriedenheit und Systemkriterien.[65]

2.1.2 Fokussierung des Wissensaspekts

Darüber, dass Kundenwissen für die Unternehmen von zentraler Bedeutung ist, sind sich alle Autoren, die sich mit der Thematik beschäftigen, einig:[66] „Customer knowledge development has been identified as a key prerequisite for new product development."[67] Kundenwissen fließt in die Verbesserung bestehender Leistungen ein, dient als Input für neue Produkte und ermöglicht eine individuelle Kundenansprache. Marktwissenskompetenz und Kundenwissenskompetenz sind zwei verwandte, aber dennoch getrennte Konzepte. Marktwissenskompetenz basiert auf Prozessen, die Marktinformationen in *aggregierter* Form generieren und integrieren.[68] Es beinhaltet organisierte und strukturierte Kunden und Wettbewerbsinformationen, die das Resultat einer systematischen Verarbeitung sind und im Kontext interpretiert werden. Kundenwissenskompetenz ist eine Teilmenge der Marktwissenskompetenz und bezieht sich auf die Prozesse, die Informationen bzgl. *spezifischer* Kunden generieren und integrieren.[69] Diese Fähigkeit unterstützt einen effektiven Dialog mit dem Kunden, der zahlreiche Aufgaben zu bewältigen hat. Die Schwierigkeit im Umgang mit Kundenwissen ist zum einen in der Ressource selbst

---

63 Vgl. Bruhn (2002), S. 95, Holland (2002), S. 76, Homburg/ Sieben (2005), S. 435 f. und die Definition des Deutschen Direktmarketing Verbands zitiert nach Maciejewski (2002), S. 252

64 Vgl. Bach/ Österle (2000), S. 19, Baaken/ Bobiatynski (2002), S. 16 ff.

65 Als Kundenkriterien werden Kundenbindung, Kundenzufriedenheit, Kundenverhalten, Kundenansprache, Kundenorientierung, Kundengewinnung, Kundennutzen, Kundensegmentierung und Kundenbewertung angeführt. Unternehmensinterne Systemkriterien beziehen sich auf eine Prozessoptimierung, Effizienzverbesserung, Kostensenkung, die Optimierung der Ablauforganisation und der Datenstruktur (vgl. hierzu bspw. Rapp (2000), S. 43 ff., Schulze et al. (2000), S. 151 ff., Gebert et al. (2003), S. 2 f., Büren et al. (2005), S. 575 f. und Dous et al. (2005), S. 168 f.).

66 Vgl. z. B. Gary (1999), S. 23, Roscoe (2001), S. 314, Vöge/ Schrader (2002), S. 26 f., Riempp (2003), S. 25, Stauss (2002), S. 274, Gibbert et al. (2002), S. 459, Davenport (1998), S. 1, Desouza/ Awazu (2004), S. 12

67 Joshi/ Sharma (2004), S. 47

68 Vgl. Li/ Calantone (1998), S. 14

69 Vgl. Campbell (2003), S. 376

begründet, zum anderen liegt es an der undifferenzierten Betrachtung der Ressource.

Die Ressource Kundenwissen kann nicht generell über den Beschaffungsmarkt erworben werden, und sie ist nicht selten impliziter Natur. Kundenwissen wird Unternehmen kaum aktiv in strukturierter Form zur Verfügung gestellt, da der Kunde häufig keine Notwendigkeit für eine Wissensteilung sieht. Unternehmen besitzen jedoch in vielfacher Art und Weise Informationen über ihre Kunden. Um Kundenwissen in den Unternehmensprozessen zu nutzen, ist es in einem ersten Schritt notwendig, das im Unternehmen bereits vorhandene Kundenwissen zu lokalisieren, zu strukturieren und zugänglich zu machen. Darüber hinaus ist die Kundenbasis gezielt und systematisch zu analysieren. Bei der Identifizierung der Träger von Kundenwissen im Unternehmen wird häufig festgestellt, dass sich diese personell in den marktnahen Bereichen Marketing, Vertrieb und Service konzentrieren. Besonders im B2B-Bereich sind zunehmend ein Key-Account-Management für die Schlüsselkunden und für die weiteren Kunden Customer-Care-Center sowie Kundenschnittstellen für Beschwerden und Reklamationen eingerichtet.[70]

Instrumental ist das im Unternehmen bereits vorhandene Kundenwissen meist in verteilten Datenbanken zu finden, die untereinander eher selten sinnvoll vernetzt sind. Zudem ist dieses Wissen größtenteils auf Prozess- und Transaktionswissen über den Kunden spezialisiert. Gerade in den kundennahen Bereichen benötigen die kundenbezogenen Unternehmensprozesse jedoch zusätzliches Wissen über die Motivationsgründe der Kunden.

Ferner müssen Wissenslücken identifiziert und durch die Erfassung und Vernetzung vorhandener Informationen und der Generierung neuen Wissens durch Kombination und Transformation geschlossen werden.[71] Wissenslücken, die aus fehlenden Informationen und mangelndem Wissen resultieren, können durch Integration von explizitem – und mittels Interaktionserfahrungen und Transfer auch von implizitem – Kundenwissen gefüllt werden. Hierzu ist es oft sinnvoll, Kunden direkt in Unternehmensprozesse und Innovationsaktivitäten zu integrieren und sie dahingehend zu

---

70 Vgl. Gairola (2002), S. 408, Günter (1996), S. 59 f., Schuster/ Güntzel (2002), S. 359, Bullinger (2002), S. 58 Ganz/ Helfen (2002), S. 679, Günter/ Huber (1996), S. 246 ff.

71 Vgl. Lyles et al. (2003), S. 4 und Probst et al. (1999), S. 141 f. und in einer Übersicht Barney (1986), S. 1231 ff.

stimulieren, selbst aktiv zu werden, Impulse zu geben und dem Unternehmen eigene Vorstellungen zu vermitteln. Da aber nicht nur das Wissen, sondern auch das Nichtwissen des Kunden sein Entscheidungs- und Kaufverhalten ausschlaggebend prägt, wird ein strukturierter und differenzierter Umgang mit Kundenwissen zunehmend wettbewerbsentscheidend. Daraus erwächst die Notwendigkeit, dass auch beim Kunden die Wissenslücken erkannt und geschlossen werden müssen.

Die akkumulierten Informationen der Unternehmen über ihre Kunden, das Wissen der Kunden bezüglich eines Produkts oder einer Leistung sowie das Wissen, das ihm fehlt, lässt sich nur schwer in einer pauschalen Kategorie „Kundenwissen" zusammenfassen. Die unterschiedlichen Strukturen, Inhalte und Komplexitätsgrade dieses Wissens erfordern eine Unterscheidung. Zur Konkretisierung des Begriffs werden in den folgenden Kapiteln drei Arten von Wissensflüssen identifiziert, die die Interaktionen zwischen Unternehmen und Kunden kennzeichnen: das „Wissen über den Kunden", das „Wissen des Kunden" und das „Wissen für den Kunden".[72]

2.1.2.1 Wissen über den Kunden

Wissen über den Kunden bildet die konventionellste Form von kundenbezogenem Wissen, das in der Regel aus den CRM-Aktivitäten eines Unternehmens gewonnen und analysiert wird.[73] Es liegt bereits vielfach in den verschiedenen Unternehmensbereichen in Berichts- oder Datenbankform vor.[74] Dazu zählen alle Informationen, die das Unternehmen über den Kunden durch Erfassung von Transaktionen, Kundenverhalten und -präferenzen etc. erwirbt. Neben den Kundenstamm- und Transaktionsdaten fällt darunter auch das Wissen über momentane Bedürfnisse und Anforderungen des Kunden, seine zukünftigen Wünsche, Verbindungen, Beschaffungsaktivitäten und finanziellen Potenziale.[75] Im B2B-Bereich fallen hierunter bspw. die Rechtsform des Kundenunternehmens, die Organisationsstruktur oder die Kauffrequenz. Diese Informationen können dann dazu eingesetzt werden, den Zielmarkt zu segmentieren oder Kundengruppen zu definieren.

---

72 Vgl. hierzu bspw. Stauss (2002), S. 276 ff., Smith/ McKeen (2005), S. 747 ff., Dous et al. (2005), S. 169

73 Vgl. Reichheld/ Schefter (2000), S. 106 ff., Maciejewski (2002), S. 252 f., Riempp/ Gronover (2002), S. 762 f.

74 Vgl. dazu Davenport (1998), S. 1 und die Studie von Gamble et al. (2001)

75 Vgl. Davenport et al. (2001), S. 163 ff., Handlbauer (2002), S. 163 ff., Handlbauer/ Renzl (2006), S. 151 ff.

Das Wissen über den Kunden manifestiert sich z. B. in Produkten oder Vertriebswegen. Es ist zum Zeitpunkt seiner Erfassung unternehmensintern angesiedelt. Aufgrund seiner Struktur gehört es häufig schon zum Zeitpunkt der Erhebung und Verbreitung im Unternehmen der organisationalen Wissensbasis an. Dennoch kann es sowohl von Individuen als auch von Kollektiven getragen werden und expliziter oder auch rein impliziter Natur sein.

Wissen über den Kunden lässt sich aus Informationen und Daten generieren. Kundendaten können unterschieden werden in:[76]

- *Basisdaten*: produkt- und leistungsunabhängige langfristig stabile Daten über demografische, sozio-ökonomische und psychografische Eigenschaften des Kunden,
- *Transaktionsdaten*: produkt- und leistungsbezogene Daten über das Kaufverhalten des Kunden,
- *Potenzialdaten*: produkt- und zeitbezogene Informationen über das individuelle Nachfrageverhalten und -volumen des Kunden sowie über Reklamations- und Verbesserungsvorschläge,
- *Bearbeitungsdaten*: erfolgsrelevante Daten zur Ansprache (Intensität, Frequenz, Zeitpunkt) und im Umgang (One-to-one-Marketing, Mailing, Angebotserstellung etc.) mit dem Kunden und
- *Reaktionsdaten*: ökonomische (Umsatz, Deckungsbeitrag, Wiederkaufrate, Kundenwert) und nicht-ökonomische Daten (Image, Kundenloyalität, Kundenzufriedenheit) über Kunden- und Konkurrenzreaktionen auf die Unternehmensaktivitäten.

Das Wissen über den Kunden wird in der Regel in Service- und Supportprozessen gesammelt und in CRM-Analyseprozessen analysiert und aufbereitet.[77]

2.1.2.2 Wissen des Kunden

Dieses Kundenwissen bezeichnet das für ein Unternehmen relevante Wissen, über das der Kunde selbst verfügt. Es bietet neues Potenzial für zukünftige Produkt- und

---

[76] Zu dieser Einteilung vgl. z. B. Gericke (2001), S. 38 f., Pepels (2004), S. 1039, Geib (2006), S. 125 f. und Homburg et al. (2008), S. 180 ff. Zu kundenorientierten Informationssystemen siehe vertiefend Bruhn (2002), S. 92-119.

[77] Vgl. Dous et al. (2005), S. 169

Serviceinnovationen, unterstützt die Ideengenerierung und die kontinuierliche Verbesserung von Produkten und Leistungen.[78]
Expliziert der Kunden sein Wissen und wird es anschließend vom Unternehmen integriert, kann es zum Unternehmenswissen werden. Ist dieses Wissen jedoch impliziter Natur und äußert sich nur in den Aktionen des Kunden, bleibt es vorerst Wissen des Kunden, ebenso wie das Wissen des Kunden, das bisher noch nicht expliziert wurde. Das Wissen des Kunden kann sich auf das Anbieterunternehmen, die Wettbewerber, die Produkte oder auf den Kunden selbst, d. h. seine Interessen, Charakteristika, Kaufstrategien etc. beziehen.
Unternehmen beschränken sich nicht mehr darauf, Daten über den Kunden zu erheben, sondern erkennen den Kunden als eigenständigen und wertvollen Wissensträger und Informationslieferanten an. Die Erfahrungen und das Wissen des Kunden mit den bzw. über die Produkte(n), seine produkt- bzw. bedürfnisbezogenen Kenntnisse, Verbesserungsvorschläge und Kenntnisse über die Unternehmensstärken und -schwächen bis hin zu Innovationsanregungen sind für Unternehmen äußerst bedeutend.[79] Sie bieten Potenziale für Wettbewerbsvorteile gegenüber Konkurrenten, Innovationen und erhöhte Kundenzufriedenheit. Die Kenntnis über Erfahrungen und das Wissen, das sein Kauf- und Kommunikationsverhalten prägt, beeinflussen das Interaktionsverhältnis.

Weitere Beispiele für das Wissen des Kunden sind seine Erwartungen oder die wahrgenommenen Produkt- und Leistungseigenschaften, Informationen über Probleme beim Produktgebrauch, Verbesserungsvorschläge oder Unternehmensstärken. Die Kenntnis dieses Wissens ist für Unternehmen nicht nur für die Gestaltung zukünftiger Produkte und Leistungen relevant, sondern beeinflusst auch die künftigen Interaktionen mit dem Kunden. Das Wissen des Kunden ist zunächst unternehmensextern angesiedelt, es kann prinzipiell expliziter oder impliziter Natur sein. Dem Unternehmen kommen daher essenzielle Aufgaben im Prozess der Explizierung und Bereitstellung zu. Wissen des Kunden existiert in individueller sowie in kollektiver Form. Letzteres entsteht z. B., wenn sich Kunden zu Verbraucherverbänden zusammenschließen.

---

[78] Vgl. Handlbauer (1999), S. 43 f., Thomke/ Von Hippel (2002), S. 51 ff., Chesbrough (2003), S. 36 f., Kristensson et al. (2004), S. 4 ff.

[79] Vgl. hierzu die Übersicht bei Stauss (2002), S. 278 und auch Park et al. (1992), S. 193 f., Geib/ Riempp (2002), S. 394, Crostak et al. (2004), S. 78, Fiedrich/ Degenhart (2004), S. 93 ff.

2.1.2.3 *Wissen für den Kunden*

Da nicht nur das Wissen, sondern auch das Nichtwissen des Kunden sein Entscheidungs- und Kaufverhalten prägen, gewinnt auch diese Facette des Kundenwissens zunehmend an Bedeutung. Um den Kunden während seines Interaktionszyklus zu unterstützen, ist es unabdingbar, einen kontinuierlichen Wissensfluss zwischen dem Unternehmen und dem Kunden zu initiieren.[80] Wissen für Kunden enthält Informationen über Produkte, Märkte und Lieferanten und wird hauptsächlich durch CRM-Serviceprozesse zur Verfügung gestellt.[81] Diese Wissensdimension wirkt sich auch auf die Vorstellung des Kunden bzgl. der Service-Qualität aus, die als wichtiger bestimmender Faktor der Kundenzufriedenheit identifiziert wurde.[82]
Hieraus entsteht die Notwendigkeit, dass auch beim Kunden die Wissenslücken erkannt, durch gezielte Kommunikation und Information Wissen für ihn zur Verfügung gestellt wird und die Wissensdefizite beseitigt werden müssen. Hierbei stellt das Unternehmen bedarfsgerechtes Wissen bzw. Informationen über Produkte und Leistungen, Prozesse und Verfahren bereit. Diesem Vorgang kommt deswegen große Bedeutung zu, da Wissenslücken seitens des Kunden unter Umständen zu unerwünschtem Kundenverhalten führen können. Ist der Kunde sich nicht im Klaren über die eigentlichen Funktionalitäten und den Nutzen eines Produkts oder einer Leistung, wird er diese nicht in Anspruch nehmen, obwohl der latente Bedarf vorhanden ist.

In der Kategorie Wissen für den Kunden lassen sich zwei Formen von Wissenslücken unterscheiden. Zum einen identifiziert *der Kunde* ein Wissensdefizit bei sich selbst, aus dem er bereits einen zu befriedigenden Bedarf ermittelt hat, um seine Ziele erreichen zu können. Zum anderen identifiziert *das Unternehmen* ein Wissensdefizit des Kunden, bei dem das Unternehmen glaubt, eine Wissenslücke beim Kunden schließen zu müssen, um die Unternehmensziele erreichen zu können.

Wissen für den Kunden ist dasjenige Wissen, das der Kunde bräuchte, um verschiedene Produktfunktionen oder Lösungsalternativen besser zu verstehen und um seine Wissenslücken zu füllen. Dieses Wissen schlägt sich in Produktinformationen wie Preis oder Qualität, einer Konkretisierung des Bedarfs beim Kunden und kunden-

---

80 Vgl. Davenport/ Klahr (1998), S. 197
81 Vgl. Garcia-Murillo/ Annabi (2002), S. 878 f.
82 Vgl. Taylor/ Baker (1994), S. 163 ff., Spreng/ MacKoy (1996), S. 201 ff.

individuellen Aktionen nieder.[83] Ein kontinuierlicher Informationsfluss vom Unternehmen zum Kunden bewirkt eine Förderung des Selbstbewusstseins des Kunden und erhöht seinen Wert für das Unternehmen.[84] Da das Wissen für den Kunden vom Unternehmen zur Verfügung gestellt wird, handelt es sich um unternehmensinternes Wissen, in Form von sowohl implizitem als auch explizitem sowie individuellem und kollektivem Wissen.

Die drei Kundenwissenskategorien „Wissen über den Kunden", „Wissen des Kunden" und „Wissen für den Kunden" sind nicht trennscharf voneinander abzugrenzen. Das „Wissen über den Kunden" ist aus Kundensicht passiver Natur: Er artikuliert sein Wissen über sich nicht selbst, sondern ist Objekt von Beobachtung und Analysen. Dagegen kann das „Wissen des Kunden" nur durch aktive Beteiligung des Kunden extrahiert werden, in dem der Kunde das Unternehmen an seinem Wissen teilhaben lässt. Eine weitgehende inhaltliche Überschneidungsfreiheit kann nur für

- das „Wissen für den Kunden" und das „Wissen über den Kunden" sowie
- das „Wissen für den Kunden" und das „Wissen des Kunden" bzw.

den Wissensfluss zum Kunden hin und vom Kunden an das Unternehmen konstatiert werden.

2.1.2.4 Spezielle Facetten von Kundenwissen

Neben den o. g. Kategorien existieren noch weitere Differenzierungsmöglichkeiten für Kundenwissen, auf die im Folgenden kurz eingegangen wird.

Einzelbezogenes Kundenwissen bezeichnet dasjenige Wissen, das lediglich für Prozesse, die spezifisch diesen Kunden betreffen, einsetzbar ist, während *segmentbezogenes Kundenwissen* auf andere Kunden und Kundengruppen übertragbar ist.[85] Die Berücksichtigung einzelfallbezogenen Wissens führt zu einer erhöhten Kundenbindung, der Vorteil des segmentbezogenen Kundenwissens liegt vor allem in potenziellen Kostenreduzierungen.[86]

---

[83] Vgl. Desouza/ Awazu (2004), S. 12 f., Gebert et al. (2002), S. 2, Stauss (2002), S. 277, Lesser et al. (2000), S. 36

[84] Vgl. Davenport/ Klahr (1998), S. 198 ff.

[85] Vgl. Kleinaltenkamp/ Dahlke (2003), S. 228 f.

[86] Vgl. Pohl (2003), S. 74 f.

Beziehungsbezogenes Kundenwissen ist vor allem auf die Gestaltung der Beziehungen zwischen Anbieter- und Kundenunternehmen anwendbar. Dazu gehören z. B. die Einstellungen und Kenntnisse der Beteiligten oder Bedürfnisstrukturen. Demgegenüber enthält *leistungsbezogenes Kundenwissen* Informationen über Produkte bzw. Leistungen, wie bspw. Wissen über Produktmängel. Die Integration von beziehungsbezogenem Wissen kann Vertriebsaktivitäten optimieren, während leistungsbezogenes Wissen Aussagen über die Kundenloyalität zulässt und zu Leistungsverbesserungen führen kann.

Einige Kundengruppen verfügen über *innovationsrelevantes Wissen*, wie z. B. Lead User,[87] während andere den aktuellen *Wissensstand der breiten Masse* wieder geben. Das innovationsrelevante Wissen birgt ein großes Potenzial für die Entwicklung neuer Produkte oder Funktionalitäten, während das Wissen der breiten Masse eher dazu geeignet ist, Anwendungs- und Wissensdefizite beim Kunden aufzudecken.

2.2 Bestandsaufnahme und kritische Würdigung inhaltlich verwandter Untersuchungen

Zur Darstellung der Grundlagen gehört eine strukturierte Bestandsaufnahme relevanter bisheriger Arbeiten, die im Wesentlichen aus einzelnen Beiträgen zum Themenbereich CKM bestehen. Umfangreiche Abhandlungen finden sich kaum.[88] Im Folgenden werden Untersuchungen behandelt, die sich speziell mit CKM oder einem inhaltlich verwandten Konstrukt (z. B. Kundenwissen, „customer knowledge", „customer enabled knowledge") befassen. Basierend auf den vorangegangenen Überlegungen wurden die Ansätze nach faktortransformationsbezogenen Aspekten, rollen- und interaktionsbezogenen Aspekten als auch nach prozessbezogenen und organisatorischen Aspekten untersucht. Anschließend werden die Arbeiten nach der Höhe ihres Erklärungsbeitrags ausgewertet.

---

87 Zum Lead User-Konzept vgl. z. B. Von Hippel (1986), Urban/ Von Hippel (1988), Lilien et al. (2002) und Kapitel 4.4.2.3.

88 Eine Ausnahme bildet das Projekt CKM des Instituts für Wirtschaftsinformatik der UNIVERSITÄT ST. GALLEN (Laufzeit 2000-2002), aus dem zahlreiche Veröffentlichungen hervorgingen.

2.2.1 Ansätze für ein Customer Knowledge Management

In der Literatur wird immer wieder die herausragende Rolle von Kundenwissen zur Erweiterung der unternehmerischen Wissensbasis betont.[89] Doch die Konzepte und Methoden bzgl. der Lokalisierung, der Akquisition und der Verwendung von Kundenwissen differieren erheblich. Fachspezifisch orientierte Ansätze, wie z. B. aus dem Marketing, der Informationswissenschaft bzw. der Wirtschaftsinformatik und dem Strategischen Management fokussieren verschiedene Schwerpunkte eines Kundenwissensmanagements. Ein großer Unterschied besteht auch in der Art der Untersuchungen: theoretisch fundierte Arbeiten und praxisorientierte Ansätze stehen unverbunden nebeneinander. Deshalb erfolgt zunächst eine strukturierte Bestandsaufnahme relevanter bisheriger Arbeiten nach den Aufgabenfeldern eines CKMs: Ressourcenaspekte, Interaktionsaspekte und Prozess- bzw. Organisationsaspekte. Abbildung 2 gibt einen Überblick über die untersuchten Studien.

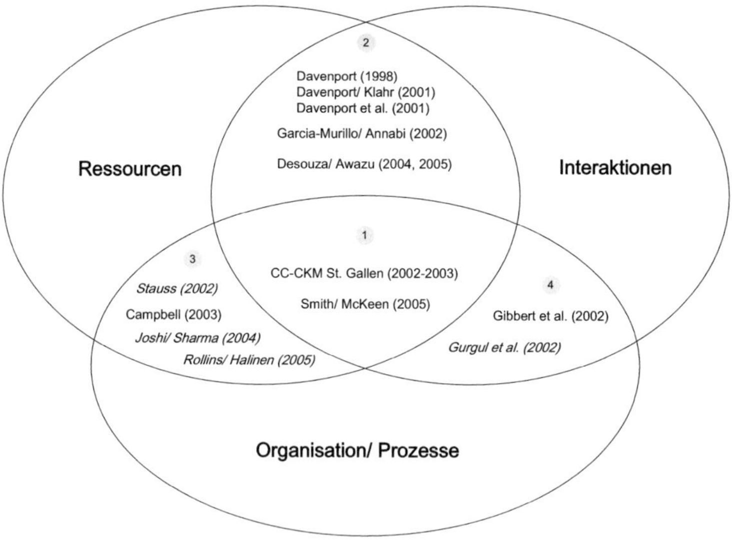

Abbildung 2: Strukturierung bisheriger relevanter Untersuchungen[90]

[89] Vgl. Griffin/ Hauser (1993), S. 2, Kleinaltenkamp (1996), S. 23, Gary (1999), S. 23, Bendapudi/ Leone (2002), S. 95, Mangold (2002), S. 6, Reichwald/ Piller (2002), S. 28 f., Reichwald/ Piller, (2003), S. 515 f., Prahalad/ Ramaswamy (2004), S. 27 ff., Sumner (2004), S. 2, Rollins/ Halinen (2005), S. 1, Smith/ McKeen (2005), S. 745 f.

[90] Die in der Grafik kursiv hervorgehobenen Autoren leisten mit ihren Untersuchungen einen sehr hohen (Teil-)Erklärungsbeitrag zu dieser Arbeit.

Die im Rahmen dieser Arbeit untersuchten Beiträge basieren auf empirisch gewonnenen Erkenntnissen oder einer umfassenden Literaturrecherche. Das Spektrum der Empirie erstreckt sich von einzelfallbezogenen qualitativen Studien bis hin zu umfassenden schriftlichen Befragungen. Alle für diese Arbeit relevanten Untersuchungen lassen sich in fünf Gruppen zusammenfassen. Die Klassifizierung der Untersuchungen basiert auf den spezifischen Perspektiven der Autoren sowie auf der Eignung für die Fragestellungen dieser Arbeit. Tabelle 1 und Tabelle 2 führen die untersuchten Beiträge auf und geben einen kompakten Überblick über deren wesentliche Aussagen für die vorliegende Arbeit.

Die in Bezug auf diese Arbeit umfassendsten Untersuchungen über CKM stammen von den Autoren des KOMPETENZZENTRUMS CUSTOMER KNOWLEDGE MANAGEMENT ST. GALLEN (CC-CKM) und von SMITH/ MCKEEN.[91] Es handelt sich um Arbeiten, die das Verständnis der Arbeit in allen drei Kultivierungsbereichen abdecken.

Die zweite Kategorie bilden Arbeiten, die zwei der geforderten Kultivierungsbereiche abdecken. Sie befassen sich in erster Linie mit den Charakteristika und Implikationen der Ressourcenaspekte und den Interaktionen zwischen Unternehmen und Kunden. Bei DAVENPORT ET AL.[92] steht die Kundenwissenserfassung im Mittelpunkt. GARCIA-MURILLO/ ANNABI[93] legen den Schwerpunkt stärker auf Interaktionsprozesse, während DESOUZA/ AWAZU[94] von der Ressourcendifferenzierung ausgehend Interaktionsimperative formulieren.

---

91 Vgl. z. B. Geib/ Riempp (2002), Gebert et al. (2002), Kolbe et al. (2003a) und Smith/ McKeen (2005)

92 Vgl. Davenport (1998), Davenport/ Klahr (1998), Davenport et al. (2001)

93 Vgl. Garcia-Murillo/ Annabi (2002)

94 Vgl. Desouza/ Awazu (2004) und Desouza/ Awazu (2005)

Kategorie	Autoren	Forschungsgegenstand	Konzeptbasis	theoretische Fundierung	untersuchte Konstrukte	Erklärungsbeitrag
① Ressourcen, Interaktionen und organisationale Determinanten	Kompetenzzentrum CKM St. Gallen (2000-2002)	praktikables technologieorientiertes CKM-Konzept	Theorie, Empirie	Wissensmanagement, CRM, Business Engineering-Ansätze	- Synergiepotenziale zwischen Wissensmanagement und CRM - Kundenportal, Kundenprozesse, Kooperationsprozesse - Ziele: Wissenstransparenz, Lenkung des Wissensaustauschs, Steuerung der Wissensentwicklung, Wisseneffizienz	Instrumente und Methoden aus dem Wissensmanagement zur Unterstützung des CRM
	Smith/ McKeen (2005)	Wertschöpfungsbeitrag von Kundenwissen	Theorie, Empirie	Wissensmanagement, CRM	- Synergiepotenziale von Wissensmanagement und CRM - Kundenwissensintegrationsstrategien	Rahmenmodell der CKM-Dimensionen
② Ressourcen und Interaktionen	Davenport (1998) Davenport/ Klahr (2001) Davenport/ Harris/ Kohli (2001)	Customer Support Knowledge	Theorie, Empirie	Wissensmanagement, CRM	- Kundenwissensstruktur - Wissensträger - Verteilungsprobleme	Best-Practice-Leitfaden mit strategischen Implikationen
	Garcia-Murillo/ Annabi (2002)	Face-to-Face-basiertes B2C-CKM	Theorie, Empirie	CRM, Informationsmanagement, Sozialisierungstheorien	- personale Interaktion mit Kunden - Prozesse bilateraler Feedback-Kommunikation	Ablaufmodell zur Kundeninteraktion
	Desouza/ Awazu (2004, 2005)	strategisches Management der Kundenwissensarten	Theorie, Empirie	Wissensmanagement	- Symbiose der Kundenwissensarten „Wissen über den Kunden", „Wissen des Kunden", „Wissen für den Kunden" - Interaktionspotenziale	CKM-Agenda (Segmentierung, Integration, Distribution, Applikation)

Tabelle 1: Gegenüberstellung der CKM-Konzepte aus der Literatur (Teil 1)

Kategorie	Autoren	Forschungs gegenstand	Konzept basis	theoretische Fundierung	untersuchte Konstrukte	Erklärungsbeitrag
③ Ressourcen und organisationale Determinanten	Stauss (2002)	Kunden-wissens-arten	Theorie	Wissensmanagement	- Wissensmanagementprozesse - Charakterisierung und Klassifizierung von „Wissen über den Kunden", „Wissen des Kunden" und „Wissen für den Kunden"	Kundenwissens-Managementzyklus
	Campbell (2003)	CKM-Kompetenz	Empirie	CRM, organisationales Lernen, Neuproduktentwicklung	- Kundenwissensintegration - organisationale Prozesse, die die Informationsteilung und -nutzung unterstützen	CKM-Kompetenz-Modell (Kundeninformationsprozess, Marketing-IT-Kollaboration, Senior Management Involvement, Mitarbeiterevaluations- und -belohnungssysteme)
	Joshi/ Sharma (2004)	Kunden-wissens-entwicklung	Theorie, Empirie	Neuproduktentwicklung	- intraorganisationale Merkmale - Ressourcenrückstellung - multifunktionale Teams - Organisationsziele - Forschungs- und Lernaktivitäten	Bedingungen an einen CKM-Entwicklungsprozess (Zugang zu Ressourcen, strategische Flexibilität, Managementunterstützung und Mitarbeitermotivation)
④ Interaktionen und organisationale Determinanten	Rollins/ Halinen (2005)	Kunden-wissens-kompetenz	Theorie	Wissensmanagement, CRM	- interfunktionale Kooperationen - unterstützende Organisationssysteme - Kooperationsprozesse - Unternehmenskultur	Konzeption einer CKM-Kompetenz, Definition und Aufgabenbeschreibung von CKM und CKM-Kompetenz
	Gurgul/ Rumyantsev/ Enkel (2002)	Kunden-wissens-integration	Empirie	CRM	- Kundenidentifikation - Kooperationsbereitschaft - Kommunikationsprozesse	Managementrichtlinien zu Kooperationsunterstützung (zur Etablierung des bilateralen Wissensflusses in Wissensnetzwerken)
	Gibbert/ Leibold/ Probst (2002)	Management-methoden für CKM	Empirie	Wissensmanagement, CRM	- Methoden der Kundenwissenserschließung	Erfolgsfaktoren für Best Practices (Prosumerism, teambasiertes Co-Lernen, Co-Innovationen, Communities of Creation, Co-Management des geistigen Eigentums)

Tabelle 2: Gegenüberstellung der CKM-Konzepte aus der Literatur (Teil 2)

Untersuchungen zu Wissensressourcen und organisationalen Aspekten sind in der dritten Kategorie zusammengefasst.[95] Es handelt sich hierbei im Wesentlichen um Arbeiten, die auf Ursache-Wirkungsmodellen aufbauen. Herauszuheben sind die Arbeiten von STAUSS und ROLLINS/ HALINEN. Die Autoren beschäftigen sich umfassend mit Ressourcenaspekten und ihren Auswirkungen auf die organisationalen Prozesse. Eine weitere Sonderstellung nimmt die Untersuchung von JOSHI/ SHARMA ein, bei der die Entwicklung und das Verstehen von Kundenwissen anhand konkreter Organisationsprozesse ausführlich diskutiert werden.

Die Arbeiten der vierten Kategorie haben ihren Schwerpunkt auf Interaktionsaspekten und organisationalen Determinanten und decken die Kundenwissensarten „Wissen über den Kunden" und „Wissen des Kunden" ab.[96] Herauszuheben ist hier die Arbeit von GURGUL ET AL. Die Autoren führen eine intensive Untersuchung der bilateralen Beziehung zwischen Kunden und Herstellerunternehmen durch und leisten wertvolle Beiträge zum Verständnis von Interaktionsaspekten.

In einer weiteren Kategorie lassen sich sind Studien aus der Praxis zusammenfassen. Sie beruhen auf Projekterfahrungen und thematisieren Kultivierungsbereiche des CKMs dieser Arbeit nur fragmentarisch.[97] Zwar lassen sich auch in diesen Untersuchungen vereinzelte Aspekte herausgreifen, sie leisten jedoch zu den Fragestellungen dieser Arbeit nur einen geringen Beitrag.

Nach diesem kompakten Überblick inhaltlich verwandter Untersuchungen werden im Folgenden diese Arbeiten nach ihrem Erklärungsbeitrag ausgewertet.

2.2.2 Auswertung der Customer Knowledge Management Ansätze

Eine Systematisierung der für diese Arbeit relevanten Untersuchungen erlaubt eine Einteilung in drei Bewertungsgruppen: Untersuchungen mit hohem Erklärungsbei-

95 Vgl. Stauss (2002), Campbell (2003), Joshi/ Sharma (2004), Rollins/ Halinen (2005)

96 Vgl. Gibbert et al. (2002), Gurgul et al. (2002)

97 Vgl. z. B. Park et al. (1992), Weckmann (2004), Roscoe (2001), Vöge/ Schrader (2002), Lesser et al. (2000), Donath (2005), Cooper (1998), Devlin (2002), Ettenberg (2004), Gamble et al. (2001), Glazer (2000), Gowan (2003), Grooms (2004), Hayes (2004), Lin (2002), Mahling (2000), O`Brien (2003), Ofek/ Sarvary (2001), Burghard/ Kleinaltenkamp (1996), Kleinaltenkamp (1996), Servatius (1996), Sexauer (2002)

trag, Untersuchungen mit mittlerem Erklärungsbeitrag und Untersuchungen mit niedrigem Erklärungsbeitrag.[98]

Autor	Ressourcen	Interaktionen	Organisationale Determinanten
Stauss (2002)	+ +	o	+
Rollins/ Halinen (2005)	+ +	o	+
Gurgul et al. (2002)	o	+ +	+
Joshi/ Sharma (2004)	+	o	+ +
Kompetenzzentrum CKM St. Gallen (2000-2002)	+	+	+
Smith/ McKeen (2005)	+	+	+
Davenport (1998), Davenport/ Klahr (2001), Davenport et al. (2001)	+	+	o
Garcia-Murillo/ Annabi (2002)	+	+	o
Desouza/ Awazu (2004, 2005)	+	+	o
Campbell (2003)	+	o	+
Gibbert/ Leibold/ Probst (2002)	o	+	+

++ hoher Erklärungsbeitrag + mittlerer Erklärungsbeitrag o geringer Erklärungsbeitrag

Tabelle 3: Systematisierung relevanter Untersuchungen nach ihrem Erklärungsbeitrag

Die Arbeiten von STAUSS und ROLLINS/ HALINEN leisten einen *hohen Erklärungsbeitrag* zu Ressourcenaspekten. Ausgehend vom Defizit, dass Unternehmen nur „Wissen über Kunden“ verarbeiten, entwirft STAUSS einen Managementzyklus, der auf klassischen Wissensprozessen (Erfassung, Speicherung, Verteilung, Nutzung, Entwicklung und Bereitstellung bzw. Kommunikation) aufbaut.[99] Dabei erfolgt eine detaillierte Differenzierung in die drei Wissenskategorien von „Wissen über den Kunden“, „Wissen des Kunden“ und „Wissen für den Kunden“ nach Organisationszugehörigkeit (intern oder extern), Wissensträgern (individuell oder kollektiv) und

[98] Untersuchungen, die einen hohen Erklärungsbeitrag leisten, weisen in mindestens einem Kultivierungsbereich zwei Kreuze auf (++). Untersuchungen, die einen mittleren Erklärungsbeitrag beinhalten, zeigen eine gleichmäßige Behandlung aller drei geforderten Kultivierungsbereiche (+). Untersuchungen mit geringem Erklärungsbeitrag behandeln nur zwei der Kultivierungsbereiche.

[99] Vgl. Stauss (2002), S. 282 ff. und vgl. zur Grundidee der Organisation von Wissensprozessen in einzelne Teilprozesse Probst et al. (1999) und auch Kapitel 5.3.1.

Personengebundenheit (explizit oder implizit auf individueller oder organisationaler Ebene).[100]

Für ROLLINS/ HALINEN ist das Wissen eine in die Organisation eingebettete Ressource, die entsteht, wenn Informationen in Kompetenzen für eine effektive Aktion transformiert werden und wenn Informationen zwischen Menschen in dokumentierter Form oder in Interaktionen gebraucht und verteilt werden. Technologie kann Kundendaten sammeln und sie in Kundeninformationen strukturieren, aber keine Kundeninformationen in Wissen transformieren.[101] Die Autoren identifizieren das Wissensmanagement und das CRM als disziplinarische Partner und plädieren für eine CKM-Kompetenz, die Kundeninformationen und -wissen[102] in die CRM-Prozesse integriert.

Der Ansatz von GURGUL ET AL. stellt das CRM in den Mittelpunkt und untersucht die Kundenwissensintegration in diese Prozesse.[103] Dafür werden zunächst anhand des Lead User-Konzepts die relevanten Kunden identifiziert, deren Kooperationsbereitschaft (Wissensteilungsbereitschaft und Motivation für eine langfristig angelegte Partnerschaft)[104] ermittelt wird. Die Kommunikation zwischen dem Herstellerunternehmen und den Kunden wird als fundamental angesehen, um einen aktiven Dialog zu inszenieren und Feedbackinformationen auszutauschen. IuK-Instrumente und Anreize erweisen sich dabei auf Unternehmens- sowie Kundenseite als kritischer Faktor bzw. Enabler.

Kundenwissen wird in einem bilateralen Prozess der Unternehmen-Kunde-Interaktion über alle Stufen der Neuproduktentwicklung generiert.[105] JOSHI/ SHARMA entwickeln ein nomologisches Netzwerk zur Identifikation organisationaler Aktionen, die eine effektive Implementierung des Kundenwissens ermöglichen und derjenigen Faktoren, die die Effekte der organisationalen Aktionen moderieren. Darüber hinaus identifizieren sie Kontextfaktoren, die erfüllt sein müssen, damit die Entwicklung von

---

[100] Vgl. Stauss (2002), S. 278 ff.

[101] Vgl. Rollins/ Halinen (2005), S. 1

[102] Sie unterscheiden dabei das Wissen in explizites und implizites Wissen, personaler Zugehörigkeit sowie die Stufen der Wissensgenerierung nach Nonaka (1991) (vgl. Rollins/ Halinen (2005), S. 2 f.).

[103] Vgl. Gurgul et al. (2002), S. 3

[104] Zu den Kriterien einer langfristig angelegten Partnerschaft zählen die Autoren Verhandlungsmacht (Marktstruktur), Nutzen bzw. Eignungsfähigkeit (der potenzielle ROI aus der Beziehung), Kosten der Beziehung (Such-, Kontroll-, Besitzkosten) und die Ergänzungsfähigkeit bzw. die Komplementarität (von den Partnern eingebrachte Kompetenzen, Ressourcen, Wissen). Zu den begünstigenden Faktoren gehören imperfekte Märkte, Wahlmöglichkeiten für beide Parteien, ein Verstehen der Bedürfnisse des anderen und eine niedrige Komplementarität (vgl. Gurgul et al. (2002), S. 8 ff.).

[105] Die Autoren fokussieren dabei die zwei Hauptphasen Prelaunch und Postlaunch (vgl. Joshi/ Sharma (2004), S. 47).

Kundenwissen effektiv ist: Zugang zu Ressourcen, Entwicklung der notwendigen strategischen Flexibilität[106] und Unterstützung des Managements durch Motivation und Fehlertoleranz. Die Autoren sehen die Entwicklung von Kundenwissen als strategische Antwort auf die Turbulenz im Unternehmensumfeld, die durch die Wettbewerbsintensität, die Kundendynamik und technologische Veränderungen ausgelöst wird.

Die Untersuchungen des KOMPETENZZENTRUMS CKM ST. GALLEN und der Autoren SMITH/ MCKEEN leisten einen *mittleren Erklärungsbeitrag* zu dieser Arbeit. Sie berücksichtigen alle drei Kultivierungsperspektiven in gleichem Umfang.

Basis der Untersuchungen des KOMPETENZZENTRUMS CKM ST. GALLEN bilden die Synergien von Wissensmanagementkonzepten und CRM.[107] Die Synthese beider Konzepte wird auf der Business Engineering Ebene vollzogen: Kundenorientierte Geschäftsprozesse werden durch Instrumente des Wissensmanagements unterstützt.[108] Kernelemente des CKM sind der Kundenprozess, das Kundenportal und Kooperationsprozesse,[109] die die Gewinnung und laufende Aktualisierung von „Wissen über den Kunden", „Wissen des Kunden" und „Wissen für den Kunden" unterstützen.[110] Das abgeleitete Modell besteht aus vier Handlungsfeldern: „competence" (Menschen als Träger von individuellem und kollektivem Wissen lernen und kooperieren), „content" (Trennung, Kodifizierung und Übertragung von Inhalten und Kontext), „collaboration" (Zusammenarbeit auf direkter und indirekter Ebene) und „culture" oder „composition" (Toleranz, Offenheit, Fairness, Vertrauen).[111] Diese Handlungsfelder werden in eine Rahmenarchitektur aus CRM-Prozessen[112] eingebettet.

---

106 Der Kundenwissensentwicklungsprozess wird als evolutionärer Prozess gesehen, der (1) sich kontinuierlich in der Prelaunch-Phase der Neuproduktentwicklung verändert, (2) dadurch emergent ist, dass er in jeder Phase der Produktentwicklung neu ist, da er durch Kundeninteraktion entsteht (z. B. Ideengenerierung, Produktkonzeptionierung) und (3) einen aktionsbasierten Versuchs-Irrtums-Prozess des organisationalen Lernens über Kundenpräferenzen bedingt (vgl. Joshi/ Sharma (2004), S. 48).

107 Vgl. z. B. Schulze et al. (2000), Gronover/ Riempp (2001), Riempp (2001, 2003, 2004), Gebert et al. (2002), Geib/ Riempp (2002), Riempp/ Gronover (2002), Gebert et al. (2003), Geib et al. (2003), Kolbe (2003), Kolbe et al. (2003a), Büren et al. (2004), Büren et al. (2005), Dous et al. (2005) und den Herausgeberband von Kolbe et al. (2003) sowie die darin enthaltenen Umsetzungsbeispiele.

108 Vgl. Gebert et al. (2002), S. 2 f.

109 Vgl. Kolbe et al. (2003a), S. 8, Riempp/ Gronover (2002), S. 764 ff.

110 Vgl. Dous et al. (2005), S. 167 ff., Riempp (2003), S. 25, Büren et al. (2004), S. 4

111 Vgl. Riempp (2003), S. 37, Gebert et al. (2002), S. 1, Gebert et al. (2003), S. 116 ff.

112 Die grobe Gliederung des CRM in drei Prozesse analog zur Aufbauorganisation Marketing, Verkauf und Service wurde erweitert in Kampagnenmanagement, Leadmanagement, Angebotsmanagement, Vertragsmanagement, Beschwerdemanagement und Servicemanagement (vgl. Riempp (2003), S. 26 ff.).

SMITH/ MCKEEN betonen das besondere Wertschöpfungspotenzial von Kundenwissen durch die synergetischen Effekte von Wissensmanagement und CRM. Sie identifizieren vier Dimensionen eines CKMs: „Wissen über den Kunden“, „Wissen des Kunden“ und „Wissen für den Kunden“ sowie die gemeinsame Generierung von Wissensressourcen („co-creation“).[113] „Wissen über den Kunden“ und „Wissen des Kunden“ betrifft dabei alle Kunden, während „Wissen für den Kunden“ und die Aktivität „co-creation“ nur ausgewählten Kunden vorbehalten ist. Für die Umsetzung des CKM ermitteln die Autoren die kritischen Erfolgsfaktoren in der Praxis: eine kontinuierliche Potenzialanalyse des Status quo, ein Kooperationsmanagement der Hersteller-Kunden-Beziehung, die Wissensentwicklung, die Implementierung des CKM und dynamische Erfolgsüberprüfungsmethoden.[114]

Die Untersuchungen der Autoren, deren Arbeiten einen *geringen Erklärungsbeitrag* liefern, sind in der dritten Gruppe zusammengefasst. Sie unterscheiden sich hinsichtlich ihres Teilbeitrags zu zwei der drei Kultivierungsbereiche.
Die Autorengruppe um DAVENPORT, GARCIA-MURILLO/ ANNABI sowie DESOUZA/ AWAZU fokussieren die Aspekte Ressourcen und Interaktionen. Auf Basis unterschiedlicher Wissenskategorien[115] und -strukturen[116] entwickeln sie praxisorientierte Ablaufmodelle, die sich auf spezifische Kundengruppen beziehen[117] und unterschiedliche Kommunikationskanäle nutzen.[118]
CAMPBELL untersucht die CKM-Kompetenz von Unternehmen aus der Perspektive der Ressourcen und organisationaler Determinanten. Kundenwissen entsteht für die Autorin durch CRM-Daten, die in Kundeninformationen transformiert und anschließend in die Wissensbasis integriert werden, damit eine Weiterentwicklung stattfinden kann.[119] Die Kundenwissenskompetenz bezieht sich auf die Prozesse, die Informationen über spezifische Kunden durch das gesamte Unternehmen generieren und integrieren.[120]

---

[113] Vgl. Smith/ McKeen (2005), S. 746
[114] Vgl. Smith/ McKeen (2005), S. 753 f.
[115] DESOUZA/ AWAZU und GARCIA-MURILLO/ ANNABI unterscheiden „Wissen über den Kunden“, „Wissen des Kunden“ und „Wissen für den Kunden“ (vgl. Desouza/ Awazu (2004), S. 12 ff., Desouza/ Awazu (2005), S. 43 ff., Garcia-Murillo/ Annabi (2002), S. 877), während DAVENPORT ET AL. „Wissen über den Kunden“, und „Wissen für den Kunden“ unterscheiden (vgl. Davenport (1998), S. 1, Davenport/ Klahr (1998), S. 198).
[116] Dazu zählen datenbasiertes Kundenwissen, explizites und implizites Kundenwissen, einfaches und komplexes Wissen sowie Wissen aus Transaktionen.
[117] DESOUZA/ AWAZU heben besonders die Lead User hervor (vgl. Desouza/ Awazu (2004), S. 14).
[118] Vgl. Davenport/ Klahr (1998), S. 205 f., Garcia-Murillo/ Annabi (2002), S. 878 f.
[119] Vgl. Campbell (2003), S. 376
[120] Vgl. Campbell (2003), S. 376

Das Untersuchungsfeld von GIBBERT ET AL. umfasst Interaktionen und organisationale Determinanten. Im Vordergrund steht die Rolle des Kunden als gleichberechtigter „co-creator" unternehmerischer Werte.[121] CKM wird als der strategische Prozess interpretiert, durch den Unternehmen ihre Kunden emanzipieren: Von passiven Empfängern von Produkten und Dienstleistungen werden sie zu Wissenspartnern.[122]

2.3 Kultivierungsdimensionen eines Customer Knowledge Management-Systems

Aus den Eigenschaften des Kundenwissens und den daraus resultierenden Anforderungen an ein CKM-System ergibt sich eine Strukturierung der vorliegenden Arbeit in drei Dimensionen: eine Betrachtung der zugrunde liegenden Ressourcen und ihrer Transformationsprozesse, eine Typologisierung von Interaktionen und Rollenverständnissen sowie eine Konkretisierung organisationaler Prozesse und Koordinationsaufgaben.

In einer *Ressourcenbetrachtung* sind diejenigen Ressourcen zu identifizieren, die einen Mehrwert für die kundenorientierte Wissensorganisation leisten. Dafür werden zuerst die Grundlagen gelegt, die nicht nur die Bedeutung des Wissens als wettbewerbsrelevante Unternehmensressource herausstellen, sondern auch seine Funktion und Entwicklung im Unternehmen, bis hin zur Kompetenzentwicklung durch Lernprozesse. Ein besonderes Augenmerk liegt auf Transformationsebenen des Wissens – von unverbundenen Informationen über Wissenssurrogate bis hin zu kontextgebundenem Wissen – das kooperativ generierte Innovationen ermöglicht.

Ein wesentlicher Meilenstein für einen zielgerichteten Wissenstransfer ist die Auswahl der richtigen Kooperationspartner. Die *Interaktionsperspektive* leistet einen Beitrag zur Motivation von Unternehmen, Partnerschaften einzugehen, um Wissen auszutauschen. Dabei entstehen Ressourcenabhängigkeiten sowie Machtstrukturen und Delegationsprobleme. Kooperationen bedingen nicht nur die Auswahl der geeigneten Partner, sondern auch der zweckmäßigen Kooperationsform. Dazu werden die Wissensträger klassifiziert und potenzielle Wissensressourcen aus dem Kunden-

---

121 Vgl. Gibbert et al. (2002), S. 467
122 Vgl. Gibbert et al. (2002), S. 461

prozess abgleitet. Abschließend wird der Wissenstransferprozess skizziert und wesentliche Einflussfaktoren diskutiert.

Auf der aktionsorientierten Kultivierungsebene werden die *organisationalen Rahmenbedingungen* für wissensbasierte Kooperationen gelegt und die Interaktionsprozesse modelliert. Dazu werden die Kundenrollen in die Wertschöpfungsaktivitäten eingeordnet und die Koordinationsaufgaben inter- und intraorganisationale Kooperationsaktivitäten untersucht. Aspekte zur Nachhaltigkeitsbetrachtung wissensintensiver Kooperationen bilden den Abschluss der Betrachtung.

> *„How come you such a gorgeous lawn?“ „Well, the quality of the soil is, I dare say, of the utmost importance.” „No problem.” „Furthermore, one does need the finest quality seed and fertilizers.” „Big deal.” „Of course, daily watering and weekly moving are jolly important.” „No sweat, jest leave it to me!” „That is it.” „No kidding?!” „Oh absolutely. There is nothing to it, old boy; just keep it up for five centuries.“*
>
> Dialog zwischen einem britischen Lord und einem amerikanischen Besucher.[123]

3. Kultivierung und Transformation von Wissen zur nachhaltigen Performanceentwicklung

Im Zeichen tief greifender Veränderungen der Wettbewerbsbedingungen wird es für Unternehmen zu einer stetigen Herausforderung, mit flexiblen strategischen Manövern zu antworten.[124] Neue Technologien im IuK-Bereich tragen wesentlich zu dieser Innovationsdynamik bei. Nicht nur Produkt- und Prozessinnovationen, sondern auch die Vergrößerung der Wissensbasis erfordert eine ständige Auseinandersetzung mit neuen Situationen und Handlungsmöglichkeiten. Wissensressourcen stehen zunehmend im Mittelpunkt, da sie als erfolgskritische Ressourcen erkannt werden.[125]

Es wird gefordert, dass Unternehmen lernfähig sein müssen, um langfristig überleben zu können, da nur lernfähige Unternehmen mit komplexen Problemen umgehen können.[126] Dementsprechend muss mit zunehmender Änderungsgeschwindigkeit auch die Lernflexibilität erhöht werden.

Das folgende Kapitel 3 gibt eine Übersicht auf die wesentlichen Einflussfaktoren der Wissenskultivierung aus einer faktorbezogenen Sichtweise. Dazu werden in den folgenden Einzelkapiteln zunächst grundlegende Theorien und Perspektiven betrachtet, die sich hinsichtlich ihres Erklärungsansatzes und -beitrags wie folgt systematisieren lassen (vgl. Tabelle 4).

---

123 Entnommen aus Dierickx/ Cool (1989), S. 1507

124 Vgl. Hinterhuber/ Popp (1994), S. 108, Zahn (2001b), S. 5 f., Picot et al. (2001), S. 2 ff.

125 Vgl. Zahn et al. (2000b), S. 52, Schüppel (1996), S. 182 f., Gnyawali et al. (1997), S. 16 ff. Crossan/ Berdrow (2003), S. 1090

126 Vgl. De Geus (1988), S. 71, Probst (1994), S. 297

Erklärungsansatz	Theorieansatz	Beitrag
Grundlegende Perspektiven zur Generierung von Wettbewerbsvorteilen	Market based View	Wettbewerbsvorteile auf Produktmärkten
	Resource based View	Wettbewerbsvorteile auf unvollkommenen Faktormärkten
Dynamisierung des internen Potenzials	Knowledge based View	Entwicklung neuer Ressourcen
	Competence based View	Dynamisch-prozessuale Konsolidierung von Ressourcen
Nachhaltige Dynamisierung von Kompetenzen	Dynamic Capabilities	Kompetenzen in Innovationen umsetzen
	Lernen	Generierung und Verstetigung von Potenzialen

Tabelle 4: Erklärungsansätze zur Kultivierung und Transformation faktorzentrierter Aspekte

3.1 Grundlegende Perspektiven auf die Generierung von Wettbewerbsvorteilen

In der Literatur zum strategischen Management wird das grundlegende Ziel der strategischen Unternehmensführung einheitlich gesehen: in der Sicherung der Überlebensfähigkeit durch aktive und zielgerichtete Steuerung der langfristigen Evolution des Unternehmens.[127] Damit ein Unternehmen langfristig überlebt, braucht es mindestens einen strategischen Wettbewerbsvorteil. Dies ist ein Vorteil, der sich dadurch auszeichnet, dass er wichtig und dauerhaft ist. Wichtig bedeutet hier, dass der Vorteil vom Kunden als essenzielles Leistungsmerkmal klassifiziert und wahrgenommen wird. Dauerhaft bedeutet in diesem Zusammenhang, dass ein strategischer Wettbewerbsvorteil nicht innerhalb kurzer Zeit von der Konkurrenz adaptiert werden kann.[128] Im Folgenden werden die beiden grundlegenden Ansätze zur Erklärung der Wettbewerbsfähigkeit[129] skizziert: der marktbezogene und der ressourcenbezogene Ansatz. Der marktbezogene Ansatz führt das Erzielen von Unternehmensrenten darauf zurück, dass es dem Unternehmen gelingt, Unvoll-

---

[127] Vgl. Rasche (1994), S. 7, den Überblick bei Zu Knyphausen-Aufseß (1995), S. 2 f. und Zahn/ Greschner (1996), S. 42

[128] Vgl. Simon (1988), S. 465, Ghemawat (1988), S. 18 ff., Simon/ von der Gathen (2002), S. 108

[129] Nach SCHNEIDER definiert sich Wettbewerbsfähigkeit als (vertikale) Bewährungsfähigkeit eines Unternehmens in Marktprozessen mit der Marktgegenseite Kunde oder Zulieferer und als (horizontale) Behauptungsfähigkeit gegenüber Rivalen und Bedrohungen der Umwelt (vgl. Schneider (1997), S. 68).

kommenheiten auf den Märkten auszunutzen. Der ressourcenbezogene Ansatz begründet nachhaltige Renten mit einzigartigen Unternehmensressourcen.

3.1.1 Ausgangspunkt von Wettbewerbsvorteilen auf Produktmärkten – der Market based View

Die Ausgangsbasis des Market based View ist ein industrieökonomischer Ansatz, der in den achtziger Jahren in der Organisations-, Management- und Unternehmensführungstheorie und -lehre vorherrschend war: das Structure-Conduct-Performance-Paradigma. In dieser Denktradition von MASON[130] und BAIN[131] wird der Erfolg bzw. die Rente eines Unternehmens durch die Struktur der Branche erklärt, in der das jeweilige Unternehmen tätig ist – außerdem durch die strategischen Absichten des Unternehmens selbst.[132]

Die Outside-In-Perspektive der Industrieökonomen unterstellt im Kern eine Interdependenz von Marktstruktur, Unternehmensverhalten und Marktergebnis. Marktstruktur, „structure" ist hier die Interaktion zwischen Anbietern, Nachfragern, Wettbewerbern und Produktangebot sowie dessen Varianten.[133] Unternehmensverhalten, „conduct" ist das Verhalten des Marktteilnehmers in einer gegebenen Marktstruktur, die Unternehmensstrategie. Marktergebnis, „performance" ist der wirtschaftliche Erfolg des Marktverhaltens im Sinne einer Wohlfahrtsbetrachtung des gesamten Marktes. Nachhaltig rentenstiftende Wettbewerbsvorteile, „sustainable competitive advantages" resultieren in diesem Konzept aus einer verhältnisgerechten Auswahl und Besetzung Erfolg versprechender Produkt-Markt-Positionen.

PORTER schlägt zu Beginn der achtziger Jahre die Brücke zwischen der klassischen Industrieökonomik[134] und dem Strategischen Management und legt auf diese Weise

---

130 Die Frage nach der Tragfähigkeit der theoretischen Ansätze für wettbewerbspolitische Urteile wurde von MASON aufgeworfen (vgl. Mason (1939)).

131 Das Structure-Conduct-Performance-Paradigma wurde von BAIN begründet, der 1951 erstmals die Zusammenhänge zwischen Profitabilität und horizontaler Konzentration im Querschnitt verschiedener Industriezweige der USA untersuchte (vgl. Bain (1956) und Bain (1968)).

132 Vgl. hierzu auch Porter (1991), S. 99

133 Vgl. Shy (1995), S. 2 f.

134 Hierbei wird ein direkter Zusammenhang von Struktur- und Ergebnisparametern propagiert, während das Verhalten hinten angestellt wird.

den Grundstein des Market-based View.[135] Er geht davon aus, dass die Branchenattraktivität und die relative Position des Unternehmens in dieser Branche entscheidend sind, um Wettbewerbsvorteile („competitive advantages") zu erzielen. Das Marktverhalten wird damit vom einfachen Strukturreflex zum maßgeblichen Erfolgsfaktor. Die Unternehmen selbst werden, was ihre strategisch relevanten Ressourcen betrifft, als identisch betrachtet. Es besteht eine temporäre potenzielle Heterogenität einer strategischen Branche oder Gruppe aufgrund hoher Mobilität der Ressourcen. Zudem reagieren Unternehmen, Gruppen und Branchen auf den selektiven Druck der Umwelt.[136] Während in der klassischen Industrieökonomie das Unternehmensverhalten lediglich als Reaktion auf äußere Parameter betrachtet wird, erweitert PORTER den Aktionsradius der Unternehmen. Sie haben nach seinem Ansatz die Möglichkeit, durch ihre Strategien Einfluss zu nehmen.[137]

Im Mittelpunkt dieses Ansatzes steht das Generieren eines Mehrwerts für den Kunden.[138] Entscheidender Faktor ist die Marktorientierung:[139] Ihr wird zugeschrieben, dass sie die Entwicklung überlegener Fähigkeiten zur Befriedigung der Kundenbedürfnisse durch eine kundenorientierte Vision forcieren kann. Zudem wird ihr Einfluss auf die Fähigkeit beigemessen, nicht nur überlegene Kunden- und Wettbewerberinformationen zu generieren, sondern auch den Einsatz interfunktionaler Ressourcen zur Generierung eines überlegenen Kundenwertes zu forcieren. Allerdings leistet der Erklärungsansatz Marktorientierung allein für sich genommen keinen Beitrag dazu, den Kunden als Wertschöpfungspartner zu integrieren. Der Kunde bleibt als Zielobjekt außer Sicht. Seine Ressourcen finden in diesem Ansatz keinen Eingang in das Unternehmen.

---

135 Vgl. Porter (1980) und Porter (1985). Zur Entwicklung der Neuen Industrieökonomik trugen die Ansätze der Spieltheorie (dynamische Spiele mit unvollständiger Information, d.h. mit Wissen das von der Konkurrenz nicht ohne weiteres reproduziert werden kann und rationalem Verhalten der Spieler) und der modernen Institutionenökonomik (Erklärung von nicht-rationalem Verhalten) bei. Der Begriff Institutionen beinhaltet in dieser Definition Verhaltensregeln (Normen, Traditionen, Gesetze), Entscheidungssysteme (Markt, Hierarchie, Verhandlung) und Organisationen (Unternehmen, Kooperationen) (vgl. hierzu Friedrich et al. (2002), S. 43).

136 Vgl. Porter (1999a), S. 33 ff., Porter (1999b), S. 25 ff., Lado et al. (1992), S. 79

137 Allerdings wird der strukturalistische Industrial-Organization-Ansatz PORTERscher Prägung als statisch kritisiert (vgl. z. B. Mintzberg et al. (1999), S. 120 ff.).

138 Der früheste Vertreter die Auffassung, die Schaffung von Mehrwert für den Kunden sei die einzige Legitimation eines Unternehmens, stammt von DRUCKER (vgl. Drucker (1954)).

139 Vgl. Kohli/ Jaworski (1990), S. 53, Narver/ Slater (1990), S. 21, Shapiro (1988), S. 121 f. Deshpandé et al. (1993), S. 27 führen zudem an, dass Kunden- und Marktorientierung häufig synonyme Begriffe darstellen.

3.1.2 Wettbewerbsvorteile auf unvollkommenen Faktormärkten – der Resource based View

Der Market based View proklamiert: Renten erzielt man, indem man Unvollkommenheiten auf den Absatzmärkten ausnutzt. Im Gegensatz dazu führt der Resource based View nachhaltigen Unternehmenserfolg auf die strategischen Ressourcenvorteile einzelner Unternehmen innerhalb der gleichen Branche und im Vergleich mit ihren Konkurrenten zurück. Indem er die Größen in den Fokus rückt, die den Fertigprodukten vorgelagert sind, relativiert der Resource based View die Dominanz des objektorientierten Produkt-Markt-Denkens zugunsten einer subjektorientierten Perspektive. Zudem stellt er eine direkte Beziehung zwischen den Ressourcen eines Unternehmens und seiner Wettbewerbsposition her.[140] Unterschiede in der Wettbewerbsposition werden von den Autoren des Resource based View als Resultat historisch unterschiedlich entstandener Ressourcenkonfigurationen gesehen.[141] Damit vollzieht der ressourcenorientierte Ansatz gegenüber der marktorientierten Sicht einen Perspektivenwechsel. Hier steht nicht mehr eine einseitige Orientierung an externen Gegebenheiten im Vordergrund, vornehmlich an markt- bzw. branchenbezogenen Faktoren. Trotzdem ist der Resource based View kein konzeptionelles Gegenmodell zu industrieökonomisch geprägten Ansätzen. Nach Ansicht vieler Autoren ist er ein Komplement.[142] Denn Market based View und Resource based View greifen an wesentlichen Punkten ineinander.[143]

Der Resource based View erforscht Erfolgsursachen, um Aussagen abzuleiten, welche Maßnahmen zum Erfolg führen.[144] Hierzu muss eine argumentative Verbindung zwischen der verfügbaren Ressourcenbasis und dem Unternehmenserfolg

---

[140] Der Resource based View relativiert somit die Vormachtstellung der Märkte und der Fertigprodukte, welche die vorgelagerten Größen der Produkte außer Acht lässt (vgl. Bamberger/ Wrona (1996b), S. 13).

[141] Vgl. hierzu bspw. grundlegend Wernerfelt (1984), Prahalad/ Hamel (1990), Barney (1991), Collis (1991), Conner (1991). Zu den Pfadabhängigkeiten vgl. Dosi (1982).

[142] Während Nolte/ Bergmann (1998), S. 6 f., Hinterhuber/Friedrich (1999), S. 1001 ff., Cockburn et al. (2000), S. 1127, Zahn et al. (2000b), S. 51 und Zahn (2001b), S. 4 beide Ansätze als komplementär betrachten, sprechen z. B. Barney (1991), S. 99 f., Von Krogh/ Roos (1995), S. 57, Schäper (1996), S. 79 f. und Hennemann (1997), S. 52 von Scheingegensätzen.

[143] Vgl. Wernerfelt (1984), S. 171, Collis (1991), S. 65, Mahoney/ Pandian (1992), S. 371, Amit/ Schoemaker (1993), S. 35, Zu Knyphausen (1993), Rühli (1994), S. 31 ff., Collis/ Montgomery (1995), S. 119, Grant (1991), S. 114, Von Krogh/ Venzin (1995), S. 419, Sanchez et al. (1996), S. 27, Zahn (1997), S. 17, Krüger/ Homp (1997), S. 180, Schreyögg (1997), S. 485, Schoemaker/ Amit (1998), S. 424

[144] Vgl. Freiling (2002), S. 5 ff. Für einen Überblick über die terminologischen Grundlagen des Resource based View siehe bspw. Renzl (2003), S.7-16, Foss (2003), Freiling (2002), S. 11 ff. und die dort angegebene Literatur.

hergestellt werden. Diese Argumentation bezieht sämtliche intra- und interorganisationalen Prozesse der Ressourcendisposition ein. Sie betrachtet nicht nur die Innenverhältnisse, sondern analysiert auch, wie sich die Ressourcendisposition zwischen dem Unternehmen und seinem Umfeld auswirkt. Insofern ist der Resource based View zwar ein innenmotivierter, aber kein ausschließlich innenfokussierter Ansatz. Um sein Erklärungsziel zu erreichen, muss er Innen- und Außenperspektive gleichermaßen berücksichtigen.[145]

Für die verschiedenen Ansätze, die sich zur gegenwärtig diskutierten Ausprägung des Resource based View formieren, gilt die Arbeit von WERNERFELT[146] als maßgeblich. Die grundlegende Idee der ressourcenorientierten Betrachtung von Unternehmen wurde allerdings bereits 1959 von PENROSE diskutiert.[147] Sie thematisiert die Unterschiede zwischen Unternehmen. Davon ausgehend ist ein Unternehmen für PENROSE ein Komplex einzigartiger Ressourcenbündel: „The fact that most resources can provide a variety of different services is of great importance for the productive opportunity of a firm. It is the heterogeneity, and not the homogeneity, of the productive services available or potentially available from it resources that gives each firm its unique character."[148] Dauerhafter Erfolg wird mit der Qualität dieser Ressourcen bzw. Ressourcenbündel erklärt. Insbesondere die intangiblen, schwer erfassbaren Ressourcen immaterieller Art (wie z. B. Know-how oder Markenimage) sind dabei von Bedeutung.[149] Allerdings sind die Ressourcen nicht von sich aus erfolgswirksam. Erst ihre Kombination mit den organisationalen Fähigkeiten hat einen positiven Effekt auf die Unternehmensperformance. Die Prämisse der Ressourcenheterogenität,[150] d. h. einer historisch gewachsenen asymmetrischen Ressourcenausstattung, ist die Grundannahme des Resource based View. Sie spiegelt sich in der Unvollkommen-

---

145 Vgl. z. B. Barney (1986), S. 1231-1241

146 Vgl. Wernerfelt (1984), Namensgeber dieses Forschungszweigs

147 Zu den frühen Vertretern und Verfassern der Grundlagenwerke der ressourcenorientierten Unternehmensführung zählt neben PENROSE (vgl. Penrose (1959)) auch SELZNICK (vgl. Selznick (1957)). Beide Autoren fokussieren bereits zu dieser Zeit organisationale Fähigkeiten als wesentliche Ursache der Heterogenität von Unternehmen gegenüber ihren Wettbewerbern. Für eine Genealogie des Ressourcenansatzes siehe bspw. Foss (2003).

148 Penrose (1959), S. 75, ähnlich auch Rumelt (1974), S. 557

149 Vgl. Hall (1992)

150 Vgl. dazu Barney (1986), S. 1231 ff., Barney (1991), S. 99 ff., Collis (1991), S. 2 ff., Ghemawat (1991), S. 2 ff., Peteraf (1993), S. 180 ff., Dierickx/ Cool (1989), S. 1505 ff., Dierickx/ Cool (1990), S. 7 ff., Amit/ Schoemaker (1992a), S., 7 ff., Amit/ Schoemaker (1993), S. 37 ff., Von Krogh/ Roos (1995), S. 59 f.

heit der Faktormärkte. Isolationsmechanismen[151] wirken als unternehmensindividuelle Barrieren gegenüber den anderen Wettbewerbern. Sie ermöglichen es, strategische Erfolgspotenziale eines Unternehmens für den Wettbewerbserfolg zu nutzen. SELZNICK[152] betont die wichtige Rolle der Kompetenzen in diesem Zusammenhang.

Maßgeblich erweitert wurde der Resource based View durch die Integration in die Analyse der nachhaltigen Wettbewerbsvorteile und durch die damit verbundene nähere Spezifizierung der Ressourcenanforderungen.[153] Die Effizienzunterschiede durch heterogene Ressourcenausstattung werden betont und die ineffizienten Faktormärkte bzw. Faktorinsuffizienzen, näher betrachtet. Zudem werden temporale Kriterien an die Ressourcenstruktur angelegt, die die Ressourcen schützen sollen. Ziel ist es, Wettbewerbsbarrieren zu errichten, um hoch effiziente Ressourcenbündel vor Imitation durch die Konkurrenten zu schützen (ex post limits) und vorausschauend (ex ante limits) Ressourcen zu einem Preis zu erwerben, der unter der Selbstentwicklung liegt. Ein dauerhafter Wettbewerbsvorteil durch Erfolgspotenzial generierende Ressourcen lässt sich nach diesem Modell nur unter ganz bestimmten Bedingungen aufbauen. Er muss durch eine unternehmensspezifische Ressourcenbasis generiert werden, die besondere Eigenschaften besitzt. So muss die Ressourcenbasis etwa[154]

- einen *Wertbeitrag leisten* und sich für Leistungsangebote eignen, die eine subjektive *Nutzenstiftung* aus Kundensicht erreichen (Ressourceninstrumentalität),[155]
- *dauerhaft* bzw. nachhaltig sein, um einer durch Turbulenzen im Unternehmensumfeld verursachten Ressourcenerosion vorzubeugen („asset erosion"),

---

[151] Unter dem von RUMELT geprägten Begriff des Isolationsmechanismus werden Schutzeffekte ressourcenbedingter Wettbewerbsvorteile verstanden. Für eine Zusammenstellung dieser Mechanismen, die zu Quellen von Wettbewerbsvorteilen im Sinne des Resource based View werden können vgl. Rumelt (1984), S. 567, Wernerfelt (1984), S. 173, Castanias/ Helfat (1991), S. 162, Mahoney/ Pandian (1992), S. 371 und die Unterteilung von Patterson (1993), S. 764 in Marktzutrittschancen, Mobilitätsbarrieren und Ressourcenbarrieren.

[152] Zu „distinctive competencies" vgl. Selznick (1957)

[153] Vgl. Wernerfelt (1984), Rumelt (1984) und Barney (1986). Weitere Entwicklungen bspw. bei Wernerfelt/ Montgomery (1986), Dierickx/ Cool (1989), Wernerfelt (1989, 1995), Reed/ DeFillippi (1990), Barney (1991, 1997), Conner (1991), Grant (1991), Williams (1992), Amit/ Schoemaker (1993), Kay (1993), Peteraf (1993) und Black/ Boal (1994).

[154] Vgl. Dierickx/ Cool (1989), S. 1507 ff., Barney (1991), S. 105 ff., Ghemawat (1991b), S. 2 ff., Grant (1991), S. 123 ff., Grønhaug/ Nordhaug (1992), S. 440, Amit/ Schoemaker (1993), S. 38 ff., Meyer/ Utterback (1993), S. 29 ff., Peteraf (1993), S. 179 ff., Collis/ Montgomery (1995), S. 120 ff., Bongartz (1997), S. 28

[155] Vgl. Kutschker (1999), S. 296 f. Demnach bestehen zwischen Ressourcen vielfältige Beziehungen, die auf dynamischen Mittel-Zweck-, Komplementaritäts- und Substitutionsrelationen beruhen. Sie verweisen auf Eigenschaften von Ressourcen, andere Ressourcen in deren Wirkung unterstützen, ergänzen oder ersetzen.

- *knapp*, also aufgrund heterogener Märkte nicht frei verfügbar sein.

Sie sollte zudem nur

- begrenzt *imitierbar* sein.

Dies wird durch physische Einzigartigkeit erreicht. Begrenzte Imitierbarkeit wird auch mithilfe pfadinduzierter Fähigkeiten erreicht, die auf komplexen organisationalen Routinen aufbauen[156], durch Interdependenz der Ressourcen („interconnectedness"), Multiplikatoreffekte bei der Ressourcenakkumulation („asset mass efficiencies")[157] oder durch die Unklarheit der Kausalzusammenhänge („causal ambiguity")[158], über die nur Vermutungen angestellt werden können.

Weitere Merkmale einer Ressourcenbasis, die geeignet ist, Wettbewerbsvorteile zu generieren, sind:

- beschränkte *Substituierbarkeit* durch äquivalente Ressourcen,
- *Transferierbarkeit* innerhalb des Unternehmens durch Rückgriff auf die kausalen Elemente des Ressourcen- und Kompetenzansatzes und
- geografische *Immobilität*, die den Transfer in andere Unternehmen ausschließt.

Eine besondere Bedeutung kommt in diesem Zusammenhang den intangiblen Ressourcen zu.[159] Immaterielle Wissensressourcen bilden die Basis, um Fähigkeiten aufzubauen, die nachhaltige Wettbewerbsvorteile generieren können. Durch externe und interne Informationsbeschaffung können Informationsasymmetrien beseitigt werden.[160] Durch den Erwerb strategisch relevanter Ressourcen können Know-how-Vorsprünge realisiert werden.

Erfolgspositionen resultieren aus der Verfügungsgewalt über strategisch einzigartige Ressourcen, die ressourcenbenachteiligten Wettbewerbern kurz- bis mittelfristig nicht zugänglich sind. Sind latente Informationsdefizite vorhanden, so können sie durch Realisation von „economies of knowledge"[161] abgebaut werden. Diese Effekte werden u. a. durch das Eingehen Kooperationen erzielt. Auf diese Weise lassen sich

---

156 Vgl. Collis (1991), S. 51, Collis/ Montgomery (1995), S. 121 ff.

157 Vgl. Rose (2000), S. 26

158 Vgl. Collis/ Montgomery (1995), S. 122, Dierickx/ Cool (1989), S. 1508 f.

159 Vgl. Itami/ Roehl (1987), S. 13 f., Freiling (2001), S. 33 und eine Auflistung bei Hall (1992), S. 135. HALL unterscheidet zudem zwischen „assets", die eine eindeutige Besitzzugehörigkeit haben, z. B. Patente oder ein Markenname und „skills", wie bspw. Wissen, Fähigkeiten oder Kultur.

160 Vgl. Barney (1986), S. 1231 ff.

161 „Economies of knowledge" bewirken, dass Unternehmen ihre intangiblen Ressourcen effektiver und effizienter nutzen als ihre Wettbewerber, wirtschaftlicher einsetzen und höhere Renditen erzielen (vgl. Picot et al. (2007), S. 11 f. und Rasche (1994), S. 80).

zukünftige Schlüsselpotenziale auf- und Unsicherheit abbauen. Die durch diese Kooperation beabsichtigte Ressourcenakkumulation erhöht den aktuellen Ressourcenbestand.[162] Der Ressourcenbestand lässt sich allerdings nicht in kurzer Zeit verändern. Wer ihn erhöhen will, muss zumeist längerfristig und kontinuierlich investieren. Damit wird die Forderung nach „dynamic capabilities" begründet, denn dynamisch flexible Lern- und Problemlösungsfähigkeiten entscheiden über das Tempo der Know-how-Akkumulation.[163]

Der Resource based View erklärt also, warum Ressourcen für die strategische Wettbewerbsfähigkeit eines Unternehmens notwendig sind. Er wirft jedoch weitere Fragen nach der Rolle der intangiblen Ressourcen auf und wie diese zu (Kern-)Kompetenzen veredelt werden können. Um diese Fragen zu klären, werden im Folgenden die Ansätze des Knowledge based View, des Competence based View, der Dynamischen Fähigkeiten und des organisationalen Lernens untersucht.

3.2 Dynamisierung des internen Potenzials

„In an economy where the only certainty is uncertainty, the one sure source of lasting competitive advantage is knowledge."[164]

Unternehmen sind ständig einem Umfeld ausgesetzt, dessen Anforderungen sich verändern. Während statische Umfelder lediglich die Anpassung an sich ändernde Aufgaben erfordern, verlangen dynamische Umfelder eine Anpassung an die kontinuierliche Veränderung des Wissensraums, in den Unternehmen eingebettet sind. Um der Erosion einmal erreichter Wettbewerbsvorteile vorzubeugen, müssen Unternehmen ihre Ressourcen-, Wissens- und Kompetenzbasis permanent weiterentwickeln.[165]

---

162 Der Ressourcenbestand besteht als zeitbezogene Erfolgsdeterminante aus Bestands- und Flussgrößen („stocks"/ „flows"), die die Bestimmungsgrößen für das aktuelle und zukünftige strategische Potenzial darstellen. So werden z. B. individuelles und organisatorisches Wissen (Bestandsgrößen) über kontinuierliche Informationszuströme (Flussgrößen) in ihrer (zeitpunktbezogenen) Höhe bestimmt (vgl. Dierickx/ Cool (1989), S. 1506 ff., Barney (1989), S. 1512 und Starbuck (1992), S. 716).

163 Vgl. Teece et al. (1991), S. 25

164 Nonaka (1991), S. 96

165 Vgl. Zahn (1999), S. 11

3.2.1 Entwicklung neuer Ressourcen – der Knowledge based View

Basierend auf dem Resource based View, der die relevanten Ressourcen in den Vordergrund stellt, begreift der Knowledge based View Wissen als essenziellen Faktor, das identifiziert, entwickelt und zu Kompetenzen veredelt wird, damit Innovationen entstehen können.[166] Potenzielle Wettbewerbsvorteile resultieren in diesem Ansatz aus Wissen. Der reine Besitz von Wissen führt jedoch noch nicht dazu, dass kompetitive Leistungen entstehen. Hinzukommen muss die Fähigkeit, verteilte Wissensbestände zu integrieren und isolierte oder heterogene Wissensressourcen zu kombinieren.

Wissensmanagement wurde zur emergenten Disziplin, als die Unternehmen die Notwendigkeit erkannten, ihre Wissensressourcen effizienter zu managen.[167] Dieser Management-Ansatz nutzt unterschiedliche Quellen: Dazu gehört die Kognitionswissenschaft ebenso wie die Forschung zur künstlichen Intelligenz, computerbasierte Kollaborationsansätze, Ansätze zur Allokation von Entscheidungsbefugnissen, Ergebnisse der Lernforschung sowie die Informations- und die Organisationswissenschaft.[168]

3.2.1.1 Grundlagen des Knowledge based View

Der Knowledge based View als Weiterentwicklung der Ressourcentheorie ist eine Kombination von Ansätzen, die die Rolle des Wissens als kritischer Erfolgsfaktor betont.[169] Der Produktionsfaktor Wissen ist hier die strategisch wichtigste Ressource. Das Management dieses Wissens als dynamische Kompetenz und wesentlicher Treiber anderer Kompetenzen wird zur bedeutenden Variablen bei der Erklärung ökonomischer Rente.[170] Auf dieser Grundlage basieren die wesentlichen Annahmen des Knowledge based View:

- Wissen ist elementare Ressource und Primärquelle für Ricardo-Renten.[171]

---

166 Vgl. Von Krogh/ Venzin (1995), S. 425, Zahn (2000), S. 158

167 Vgl. Rollins/ Halinen (2005), S. 4

168 Vgl. Grant (1996b), S. 109 f., Wiig (1997), S. 6 f., Grant (1997), S. 450 ff., Rowley (2002), S. 500, Rollins/ Halinen (2005), S. 4

169 Der Knowledge based View basiert auf den Arbeiten von SPENDER und GRANT (vgl. Spender (1994), Grant (1996b) sowie Spender/ Grant (1996))

170 Vgl. Zahn (1998), S. 44

171 Vgl. Grant (2002b), S. 136, Grant (1996a), S. 119

- Wissen ist abhängig von den „economies of scale and scope".[172]
- Individuen müssen sich spezialisieren, um Wissen zu generieren.[173]
- Die Produktion einer Leistung erfordert multiple Wissensarten.[174]
- Die Wissensarten unterscheiden sich in ihrer Transferierbarkeit.[175]

Von diesen Prämissen lassen sich zwei Typen wissensbasierter Aktivitäten ableiten. Zum einen die Erzeugung von Wissen zur Erweiterung der Wissensbasis, die Exploration, zum anderen die Anwendung von Wissen zur Leistungserstellung, die Exploitation.[176] Zwischen diesen beiden Typen wissensbasierter Aktivitäten herrscht ein Zielkonflikt: Wissensgenerierung erfordert Spezialisierung, Wissensanwendung hingegen nutzt die Diversität des Wissens. Hinzu kommt, dass auch die begrenzte Übertragbarkeit von Wissen die Möglichkeiten eines Unternehmens limitiert, Wissen als strategische Ressource zu nutzen. Diesen Zielkonflikt zu harmonisieren, ist eine Schlüsselherausforderung für Organisationen, die sich durch Wissensintegration lösen lässt. Integration ermöglicht den einzelnen Beschäftigten, ihr spezialisiertes Wissen in den Prozess der Anwendung bzw. Produktion einzuspeisen. Bei der Wissensakquisition können sie hingegen die Vorteile ihrer Spezialisierung ausschöpfen.[177]

Im Rahmen dieser Arbeit wird das Modell des holistischen Wissensmanagements genutzt. Es zeichnet sich durch eine prozessbezogene und eine objektbezogene Dimension aus.[178] Zentrale Aufgabe des Managements in diesem Modell ist es, Lern- und Transferbarrieren abzubauen und einen förderlichen Kontext für Lernprozesse im Unternehmen zu gestalten. Ziel ist, dass sich im Unternehmen der Umgang mit den Wissenspotenzialen professionalisiert und die Wissensbasis vergrößert.[179] „Knowledge management describes all methods, instruments and tools that in a ho-

---

172 Eine Eigenschaft des Wissens ist, dass seine initiale Generierung teurer als seine folgende Reproduktion ist. „Economies of scale" und „economies of scope" schwanken beträchtlich zwischen den unterschiedlichen Arten des Wissens. Sie sind für explizites Wissen, insbesondere Informationen, die teuer zu produzieren, aber billig zu reproduzieren sind besonders groß (vgl. Shapiro/ Varian (1999), S. 3). Implizites Wissen ist zwar teuer in der Replikation, diese Kosten sind aber niedriger als die zu seiner Generierung (vgl. Winter (1995), S 148 ff.).

173 Vgl. Simon (1991), S. 127

174 Vgl. Kogut/ Zander (1992), S. 386 f.

175 Vgl. Nonaka (1994), S. 14 ff., Kogut/ Zander (1992), S. 387. Während explizites Wissen zwischen Individuen und Organisationen artikuliert und leicht mitgeteilt werden kann, wird implizites Wissen (Fähigkeiten, Know-how und Kontextwissen) nur in seiner Anwendung offenkundig.

176 Die Bezeichnungen dieser ambivalenten Wissensaktivitäten wurden von MARCH geprägt (vgl. March (1991), besonders S. 71), während SPENDER die Konstrukte „knowledge generation" und „knowledge application" verwendet (vgl. Spender (1992), S. 390 und S. 399 ff.).

177 Vgl. Demsetz (1988), S. 156 ff.

178 Vgl. Al-Laham (2003), S. 50

179 Vgl. Al-Laham (2003), S. 7

listic approach contribute to the core knowledge processes – to generate knowledge, to store knowledge, to distribute knowledge, and to apply knowledge supported by the definition of knowledge goals and the identification of knowledge – in all areas and levels of the organization."[180] Diese Definition mündet für WIIG in den Auftrag: „Make an organization act as intelligently as possible to secure its variability and overall success and to otherwise realize the best value of its knowledge assets."[181]

3.2.1.2 Strukturierungsebenen der Ressource Wissen

Es hat vielfältige Ansätze gegeben, die Ressource Wissen zu klassifizieren. Zudem variieren das allgemeine Wissensverständnis und die Kategorisierungen von Wissen in der deutschsprachigen und der angloamerikanischen Literatur sehr stark.[182] Konsens ist aber, dass Wissen sich in Aggregationsstufen aufbaut: von Zeichen über Daten hin zu Informationen bis zu Wissen.[183] Diese Arbeit benutzt eine Definition, nach der die Ressource Wissen in einem Unternehmen auf dem Input von Informationen beruht, kognitive Inhalte und verhaltensorientierte Fähigkeiten umfasst, personalisierte und nicht-personalisierte Bestandteile besitzt, expliziten und impliziten Charakter hat und das Ergebnis von Lernprozessen ist.

Wissen als unternehmensspezifische Ressource umfasst sämtliche Informationen, Kenntnisse und Fähigkeiten, die den Akteuren zur Verfügung stehen und die sie bewusst oder unbewusst zur Lösung von Aufgaben und Problemen verwenden; es ist zeit- und kontextabhängig und wird in sozialen Situationen aufrechterhalten und weiterentwickelt.[184] Das hier benutzte Wissensverständnis ist somit ein konstruktivistisches. Es geht davon aus, dass Wissen in konkreten Problemsituationen und durch soziale Interaktion erworben wird.[185]

---

180 Mertins et al. (2001), S. 3. Ähnlich Rollins/ Halinen (2005), S. 4, Nonaka (1991), S. 96 ff. und Bassie (1997), S. 25.

181 Wiig (1997), S. 8

182 Siehe hierzu den Überblick bei Al-Laham (2003), S. 31 f. und bei Von Krogh/ Venzin (1995), S. 421 sowie die dort jeweils angegebene Literatur. VON KROGH/ VENZIN verweisen auf die sprachlichen Differenzen der Wissensformen.

183 Vgl. besonders Rehäuser/ Krcmar (1996), S. 4 ff., aber auch Probst et al. (1999), S. 36 f., Willke (2001), S. 7 ff. Eine Weiterführung findet sich in der Wissenstreppe bei North (2005), S. 32 f.

184 Diese Definition nimmt bewusst von einer rein anthropozentrischen Sichtweise Abstand und fasst den Wissensbegriff weiter (vgl. Al-Laham (2003), S. 43, Von Krogh/ Roos (1995), S. 57, Nonaka/ Konno (1998), S. 40 ff., Probst et al. (1999), S. 46, Blackler (2002), S. 59 f.).

185 Vgl. Von Krogh (1998), S. 134 ff., Bendorf (2002), S. 127, Gruber et al. (2000), S. 147, Law (2000), S. 257

Im Folgenden werden weitere für diese Arbeit wesentliche Wissenskategorien unterschieden, die für soziale Interaktionen prägend sind. Sie lassen sich nach Eigenschaften wie Transferierbarkeit, Trägergebundenheit und Ortsgebundenheit unterscheiden.

Kategorisierung nach der Transferierbarkeit: implizites Wissen vs. explizites Wissen
Die Unterscheidung zwischen implizitem und explizitem Wissen stammt von POLANYI.[186] Er schreibt implizitem Wissen einen subjektiven Charakter zu, da es anderen meist nur durch persönliche Kontakte vermittelt werden kann und informell verinnerlicht wird.[187] Implizites Wissen ist in Individuen verborgen bzw. personell gebunden. Es ist nicht oder nur schwach artikulierbar und nicht dokumentiert. Es umfasst Fähigkeiten und Fertigkeiten, die zwar erlernbar aber nicht kodifizierbar sind. Eine besondere Herausforderung aus der Perspektive des Wissensmanagements ist die reduzierte Artikulierbarkeit: selbst teilweise artikulierbares Wissen bleibt implizit.[188] Eine ganz andere Form subjektiven Wissens ist das explizite Wissen. Es kann immer auf der Basis von Zeichen kodifiziert und in Gestalt von Sprache kommuniziert werden. Als bereits artikuliertes Wissen ist es dokumentier- und übertragbar und kann in personellen oder materiellen Trägern inkorporiert sein. Seine Konstruktion ist jedoch vom Kontext des Empfängers abhängig.[189]

Kategorisierung nach der Trägergebundenheit: individuelles, kollektives und organisationales Wissen
Das Zusammenspiel von individuellem und kollektivem Wissen zu gestalten, gilt als zentrale Aufgabe der wissensbasierten Unternehmensführung.[190] Individuelles Wissen beruht auf Erkenntnissen des Subjektes, die es im Laufe der Zeit mit anderen Erkenntnissen vernetzt. Diese Wissensbasis des Individuums ist auch die Basis seines Handlungsvermögens.[191]
Kollektives Wissen wird von mehreren Individuen in Gruppen geteilt und beruht auf gemeinsamen Fähigkeiten und Routinen. Kollektive oder Gruppen sind insofern Wissenssysteme. In diesen kollektiven Wissenssystemen werden die Repräsenta-

---

186 Vgl. Polanyi (1966), Polanyi (1985)
187 Vgl. Nonaka/ Takeuchi (1997), S. 19, Nonaka (1994), S. 22, Nonaka/ Konno (1998), S. 45
188 Vgl. Polanyi (1985), S. 14
189 Vgl. Scheuble (1998), S. 26 und Nonaka/ Takeuchi (1997), S. 72
190 Vgl. Kogut/ Zander (1992), S. 385, North (2005), S. 43. Zum Zusammenhang zwischen individuellem und organisationalem Wissen vgl. Zahn/ Greschner (1996).
191 Vgl. Pawlowsky (1992), S. 202, Schüppel (1996), S. 63 f., Romhardt (1998), S. 256, Amelingmeyer (2000), S. 53 f.

tionen der Realität verdichtet und durch Verarbeitungsmechanismen verschiedene Wissensformen in gemeinsamen Speicher- und Transformationsmedien zusammengeführt.[192] Diese systemische Wissensbasis ist die Grundlage des kollektiven Handlungsvermögens.[193]

Organisationales Wissen „steckt in personenunabhängigen, anonymisierten Regelsystemen, die die Operationsweise eines Systems definieren."[194] Es ist nicht das Wissen in Organisationen, das die Mitglieder der Organisation durch interdisziplinäre Kombinatorik bilden. Es ist vielmehr das Wissen von Organisationen, das Ergebnis interdisziplinärer Metaphorik.[195] Man kann das Wissen einer Organisation mit den geteilten, heißt organisationsweit akzeptierten Wirklichkeitskonstruktionen gleichsetzen.[196] Das sind die Konstruktionen von Wirklichkeit, die nicht zwingend in den Köpfen der Mitarbeiter existieren müssen, aber allen zugänglich sind. Organisationales Wissen ist das Wissen, das von allen Individuen geteilt wird.[197]

Kategorisierung nach der Ortsgebundenheit: internes und externes Wissen

Die Systematisierung des Wissens nach seinem Ort wirft die Frage nach der Definition der Unternehmensgrenzen auf. Internes Wissen wird von den Mitgliedern einer Organisation getragen, die bei Bedarf aufgrund ihrer Zugehörigkeit zur Organisation darauf zugreifen können. Externes Wissen unterliegt nicht unmittelbar dem Zugriff der Organisationsmitglieder, sondern muss zunächst in das Unternehmen transferiert werden. Die Unterscheidung von internem und externem Wissen impliziert Abhängigkeitsbeziehungen zwischen Organisationen und ihrem externen Wissensumfeld. Sie impliziert auch die Notwendigkeit für eine Organisation, externe Wissensbestandteile auszuwählen, zu interpretieren und zu bewerten. Als offene Systeme sind Organisationen mit ihrer Umwelt durch Prozesse des Wissensaustauschs verbunden.[198] Ihre Fähigkeit zur Wissensaufnahme wird von der „absorptive capacity"[199] bestimmt, die den effizienten Transfer von Wissen determiniert.

---

192 Vgl. Zahn/ Greschner (1996), S. 47, Zahn (1998), S. 41 f.
193 Vgl. Schüppel (1996), S. 83 ff., Güldenberg (1998), S. 102 ff.
194 Willke (2001), S. 16
195 Vgl. Klimecki/ Laßleben (1996), S. 190
196 Vgl. Klimecki et al. (1994), S. 66
197 Vgl. Klimecki/ Laßleben (1996), S. 190
198 Vgl. Romhardt (1998), S. 81 f., Scott (1987), S.82. LEONARD-BARTON unterscheidet dabei „industry-specific knowledge" und „firm-specific knowledge" (vgl. Leonard-Barton (1995), S. 21).
199 Vgl. Cohen/ Levinthal (1990), S. 128

3.2.1.3 Konsequenzen des Knowledge based View

Eine Organisation, die sich wissensbasiert positionieren und wissensbasiert agieren will, muss Rahmenbedingungen schaffen, die es den kooperierenden Akteuren erlauben, ihre Handlungen aufeinander abzustimmen und die es ermöglichen, Wissen in produktive Handlungsabläufe zu integrieren.[200]

Zentral im Knowledge based View ist die *Architektur des organisationalen Wissens*. Danach ist es eine zentrale Aufgabe von Unternehmen, die Orte und Prozesse aufzuspüren, die Wissensressourcen brauchen und deren Leistungsfähigkeit durch das Zuführen von Wissensressourcen gesteigert werden kann. Eine weitere Aufgabe ist es dann, die Transfermechanismen und Transformationsprozesse zu analysieren, um herauszufinden, welche Koordinationsmechanismen für die jeweilige Aufgabenstellung und das damit verbundene Wissen geeignet sind.

Wichtige Einflussfaktoren auf die Fähigkeit eines Unternehmens, sich wissensbasiert zu organisieren, sind sein Grad an vertikaler Integration sowie seine Aufbau- und Ablaufstruktur. Die *vertikale Integration* ist zum einen Ausschlag gebend für das Ausmaß der Wissensakquisition. Dabei sind Märkte als ineffizient in Bezug auf den Transfer von Wissen anzusehen,[201] ausgenommen das Wissen, das in Produkten und Leistungen enthalten ist. Das Ausmaß der vertikalen Integration determiniert somit die Akquisition von Wissen in Form von Produkten. Zum anderen bestimmt die vertikale Integration die Grenzen der Organisation und beeinflusst mögliche Optionen zur Bildung von strategischen Allianzen.[202]

Auch die *Aufbau- und Ablaufstruktur* ist für ein wissensbasiertes Unternehmen essenziell. Es muss die Verteilung von Entscheidungsautorität, die Hierarchie und die Gestaltung der Organisationsstrukturen an die veränderte Perspektive des Knowledge based View anpassen.[203] Dazu gehört auch, dass ein wissensbasiert agierendes Unternehmen dynamische organisationale Fähigkeiten entwickeln muss, die die Wissensintegration vorantreiben. Notwendig sind zudem Mechanismen, die eine Weiterentwicklung der organisationalen Wissensbasis nachhaltig fördern.

---

[200] Vgl. hierzu und im Folgenden Grant (1997), S. 452 ff.
[201] Vgl. Schneider (2006), S. 54 bezugnehmend auf Coase (1937).
[202] Vgl. Armour/ Teece (1980), S. 470 f., Grant (1996b), S. 119, Demsetz (1988), S. 153 f.
[203] Vgl. Al-Laham (2003), S. 138

3.2.2 Dynamisch-prozessuale Konsolidierung von Ressourcen – der Competence based View

> *„The basic units of analysis are the individual resources of the firm: items of capital equipment, the skill of individual employees, patents, brand names, and so on. But to examine how the firm can create competitive advantage 'we must look at how resources work together to create capabilities'."*[204]

Der Competence based View gilt als ein Derivat aus dem Resource based View,[205] der den Fokus auf die organisationalen Fähigkeiten von Unternehmen legt. Die individuelle Erfolgssituation von Unternehmen wird in diesem Ansatz daraus begründet, wie überlegene Ressourcen mit besonderen Fähigkeiten und Kompetenzen kombiniert werden.[206] Über eine kausale Argumentationskette werden Inputfaktoren mit organisationalen Handlungspotenzialen kombiniert. In der Konsequenz werden Ergebnisdivergenzen durch die immanenten Wirkungspotenziale der Ressourcen erklärt. Ziel des Ansatzes ist es, zu begründen, wie nachhaltige Performanceunterschiede entstehen, die überdurchschnittliche Renditen oder verteidigungsfähige Vorteile gegenüber Wettbewerbern ermöglichen.

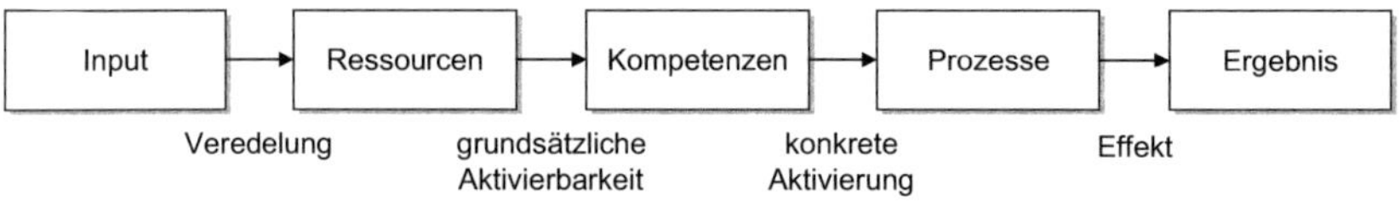

Abbildung 3: Argumentationslogik des Kompetenzansatzes[207]

Die statisch-deskriptive Perspektive, aus der heraus im Resource based View Ressourcen bereitgestellt und veredelt werden, wird hier aufgegeben: zugunsten von Flussgrößen, die in einem Prozess dynamisch miteinander in Beziehung stehen. Dabei wird nicht nur die zielgerichtete Entwicklung der Ressourcen thematisiert, es

204 Grant (1991), S. 121 (Hervorhebung im Original)

205 Vgl. z. B. Rasche (1994), S. 91 ff., Thiele (1997), S. 66, Proff (2002), S. 38, Duschek/ Sydow (2002), S. 427

206 Vgl. Teece et al. (1997), S. 510, Dierickx/ Cool (1989), S. 1504 f., Hamel/ Prahalad (1994), S. 52 und S. 79 ff., Sanchez/ Heene (1997b), S. 4 f.

207 In Anlehnung an Freiling (2004), S. 7

werden auch konkrete Einsatzmöglichkeiten angesprochen.[208] „The strategic asset is the cumulative result of adhering to a set of consistent policies over a period of time. Put differently, strategic *stocks* are *accumulated* by choosing appropriate time paths of *flows* over a period of time.“[209]

Um Ressourcen nicht nur bereitzustellen und zu veredeln, sondern auch im Zuge einer geeigneten Prozessgestaltung am Markt anzubieten, sind organisationale Fähigkeiten notwendig. Diese Fähigkeiten gehen in einem Entwicklungsprozess aus Kernkompetenzen hervor.[210] Ressourcen dienen dabei als Baumaterial, das mithilfe von Fähigkeiten geschickt eingesetzt wird.[211] Dadurch, dass strategisch relevante Ressourcen ausdifferenziert werden, soll nach diesem Ansatz eine stärkere Prozessorientierung erreicht werden. Ihr Vorteil: Sie ist der Dynamik der Märkte angepasst, und sie entspricht der Notwendigkeit permanenter Lern- und Wandlungsfähigkeit.

Bei der Definition der zentralen Termini der Kompetenzperspektive herrscht in der Literatur eine große Vielfalt: Fertigkeiten („skills“), Fähigkeiten („capabilities“), Routinen („routins“), Aktivposten („assets“), (Kern-)Kompetenzen ((„core“) „competences“), Wissen („knowledge“) und Ressourcen („resources“) bilden ein vielgestaltiges Gerüst von Potenzialen.[212]

Als *Fertigkeiten* und *Fähigkeiten* werden überwiegend individuelle Verhaltensstereotype, aber auch organisatorische Interaktionsmuster bezeichnet. Diese Stereotype und Muster lassen sich wie folgt charakterisieren:[213]

1. Sie besitzen Programmcharakter, was eine Routinisierung und Stabilisierung komplexer Handlungsabläufe bewirkt. Auf diese Weise vollziehen sich die einzelnen Handlungsschritte in einer gleichsam automatisierten Abfolge.

---

208 Vgl. zu dieser Diskussion Dierickx/ Cool (1989), S. 1506, Mahoney (1995), S. 94, Zahn (1996a), Sp, 884 und S. 889 sowie Teece et al. (1997), S. 513 ff und S. 529. Konkrete Verwendungsmöglichkeiten werden bei Von Krogh/ Roos (1996) thematisiert.

209 Dierickx/ Cool (1989), S. 1506 (Hervorhebung im Original) bezugnehmend auf Telser (1961), S. 197

210 Vgl. Prahalad/ Hamel (1990), S. S. 79-91, Collis (1991), S. 49-68, Hamel/ Prahalad (1993), S. 75-84, Hamel/ Prahalad (1994), S. 235, Rasche (1994), S. 148 ff., Collis/ Montgomery (1995), S. 128

211 Vgl. Amit/ Schoemaker (1993), S. 35

212 Vgl. z. B. Eine systematische Aufarbeitung dieser Begriffe findet sich z. B. bei Rasche (1994), S. 92 ff., Zahn (1996a), Sp, 885 ff. oder Sanchez et al. (1996), S. 7-11

213 Vgl. Nelson/ Winter (1982), S. 73 ff. In dieser Begriffsdefinition werden Fertigkeiten als statisch und Fähigkeiten als dynamisch betrachtet.

2. Sie sind gekennzeichnet durch einen bestimmten Grad an Transparenz bzw. Artikulierbarkeit. Leichte Reproduzier- und Imitierbarkeit birgt hier die Gefahr der Know-how-Diffusion. Demgegenüber ist die hohe Komplexität des Musters mit geringerer Transparenz und schwächer ausgeprägter Kodifizierbarkeit verbunden.
3. Sie fokussieren Aktionen auf eng umrissene Entscheidungsalternativen. Damit begünstigen sie die zielgerichtete Anwendung von Fähigkeiten.

Werden Fähigkeiten verankert, entstehen *Routinen* als individuumsübergreifende Verhaltensstereotype, die als Speicher des organisationalen Wissens[214] bzw. als organisatorisches Gedächtnis[215] dienen. Routinen sind wiederholungsfähige, gelernte, unternehmensspezifisch ausgerichtete Verhaltensmuster.[216] Die Interpretation und Projektion des im Zeitverlauf akkumulierten Wissens[217] hat zur Folge, dass sich eine Pfadabhängigkeit entwickelt. Es entstehen eingeschliffene Verhaltensmuster. Je stärker dieser Prozess ausgeprägt ist, umso geringer ist die Flexibilität.[218] NELSON/ WINTER definieren Routinen zunächst als „general term for all regular and predictable behavioural patterns of firms.“[219] Diese Begriffsdefinition wird konkretisiert als „stable patterns of behaviour that characterize organizational reactions to variegated, internal or external stimuli.”[220] WINTER beschreibt Routinen später ergänzend als „behaviour that is learned, highly patterned, repetitious, or quasi-repetitous, founded in part tacit knowledge.”[221]

Inwieweit es einem Unternehmen möglich ist, sein Potenzial verfügbarer Inputgüter und Ressourcen zu erschließen, hängt von seinen Kompetenzen und Kernkompetenzen ab. *Kompetenzen* entstehen, wenn organisationale Routinen mit komplementären Aktivposten, individuellen Fertigkeiten, technologischen Fähigkeiten und sozialen Interaktionsmustern synergetisch kombiniert werden.[222] Sie besitzen als Verknüpfung originärer Potenziale zu Ressourcen höherer Ordnung die Fähigkeit,

---

214 Vgl. Nelson/ Winter (1982), S. 99. EDVINSSON/ MALONE sprechen in diesem Zusammenhang vom strukturellen Wissen von Organisationen (vgl. Edvinsson/ Malone (1997), S. 35 f. und das Beispiel auf S. 46).
215 Vgl. Walsh/ Ungson (1991), S. 57 ff.
216 Vgl. Winter (2003), S. 991
217 Vgl. Walsh/ Ungson (1991), S. 69
218 Vgl. Marengo (1992), S. 1, North (2002), S. 65 ff., Leonard-Barton (1992)
219 Nelson/ Winter (1982), S. 14
220 Zollo/ Winter (2002), S. 340
221 Winter (2003), S. 991
222 Vgl. Hamel (1994), S. 11 f., Rasche (1994), S. 112, Teece et al. (1994), S. 12

den Bestand an Wissen im Unternehmen mit sämtlichen anderen tangiblen und intangiblen Ressourcen zu bündeln.[223] Kompetenzen bilden komplexe Muster von akkumuliertem Wissen und entfalten sich erst bei der Anwendung in bestimmten Aufgabenfeldern.[224] Für GRANT sind Kompetenzen zusammen mit den strategischen Wettbewerbsvorteilen die Grundlage, um Unternehmensprozesse auszuführen.[225]

Wenn Kompetenzen nicht nur wettbewerbsfähig sind, sondern einem Unternehmen Wettbewerbsvorteile verschaffen und darüber hinaus in Produkte und Märkte transferierbar sind: dann handelt es sich um *Kernkompetenzen.*[226] Sie sichern nicht nur die langfristige Unternehmensentwicklung durch den Aufbau nachhaltiger Erfolgspositionen, sondern eignen sich aufgrund ihrer schwierigen Imitierbarkeit zur Differenzierung im Wettbewerb und stiften einen fundamentalen Zusatznutzen bei den Kunden.[227] Kernkompetenzen ermöglichen es, Ressourcen so zu bündeln, dass sie im spezifischen Aufgabenkontext zu einzigartigen Problemlösungen führen. Kernkompetenzen zeichnen sich dadurch aus, dass sie die sogenannten VRIN-Merkmale[228] haben, einen komplexen, teilweise impliziten und vor allem gewachsenen Charakter aufweisen und in der Folge wertschaffend, zudem selten, nur schwer imitierbar, und nicht substituierbar sind.

Heute wird das Kompetenzkonzept zunehmend kritisiert. Da es die Veränderungsdynamik in den Unternehmensumfeldern aus Sicht der Kritiker zu wenig berücksichtigt, fordern sie eine Dynamisierung des Konzeptes. An die Stelle von Kompetenzen bzw. Kernkompetenzen sollen in einem revidierten Kompetenzkonzept „Dynamic Capabilities“ treten.[229] Sie beschreiben die als zu statisch empfundenen

---

223 Vgl. Teece et al. (1994), S. 24, Mildenberger (2002), S. 302 f.

224 Vgl. Rasche (1994), S. 112

225 Vgl. Grant (2002a), S. 132 ff.

226 Vgl. Zahn (1992), S. 18 f., Leonard-Barton (1992), S. 111, Krüger/ Homp (1997), S. 27
LEONARD-BARTON gibt auch einen Überblick zum Wandel des Kernkompetenzenbegriffs (vgl. Leonard-Barton (1992)). Zu „core competencies“ oder „organizational competencies“ vgl. Prahalad/ Hamel (1990) und Hayes et al. (1988), zu „distinctive competencies“ vgl. Snow/ Hrebiniak (1980), Hitt/ Ireland (1985) und Lado et al. (1992), S. 81 f., zu „firm-specific competence“ vgl. Pavitt (1991), zu „resource deployments“ vgl. Hofer/ Schendel (1978) sowie zu „invisible assets“ vgl. Itami/ Roehl (1987).
HOMP diskutiert die inhaltliche Genese des Kernkompetenzbegriffs (vgl. Homp (2000), S. 7 f.). Für eine grafische Darstellung siehe die Kompetenzzwiebel von Krüger/ Homp (1997), S. 26 f.

227 Vgl. Prahalad/ Hamel (1990), S. 83 f., Prahalad/ Hamel (1992), S. 66, Teece et al. (1997), S. 516, Schneider (1997), S. 61

228 VRIN wird als Akronym für „valuable“, „rare“, „inimitable“ und „non-substitutable“ benutzt (vgl. Barney (1991), S. 105 ff., Eisenhardt/ Martin (2000), S. 1105).

229 Siehe dazu Kapitel 3.3.1

organisationalen Kompetenzen nicht mehr als feste Bestandsgröße, sondern als kontinuierlichen Veränderungsprozess.[230]

Ein Modell, das beschreiben kann, wie Ressourcenbündel zu Kompetenzen ausgebildet und nutzbringend eingesetzt werden, kann Innen- und Außenperspektive im Kundenwert verbinden.[231] Die Suche nach den Einflussgrößen der Kernkompetenzen und den Grenzen ihrer Entwicklungsfähigkeit rückt die Prozessdimension und Dynamisierungsaspekte[232] in den Mittelpunkt. In diesem Kontext steht ein Ansatz wie das Competence based Strategic Management.[233] Dieses Konzept bezieht das dynamische Wettbewerbsumfeld ein und berücksichtigt die Herausforderungen, mit denen Unternehmen konfrontiert sind, die nachhaltig organisationale Fähigkeiten aufbauen und einsetzen wollen. In einem Ansatz wie diesem, aber auch im Dynamic Capabilities Ansatz, geht es deshalb zentral darum, Lernprozesse zu motivieren,[234] durch die das Unternehmen qualitative Veränderungen in seinen Ressourcen und Ressourcenflüssen generieren kann.

Durch das Kernkompetenzkonzept wird die Ressourcendiskussion konkretisiert. Es geht nicht nur um die generelle Entwicklung der einzelnen Ressourcen, sondern um ihre zielgerechte Entwicklung im Zusammenhang und im Zusammenspiel mit den Fähigkeiten einer Organisation. Der kollektive Hintergrund, die organisationalen Fähigkeiten rücken in den Mittelpunkt der Betrachtung. Aber um die Wettbewerbsfähigkeit der Kompetenzen zu erhalten, ist zudem eine stetige Unterstützung von Außen nötig. Die Integration von Kunden, von deren Wissen und Fähigkeiten, kann dazu beitragen, diese Ressourcen zu verstärken.

---

230 Vgl. Schreyögg/ Kliesch (2006), S. 456
231 Vgl. Friedrich et al. (2002), S. 36
232 Vgl. Lei et al. (1996), S. 549 ff., Amit/ Schoemaker (1993), S. 34 und S. 42
233 Vgl. Sanchez/ Heene (1996), S. 39-62, Sanchez/ Heene (1997), S. 303-317, Sanchez et al. (1996), S. 1-35
234 Vgl. Teece et al. (1997), S. 518 ff., Sanchez/ Heene (1996), S. 9

3.3 Nachhaltige Dynamisierung von Kompetenzen

3.3.1 Kompetenzen in Innovationen umsetzen – die Dynamic Capabilities

Um zu zeigen, wie sich Wettbewerbsvorteile nachhaltig verteidigen lassen, muss ein Konzept in der Lage sein, die Dynamik von realen Wettbewerbsprozessen abzubilden. Das prozessorientierte Konzept der Dynamic Capabilites löst das Schlüsseldefizit des Resource based View auf, die Ressourcen als faktisch gegeben zu betrachten und die sie umgebenden Veränderungen zu vernachlässigen.[235] Zur Generierung nachhaltiger Erfolgspotenziale in dynamischen Umfeldern reicht – gemäß diesem Konzept – das „Anhäufen" und Schützen von Fähigkeiten und Ressourcen nicht aus. Vielmehr sind effektive Aktivitäten der Koordination und flexible Fähigkeiten der Kombination interner und externer Kompetenzen nötig. Denn sie erlauben es ebenso, eine hohe Responsivität zu erzielen, wie Produkte und Dienstleistungen schnell und flexibel zu entwickeln.[236] Dynamic Capabilities bilden auf diese Weise einen regelrechten „Erosions-Puffer" zwischen den Ressourcen des Unternehmens und dem sich ändernden Umfeld. Dadurch helfen sie dem Unternehmen, seinen Ressourcenmix zu justieren.

Während der Resource based View betont, wie wichtig die Auswahl passender Ressourcen ist, hebt das Konzept der Dynamic Capabilities die Bedeutung der Entwicklung und Erneuerung der Ressourcen hervor. Entscheidender Faktor für den Wettbewerbserfolg eines Unternehmens ist hier die Fähigkeit, Innovationen zu entwickeln.[237] Dynamische Fähigkeiten in diesem Sinne sind diejenigen Teile der Unternehmenskompetenz, die ihm erlauben, neue Produkte und Prozesse zu generieren und auf sich verändernde Marktumstände zu reagieren.[238] Wettbewerbsvorteile resultieren dementsprechend aus Prozessen, die durch die Ressourcenpositionen

---

[235] Zur Formierung des Konzeptes siehe bspw. Lei et al. (1996), Teece/ Pisano (1994), Schoemaker/ Amit (1997), Teece et al. (1997), Eisenhardt/ Martin (2000), Zollo/ Winter (2002) sowie Teece (1998). Alternativ zu dieser Strömung entwickelten Klein/ Hiscocks (1994) und Klein et al. (1991) das Konzept der Metafähigkeiten. Ihr Modell impliziert die Darstellung des Unternehmens als Schichtenmodell, dessen Fähigkeitenan- und -verwendung in kausalen Zusammenhängen stehen, wobei jede einzelne Schicht das Verhalten der nächsten beeinflusst.

[236] Vgl. Teece/ Pisano (1994), S. 538, Zahn/ Schön (2003), S. 170

[237] Vgl. Prahalad/ Hamel (1990), S. 81

[238] Vgl. Teece/ Pisano (1994), S. 541

des Unternehmens und seine Entwicklungswege geformt werden.[239] Im Konzept der Dynamischen Fähigkeiten haben Managementfähigkeiten und nicht imitierbare, spezifische Ressourcenkombinationen einen hohen Wert. Ausbilden lassen sich dynamische Fähigkeiten grundsätzlich in allen Unternehmensfunktionen, einschließlich der Bereiche Forschung und Entwicklung, Produkt- und Prozessentwicklung, Produktion, menschliche Ressourcen und organisationales Lernen.[240] TEECE ET AL. identifizieren signifikante Faktoren, die helfen, die Kompetenz und die dynamischen Fähigkeiten eines Unternehmens zu analysieren: Prozesse, die Ressourcenposition und strategische Pfade.[241]

Prozesse – beispielsweise Organisations- sowie Führungsprozesse, Handlungs- und Entscheidungsroutinen oder Lernmuster – bilden als Verknüpfungsaktivitäten und Anpassungsprozesse, die sich im Unternehmen als Routinen und Lernen manifestieren, die Basis der Kompetenzentwicklung und forcieren die Dynamisierung.

Die *Ressourcenposition* eines Unternehmens wird nicht nur durch seine Lernprozesse und die Symbiose interner und externer Prozesse bestimmt, sondern auch durch seine spezifische Ressourcenausstattung. Zu dieser Ausstattung zählen zum Beispiel die aktuelle Ausrüstung mit Technologie, materielle und immaterielle Ressourcen, komplementäre Aktivposten, die Kundenbasis und externe Lieferantenrelationen.[242]

Die *strategischen Pfade* öffnen das Spektrum strategischer Alternativen, um sich im Wettbewerb zu differenzieren. Sie sind in mehrfacher Hinsicht das Ergebnis der Unternehmenshistorie. Im Hinblick auf die Aspekte lokales Lernen, Investitionen und Routinenrepertoire resultiert das Set an zukünftigen Handlungsoptionen aus früheren Entscheidungen.[243]

In pfadabhängigen Entwicklungsprozessen werden durch Integration unternehmensintern vorhandener und unternehmensextern zu beschaffender Kompetenzen neue Potenziale aufgebaut.[244] Dieser zeitabhängige Akkumulationsprozess ermöglicht, neue Fähigkeiten zu entwickeln, indem bereits vorhandene, „alte“ Fähigkeiten be-

[239] Vgl. Teece et al. (1997), S. 518 ff.
[240] Vgl. Lawson/ Samson (2001), S. 379
[241] Vgl. Teece et al. (1997), S. 518
[242] Teece et al. (1997), S. 521 f. führen an dieser Stelle „technological assets, complimentry assets, financial assets, reputational assets, structural assets, institutional assets, market (structure) assets“ und „organizational boundaries“ an.
[243] Vgl. Eisenhardt/ Martin (2000), S. 1111, Makadok (2001), S. 389
[244] Vgl. Teece et al. (1997), S. 516, Teece/ Pisano (1994), S. 538, Eisenhardt/ Martin (2000), S. 1107

wahrt und weiterentwickelt werden.[245] Entscheidend ist dabei, ob es gelingt, organisationale Kompetenzen um die Dimension der generellen Fähigkeit zur Selbsterneuerung zu erweitern. Gemeint ist damit eine Fähigkeit, die es nicht nur erlaubt, Ressourcenformationen aufzubauen und zu verstetigen, sondern die auch ermöglicht, diese Informationen entsprechend der Veränderungsdynamik des Umfelds adäquat zu rekonfigurieren.[246] Möglich wird diese Akkumulation, wenn den Kernkompetenzen strategische Lernpotenziale vorgelagert sind.[247] Dynamic Capabilities wirken dabei als Treiber. Sie sind also das Potenzial eines Unternehmens, Lern-, Adaptions-, Wandlungs- und Selbsterneuerungsprozesse zu vollziehen.[248]

Dynamische Fähigkeiten lassen sich nach der Art des Wissens unterscheiden, auf das sie bezogen sind:[249]

- Funktionale Fähigkeiten fördern die Entwicklung von produktbezogenem und technischem Wissen.[250]
- Integrative Fähigkeiten ermöglichen es Unternehmen, Wissen aus externen Quellen zu absorbieren und in das eigene Instrumentarium zu integrieren.[251]
- Innovationsfähigkeit ist Integrationsfähigkeit auf der Meta-Ebene, also die Kompetenz, multiple Fähigkeiten zu formen und zu handhaben.[252] Unternehmen, die Innovationsfähigkeit besitzen, können die Kernkompetenzen und Ressourcen ihres Unternehmens integrieren, um Innovationen erfolgreich anzuregen.[253]

Während Fähigkeiten Unternehmen in die Lage versetzen zu handeln, erlauben Kompetenzen tatsächliches handeln. Dementsprechend dienen Dynamic Capabilities

[245] Vgl. Burmann (2002), S. 168
[246] Vgl. Schreyögg/ Kliesch (2006), S. 462
[247] Vgl. Rasche (1994), S. 159. ZAHN betont den Unterschied zwischen Metakompetenzen (als gebündelte Kernkompetenzen) und Metafähigkeiten (Mechanismen bzw. organisatorische Infrastrukturen) zur Unterstützung von Aufbau und Anwendung wettbewerbsrelevanter Kernkompetenzen (vgl. Zahn (1996a), S. 887 ff.). Zum Konzept der Metafähigkeiten bzw. Metakompetenzen vgl. z. B. Prahalad/ Hamel (1990), S. 87 ff., Lei et al. (1996), S. 550, Klein/ Hiscocks (1994), S. 186 f. und Klein et al. (1991), S. 4 ff.
[248] Vgl. Eisenhardt/ Martin (2000), S. 1107, Rasche (1994), S. 160
[249] Vgl. Verona (1999), S. 134 ff.
[250] Vgl. Amit/ Schoemaker (1993), S. 35, Prahalad/ Hamel (1990), S. 82
[251] Vgl. Cohen/ Levinthal (1990), S. 128, Grant (1996a), S. 380 f., Grant (1996b), S. 113, Henderson/ Clark (1990), S. 15 f., Kogut/ Zander (1992), S. 391 f.
[252] Zur Entwicklung des Konzepts der höherwertigen Integrationsfähigkeit vgl. Fuchs et al. (2000).
[253] Vgl. Prahalad/ Hamel (1990), S. 82

als Meta-Fähigkeiten[254] zum Management unternehmensintern vorhandener und unternehmensextern zu akquirierender Fähigkeiten und Wissensressourcen: Sie integrieren Unternehmens- und Kundenressourcen, indem sie leistungsbezogene Fähigkeiten und funktionale Backgrounds kombinieren, um erfolgreiche Produkte und Services zu generieren. Sie unterstützen die Rekonfiguration von Ressourcen und Transferprozessen[255] und sind für die Akquisition und den Einsatz jener Ressourcen verantwortlich, die die Ausbildung von Routinen zur Wissenskreation und Allianzbildung ermöglichen, ebenso wie Akquisitions- und Ausstiegsroutinen.[256]

3.3.2 Generierung und Verstetigung von Potenzialen – der Lernansatz

„Learning is the core of the process of knowledge transfer."[257]

Unternehmen bilden Wissenssysteme. Dies sind Systeme, die durch organisationale Lernprozesse Wissen erwerben, es in ihrer Wissensbasis verankern und neu formieren, damit es zur Verfügung steht, wenn künftig Probleme gelöst werden müssen.[258] Unternehmen interagieren mit ihrer Umwelt und sind dadurch den stetigen Änderungen ihrer Umgebung ausgesetzt. Um ihre Austauschbeziehungen effektiv und effizient zu gestalten, müssen Unternehmen auf die Veränderungen in ihrer Umwelt reagieren.[259] Was als Anpassung eines Unternehmens zu beobachten ist, resultiert aus dem Lernen der Organisation. Eine lernende Organisation modifiziert die eigenen Handlungsweisen, um Umweltveränderungen gerecht zu werden.[260] Die Lernprozesse in einer Organisation gestalten eine Wissensbasis, die stetig angepasst wird und die Grundlage für nachhaltigen Unternehmenserfolg sein kann. Speichert ein Unternehmen die vollführten Lernprozesse, erwirbt es Wissen.[261] Während das Konzept des Wissensmanagements darauf fokussiert, wie ein Unternehmen sein Wissen beeinflussen und steuern kann, stellt das Konzept der

---

[254] Zu den fundamentalen Meta-Fähigkeiten bzw. organisationalen Fähigkeiten Lernen, Innovieren, Kategorisieren und Verankern vgl. Klein et al. (1991), S. 4 ff. und Klein/ Hiscocks (1994), S. 187 f.

[255] Inkl. Routinen zur Replikation und Vermittlung, die zum Kopieren, Transferieren und Rekombinieren gebraucht werden.

[256] Vgl. Eisenhardt/ Martin (2000), S. 1107 f.

[257] Spender (1994), S. 363

[258] Vgl. Tsoukas (1996), S. 13, Pautzke (1989), S. 89

[259] Vgl. Teece et al. (1997), S. 538, Hunt (2000), S. 137 f.

[260] Vgl. Hunt (2000), S. 251

[261] Vgl. Pautzke (1989), S. 10, Wiegand (1996), S. 226, Aulinger/ Fischer (2000), S. 646

lernenden Organisation die Veränderungsprozesse der Organisation in den Mittelpunkt.

3.3.2.1 Ebenen des Lernens

Lernen bewirkt eine Änderung des Wissensstatus durch Prozesse des Experimentierens und der Repetition. Ziel dieser Prozesse ist es, Probleme zu lösen und Aufgaben zu bewältigen.[262] Individuelles Lernen bildet die Grundlage für organisationales Lernen, denn Individuen können autonom lernen, während Organisationen darauf angewiesen sind, durch Individuen zu lernen.[263] Das bedeutet, dass Lernprozesse immer zuerst auf individueller Ebene stattfinden – durch Individuen die „agents for organizational learning“[264] sind – und in Lernprozessen auf organisationaler Ebene fortgesetzt werden.[265] Je nachdem, ob sich Analysen auf bestimmte Reiz-Reaktionsverknüpfungen beziehen oder strukturelle Veränderungen des Organismus in den Blick nehmen, werden behavioristische oder kognitive Lerntheorien benutzt.[266]

Individuelles Lernen beruht auf einer Verhaltensänderung oder einer Änderung der kognitiven Wahrnehmung. Im zweiten Fall verändert sich das Verhaltenspotenzial. Dieses Potenzial geht auf Erfahrung oder Übung zurück und kann eine gewisse Zeit überdauern.[267] Der individuelle Lernprozess beginnt mit der Wahrnehmung von Reizen und Reaktionen aus der Umwelt. Das Individuum unterzieht diese Wahrnehmung einer kritischen Reflexion und Analyse im Lichte seiner bisherigen Erfahrungen. Auf Basis dieser Analyse entwickelt es abstrakte kognitive Handlungskonzepte und testet sie. Der Zyklus des individuellen Lernens schließt sich mit der Wahrnehmung, wie sich die eigenen Aktionen auf die Umwelt auswirken und wie die Umwelt auf die individuelle Aktion reagiert. In individuellen Lernprozessen sind persönliche Erfahrungen der Auslöser für die Entwicklung individueller Rationalität.

---

262 Vgl. Cangelosi/ Dill (1965), S. 202 f., Shrivastava (1983), S. 8, Daft/ Huber (1987), S. 10 ff., Gnyawali et al. (1997), S. 17

263 Vgl. Argyris/ Schön (1978), S. 20 ff., Argyris/ Schön (2002), S. 22, Kim (1993), S. 43, March (1975), S. 152 und 158 ff. Organisationales Wissen resultiert demnach aus individuellen Lernvorgängen und ist nicht mit der Summe individuellen Wissens im Unternehmen gleichzusetzen (vgl. Zahn/ Dillerup (1995), S. 62 f., Rasche (1994), S. 176).

264 Argyris/ Schön (1978), S. 19 und vgl. die dort folgenden Ausführungen

265 Vgl. Lyles et al. (1996), S. 83, Kotabe et al. (2003), S. 296, Crossan et al. (1999), S. 525 ff.

266 Vgl. zu den Lerntheorien bspw. Greschner (1996), S. 50 ff.

267 Vgl. z. B. Bower/ Hilgard (1983), S. 31. Siehe zum Konzept des individuellen Lernens grundlegend Lewis (1963) sowie Argyris/ Schön (1978), S. 20 ff., Pautzke (1989), S. 32 ff. und Kim (1993), S. 39.

Insofern spiegeln Lernprozesse des Individuums die subjektive Bedürfnis- und Motivlage wider.

Beim *organisationalen Lernen* hingegen geht es um die Aneignung von kollektivem Wissen und kollektiven Werten und Normen. Organisationales Lernen schafft eine kollektive Rationalität, die auf überpersönlichen Erfahrungswelten beruht und durch normative Ordnungsschemata kollektiv verbindliche Entscheidungsverfahren ermöglicht.[268] Durch die Bildung spezifischer pseudo-kognitiver Strukturen wird die Wissensbasis des Unternehmens geformt. Verändert wird die Wissensbasis durch kontinuierliche organisationale Lernprozesse bzw. kollektive reflexive Auseinandersetzung mit den Ergebnissen früherer Handlungen.[269] Organisationales Lernen bezieht sich immer auf das Lernen von Organisationen als Entitäten.[270]

Die verschiedenen Begriffsauffassungen vom organisationalen Lernen unterscheiden sich hinsichtlich der kognitiven Strukturen, welche man den Lernprozessen zugrunde legt. Organisationales Lernen wird verstanden

- als Organisationsprozess, durch den Wissen über Handlungs-Ergebnis-Relationen (einschließlich der Umwelteffekte auf diese Relationen) entwickelt wird,[271]
- als Umbau der organisationalen Handlungstheorie durch die Organisationsmitglieder, die auf interne und externe Umweltveränderungen mit dem Wahrnehmen und der Korrektur von Fehlern reagieren[272]
- oder als Veränderung kollektiver Annahmen, die auf geteilten mentalen Modellen basieren.[273]

Die beiden folgenden Übersichten in Tabelle 5 und Tabelle 6 fassen die grundlegenden Ansätze zum organisationale Lernen zusammen und verdeutlichen deren unterschiedliche Schwerpunktsetzung.

---

[268] Vgl. hierzu die Übersicht bei Henschel (2001), S. 111
[269] Vgl. Schreyögg/ Eberl (1998), S. 519
[270] Vgl. Klimecki/ Thomae (1997), S. 2
[271] Vgl. Duncan/ Weiss (1979), S. 84, Pautzke (1989), S. 112, Klimecki et al. (1994), S. 21
[272] Vgl. Argyris/ Schön (1978), S. 29
[273] Vgl. De Geus (1988), S. 70, Senge (1996), S. 101

Lernen auf Basis von:		Erfahrungsorientierung	Interpretationsorientierung
Charakteristika	Vertreter	Cyert/ March (1963)[274]	Argyris/ Schön (1978)[275]
	Wurzeln	verhaltenswissenschaftliche Theorie	verschiedene Ansätze
	Definition	„Organizations … learn form experience. They act, observe, and draw implications for future action."[276]	„Organizational learning occurs … responding to changes in the internal and external environments of the organizational theory-in-use."[277]
	Fokus	organisationales Lernen und Strategisches Management: Rejustierung von Entscheidungsabläufen und Regeln	- Interpretationen der System-Umwelt-Beziehungen[278] - Handlungstheorie aus Normen, Werten, Strategien, Annahmen
Verständnis	Grundmodell	Erfahrungsanpassung: - organisationale Ziele - Aufmerksamkeitsregeln - Suchregeln	inkrementales (Single-Loop-Learning), fundamentales (Double-Loop-Learning) und Meta-Lernen (Deutero-Learning)
	Weiterentwicklungen	- Exploitation und Exploration[279] - Einfluss der Unternehmenskultur[280]	begriffliche Variationen: - mental models[281] - frames of reference[282]
Prozess	Grundmodell	Trial and Error[283]	Korrektur der Umweltinterpretation, ex post Erfahrungslernen
	Weiterentwicklungen	-	1. Verlernen[284] 2. Neulernen
Faktoren	Grundmodell	begrenzte Rationalität organisationaler Entscheidungen	innovationsfreundliche oder -feindliche Umweltinterpretationen
	Weiterentwicklungen	Lokalisierung und Substituierung des organisationalen Lernens	- Lernkultur[285] - managementbezogener Gestaltungsansatz[286]
Perspektive		Organisationales Lernen als Adaption	Organisationales Lernen als Schaffen einer gemeinsamen Wirklichkeit

Tabelle 5: Gegenüberstellung der verschiedenen Ansätze organisationalen Lernens (Teil 1)[287]

274 Weitere Vertreter des adaptiv geprägten Lernansatzes sind Cangelosi/ Dill (1965), March/ Olsen (1976) und Levitt/ March (1988).

275 Weitere Vertreter des Lernansatzes auf Basis geteilter Annahmen sind Mitroff/ Emshoff (1979) und Mason/ Mitroff (1981).

276 March/ Olsen (1976), S.67

277 Argyris/ Schön (1978), S. 29

278 Vgl. Argyris/ Schön (1978), S. 15 ff.

279 Vgl. March (1991)

280 Vgl. Lant/ Mezias (1990), S. 147 f. und S. 151 f. Beim Prozess der Strategiebildung weisen sie auf die lokale Beschränkung kollektiver Lernprozesse sowie die wechselseitige Substituierung der damit verbundenen Lernerfolge hin.

281 Vgl. Kofman/ Senge (1993), S. 19 f., McGill/ Slocum (1996), S. 67

282 Vgl. Jelinek (1979), S. xvi, Shrivastava (1983), S. 12

283 Vgl. zu den Methoden Versuch-und-Irrtum sowie Kopieren und Experimentation des organisationalen Lernens z. B. Aldrich et al. (1984) und Dutton/ Freedman (1985).

284 vgl. Hedberg (1981), Klein (1989), McGill/ Slocum (1993), Nystrom/ Starbuck (1984)

285 McGill/ Slocum unterscheiden spezifische Lernkulturen: „knowing organization, understanding organization, thinking organization" und die „learning organization" mit einer Kultur des kontinuierlichen Experimentierens (vgl. McGill/ Slocum (1993), S. 70 ff.).

286 Vgl. Senge (1996)

287 Vgl. hierzu auch die Untersuchungen von Klimecki/ Thomae (1997) und Wolf (2001), S. 149 ff.

Lernen auf Basis von:		Wissensorientierung	Informationsorientierung
Charakteristika	Vertreter	Duncan/ Weiss (1979)[288]	Daft/ Huber (1987)
	Wurzeln	Social-Systems-Ansatz	kybernetische Organisationstheorie
	Definition	„Organizational learning is defined here as the process within the organization by which knowledge … is developed."[289]	„organizations must solve two problems." "… the need to acquire and distribute information" "the need to develop a shared interpretation."[290]
	Fokus	- Veränderung organisationaler Wissensbestände - organisationales Wissen als kognitive Grundlage	Transport qualitativ hoch- und geringwertiger Informationen
Verständnis	Grundmodell	- Ergänzung vorhandenen Wissens - Austausch falschen Wissens - Bestätigung richtigen Wissens	organisationale Informationsverarbeitung
	Weiterentwicklungen	-	-
Prozess	Grundmodell	Beobachtungen werden abstrahiert und als Wissen gespeichert, ex post Erfahrungslernen	1. Informations-Gewinnung 2. Informations-Verteilung 3. Informations-Interpretation
	Weiterentwicklungen	1. Wissensgewinnung 2. Wissenskollektivierung 3. Wissensgeneralisierung[291]	4. organisationale Erinnerung[292]
Faktoren	Grundmodell	Normen/ Werte und Mikropolitik	spezifisches Muster einer lernenden Organisation[293]
	Weiterentwicklungen	„absorptive capacity" einer Organisation als Folge der Qualität von Wissensbeständen[294]	„information richness" als Ursache der Informationsmuster[295]
Perspektive		Entwicklung einer gemeinsamen Wissensbasis	Informationsakquisition und Informationsinterpretation

Tabelle 6: Gegenüberstellung der verschiedenen Ansätze organisationalen Lernens (Teil 2)[296]

---

288 Weitere Vertreter des Lernansatzes zur Entwicklung einer Wissensbasis sind Dutton/ Duncan (1981), Pautzke (1989), Kirsch (1992), Kirsch (1990), S. 334 ff., Kirsch/ Heeckt (2001), S. 224 ff. und 252 ff. sowie Nonaka/ Takeuchi (1997).

289 Duncan/ Weiss (1979), S. 84

290 Daft/ Huber (1987), S. 10 f.

291 Vgl. Nevis et al. (1995), S. 73 ff.

292 Vgl. Walsh/ Ungson (1991), S. 58 ff.

293 Dabei unterscheiden DUNCAN/ WEISS zwischen „traditional bureaucracy" auf einem quantitativ und qualitativ niedrigen Informationsniveau, „extended bureaucracy" mit quantitativ hohem Informationsstand, „self-designing organization" auf qualitativ hohem aber quantitativ niedrigem Informationsniveau und „experimenting organization" mit quantitativ und qualitativ hohem Informationsstand (vgl. Duncan/ Weiss (1979), Daft/ Huber (1987), S. 24 ff.).

294 Vgl. Cohen/ Levinthal (1990), S. 133 f.

295 Vgl. Daft/ Lengel (1984), S. 191 ff.

296 Vgl. hierzu auch die Untersuchungen von Klimecki/ Thomae (1997) und Wolf (2001), S. 149 ff.

3.3.2.2 Prozesse des Lernens

Lernprozesse sind die wesentliche Quelle für die Innovationsfähigkeit eines Unternehmens. Denn sie produzieren neues Wissen, das in die Entwicklung der Kompetenzen einfließt und zur Erneuerung des Unternehmens beiträgt.[297] Das Konstrukt der lernenden Organisation und das damit verbundene Forschungsfeld des Wissensmanagements fokussieren nicht nur den Ablauf von Lernprozessen im Unternehmen. Sie nehmen auch den zielgerichteten Einsatz des daraus generierten Wissens im Unternehmen in den Blick. Das Lernen einer Organisation beruht auf dem Lernen der Individuen, die Lernprozesse durchlaufen[298] und auf dem Verbreiten der Inhalte innerhalb der Organisation.[299] Inhalt der Lernprozesse ist dabei unternehmensrelevantes Wissen, das zu Verhaltensänderungen führen soll. Es lassen sich drei Arten von Lernprozessen nach der Radikalität der Veränderung, die sie bewirken, unterscheiden:[300] Single-Loop-, Double-Loop- und Deutero-Learning.

Single-Loop-Learning (Verbesserungslernen) findet innerhalb der gegebenen Handlungsroutinen statt und ermöglicht es, einen definierten Zustand aufrecht zu erhalten. Inkrementale Lernprozesse laufen automatisiert ab. Sie wirken stabilisierend und steigern die Effizienz. Stimuli aus der Umwelt werden integriert und dienen zur Korrektur der individuellen Handlungsmaxime.

Eine Überprüfung und Veränderung der individuellen Handlungstheorien führt zum Erlernen neuer Routinen und zum Verlernen alter Muster (Erneuerungslernen). Durch dieses *Double-Loop-Learning* werden mentale Modelle modifiziert. Es kann sich im negativen Fall als dysfunktionaler Effekt kontraproduktiv auf die Identität des Unternehmens bzw. im Unternehmen auswirken und zum Verlust der Orientierung führen.[301]

Deutero-Learning ist eine „Synthese" von Single-Loop- und Double-Loop-Learning (Kontinuität, Konsistenz und Stabilität vs. verstärkte Fähigkeit zur Innovation). Als Metalernen[302] ermöglicht es den Abbau von Lernbarrieren und schafft durch kritische Reflexion eine kontextabhängige Balance zwischen stabilisierendem Verbesserungs- und destabilisierendem Erneuerungslernen.[303]

---

[297] Vgl. Zahn/ Tilebein (2000), S. 128 f.
[298] Vgl. Lyles et al. (1996), S. 83. Zum organisationalen Gedächtnis vgl. Walsh/ Ungson (1991) und zu organisationaler Intelligenz Schwaninger (1999).
[299] Vgl. Prange et al. (1996), S. 12
[300] Vgl. Argyris/ Schön (1978), S. 18 ff.
[301] Vgl. Zahn/ Tilebein (2000), S. 123
[302] Zum Begriff des Metalernens vgl. Lei et al. (1996).
[303] Vgl. Zahn/ Tilebein (2000), S. 123 f.

3.4 Zusammenfassung der faktorzentrierten Betrachtungen zur Kultivierung von Kundenwissen

Da keine einzelne Theorie umfassend erklären kann, wie Kundenwissen kultiviert wird, wurde in den vorangegangenen Kapiteln ein breites Spektrum an theoretischen Ansätzen auf ihren Beitrag zu einer faktorzentrierten Betrachtung des Kundenwissens hin untersucht. In diesem Kapitel werden die wesentlichen Beiträge der vorgestellten strategieorientierten Ansätze kurz zusammengefasst.

Zu Beginn wurde der statische Market based View zur Erklärung Renten generierender Verhaltensweisen herangezogen. Die zentrale Aussage dieses Ansatzes liegt in der vorteilhaften Positionierung von Unternehmen am Markt und der Generierung von Mehrwert für den Kunden. Um diesen Mehrwert zu schaffen, liegt der Imperativ auf der Erforschung der Wünsche des Kunden und seines Wissens.

Anschließend erfolgte eine Untersuchung des Resource based View zur Erklärung von Wettbewerbsvorteilen auf unvollkommenen Faktormärkten. Aus dieser Perspektive sind Ressourcen strategisch wertvoll, wenn sie bestimmte Kriterien[304] erfüllen. Um Ressourcenengpässe zu überbrücken, versuchen Unternehmen vorhandene Ressourcen zu veredeln und neue Ressourcenquellen zugänglich zu machen. Das Wissen des Kunden ist dabei eine wertvolle Quelle, um vorhandene Wissensbestände zu ergänzen und neue Potenziale zu generieren. Auch das Kriterium der Nutzenstiftung am Markt zielt auf den Kunden, sodass er aus Sicht des Resource based View nicht nur als Quelle, sondern auch als Senke identifiziert werden kann.

Um das interne Ressourcenpotenzial von Unternehmen zu dynamisieren, wurde im Folgenden der Knowledge based View hinsichtlich seines Beitrags zur Erklärung transformationsbezogener Ressourcenaspekte analysiert. Bei der Kultivierung von Wissen sind die speziellen Eigenschaften von Wissen, wie Transferierbarkeit, Trägergebundenheit und Ortsgebundenheit, zu berücksichtigen. Zudem lassen sich aus dem Knowledge based View Aussagen dazu ableiten, dass die Ressource Wissen in unterschiedlichen „Aggregatszuständen" vorliegt und in andere überführt

[304] Siehe zu den Kriterien die Diskussion der Ressourceneigenschaften in Kapitel 3.1.2 und auch die Erklärungen zu den VRIN-Kriterien bei Barney (1991), S. 99 ff.

werden kann.[305] Soll Kundenwissen in das Unternehmen integriert werden, wirkt sich diese jeweilige Form der Ressource determinierend auf sämtliche Transferaktivitäten aus.

Weiterhin wurde die Weiterentwicklung von Wissen aus dem Betrachtungswinkel des Competence based View heraus thematisiert. Aus dieser Sicht erfolgt eine dynamisch-prozessuale Konsolidierung von Ressourcen, in der die Generierung von Wettbewerbsvorteilen konkretisiert wird: organisationale Fähigkeiten werden nicht vom Kontext losgelöst entwickelt, sondern sind einem stetigen Veränderungsdruck von Außen ausgesetzt, wodurch intra- und interorganisationale Lernprozesse motiviert werden. Zur nachhaltigen Dynamisierung dieser Fähigkeiten trägt der Ansatz der Dynamic Capabilities Aussagen bei: Durch die Kombination von internen Unternehmenskompetenzen und externen Kundenkompetenzen können Unternehmen ihre Ressourcenbasis erweitern und eine hohe Responsivität im Wettbewerbsumfeld erzielen.

Aus der Perspektive des Lernansatzes basiert die Generierung und Verstetigung intangibler Ressourcen auf erfolgreichen Wissenstransferprozessen. Unternehmen modifizieren daher durch die Integration von Kundenwissen ihre Wissensbasis und somit auch ihre Handlungsweisen, um Kundenanforderungen besser gerecht zu werden.

Diese grundlegenden Aussagen bilden die Basis für die weiteren Untersuchungen zur Kultivierung von Kundenwissen. In den nächsten Kapiteln werden die transformationsbezogenen Aspekte von Wissensressourcen näher beleuchtet und der Frage nachgegangen, welche Transformationszustände Wissen durchläuft.

3.5 Dimensionen der Wissenstransformation und Wissenskultivierung

Unternehmen sind „in essence a body of knowledge about the organization's circumstances, resources, causal mechanisms, objectives, policies, and so forth".[306] Sie

---

[305] Diese Transformationen von Wissensressourcen werden ausführlich in den folgenden Kapiteln diskutiert.

[306] Spender (1989), S. 185

lassen sich als (verteilte) Wissenssysteme[307] begreifen. Da jede Leistungserbringung unterschiedliches, in der Regel verteiltes Wissen erfordert, ist die Integration dieser verteilten Ressourcen somit fundamentale Unternehmensaufgabe.[308] Wissensressourcen bilden die wesentliche Grundlage aller Prozesse und Funktionen eines Unternehmens. Wird das Wissensmanagement als interner Geschäftsprozess betrachtet, der sich positiv auf die externen Leistungen auswirkt, lassen sich Wissensaktivitäten als Kernkompetenzen eines Unternehmens klassifizieren.

Während sich aus dem Resource based View Eigenschaften ableiten lassen, die notwendig sind, damit Wissen eine Renten generierende Ressource wird,[309] kann aus der Theorie der Dynamic Capabilities der Auftrag zur Entwicklung einer Wissensbasis als Lernprozess formuliert werden.[310] Die Fähigkeit eine Wissensbasis zu entwickeln, ist dabei ein essenzieller Prozess zum Kompetenzaufbau im Unternehmen.[311] Darüber hinaus erweitert der Ansatz des Competence based Strategic Management beide Theorien, indem er Individuen die Fähigkeit zuschreibt, Wissen effektiv zu generieren, zu veredeln und einzusetzen.[312]

Um neue Fähigkeiten aufzubauen, werden verschiedene Ressourcen benötigt. Intangible Ressourcen werden aus neuen Fähigkeiten gewonnen, neuem Wissen oder neuen Kognitionen, die auf Interaktionen zwischen Akteuren und Lernprozessen beruhen.[313] Diese Aufbauprozesse hängen vom Lernen zwischen den Partnern ab, von ihren integrativen und absorptiven Fähigkeiten und ihrer Fähigkeit, Ressourcen neu zu kombinieren.

3.5.1 Soziale Konstruktion von Wissen

3.5.1.1 Individuelle und kollektive mentale Modelle

Grundlage von Denkprozessen und Erfahrungen über zentrale Ursache-Wirkungs-Zusammenhänge sind modellhafte Vorstellungen, die von Akteuren als implizites

---

307 Vgl. Tsoukas (1996), S. 11 ff.
308 Vgl. Zahn et al. (2000a), S. 258
309 Vgl. Dierickx/ Cool (1989), S. 1509, Peteraf (1993), S. 182
310 Vgl. Lei (1996), S. 566, Teece et al. (1994), S. 518
311 Vgl. Sivula et al. (1997), S. 122
312 Vgl. Sanchez et al. (1996), S. 26
313 Vgl. Sanchez (1997), S. 155

Wissen in mentalen Modellen abgelegt werden.[314] Solche mentalen Modelle sind personengebunden, entstehen im subjektiven Kontext und sind aufgrund individueller Erfahrungen verschieden ausgeprägt. Die Interpretation ein und derselben Wahrnehmung kann daher mit individuell unterschiedlichen Konnotationen versehen sein. Das erschwert die Kommunikation und den Wissenstransfer.

Die mentalen Konstruktionen, die die Informationsverarbeitung und die Wissensstrukturen eines Individuums erklären, sind keine originalgetreuen Abbilder der Realität.[315] Sie setzen vielmehr Aufmerksamkeitsschwerpunkte und sind durch subjektive Einschätzungen und Werturteile geprägt. Als vereinfachte Modelle realer Sachverhalte bilden sie die Grundlage für Lern- und Denkprozesse und sind zugleich selbst Ergebnis von Lernprozessen.[316]

Da organisationale Lernprozesse auf individuellen basieren, kann man für organisationales Wissen die Existenz geteilter mentaler Modelle[317] annehmen. „The intangible and often invisible assets of an organization reside in individual mental models that collectively contribute to the shared mental models. The shared mental models are what make the rest of the organization usable. Without these mental models, which include all the subtle interconnections that have been developed among the various members, an organization will be incapacitated in both learning and action."[318]
Im Gegensatz zu individuellen Lernprozessen werden die kognitiven Aktivitätsstufen beim organisationalen Lernen kollektiviert. Im Verlauf dieses Kollektivierungsprozesses entstehen die geteilten mentalen Modelle:[319] Individuelle mentale „Images" werden auf organisationaler Ebene in Form von Handlungstheorien geteilt[320] und in formale „Public Maps" überführt. Auf diese Weise kann eine Synchronisation der unterschiedlichen individuellen Problemlösungen stattfinden.[321]

---

314 Vgl. Zahn/ Greschner (1996), S. 45 ff., Zahn et al. (2000a), S. 249, Jarz (1997), S.78, Nonaka/ Takeuchi (1997), S. 198 ff.
315 Vgl. Von der Oelsnitz/ Hahmann (2003), S.59, Jarz (1997), S.78
316 Vgl. Mandl et al. (1988), S. 146 ff., Fortmüller (1991), S. 158 ff., Von der Oelsnitz/ Hahmann (2003), S.59
317 Zu „shared mental models" vgl. Kim (1993), S. 43 und Stata (1989), S. 64.
318 Kim (1993), S. 45
319 Vgl. Greschner (1996), S. 125 ff. Kognitive Wissensmanagementmodelle wurden z. B. von Nonaka/ Takeuchi (1997), Carayannis (1999), Wiig (1993) und Edvinsson/ Malone (1997) entworfen.
320 Zu „asumption sharing" vgl. Shrivastava (1983), S. 11 ff.
321 Zu den „theories of actions" vgl. Argyris/ Schön (1978), S. 16 f., S. 94 ff., S. 159 ff. und Langfield-Smith (1992), S. 353.

Es entstehen jedoch keine deckungsgleichen mentalen Modelle, sondern mentale Konstruktionen mit einem hohen Grad an Gemeinsamkeit.[322]

3.5.1.2 *Wissensbasis und organisationales Wissen von Unternehmen*

Unternehmen stehen vor der Herausforderung, einen Interaktionsraum zu schaffen, in dem sich Wissensprozesse entfalten können. Wer einen solchen Interaktionsraum herstellen will, muss organisationale Lernprozesse zur Wissensgenerierung gestalten. Zudem muss er die strategierelevante Wissensbasis definieren, die notwendig ist, um nachhaltige Wettbewerbsvorteile zu erzielen.[323] Ein kollektiver Wissensbestand ist nicht nur die kognitive Grundlage, um Unternehmens-Handlungen zu koordinieren und zu organisieren,[324] ein kollektiver Wissensbestand erhöht auch die Effizienz des organisationalen Handelns und ermöglicht den Transfer von Wissen zwischen Akteuren und Gruppen.

PAUTZKE stellt die organisationale Wissensbasis als Schichtenmodell mit einem latenten und einem aktuellen Bereich dar.[325] Der Kern der aktuellen Wissensbasis setzt sich aus dem von allen Organisationsmitgliedern geteilten Wissen und aus lokalen Wissensbasen zusammen, die das individuelle Wissen der Organisationsmitglieder beinhalten. Er enthält ausschließlich jenes Wissen, das allen Organisationsmitgliedern theoretisch verfügbar ist. Die latente Wissensbasis besteht erstens aus Wissen, das der Organisation nicht zugänglich ist, zweitens aus nicht relevantem individuellen Wissen und drittens aus dem Wissen der Umwelt, über das ein MetaWissen in der Organisation vorhanden ist – beispielsweise bezüglich seines Ortes.[326]

Es sind die Prozesse zwischen dem aktuellen und dem latenten Teil der Wissensbasis, die das Lern- und Integrationspotenzial eines Unternehmens definieren. Die Wissensbasis selbst ist dabei kein Fixum. Sie ist zugleich Quelle und Ziel von Wissensströmen und wird durch selbstreferenzielle Lernprozesse kontinuierlich verändert.[327]

---

322 Vgl. Fiol/ Huff (1992), S. 277, Dixon (1994), S. 39, Langfield-Smith (1992), S. 361 f.

323 Vgl. Zahn et al. (2000a), S. 262

324 Vgl. Dixon (1994), S. 39

325 Vgl. Pautzke (1989), S. 78 ff.

326 Die in diesen Schichten agierenden Wissensträger sind personeller (Individuen), materieller (z. B. Datenbanken) und kollektiver Natur (z. B. Unternehmen). Personelle Wissensträger besitzen Handlungskompetenz, die sich aus ihrer Fachkompetenz (Kennen) sowie Methodenkompetenz, Persönlichkeits- und Sozialkompetenz (Können) zusammensetzt (vgl. Amelingmeyer (2000), S.54 f.).

327 Vgl. Steinmann/ Schreyögg (1997), S. 455 ff.

Die inhaltliche Konsistenz der Wissensbasis wird durch die Besitzstruktur und den Zugang zu Wissen charakterisiert. Einerseits kann individuelles Wissen weitgehend losgelöst von einem spezifischen Kontext der Verfügungsgewalt des jeweiligen Individuums unterstehen. In diesem Fall wird es entweder dadurch zu kollektivem oder organisationalem Wissen – und damit zum Teil der Wissensbasis – dass der Besitzer mit seiner Hilfe im Unternehmen handelt oder andere an seinem Wissen teilhaben lässt.[328] Andererseits kann individuelles Wissen auch an einen sozialen Kontext gebunden sein. Dann nämlich, wenn es nur innerhalb einer spezifischen Umgebung oder einer sozialen Beziehung von Bedeutung ist.[329]

Kollektives Wissen, als Wissen, das allen Individuen einer bestimmten Gruppe, Abteilung oder Organisation immanent ist, entzieht sich der Verfügbarkeit, wenn es nicht in Unternehmensaufgaben und -handlungsabläufe integriert wird. Dasjenige kollektive Wissen, das gleichzeitig von allen Organisationsteilnehmern als geteiltes angesehen wird, bildet hierbei den Kern der Wissensbasis.

Aus Unternehmenssicht besitzt auch das außerhalb der Unternehmensgrenzen gelegene Wissen einen Bezug zum Betätigungsfeld. Es wird jedoch externen Trägern zugeordnet, wie z. B. Organisationen, Kunden oder Konkurrenten.[330] Erreichbares Wissen ist dasjenige, dessen Existenz gewusst oder vermutet wird. Nicht erreichbares Wissen ist im Gegensatz dazu ein „blinder Fleck" und entzieht sich dem Bemühen um Integration.

Die Wissensbasis kann auch als fraktalartiges Netz interpretiert werden, in dem Wissensträger vom kollektiven Wissen profitieren, eigenes Wissen einspeisen und durch ein gemeinsames Wissensverständnis die Wissensbasis dynamisch und zielorientiert weiterentwickeln.[331] Dabei sind die Grenzen der Wissensbasis nicht strikt gezogen, im Gegenteil: Inhalte werden nicht nur permanent von den Organisationsmitgliedern eingebracht, sondern auch aus externen Wissensträgern extrahiert und integriert. Der Wandlungsdruck im Wettbewerbsumfeld treibt diese Verschmelzung unternehmensinterner und -externer Wissensinhalte voran.

---

328 Vgl. Güldenberg (1998), S. 195, Peritsch (1998), S. 151

329 Vgl. Scheuble (1998), S. 11

330 GÜLDENBERG spricht in diesem Zusammenhang von „auf dem ganzen Planeten verfügbares irdisches Wissen" (vgl. Güldenberg (1998), S. 196).

331 Vgl. Nonaka/ Takeuchi (1997), S. 264 f., Zahn (1998), S. 43, North (2005), S. 154, Renzl (2003), S. 58

3.5.2 Substitution von Wissen durch Wissenssurrogate

> *„Those who are to produce on the basis of this knowledge, but not be possessed of it themselves, must have their activities 'directed' by those who possess (more of) the knowledge."*[332]

Erfolgreiches ökonomisches Handeln von Unternehmen setzt große Mengen an Wissen voraus. Fehlendes Wissen kann akquiriert, integriert und in Aktionen umgesetzt werden. Nach bisheriger Darstellung wird das Wissen dazu internalisiert und mit bestehenden Wissensbeständen kombiniert. Demnach können inkrementale oder sogar radikale Innovationen nur dann entstehen, wenn ein Verstehensprozess stattfindet oder das Unternehmen zumindest die Verfügungsgewalt über die Ressource Wissen hat. Um einen hohen Standard zu erreichen, spezialisieren sich Individuen einerseits, um von den Erfahrungskurveneffekten zu profitieren[333] und tauschen andererseits Wissen mit anderen Experten aus. Damit nicht jeder Experte das Wissen des anderen erlernen muss, werden Surrogate verwendet.[334]

Diese Substitute können genutzt werden, wenn das Handeln oder Entscheidungsverhalten von Akteuren beschränkt ist. Werden Akteure durch Unwissenheit behindert, dann dominiert bei ihnen entweder (a) Unsicherheit oder (b) Unvermögen in einer Entscheidungssituation.[335]
Akteure, die (a) *unsicher* sind, welche Handlungsoption sie ausführen sollen, können ihre Situation entscheidungslogisch auflösen. Ihre Unsicherheit beruht entweder auf einer Ungewissheit, bei der die beeinflussenden Umweltfaktoren bekannt sind, nicht aber die Eintrittswahrscheinlichkeit. Oder ihr Problem besteht darin, dass sie weder die Menge der entscheidenden Umweltfaktoren noch deren Eintrittswahrscheinlichkeit kennen.[336] Von einem Informationsrisiko spricht man dann, wenn Unsicherheit bezüglich des eigenen Wissensstandes dominiert. Risiken bei gegebenem Wissen

---

[332] Demsetz (1988), S. 157 (Hervorhebung im Original)
[333] Siehe hierzu z. B. Perlitz (1997), S. 374 f., Bauer (1986), Abell/ Hammond (1979), S. 112 ff.
[334] DEMSETZ spricht in diesem Zusammenhang von Substituten. Unternehmen, die auf der Grundlage eines bestimmten Wissensstandes eine Leistung erstellen sollen, es aber nicht besitzen, müssen Tätigkeiten durch Experten durchführen lassen, die dieses Wissen besitzen. Eine alleinige Akquisition von (Insel-)Wissen reicht häufig nicht aus, da Wissen erst im Kontext interpretiert und in Handlungen umgesetzt werden kann (vgl. Demsetz (1988), S. 156 ff.).
[335] Vgl. Scheuble (1998), S. 58 ff.
[336] Vgl. Ossadnik (1999), S. 142 f., Picot et al. (2001), S. 52 f.

wiederum sind eine entscheidungslogisch handhabbare Ungewissheit zwischen sicherem Wissen und partiellem Wissen.[337]
Besteht ein Problem aufgrund von (b) *Unvermögen*, dann handelt es sich um ein Ausführungsproblem, bei dem die Akteure Schwierigkeiten damit haben, wie sie ein bestimmtes Ergebnis erzielen können.

Unwissenheit bildet die Klammer um Unsicherheit und Unvermögen und kann durch Wissen überwunden werden. Durch den Einsatz von Wissenssurrogaten können die Akteure Wissen nutzen, ohne es entweder erlernen zu müssen oder sämtliche Schritte des Handlungsablaufs zu durchlaufen, um zu einem Ergebnis zu gelangen. SCHEUBLE[338] schlägt eine Systematik vor, wie Wissenssurrogate klassifiziert und eingesetzt werden können (vgl. Abbildung 4).

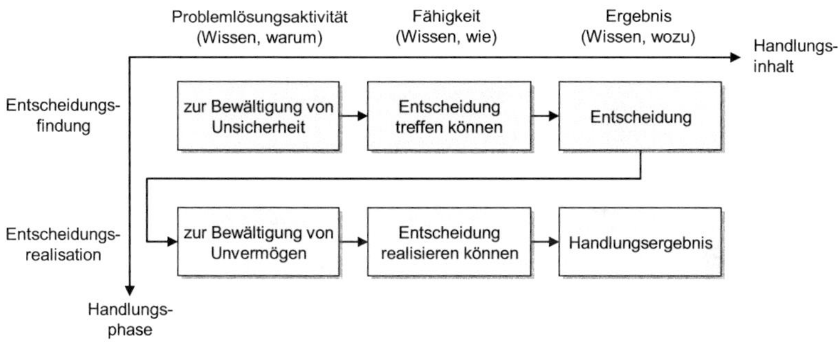

Abbildung 4: Wissenssurrogate – Sechs Schritte des Handlungsablaufs[339]

In diesem Modell unterscheidet man in der Handlungsphase zwischen Entscheidungsfindung und Entscheidungsrealisation. Der Handlungsinhalt, für den jeweils spezifisches Wissen vonnöten ist, untergliedert sich in Problemlösungsaktivitäten, Fähigkeiten und Ergebnis. „Wissen, warum“ beschreibt das Hintergrundwissen, das notwendig ist, um eine Handlung auszuführen.[340] Es basiert auf Erfahrung, die häufig aus Versuchs-Irrtums-Prozessen hervorging. „Wissen, wie“ be-

[337] Vgl. Schneider (1994), S. 2 f., Dietl (1993), S. 16 ff. Im Gegensatz zu sicherem Wissen besteht partielles Wissen, wenn sich Akteure ein individuelles und subjektives „Bild der Situation“ machen (vgl. hierzu Loasby (1976), S. 14 und March/ Simon (1958), S. 139).
[338] Vgl. hierzu und im Folgenden Scheuble (1998), S. 68 ff.
[339] In Anlehnung an Scheuble (1998), S. 69
[340] Zu der Wissensunterteilung in „Wissen, warum“, „Wissen, wie“ und „Wissen, wozu“ siehe auch Biethahn et al. (2004), S. 96.

zieht sich auf Fähigkeiten, die entweder bereits zu einem früheren Zeitpunkt erlernt wurden oder zum Zeitpunkt der Handlung erlernt werden. Das abstrakte Meta-Wissen über das „Wissen, warum" und das „Wissen, wie", ist das „Wissen, wozu". Es beinhaltet auch die Kenntnis des Zwecks.

Der gesamte Handlungsprozess gliedert sich in sechs Einzelschritte. Werden keine Surrogate eingesetzt, muss der Akteur sämtliches Wissen für alle Einzelschritte selbst besitzen, um von der Entscheidungsfindung zum Handlungsergebnis zu kommen. Unter der Voraussetzung der prinzipiellen Übertragbarkeit von Wissen,[341] können Wissenssurrogate einzelne Handlungsschritte ersetzen, heißt: Es können Wissensinhalte oder einzelne Handlungsphasen substituiert werden.

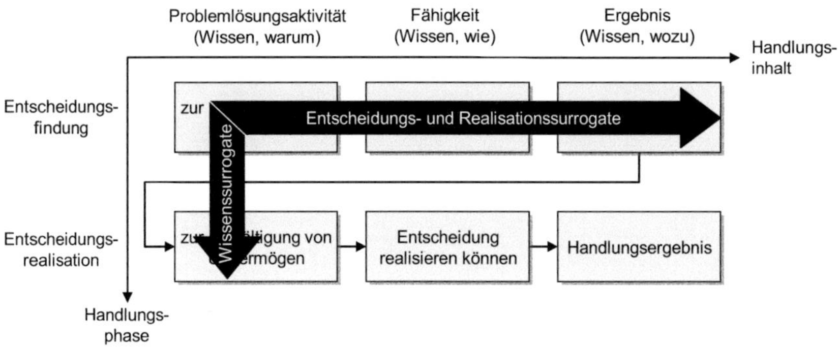

Abbildung 5: Grundprinzipien der Substitution

3.5.2.1 Wissenssurrogate zur Substitution von Wissensinhalten

Eine Substitution von Wissensinhalten kommt dann in Frage, wenn ein Akteur aufgrund von Unsicherheit oder Unvermögen nicht selbst über die relevanten Inhalte verfügt. In diesem Fall wird das Wissen übertragen, das für die einzelnen Handlungsschritte notwendig ist und auf dessen Grundlage Entscheidungen getroffen oder realisiert werden, ohne dass die hierfür notwendigen Problemlösungsaktivitäten wiederholt werden müssen. Diese Form der Substitution kann Wissen betreffen, das die Grundlage für eine Entscheidung bildet. Sie kann aber auch die Entscheidung

341 Diese Prämisse liegt auch dem Modell von NONAKA/ TAKEUCHI zugrunde (vgl. Nonaka/ Takeuchi (1997), S. 87 und Kapitel 3.5.3.1).

selbst betreffen. Schließlich kann sie sich auf Wissen über die Realisation der gewählten Handlungsoption sowie das Handlungsergebnis beziehen.
Wissenssurrogate 1. Ordnung substituieren die Problemlösungsaktivität der Entscheidungsfindung und der Entscheidungsrealisation, d. h. das „Wissen, warum". Andere Fähigkeiten, wie bzw. das „Wissen, wozu" etwas ausgeführt wird, muss der Akteur in diesem Fall selbst beisteuern. Wissenssurrogate 2. Ordnung substituieren ein größeres Maß an Ressourcen, indem sie nicht nur das „Wissen, warum", sondern auch das „Wissen, wie" durch fremde Wissensbestände decken. Der Akteur muss das „Wissen, wozu" auch in diesem Fall selbst generieren.

3.5.2.2 Entscheidungs- und Realisationssurrogate zur Substitution von Handlungsphasen

Im Ablauf des Handlungsprozesses kann auch das Wissen, das in einzelnen Phasen benötigt wird, durch Wissenssurrogate ersetzt werden. Entscheidungssurrogate werden von Akteuren genutzt, um ihre Unsicherheit zu überwinden und substituieren das Wissen, das zur Wahl einer Handlungsoption führt. Realisationssurrogate hingegen überwinden das Unvermögen der Akteure und ersetzen das für die Umsetzung notwendige Wissen.
Entscheidungssurrogate 1. Ordnung sind anerkannte Gesetzmäßigkeiten und Prozeduren. Sie lassen sich in Form von Handlungsempfehlungen weitergeben. Ein Entscheidungssurrogat 1. Ordnung kann auch darin bestehen, dass eine Institution die Bandbreite möglicher Handlungsoptionen einschränkt. Entscheidungssurrogate 1. Ordnung ersetzen das „Wissen, warum". Das „Wissen, wie" und das „Wissen, wozu" muss der Akteur beisteuern. Entscheidungssurrogate 2. Ordnung haben den Charakter einer (An-)Weisung und substituieren das „Wissen, warum" und das „Wissen, wie". Das „Wissen, wozu" muss wiederum Akteur ergänzen.

Wenn ein Akteur per Wissenstransfer Wissensressourcen, die er zur Realisierung seiner Entscheidung braucht, von einem anderen bezieht, d. h. der Lernprozess ersetzt wird, spricht man von Realisationssurrogaten 1. Ordnung. Sie ersetzen das „Wissen, warum", während das „Wissen, wie" und das „Wissen, wozu" vom Akteur selbst eingebracht werden müssen. Realisationssurrogate 2. Ordnung substituieren das „Wissen, warum" und das „Wissen, wie". Das „Wissen, wozu" kommt vom Akteur. Diese Surrogate 2. Ordnung sind Güter und Dienstleistungen, die vom Akteur genutzt werden können, ohne dass er das Wissen besitzen muss, das zu ihrer Herstellung erforderlich ist.[342]

3.5.2.3 Konsequenzen des Benutzens von Surrogaten

Wer Surrogate benutzt, erweitert einerseits seine individuelle und organisationale Wissensbasis, riskiert aber andererseits Abhängigkeiten, Ineffizienzen und irreversible Investitionen in das geteilte Wissen.[343]

Bei zunehmender *Spezialisierung* und der damit verbundenen immer größeren Distanz zwischen individuellen Wissensgebieten wird der Einsatz von Surrogaten häufiger. Je größer die Zahl der spezialisierten Akteure ist, desto größer ist die Anzahl potenzieller Surrogate. Je mehr Akteure sich spezialisieren und Wissenssurrogate anderer Akteure nutzen, desto größer ist der Umfang des gemeinsam genutzten Wissens. Der Anteil der vom Akteur selbst zu bewältigenden Aufgaben nimmt gleichzeitig relativ ab.[344] Auch dort, wo unterschiedliche Unternehmensbereiche kooperieren, helfen Surrogate, Synergien zu erzielen. Insbesondere können Surrogate dabei helfen, implizites (Kunden-)Wissen zu nutzen, da dessen interpersonelle Übertragung oft schwierig und langwierig ist.

Wissenssurrogate zu nutzen, kann den Akteur inflexibel und ineffizient machen. Zumal dann, wenn er über das Wissen, das er benutzt, nicht selbst verfügt, sondern auf das „Wissen, wie“ (Fähigkeit) und/ oder das „Wissen, warum“ (Problemlösungsaktivität) anderer Akteure angewiesen ist.[345] Es besteht also ein *Zielkonflikt* zwischen den Produktivitätsgewinnen durch nicht erlerntes Wissen auf der einen Seite und den aus den Inflexibilitäten resultierenden Effizienzverlusten auf der anderen Seite.[346] Zudem treten Interdependenzen auf, die eine Ressourcenabhängigkeit verursachen und eine potenzielle Ausnutzung von Machtbasen implizieren. Dies macht eine Definition der Rollen und Verhaltensregeln der Kooperationspartner unerlässlich.[347]

---

342 Vgl. Dietl (1993), S. 174
343 Vgl. Scheuble (1998), S. 96
344 Vgl. Sowell (1980), S. 10
345 Bei Abhängigkeiten besitzt der Akteur zwar das Wissen über das Ergebnis, jedoch nicht das Wissen, wie eine Leistung zu erstellen ist. Bei häufigen Modifikationen oder flexibel handhabbaren Anpassungserfordernissen des Ergebnisses führen diese Abhängigkeiten zu Ineffizienzen.
346 Vgl. Scheuble (1998), S. 87. Zu Trade-off-Beziehungen vgl. grundlegend Cohen/ Levinthal (1990), S. 133.
347 Siehe hierzu die Verhaltensmuster von Prinzipalen und Agenten in Kapitel 4.2.1.1

Neben rein quantitativen Inflexibilitätsproblemen, bedingt durch die ungleiche Verteilung des Wissens, können auch Konsequenzen qualitativer Art auftreten. Davon spricht man, wenn der Einsatz von Wissenssurrogaten *wissensbedingte Komplementaritäten* verursacht, die auf redundantem „Wissen, wozu“ (Ergebnis), aber unterschiedlichem „Wissen, wie“ (Fähigkeit) beruhen. Das bedeutet, Akteure, die Arbeitsteilung und Spezialisierung praktizieren, müssen über ein Mindestmaß an geteiltem Wissen verfügen, um erfolgreich zu kooperieren.[348] Die Verbindung zwischen dem komplexeren „Wissen, wie“ und dem „Wissen, wozu“ schafft Informationsübermittlung in Form von kodifizierbaren Medien.

Entscheidungs- oder Planungsprobleme entstehen bei individueller Unsicherheit bzgl. der Wahl der Handlungsoption. Sie führen zu *Koordinationsproblemen.* Fehlt den Akteuren ein kongruentes „Wissen, wozu“, dann bedarf es besonderer Problemlösungsaktivitäten. Ihr Ziel ist die Identifikation und Überwindung von Transferbarrieren durch Kommunikation.[349] Auch mangelnde Prozessevidenz der Akteure[350] kann die Nutzung von Surrogaten negativ beeinflussen. Eine grundsätzliche Leistungsfähigkeit und Leistungsbereitschaft der Akteure reicht nicht aus; sie muss durch eine klare Aufgabenzuordnung ergänzt werden.

Ein *Kompetenzproblem* tritt auf, wenn ein Akteur nicht in der Lage ist, das beabsichtigte Ergebnis zu erzielen. Der Akteur leidet in diesem Fall unter einem Mangel an „Wissen, wie“. Dieses Wissen fehlt ihm bei

- der Erbringung der vereinbarten Leistung bzw. bei der Leistungserstellung,
- der Auswahl des Kooperationspartners oder
- der Leistungsanwendung.

Besonders bei der Integration von Kundenwissen muss deshalb genau geprüft werden, welcher Kunde oder welche Kundengruppe über die in Frage kommenden Ressourcen verfügt.

---

348 Vgl. Demsetz (1988), S. 159, Cohen/ Levinthal (1990), S. 133 f., Leonard-Barton (1995), S. 75 ff.

349 Häufige Probleme beim Transfer von Wissen oder Wissensbestandteilen sind Artikulationsprobleme (vgl. Von Hippel (1994), S. 430 ff. und Szulanski (1996), S. 29 f.) sowie Sender-Empfänger-Probleme (vgl. Foss (1993), S. 137).

350 Vgl. zur Prozessevidenz Kapitel 5.3.2.4

3.5.3 Charakteristika von Wissenstransformationen und Lernprozessen

3.5.3.1 Wissenstransformationsebenen und -prozesse

Über einen gegenseitigen Erschließungsprozess zwischen Subjekten wird individuelles Wissen in interindividuelles Wissen transformiert.[351] Anders gesagt: „Durch die Speicherung von individuellem Wissen in organisationalen Systemen werden Handlungskompetenzen sukzessive abstrahiert und im organisatorischen System implementiert."[352] Dabei ist die individuelle Bereitschaft, Wissen zu teilen, die Voraussetzung dafür, dass Wissen in der Wissensbasis archiviert werden kann. Prozesse der Wissensteilung sind Prozesse der Wissensumwandlung – unter dieser Prämisse lassen sich vier Formen der Wissenstransformation unterscheiden: Sozialisierung, Externalisierung, Kombination und Internalisierung. Diese Transformationsprozesse verstärken sich in einer spiralförmig vorstellbaren Bewegung (siehe Abbildung 6).[353]

Die Grundlage der Transformation bilden die epistemologischen Wissensarten implizites und explizites Wissen. Nur wenn implizites den Übergang zu explizitem Wissen findet, kann es von Unternehmen in echte Innovationen umgesetzt werden.[354]

- Auf der Ebene der *Sozialisierung* wird implizites Wissen in implizites Wissen eines anderen Individuums umgewandelt. Dabei entsteht ein Interaktionsfeld, in dem ein kontextbezogener Erfahrungsaustausch stattfindet. Dadurch wird es möglich, individuelle Erfahrungen und mentale Modelle ohne Sprache weiterzugeben, z. B. durch Beobachtung. Eine Schlüsselrolle dabei haben gemeinsame mentale Modelle und technische Fähigkeiten im Sinne von sympathetischem, also „mitgefühltem", erlebtem Wissen.
- Implizites Wissen kann durch Metaphern- oder Analogieassoziation, mittels konstruktiver Dialogführung oder durch kollektive Reflexion vermittelt werden. Es erfährt dabei eine *Externalisierung*. Wird Wissen also in einem inter-

---

351 BAUMGARTNER ET AL. zeigen diese Transformation vor dem Hintergrund verschiedener Lerntheorien und -paradigmen (vgl. Baumgartner et al. (2000), S. 264).

352 Pawlowsky (1992), S. 202

353 Vgl. hierzu und im Folgenden Nonaka/ Takeuchi (1997), S. 74 ff.

354 In ihrem Modell gehen die Autoren von der grundsätzlichen Artikulierbarkeit und Transferierbarkeit des impliziten Wissens aus. Dies bedeutet, dass implizites Wissen mit noch nicht artikuliertem Wissen gleichgesetzt wird. Zum Missverständnis zwischen POLANYIS Ausgangsthese und der Interpretation von NONAKA/ TAKEUCHI vgl. Renzl (2003), S. 84 ff.

individuellen Prozess von implizitem in explizites Wissen umgewandelt, resultiert daraus konzeptuelles Wissen.

- Wird neu geschaffenes Wissen mit Konzepten in anderen Teilen des Unternehmens verknüpft, können durch *Kombination* von explizitem mit explizitem Wissen neue Produkte, Services oder Managementsysteme entstehen. Man spricht deshalb von systemischem Wissen, das in neue Technologien und neue Komponenten einfließt.
- Eine *Internalisierung* resultiert aus learning-by-doing. In diesem Prozess wird explizites Wissen zu implizitem Wissen. Wissen zu internalisieren ist auch ohne das direkte Nachvollziehen der Erfahrungen anderer möglich. In diesem Fall mündet es in operatives Wissen über Prozesse oder in die praktische Umsetzung.

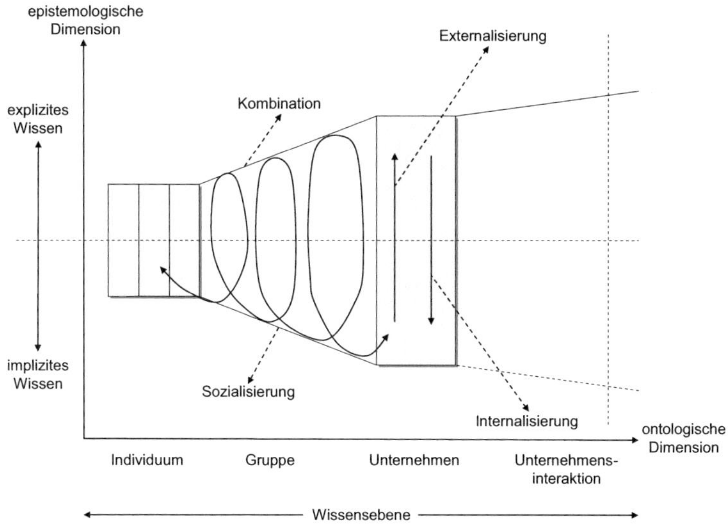

Abbildung 6: Spirale der Wissenstransformation und -schaffung[355]

Auf den ontologischen Ebenen, etwa des individuellen oder kollektiven Wissens, wird das Wissen der Akteure mobilisiert und durch die vier o. g. Transformationsebenen verstärkt. Epistemologisches und ontologisches Wissen treten miteinander in Interaktion und befördern das Wissen in höhere ontologische Schichten, z. B. auf die

[355] Vgl. Nonaka/ Takeuchi (1997), S.87

organisationale Ebene. Durch diese Interaktion und das implizite und explizite Wissen der beteiligten Individuen wird neues Wissen konstruiert. Diesen Vorgang bezeichnen NONAKA/ TAKEUCHI als Wissensspirale, in der die Interaktionsaktivität zwischen dem impliziten und dem expliziten Wissen stetig intensiviert wird. Die Wissen schaffenden Aktivitäten erfassen, ausgehend von der individuellen Ebene, immer mehr Interaktionsgemeinschaften und gehen über die Grenzen des Unternehmens hinaus.

3.5.3.2 Zielkompatibilität des Senders und des Empfängers bei der Wissenstransformation

Wissen lässt sich nicht immer problemlos zwischen Individuen oder Akteursgruppen transferieren: Seine Konsistenz differiert, Wissenskonstruktion ist mit einem Erkenntnisakt des jeweiligen Akteurs verbunden, und Wissen wird immer im Kontext interpretiert.[356] Der Transfer von Wissen ist deshalb nicht als Transport eines Paketes darstellbar. Wissenstransfer ist ein Rezeptionsprozess, der von der subjektiven Interpretation und Konstruktion des jeweiligen Empfängers bestimmt ist. Dennoch wird Wissen als einer durch und durch subjektiven Größe zugleich im Prozess des Wissenstransfers eine homogene Bedeutungszuweisung von beiden Seiten unterstellt.[357] Abbildung 7 verdeutlicht die Problematik der Wissensübermittlung zwischen dem Sender und dem Empfänger.

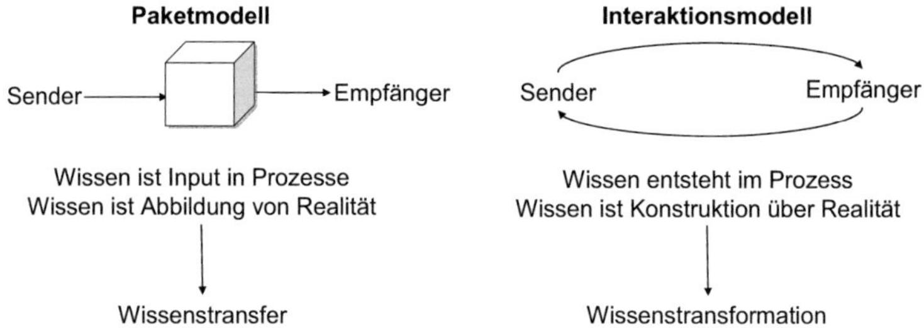

Abbildung 7: Paket- und Interaktionsmodell des Wissens[358]

---

356 Vgl. Renzl (2003), S. 61, Foss (1993), S. 138

357 Vgl. Von der Oelsnitz/ Hahmann (2003), S.40. PROBST ET AL. verorten die Vielfalt der Interpretationsmöglichkeiten in einem Kontinuum zwischen Informationen und Wissen (vgl. Probst et al. (1999), S. 39).

358 In Anlehnung an Schneider (1996), S. 19, Original nach Shannon/ Weaver (1949) und Shannon (1948a, b)

Im Grundmodell der Sender-Empfänger-Kommunikation nach SHANNON/ WEAVER besteht ein Kommunikationsakt aus den Elementen:

1. Informationsquelle bzw. Sender,
2. Verschlüsselung bzw. Enkodierung,
3. Nachricht oder Information,
4. Kanal bzw. Übertragungsmedium,
5. Entschlüsselung bzw. Dekodierung,
6. Empfänger und
7. einem (zumindest teilweise) gemeinsamen Code.[359]

In diesem Modell bleiben allerdings drei Punkte unberücksichtigt: erstens, dass das Verstehen eines Sinns Ergebnis einer aktiven Rekonstruktion bzw. einer Interpretation ist; zweitens, dass Codes niemals völlig identisch sind, sondern sich immer nur teilweise überschneiden; drittens, dass Kommunikationsprozesse nicht-lineare Prozesse sind, also Rückkopplungen vorkommen können. Das bedeutet, dass Individuen nicht nur Reaktionen des anderen wahrnehmen, sondern auch ihre eigenen. Diese Wahrnehmung beeinflusst maßgeblich den weiteren Verlauf des Kommunikationsprozesses. Kommunikation ist demnach ein interaktiver Prozess.

Wahrnehmung von Wissen – im Sinne einer bewussten und verstehenden Aufnahme der vom Sender transferierten Informationen durch den Empfänger – ist nicht als stationäres, lineares System (quasi als Reiz-Reaktions-Maschine) zu verstehen. Verstehen ist vielmehr eine wesentliche und komplexe Funktion im Lern- und Wissensaneignungsprozess.[360] Grundlagen sind die Kommunikation (z. B. mittels Sprache) und die soziale Interaktion (z. B. durch Beobachtung und das Teilen von Werten) der Akteure untereinander. Kommunikation und Interaktion ermöglichen es, Wissen in unterschiedlichen Transformationszuständen zu übermitteln.

Das Wissen, das zwischen Akteuren im Verstehensprozess übermittelt wird, variiert in der Erklärungsreichweite und Verstehenstiefe. Für Sender und Empfänger geht es also darum, unterschiedliche Grade der Dynamik und Komplexität zu bewältigen.[361]

---

359 Vgl. Shannon (1948a), S. 380

360 Vgl. Jänig (2004), S. 260 zur Kritik am von SHANNON/ WEAVER propagierten linearen Kommunikationsprozess.

361 Vgl. Zahn et al. (2000a), S. 246, Caspers/ Kreis-Hoyer (2004), S. 19. Vgl. hierzu auch das Zusammenwirken von Wissenssurrogaten in Kapitel 3.5.2.

- Deklaratives, theoretisches *Faktenwissen* ist grundlegendes bzw. essenzielles Basiswissen, um Aufgaben effizient zu erfüllen. Es basiert auf der Kenntnis bestimmter Abläufe; es umfasst Wissen über Zustände, Definitionen sowie Beschreibungen und ist durch Träger(medien) in expliziter Form übertragbar.[362]
- *Prozedurales Wissen* ist die Fähigkeit, gelernte Regeln auf komplexe Probleme anzuwenden und Aufgaben auf eine bestimmte Art und Weise zu erledigen.[363] Es ist deutlich schwieriger zu übertragen und zu verstehen, da es Kenntnisse über Prozesse und die zugrunde liegenden Prinzipien umfasst.
- Komplexes *Erklärungs- oder Zusammenhangswissen* ist das Verständnis eines Netzwerks von Ursache-Wirkungsbeziehungen, das die Anwendung von Faktenwissen und prozeduralem Wissen ermöglicht.[364] Dieses Wissen ist strategischer Natur und ermöglicht Lernprozesse sowie das Hinterfragen von Routinen. Um Faktenwissen, prozedurales Wissen und Erklärungswissen weiterzuentwickeln, damit eine Anpassung an sich ändernde Umfeldbedingungen erfolgen kann, bedarf es des Willens und der Motivation der Akteure.[365]
- Das strategische *Gestaltungs- oder Orientierungswissen* enthält Metawissen über die potenzielle Verwendung der o. g. Wissenskategorien und ist die Basis für Handlungsmaßstäbe, Normen und Werte.[366]

Da Wissen im sozialen Kontext transformiert wird, sind die Transferinhalte untrennbar mit dem jeweiligen Kontext des Senders und des Empfängers verbunden. Das heißt, der die Akteure umgebende Sach- und Sinnzusammenhang beeinflusst die Prozesse des Verstehens und Wissens.[367] Zudem bedarf die Übermittlung des gesamten Spektrums – von einfachem Faktenwissen bis zum komplexen Gestaltungswissen – unterschiedlicher Methoden. Ein steigender Komplexitätsgrad des Inhalts braucht zunehmend komplexe Interaktionen, um erfolgreich übertragen zu werden.

---

362 Vgl. Baumgartner (1993), S. 71, Von Krogh/ Venzin (1995), S. 421, Sanchez (1997), S. 176 und 178, Quinn et al. (1996), S. 72, Bach/ Homp (1998), S. 141, Zack (1999), S. 132. Siehe auch den Überblick bei Al-Laham (2003), S. 31 f.

363 Vgl. Quinn et al. (1996), S. 72, Sanchez (1997), S. 176 und 179, Von Krogh/ Venzin (1995), S. 421, Baumgartner (1993), S. 71, Zack (1999), S. 132

364 Vgl. Sanchez (1997), S. 177 ff., Von Krogh/ Venzin (1995), S. 421

365 Vgl. Quinn et al. (1996), S. 72

366 Zack unterteilt das strategische Wissen nach seinem Potenzial, die Wettbewerbsposition eines Unternehmens zu beeinflussen in „core knowledge", „advanced knowledge" und „innovative knowledge" (vgl. Zack (1999), S. 133).

367 Vgl. Renzl (2003), S. 87

3.5.3.3 Transformationsstufen des Wissens und Lernprozesse

Das im Unternehmen vorhandene Wissen alleine ist allenfalls ein momentaner Erfolgsfaktor. Die herausragende Bedeutung der Ressource Wissen zeigt sich in der Formierung der (Kern-) Kompetenzen eines Unternehmens. Sie drückt sich in Wissensvorsprüngen aus, die in Form von Wettbewerbsvorteilen und Kundennutzen sichtbar werden.[368] Eine Kultivierung dieser erfolgskritischen Ressource ist nur dann möglich, wenn es Unternehmen gelingt, Wissensträger und -empfänger zu identifizieren, zu aktivieren und über geeignete Kommunikationsformen so zu vernetzen, dass eine problemadäquate Wissensaggregation möglich ist. Die Qualität des Wissensmanagements misst sich demnach weniger an der gespeicherten Menge des als potenziell wertvoll erachteten Wissens, sondern eher am realisierten Nutzen.[369] Wissensmanagement lässt sich mit dem Kartieren einer Wissenslandkarte und dem Anlegen und Pflegen eines Wegenetzes vergleichen: Wissensmanagement ergründet und eröffnet einerseits Wege zum Wissen, organisiert die Nutzung und Verwertung des Wissens und schafft so auch neue Wege des Wissens.[370] Die einzelnen Schritte auf diesen Wegen bilden das Rückgrat des Wissensmanagements und lassen sich als Wissensleiter darstellen (Abbildung 8).

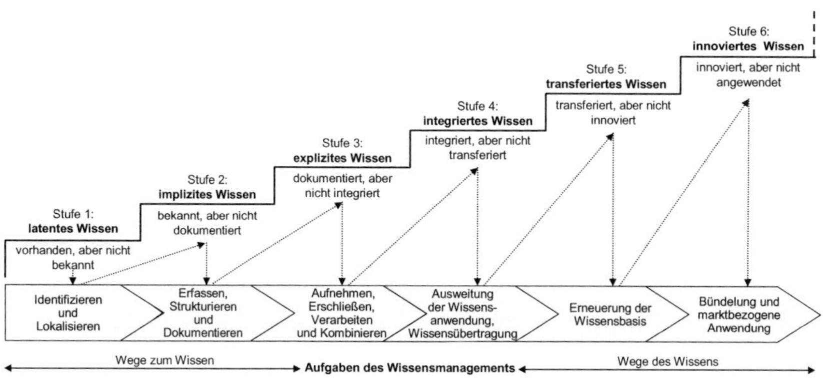

Abbildung 8: Stufen der Wissensleiter[371]

[368] Vgl. Hinterhuber et al. (2003), S. 2, Krüger/ Homp (1997), S. 24 f.
[369] Vgl. Killich/ Kopp (2007), S. 111
[370] Vgl. Krüger (2000), S. 238
[371] In Anlehnung an Krüger (2000), S. 238

Das Verständnis von Wissensmanagement als kontinuierlicher Prozess bedeutet: Wissensmanagement ist Bewegung auf der Wissensleiter. Diese Bewegungen haben entweder das Ziel, Wissen zu erlangen, oder sie dienen dem Ziel, Wissen markt- und wettbewerbsbezogen zu verändern. *Wege zum Wissen* beziehen sich auf die ersten drei Stufen. Die Grundlage ist der aktuelle Wissensbestand bzw. die vorhandene Wissensbasis. Bewegungen aufwärts der Leiter sind bestandsorientiert – sie beschreiben den Weg vom latenten zum expliziten Wissen. Bewegungen abwärts der Leiter – vom expliziten zum latenten Wissen – sind bedarfsorientiert und haben den Zweck, angestrebte Kernkompetenzen zu formieren. Die Stufen vier bis sechs umfassen die *Wege des Wissens*. Bewegungen aufwärts führen zu einer Bündelung und Integration expliziten Wissens mit dem Ziel, unternehmensweite Kompetenzen aufzubauen und gegebenenfalls zu transferieren. Abwärts zeigt sich der bedarfsorientierte Prozess der Rekonfiguration und Vitalisierung der Wissensbasis.

Eine konsequente Weiterführung des Modells zur effektiven und effizienten Nutzung des Wissens erfordert umfeldadäquate gezielte Veränderungen der Wissensbasis durch Lerneffekte. Die Grundlage der Leiter des Lernens bilden die drei Lernformen Single-Loop-, Double-Loop- und Deutero-Learning. Verortet man die drei Lernformen auf der Wissensleiter, dann steht das Anpassungslernen am Anfang der Wissensleiter bis zur dritten Stufe (vgl. Abbildung 9).

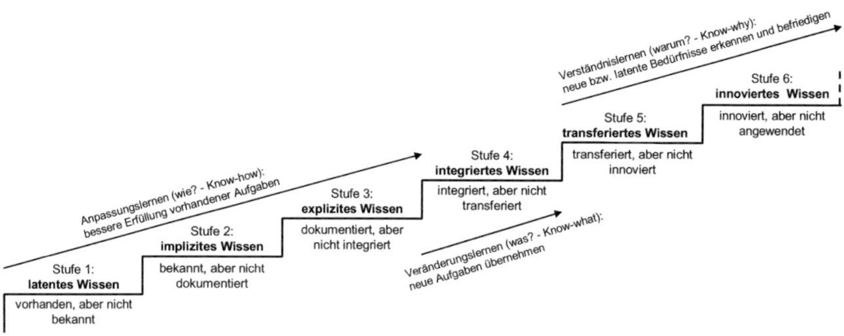

Abbildung 9: Lernformen auf der Wissensleiter[372]

[372] In Anlehnung an Krüger (2000), S. 249

Erfahrungslernen bildet dabei die Grundlage für individuelles Lernen. Das darüber hinausgehende Lernen ist von der subjektiven Lernfähigkeit, der Lernbereitschaft, dem objektiven Lernbedarf und den Lernoptionen abhängig. Findet ein Erfahrungsaustausch statt, dann verbreitet sich das explizierte Wissen in der Organisation und es treten – je nach Reichweite – kollektive Effekte des Wissenstransfers auf, die helfen, das Know-how als Kern der Wissensbasis zu kultivieren.

Neue Verknüpfungen von Wissenskomponenten ermöglichen Veränderungslernen. Veränderungslernen baut auf explizitem Wissen auf und führt zu integriertem Wissen. Eine funktionierende interindividuelle Zusammenarbeit innerhalb der Organisation macht es jedoch auch möglich, dass latentes und implizites Wissen direkt aktiviert werden kann, ohne dass es vorher explizit wurde. Die Überleitung zum Verständnislernen wird durch die Übertragung von Wissen und Kernkompetenzen auf neue Felder ermöglicht. Diese Form des Lernens findet mit der grundlegenden Erneuerung der Wissensbasis ihren Abschluss.
Wissenstransformationen und Lernprozesse sind strategische Instrumente, die dabei helfen, sich von alten Erfolgsmustern zu lösen, neue Sichtweisen und Strategien zu entwickeln sowie veränderte Spielregeln zu setzen und zu befolgen.

3.5.4 Voraussetzungen kooperativer Lernprozesse und Barrieren der Wissenstransformation

Um durch individuelles Lernen auch organisationales Lernen zu ermöglichen, ist ein Austausch zwischen beiden Lernebenen erforderlich. Akteure benötigen zur Aufgabenerfüllung Informationen und Wissensbestände, über die sie selbst nicht verfügen. Ihre Lernergebnisse sollen jedoch dem Unternehmen zur Verfügung stehen.[373] Damit Inhalte intersubjektiv übertragbar sind und kollektiv als valide und nützlich angesehen werden können, müssen sie bestimmte Eigenschaften aufweisen. Letztlich sollten selbst spezialisierte Inhalte auch von fachfremden Bereichen in deren mentale Modelle integriert werden können. Aus diesen Forderungen lassen sich drei Bedingungen an intern sowie extern gewonnenes Wissen ableiten: Das Wissen von Individuen muss kommunizierbar, integrierbar und zudem auch konsens-

[373] Vgl. Schulz (2001), S. 661

fähig sein; nur dann kann eine Transformation stattfinden.[374] Dabei müssen diese Bedingungen nicht für alle beteiligten Akteure gelten, immerhin aber für eine größere Gruppe.

3.5.4.1 Voraussetzungen intra- und interorganisationaler Lernprozesse

Um den Wissensaufbau im Unternehmen zu fördern, finden intra- und interorganisationale Lernprozesse statt. Während intraorganisationale Lernprozesse die Wettbewerbsfähigkeit eines Unternehmens aus eigener Kraft zu erhalten versuchen, führen interorganisationale Lernprozesse neues Wissen durch die Partner zu, indem sie den jeweiligen Akteuren Zugang zu den Ressourcen des anderen gewähren. Durch dynamische Interaktionen können komplementäre Ressourcen kombiniert, kritische Kompetenzen des Partners erworben und Lernsynergien realisiert werden.[375] Potenziale nachhaltig wirksam zu erschließen, gilt dabei als wichtigstes Motiv für Lernkooperationen.[376] Um gemeinschaftlich zu lernen, bedarf es kooperativer Lernstrategien, die auf transparentem Verhalten der Lernpartner basieren. Man braucht zudem Offenheit und Aufnahmebereitschaft für neue Wissensinhalte sowie die Fähigkeit, zu lernen und die Bereitschaft, sich langfristig mit dem Lernpartner zu verbinden.[377] Dementsprechend sind die drei entscheidenden Voraussetzungen für eine Lernpartnerschaft: die Intention der Kooperationspartner, die Lernfähigkeit und das Internalisierungspotenzial.[378]

Die *Intention der Partner* bezieht sich darauf, ob beide Seiten die Kooperation als strategische Perspektive interpretieren. Lernen in einer Kooperation muss von beiden Partnern als Lernchance begriffen werden.[379] Wenn der Lernabsicht beiderseits Priorität eingeräumt wird, können die Partner kooperative Wege dafür finden,

---

[374] Vgl. Duncan/ Weiss (1979), S. 86 f.

[375] Vgl. Zahn (2001a), S. 15

[376] Vgl. Müller-Stewens/ Osterloh (1996), S. 16, Hillig (1997), S. 113 f.

[377] Vgl. Zahn (2001a), S. 17 ff. Dem gegenüber identifiziert SENGE fünf Disziplinen als Transformatoren: gemeinsame Vision, persönliches Können, Hinterfragen mentaler Modelle, Team-Lernen und Systemdenken (vgl. Senge (1990), S. 57 ff. und Senge (1996), S. 101).

[378] Vgl. Child/ Faulkner (2002), S. 293 ff., Hamel (1991), S. 85 und 90 ff.

[379] Vgl. Hamel (1991), S. 89 f., Doz/ Hamel (1998), S. 204, Hamel et al. (1989), S. 134, Zahn (2001a), S. 20 f.

welche Lernziele wie zu erreichen sind.[380] Unterschiedliche Motive können eine Lernpartnerschaft und ihren späteren Erfolg begründen:[381]

- Die Lernallianz wird als längerfristige Alternative oder als temporäreres Vehikel zur Verbesserung der Wettbewerbsfähigkeit gegenüber dem Partner betrachtet.
- Die Lernpartnerschaft kann die relative Ressourcenposition gegenüber dem Partner und anderen Marktteilnehmern verbessern.
- Die Lernpartnerschaft verspricht potenziellen Lernprofit und ihr wird aufgrund einer ausgeglichenen oder asymmetrischen Abhängigkeit innerhalb des Bündnisses Präferenz eingeräumt.

Durch die Lernintention wird die Aufmerksamkeitssteuerung der Beteiligten verändert und die Ausgestaltung des Kontextes als permanente Aufgabe angenommen.

Die bilaterale *Lernfähigkeit* wird maßgeblich von der Lernkapazität oder Absorptionsfähigkeit beeinflusst.[382] Da sich explizite Inhalte leichter als implizite Inhalte transferieren lassen, ist die Transferfähigkeit des Wissens ein Schlüsselfaktor im Lernprozess.[383] Um Wissen aufzunehmen, bedarf es eines Mindestmaßes an Rezeptivität für neues Wissen. Diese Empfänglichkeit ist abhängig vom Vertrauen, das in den Partner gesetzt wird und der Fähigkeit zum „Entlernen" alter Wissensressourcen, um neue Inhalte zu absorbieren.[384] Die Fähigkeit, den Wert des neuen, externen Wissens zu erkennen, es zu verstehen und zu absorbieren,[385] d. h. der Aufbau einer „absorptive capacity",[386] die mit der Wissensbasis wächst, ist hierbei ein kritischer Erfolgsfaktor. Zudem spielt es eine wesentliche Rolle, inwiefern ein Unternehmen in der Lage war, aus seinen früheren Kooperationserfahrungen zu lernen.[387] Im Idealfall bauen langfristige Lernpartner in einer Kooperation Beziehungskapital auf, das ihnen hilft, die Fähigkeiten des anderen zu erkennen und besser zu verstehen und ein gemeinsames Verständnis zu entwickeln, das sich positiv auf das Lernklima auswirkt.[388]

---

[380] Vgl. Zahn/ Tilebein (2000), S. 127 f.

[381] Vgl. Hamel (1991), S. 92, Antlitz (1999), S. 323, Kale et al. (2000), S. 219, Moffat/ Archer (2004), S. 242 f.

[382] Vgl. Cohen/ Levinthal (1990), S. 131 ff., Hamel (1991), S. 90

[383] Vgl. Child/ Faulkner (2002), S. 295. Siehe hierzu auch die Transformationsformen des Wissens in Kapitel 3.6.

[384] Vgl. Klein (1989), S. 291 f., McGill/ Slocum (1993), S. 76 ff., Child/ Faulkner (2002), S. 295 f.

[385] Vgl. Child/ Faulkner (2002), S. 296 f.

[386] Vgl. Cohen/ Levinthal (1990), S. 128 f.

[387] Vgl. Lyles (1994), S. 463 ff., Simonin (1997), S. 297 f.

[388] Vgl. Fichman/ Levinthal (1991), S. 446

Die Fähigkeit, Wissen zu importieren wird durch die organisationale Offenheit und die Aufnahmebereitschaft jedes Partners bestimmt und beeinflusst das Lernpotenzial.[389] Demnach hängt das Internalisierungsvermögen

- von der Durchlässigkeit des Sozialkontextes der Partner,
- den Einstellungen gegenüber Außenseitern bzw. dem „Stammesgefühl",
- dem Umfang, in dem die komplementären Fähigkeiten des Partners enkodierbar und isoliert (nicht komplex eingebettet und vernetzt) waren und
- der relativen Geschwindigkeit des Partners beim Aufbau von Fähigkeiten ab.

Diese *Internalisierungsfähigkeit* ist eng an die unterschiedlichen Wissensformen und deren Transfermöglichkeiten geknüpft. HAMEL resümiert, dass die Fähigkeit eines Partners, das Lernen des anderen zu übertreffen, nicht nur seine Verhandlungsstärke innerhalb des Kooperationsverhältnisses verbessert, sondern auch seine Abhängigkeit verringert.[390]

3.5.4.2 Gefahren und Barrieren des Lernens und der Wissenstransformation

Neben der Gestaltung der Lernprozesse kommt dem Abbau und der Vermeidung von Wissens- und Lernbarrieren eine besondere Bedeutung zu,[391] da der Lernprozess sonst behindert oder verfälscht werden kann.[392]

ZAHN/ TILEBEIN identifizieren inhaltliche, zeitliche, räumliche und strukturelle Faktoren der Lernbehinderung.[393] Inhaltliche Lernbeeinträchtigungen ergeben sich durch irrtümlich hergestellte argumentative Verknüpfungen. Sie ergeben sich auch dann, wenn relevantes implizites Individualwissen nicht in die kollektive Wissensbasis des Unternehmens fließt. Auch so genanntes abergläubiges Lernen[394] oder fragmentarisches bzw. kurzsichtiges Lernen[395] schränkt den Wirkungsbereich von Lernprozessen ein und verengt den Lernfokus. Zeitliche Lernbeeinträchtigungen gründen

389 Vgl. Hamel (1991), S. 90
390 Vgl. Hamel (1991), S. 87 f.
391 Vgl. Prange et al. (1996), S. 15
392 Vgl. für eine Zusammenstellung von Lernbarrieren z. B. Greschner (1996), S. 138 ff., Heppner (1996), S. 203 ff., Miner/ Mezias (1996), S. 91, Prange et al. (1996), S. 15, Schüppel (1996), S. 38 ff. und 121 ff. sowie Kim (1993), S. 46.
393 Vgl. Zahn/ Tilebein (2000), S. 126. Weitere lernbehindernde Faktoren finden sich bei Pucik (1991), S. 136, Prange et al. (1996), S. 15, Nonaka/ Takeuchi (1997), S. 182 f., McGill/ Slocum (1993), S. 76 ff., Lei et al. (1999), S. 28. Siehe dazu auch die Übersicht bei Schüppel (1996), S. 38.
394 Vgl. hierzu bspw. Levitt/ March (1988)
395 Vgl. hierzu bspw. Levinthal/ March (1993)

sich auf die Lerngeschwindigkeit, wobei schnelles Lernen ebenso kontraproduktiv sein kann, wie zu langsames. Zu viele verteilte Lernfronten mit eventuell stark ausgeprägten Interdependenzen werfen räumliche oder strukturelle Lernprobleme auf, da deren Informations- und Kommunikationsflüsse schwer zu koordinieren sind und zu negativen Transfereffekten gelernter Lektionen führen können.[396]

Der Lernerfolg in einer Sender-Empfänger-Beziehung hängt davon ab, ob es dem Empfänger nach dem Austausch von Informationen gelingt, sein neues Wissen in Handlungen einfließen zu lassen und Probleme auf ähnliche Weise zu lösen wie der Sender.[397] Ist dies nicht möglich, sind weitere Interaktionsrückkopplungen erforderlich, oder der Empfänger muss in einem Trial-and-Error-Verfahren sein Wissen modifizieren. Zusätzliche Lernbarrieren durch mangelnde Aufnahmefähigkeit des Empfängers oder mangelnde Artikulationsfähigkeit des Senders[398] resultieren aus einem „Nicht-Können" oder „Nicht-Wollen". Im ersten Fall basieren sie auf fehlenden kognitiven Fähigkeiten bzgl. Reflexion, Explikation, Formulierung und Artikulation von Inhalten. Im zweiten Fall basieren sie auf der mangelnden kulturell-motivationalen Bereitschaft der Akteure.[399]
Die Kontextbezogenheit des Wissens, das ohne Anwendungsbezug bzw. zweckorientierte Vernetzung nicht interpretiert werden kann, stellt eine weitere Lernbarriere in der Sender-Empfänger-Beziehung dar. Wie Wissen vom Empfänger interpretiert wird, hängt von personalen Faktoren, wie z. B. Intelligenz oder Kreativität und seinen Umfeldbedingungen ab.[400]

Ein zeitliches und inhaltliches Dilemma besteht darin, Routinen zu etablieren und zu verfeinern und zugleich dem Charakter des Lernens als permanenter Anpassungs- und Erneuerungsgenerator gerecht zu werden: Radikal neuartige Umfeldzustände erfordern lerngestützte Anpassung, schließen jedoch das Lernen aus Erfahrung gleichzeitig aus. Dementsprechend gilt es, nicht spezielle Anpassungszustände, sondern die Anpassungsfähigkeit zu optimieren.[401] Die Entwicklung von einer

---

[396] Vgl. zu den Transfereffekten z. B. Cormier/ Hagman (1987), Cohen/ Bacdayan (1994) oder Haleblian/ Finkelstein (1999)
[397] Vgl. Heppner (1996), S. 203
[398] Vgl. Cohen/ Levinthal (1990), S. 129 ff.
[399] Vgl. Seidel (2003), S. 91, Schröder (2003), S. 12 f., Brast (2006), S. 170 ff.
[400] Vgl. hierzu bspw. Lewin (1963), S. 273 ff. FIOL/ LYLES klassifizieren die Umweltfaktoren in Unternehmensstruktur, Unternehmensstrategie und -systeme, Unternehmenskultur und Unternehmensumwelt (vgl. Fiol/ Lyles (1985), S. 804 f.).
[401] Vgl. Malik (1989), S. 63

situativen Lernfähigkeit zu einer generellen Veränderungskompetenz[402] ermöglicht eine aktive (Mit-)Gestaltung umfeldinduzierter Entwicklungen und wirkt der Verdichtung organisationaler Strukturen und Routinen zu resistenten Regelnetzen[403] entgegen. Neben den Vorteil, Routineeffekte zu nutzen, tritt dabei die Notwendigkeit, überholte Inhalte gezielt zu verlernen bzw. zu entlernen.[404]

3.6 Zusammenführung der Dimensionen der Wissenstransformation und Modellierung der Wissensinhalte und des Wissenskonstrukts

Im vorangegangenen Kapitel wurden die relevanten Dimensionen zur faktorzentrierten Wissenskultivierung konkretisiert. Um wettbewerbsrelevante Leistungen am Markt anzubieten, reicht die eigene Ressourcenbasis von Unternehmen häufig nicht aus. Die zunehmende Dynamik in den Märkten löst einen Innovationswettbewerb aus, der eine stetige Anpassung des Leistungsprogramms erfordert. Eine solche Leistungserstellung kann jedoch nur dann erbracht werden, wenn der Nachfrager der Leistungen schon von Beginn des Leistungserstellungsprozesses an in die Unternehmensprozesse einbezogen wird. Aus dieser Situation entsteht der ständige Druck, Kundenwissen von außen in das Unternehmen zu transferieren und so die eigene Wissensbasis zu erweitern. Eine überlegene Kundennutzenstiftung wurzelt in der Kenntnis und der Umsetzung von Kundenbedürfnissen. Diese gilt es zu erfassen und frühzeitig in die Unternehmenshandlungen einzubeziehen.[405]

Kundenwissen liegt jedoch in den seltensten Fällen als „fertige Idee“, konkrete Vorstellung oder in explizierter Form vor. Häufig ist es dem Kunden nicht bewusst;

- er besitzt Wissen und Kompetenzen, die für Unternehmen wertvoll erscheinen,
- er besitzt unvollständige Daten, inkonsistente Informationen oder implizites Wissen über die Unternehmensleistungen;

---

402 Vgl. Von der Oelsnitz (1994), S. 213 f.

403 Vgl. hierzu die Fallstudie von KIESER ET AL., wonach 33 % der konzernweit gültigen Richtlinien über 20 Jahre und mehr als 60 % sogar älter als 10 Jahre sind (vgl. Kieser et al. (1999), S. 129).

404 Vgl. Hedberg (1981), S. 18 f., McGill/ Slocum (1993), Lei et al. (1999) und Macharzina (1999), S. 577. KLEIN schlägt dazu vier Modelle vor: „extinction model“ und „replacement model“ auf Individualebene und „exorcism model“ und „salvation model“ auf Organisationsebene (vgl. Klein (1989), S. 292 ff.).

405 Vgl. z. B. Reichwald/ Piller (2002), S. 29, Chesbrough (2003), S. 36 f., Gassmann et al. (2005), S. 9 ff., Wecht (2005), S. 28 f.

- es fällt ihm schwer, sein Wissen zu explizieren oder
- er besitzt lediglich ein Teilwissen, das erst mit dem Unternehmenswissen kombiniert werden muss.[406]

Zu diesen Erschwernissen kommen nicht nur Wissenstransferprobleme hinzu, sondern auch Schwierigkeiten durch die Träger- und Ortsgebundenheit der Ressource.

Um routinierte Handlungsweisen zu modifizieren und Lernprozesse anzustoßen, müssen Unternehmen ihre internen Unternehmensressourcen mit externen Kundenressourcen kombinieren. Die Form, in der diese Kundenressourcen außerhalb des Unternehmens vorliegen, übt dabei einen wesentlichen Einfluss auf die Integrationsaktivitäten und internen Unternehmensprozesse aus. In dem vorangegangenen Kapitel 3.5 wurden dazu bereits die wesentlichen faktorzentrierten Dimensionen diskutiert. Im Mittelpunkt dieser Diskussion steht dabei immer die Form, in der die Ressource Wissen vorliegt und somit auch ihr Veränderungspotenzial. Da Wissen in seiner Entwicklung qualitativen, räumlichen sowie zeitlichen Veränderungen unterliegt, lassen sich unterschiedliche Wissenstransformationszustände ableiten: So kann latentes Wissen von Individuen aus der Unternehmensumwelt beispielsweise durch Akquisition, Explikation und Integration zu komplexem, innovationsrelevantem Wissen von Kollektiven entwickelt werden. Daraus kann gefolgert werden, dass Wissensressourcen in ihrem Entwicklungsprozess verschiedene Eskalationsstufen durchlaufen. Diese Eskalationsstufen sind durch Lernprozesse miteinander verbunden und repräsentieren eine fortlaufende Kultivierung des Wissens auf Faktorbasis (siehe Abbildung 10).

Latentes Wissen als Ausgangsbasis des Lernens

Latentes Wissen unterscheidet sich von verfügbarem Wissen. Es zeichnet sich dadurch aus, dass eine grundlegende Kenntnis über seine Existenz vorhanden ist: im Unternehmen in den Köpfen der Mitarbeiter oder außerhalb des Unternehmens bei Kunden. Es ist jedoch weder allgemein bekannt, noch wird es gezielt genutzt,[407] da räumliche oder strukturelle Barrieren einen Transfer erschweren.[408] Latentes Wissen ist eine brachliegende Ressource, die erst noch identifiziert, lokalisiert und

---

[406] Vgl. Thomke/ Von Hippel (2002), S. 51 ff., Füller et al. (2003), S. 36, Reichwald et al. (2007), S. 24 f.

[407] Vgl. Rehäuser/ Krcmar (1996), S. 7, Krüger (2000), S. 239

[408] Vgl. Zahn/ Tilebein (2000), S. 126

strukturiert werden muss, um sie verfügbar zu machen. Latentes Wissen zu beschaffen und Informationspathologien[409] abzubauen, um diese Wissensbestände zu nutzen, ist eine wesentliche Grundlage für organisationales Lernen.[410]

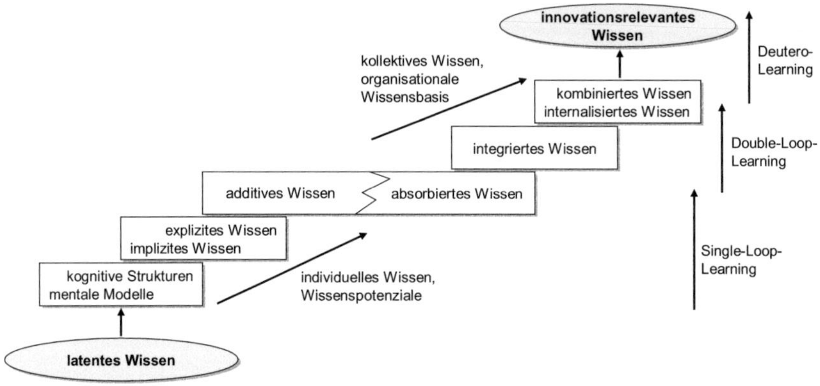

Abbildung 10: Kultivierungsstufen des Wissens

1. Eskalationsstufe: mentale Modelle und kognitive Strukturen

Mentale sowie kognitive Wissensbestandteile beeinflussen die handlungsbezogenen Schemata im Unternehmen.[411] Mentales Wissen existiert in Form von Konstrukten oder Modellen, die auf Vorstellungen beruhen. Die Leistung dieser Konstrukte ist eine geordnete, in Zusammenhänge gebrachte, subjektive Sicht oder Deutung der Wirklichkeit.[412] Mentales Wissen muss zunächst in eine zugängliche, dokumentierte Form gebracht werden. Dadurch gewinnt es an Transparenz. Anschließend kann es mentalen Modellen anderer Akteure gegenübergestellt und verknüpft werden, was die Entstehung von neuem, kollektivem Wissen begünstigt. Durch Wahrnehmung, Interpretation und Verstehen werden mentale Modelle in kognitive Konstrukte, Bilder oder Karten in Form individueller Erfahrungen oder Einzelaktivitäten überführt. In der Folge können sie in einen Zusammenhang mit einem allgemeinen Begriffsrahmen, mit Rastern oder Gleichartigem gebracht werden.[413]

---

409 Siehe hierzu ausführlich Kapitel 4.4.3.2
410 Vgl. Pautzke (1989), S. 112
411 Vgl. dazu den Überblick bei Von Wartburg (2000), S. 251 ff.
412 Vgl. Wahren (1996), S. 182
413 Vgl. Lenk (1993), S. 85

2. Eskalationsstufe: implizites Wissen und explizites Wissen

Implizites Wissen baut auf praktischem und kognitivem Wissen auf und ist in routinegeprägtem Verhalten des jeweiligen Wissensträgers eingebunden.[414] Es liegt nicht in kodierter Form vor und kann nur durch interaktive Prozesse oder Externalisierung interpersonell übertragen werden.[415] Die Externalisierung ist die Verlagerung der innerlich ablaufenden kognitiven und emotiven Prozesse nach außen. Durch Externalisierung agieren Individuen als soziale Wesen, die mit ihrer Umwelt in Wechselwirkung treten.[416]

Explizites Wissen ist beschreibbar, formalisiert, zeitlich stabil und in standardisierter und strukturierter Form auf materiellen Trägern ablegbar. Damit kann es personenunabhängig gespeichert, geteilt und genutzt werden. Damit implizites in explizites Wissen übergehen kann, muss ein geordnetes Erfassen, Strukturieren und Dokumentieren erfolgen.

3. Eskalationsstufe: der Übergang von additivem Wissen zu absorbiertem Wissen

Additives Wissen zeichnet sich dadurch aus, dass es zu einem bestehenden Wissensbestand lediglich hinzugefügt wurde (Wissensanhäufung).[417] Es besteht isoliert von anderen Wissensressourcen, Prozessen und Strukturen und weist weder Verknüpfungen noch zielgerichtete Konvergenzen zu bereits vorhandenem Wissen auf. Handelt es sich um „unvollständiges Wissen" bzw. Teilwissen in Form von Surrogaten,[418] ist die Kooperation mit anderen Akteuren und deren Wissensbasen erforderlich, damit dieses Wissen aufgabenbezogen absorbiert werden kann.

Mit dem Schritt von additivem Wissen zu absorbiertem Wissen vollzieht sich ein Übergang vom Wissen individueller (personeller oder materieller) Wissensträger zum kollektiv zugänglichen Wissen. Absorbiertes Wissen ist gleichsam „aufgesaugtes", aufgenommenes Wissen, wobei der Prozess der Absorption mehr ist als eine rein kumulative Funktion. Die Fähigkeit, Wissen zu absorbieren, d. h. die Fähigkeit zur Aufnahme und Verarbeitung neuer, externer Informationen und Wissen, ist Voraussetzung für die Lernfähigkeit von Individuen und Kollektiven.[419] Sie entwickelt sich

414 Vgl. Probst/ Büchel (1998), S. 26 f. Routinen funktionieren als „Gedächtnis" für nicht explizit formulierbares Wissen (vgl. Nelson/ Winter (1982), S. 99 ff.).

415 Vgl. Nonaka/ Takeuchi (1997), S. 77 ff.

416 Vgl. Berger/ Luckmann (1980), S. 58, Nonaka/ Takeuchi (1997), S. 73

417 Vgl. Degele (2000), S. 10

418 Teilwissen kann in Form von Wissenssurrogaten zur Substitution von Inhalten oder Entscheidungs- oder Realisationssurrogaten zur Substitution von Handlungsphasen auftreten (vgl. dazu Kapitel 3.5.2).

419 Vgl. Cohen/ Levinthal (1990)

pfadabhängig aus den kumulierten Wissensressourcen und baut auf früheren Investitionen in die Mitarbeiterqualifikation auf.[420] Die Fähigkeit, Wissen zu verarbeiten, wird darüber hinaus durch organisationale Rahmenbedingungen und Unternehmensfähigkeiten determiniert.[421] Dies macht es notwendig, die zu integrierenden Inhalte auszuwählen. Absorbiertes Wissen bildet die Vorstufe zu integriertem Wissen.

4. Eskalationsstufe: integriertes Wissen

Der entscheidende Schritt, damit aus explizitem Wissen eine (Kern-)Kompetenz des Unternehmens werden kann, ist die Integration dezentral vorhandener Wissensbestände.[422] Durch Ergänzung und Vernetzung vorhandener mit neuen Ressourcen entsteht ein erweitertes „Wissensgeflecht". An ihm sind mehrere Individuen beteiligt, deren individuelles Wissen aggregiert und in einen Gesamtwirkungszusammenhang gebracht wird. Die Integration von Wissen ist eine wesentliche Bedingung für den Aufbau einer organisationalen Wissensbasis,[423] die Akteursgruppen einen gemeinsamen kognitiven Bezugsrahmen zur Verfügung stellt, der kooperatives Handeln erst ermöglicht.

5. Eskalationsstufe: internalisiertes und kombiniertes Wissen

Internalisiertes Wissen entsteht in einem Prozess der „Einverleibung, in dem die vergegenständlichte gesellschaftliche Welt im Verlauf der Sozialisation ins Bewusstsein zurückgeholt wird."[424] Das durch Dokumentation, Interaktion oder Kommunikation explizierte und integrierte Wissen findet Eingang in individuelle bzw. kollektive Muster. Dabei wird es nicht nur in die Wissensbasen einzelner Akteure oder die organisationale Wissensbasis eingebettet, sondern auch in Handlungen und Interpretationen der Wissensträger.[425] Es wird in den Erfahrungskontext eingebunden und durch wiederholten Gebrauch sowie direkte praktische Erfahrungen gefestigt.

Kombiniertes Wissen entsteht, wenn internalisiertes Wissen mit anderen Wissensbestandteilen verknüpft wird. „The essence of architectural innovation is the reconfiguration of an established system to link together existing components in a new

---

420 Vgl. Zahn (2001a), S. 17

421 Vgl. van den Bosch et al. (1999), S. 552 f. Die Autoren identifizieren zusätzlich die Kriterien Effizienz, Umfang und Flexibilität, nach denen Inhalt und Prozess der Wissensabsorption klassifiziert werden können. Zu weiteren internen Faktoren vgl. Cohen/ Levinthal (1990), S. 135.

422 Vgl. Krüger (2000), S. 241

423 Vgl. Duncan/ Weiss (1979), S. 86 f.

424 Berger/ Luckmann (1980), S.65

425 Vgl. Zboralski (2007), S. 127

way."[426] Durch Kombination von vorhandenen mit neuen Informationen können Wissen und neue Fähigkeiten entstehen oder solche Kompetenzen herausgebildet werden, für deren Entwicklung bisher nur rudimentäre Kenntnisse vorlagen.[427]

Das Ziel: innovationsrelevantes Wissen

Wird neuartiges Wissen generiert, das Potenziale für Wettbewerbsvorteile bietet, entsteht systemänderndes erneuerndes Wissen. Es beruht in der Regel darauf, dass implizites Wissen und expliziertes Wissen von Akteuren arbeitsteiliger Prozesse aufeinander bezogen werden. Voraussetzung für diesen Prozess ist eine erfolgreiche Übersetzungsleistung. Kumulative Wissensbestände und die aus ihnen abgeleiteten (Kern-)Kompetenzen bilden die Basis für Innovationen und sind Träger der Unternehmensentwicklung.[428] Die Triebkräfte der Unternehmensentwicklung sind das adaptive Verbesserungs- und das generative Erneuerungslernen. Beide Lernarten forcieren pfadabhängiges, neues Wissen, das zu inkrementalen und radikalen Innovationen führen kann.[429]

Zwischen additivem Wissen und absorbiertem Wissen verläuft eine „durchlässige Lerngrenze": Die Eskalationsstufen von latentem Wissen, über explizites und implizites Wissen zu additivem Wissen unterliegen Effizienz steigernden Verbesserungslernprozessen innerhalb gegebener Handlungsroutinen. Sie laufen automatisiert ab und dienen der Korrektur individueller Handlungsmaxime. Wird Wissen jedoch absorbiert, vollzieht sich der Übergang zwischen einer kumulativen zur vernetzenden Nutzung von Wissen sowie auch eine Weiterentwicklung zum Erneuerungslernen, das zur Überprüfung der bisherigen Handlungsroutinen aufgrund der Modifikation mentaler Modelle führt. Durch diese zusätzliche Reflektion wird es möglich, Wissen in die organisationale Wissensbasis nicht nur zu integrieren, sondern auch zu internalisieren. Damit findet eine direkte Einbindung in den Erfahrungskontext statt.

Die zweite Lerngrenze lässt sich zwischen internalisiertem und kombiniertem Wissen lokalisieren. An dieser nicht trennscharf abgrenzbaren Schnittstelle wird das neu in den Erfahrungskontext eingebettete Wissen mit etabliertem Wissen kombiniert.

---

[426] Henderson/ Clark (1990), S. 12
[427] Vgl. Kogut/ Zander (1993), S. 391
[428] Vgl. Zahn et al. (2000b), S. 57 f.
[429] Vgl. Zahn (2000), S. 159 f.

Dabei kommen Metalernfähigkeiten im Sinne der Verbesserung organisationaler Lernprozesse zum Einsatz. Da sich durch verschiedene Lernprozesse (Verbesserungs- und Erneuerungslernen) der Variantenreichtum des Lernportfolios erhöht, steigern sich auch die Ergiebigkeit der Kompetenzbasis und das Potenzial zur Wandlungsfähigkeit,[430] was wiederum den Nährboden für Innovationen bereitet.

Um in sich schnell verändernden Märkten innovatives Wissen zu generieren, bedarf es demnach spezifischer dynamischer Fähigkeiten, die es Unternehmen erlauben, interne und externe Ressourcen zu integrieren, auf- oder abzubauen und zu rekonfigurieren.[431] Die Umsetzung dieser Fähigkeiten ist von der technologischen, finanziellen und strukturellen Ressourcenbasis,[432] der Unternehmensentwicklung und den strategischen Pfaden des Unternehmens abhängig.[433] Diese Fähigkeiten beruhen vergleichsweise wenig auf vorhandenem Wissen und relativ stark auf schnell generiertem, situationsspezifischem neuem Wissen.[434]

---

430 Vgl. Zahn/ Tilebein (2000), S. 123 f.
431 Vgl. Teece et al. (1997), S. 516, Eisenhardt/Martin (2000), S. 1107
432 Für eine ausführliche Darstellung der Dynamic Capabilities vgl. Kapitel 3.3.1.
433 Vgl. Teece/ Pisano (1994), S. 65 ff., Teece et al. (1997), S. 522 f.
434 Vgl. Eisenhardt/ Martin (2000), S. 1111. Die Nutzung von vorhandenem Wissen kann sogar ein Nachteil sein, wenn Routinen, die auf Basis vergangener Situationen herausgebildet wurden, zu sehr verallgemeinert und nicht mehr hinterfragt werden.

> *„Unternehmen sind Systeme, in denen Wissen ... produziert und/ oder ... akquiriert, ... getestet und angewendet sowie ... transformiert und ... transferiert wird.“*[435]

4. Interaktionen im Customer Knowledge Management

Die Übermittlung von Wissen und dessen Interpretation erfolgt in Interaktionsprozessen.[436] Zur Lösung komplexer Probleme sind in der Regel einander ergänzende Wissensbestände verschiedener Disziplinen heranzuziehen, die sich an verteilten Orten befinden. Diese Wissensbestände sind durch spezialisierte Wissensproduzenten entwickelt worden, sodass sie nicht ohne Weiteres kompatibel und transferierbar sind. Der Transfer und die Integration dieser Wissensbestände sind somit kein reaktiver, sondern ein formender Prozess, in dessen Verlauf Bedeutungen als Mittel für die Steuerung und den Ablauf von Handlung gebraucht und abgeändert werden.[437]

Um zu untersuchen, welche Einflussfaktoren für den Wissenstransfer maßgeblich sind, werden in den folgenden Kapiteln zunächst unterschiedliche Theorien betrachtet, die sich hinsichtlich ihres Erklärungsansatzes und -beitrags wie folgt systematisieren lassen (vgl. Tabelle 7).

Erklärungsansatz	Theorieansatz	Beitrag
Interaktionen bei kooperativer Leistungserbringung	Interaktionstheorie	Wechselseitige Beeinflussungsprozesse zwischen den Akteuren
	Austauschtheorie	Kosten-Nutzen-Kalkül der Akteure
Rollendefinition bei ressourcenbasierten Interaktionen	Prinzipal-Agenten-Theorie und Stewardship-Ansatz	Asymmetrische Informationsverteilung und Verhaltensmaxime
	Machttheorie	Entscheidungs- und Delegationsgewalt
	Ressourcenabhängigkeitstheorie	Ressourcenknappheit und Autonomie

Tabelle 7: Erklärungsansätze zur Kultivierung akteurszentrierter Aspekte

[435] Zahn et al. (2000), S. 260

[436] Vgl. Hanft (1996), S. 142. In diesen Interaktionsprozessen erschließen sich für die Akteure Bedeutungen über die Art und Weise, in der andere Akteure handeln. Sie interpretieren diese Bedeutungen und vergleichen sie mit eigenen, kollektiven und organisationalen Erfahrungen.

[437] Vgl. Blumer (1973), S. 84

4.1 Interaktionen bei kooperativer Leistungserbringung

Bei der Initiierung einer interorganisationalen Kooperation stehen die Nutzung zusätzlicher Ressourcen und die Generierung von Wettbewerbsvorteilen im Vordergrund. Kooperationsvorteile entstehen u. a. aus einer gemeinschaftlichen Nutzung, in der spezifische Ressourcen zusammengelegt und in gemeinsamen Aktivitäten genutzt werden, bspw. einem bilateralen Ressourcentransfer oder in organisationalen Verflechtungen in Form von Economies of Scale und Scope.[438] Kooperationsbeziehungen von Organisationen bestehen aus einer Vielzahl von (Einzel-)Interaktionen von Individuen. „Soziale Interaktion liegt dann vor, wenn zwei Personen in der Gegenwart des jeweils anderen auf der Grundlage von Verhaltensplänen Verhaltensweisen aussenden und wenn dabei die grundsätzliche Möglichkeit besteht, dass die Aktionen der einen Person auf die der anderen einwirken."[439] Diese sehr eng gefasste Definition stellt auf die physische Anwesenheit der Interaktionspartner ab, was jedoch durch die Nutzung von IuK-Technologien nicht zwingend notwendig ist. Eine weiter gefasste Definition von Interaktionen als „Art von aufeinander bezogenem Handeln, das davon ausgeht, dass jeder der Beteiligten in sein Handeln das Wissen des anderen einbaut"[440] zeigt die Interdependenz einer Kooperationsbeziehung auf: Jeder Interaktionspartner integriert bereits im Vorfeld die antizipierte Erwartungshaltung des anderen und seine Reaktionsmöglichkeiten in den eigenen Handlungsansatz. Im weiteren Verlauf der Interaktion kommt es zu weiteren gegenseitigen Beeinflussungen und Rückkopplungen.

4.1.1 Wechselseitige Beeinflussungsprozesse zwischen den Akteuren – die Interaktionstheorie

Die Interaktionstheorie gehört wie die Ansätze der Situationstheorie und der Systemtheorie zu den übergeordneten sozialwissenschaftlichen Konzepten, die die wechselseitigen Beziehungen zwischen System und Umwelt in den Mittelpunkt der

---

438 Vgl. Müller-Stewens/ Lechner (2003), S. 294 f., Zelewski (1999), S. 113 ff., Macharzina/ Wolf (2005), S. 740

439 Piontkowski (1976), S. 10

440 Mueller/ Thomas (1976), S. 55, ähnlich Staehle (1999), S. 308. STAEHLE beschreibt Interaktionspotenziale als eine Funktion von Eigenschaften und Fähigkeiten der Beteiligten, Kontextbedingungen und führungsrelevanter Interaktionsprozesse (vgl. Staehle (1999), S. 356).

Betrachtung stellen.[441] Im Vordergrund dieser Führungstheorie steht ein ausgeprägtes Prozessdenken. Es wird davon ausgegangen, dass Unternehmen ihren Kontext (partiell) proaktiv gestalten können und sich im Interaktionsprozess Strukturen herausbilden.[442]

Inhaltlich lässt sich die Interaktionstheorie durch sieben Merkmale charakterisieren.[443] Im Mittelpunkt der Theorie stehen *Interaktionen.* Sie werden als zielgerichtete wechselseitige Beziehungen zwischen zwei Einheiten (Personen, Organisationen etc.) verstanden, die auf gegenseitiger Beeinflussung beruhen. Diese Beeinflussung ergibt sich aus dem bestimmten Verhältnis der Einheiten. Die soziale Interaktion dieser Einheiten wird dabei derart durch die wechselseitigen Beziehungen geprägt, dass Aktionen und Reaktionen dabei wechselweise als Ursache und Wirkung auftreten.[444] In der Grundannahme sind Interaktionen und Einflussbeziehungen zunächst *neutral und gleichwertig.* Erst durch unterschiedliche Beeinflussungspotenziale[445] können sich Interaktionsstrukturen ergeben, die eine Gleich- oder Unterordnung bewirken.[446] Individuen *gestalten* ihr Handeln nicht nur nach ihren eigenen Plänen, sondern auch entsprechend (vermuteter) Pläne anderer. Zudem berücksichtigen sie ihren als objektiv empfundenen *Entscheidungskontext* sowie bewusst subjektive entscheidungsprägende Elemente. Die im Verlauf der Beziehung stattfindende *gegenseitige Beeinflussung* der Akteure löst weitere Interaktionen aus, sodass sich während der gesamten Interaktionsperiode vielfältige *Beeinflussungsprozesse* vollziehen und sich im Laufe des Interaktionsprozesses *Asymmetrien* herausbilden.[447]

---

441 Vgl. Wolf (2003), S. 177 ff. Die Interaktionstheorie geht auf die Austauschtheorie zurück und ist einer deren bedeutendsten Stränge (vgl. Picot (1987)). Sie ist in Deutschland besonders durch MACHARZINA bekannt geworden (vgl. Macharzina (1970) und (1977)).

442 Eine besondere Ausprägung nicht-hierarchischer Organisationsmodelle stellen die Netzwerkkonzepte dar (vgl. dazu die Grundlagen interaktionsbasierter Netzwerkansätze in Kapitel 5.1.2 und zu Netzwerkstrukturen Kapitel 5.3.3).

443 Vgl. im Folgenden Macharzina (1977), Macharzina (1999), S. 32 und 414 f., Staehle (1999), S. 45 und 355 ff. sowie Fischer/ Wiswede (2002), S. 536 f.

444 Vgl. Hill et al. (1992), S. 445, Macharzina (1999), S. 416

445 Beeinflussungspotenziale sind bspw. besondere Fähigkeiten, organisatorische Macht- und Statusattribute oder Beeinflussungsaktionen.

446 Vgl. Macharzina (1977), S. 37 f.

447 Im Gegensatz zu diesen temporär auftretenden Asymmetrien bestehen in einer Prinzipal-Agenten-Beziehung bereits zu Beginn der Interaktion Informationsasymmetrien. Sie stellen dort ein grundlegendes Problem über den gesamten Interaktionszeitraum dar (vgl. dazu Kapitel 4.2.1.1).

Die Interaktionstheorie eignet sich zur Erklärung lateraler Beziehungen,[448] die dem Austausch von Wissen dienen. Soziale Interaktionsbeziehungen sind für Unternehmen nicht nur eine zentrale Ressource,[449] da sie Zugang zu weiteren Ressourcen ermöglichen, sondern sie stellen auch eine der wesentlichen Komponenten der Wissenstransformation dar. „Der Austausch und die Generierung neuen Wissens sind abhängig von den Prozessen der Interaktion der beteiligten Individuen, d. h. ob und wie es gelingt, diese wechselseitigen Beziehungen aufzubauen und die Einstellungen, Erwartungen und Handlungen als Grundlage der Wissensprozesse gegenseitig zu beeinflussen."[450]

4.1.2 Kosten-Nutzen-Kalküle der Akteure – die Austauschtheorie

Die sozialpsychologische Austauschtheorie als verhaltenswissenschaftlicher Ansatz beschreibt und erklärt menschliches Sozialverhalten.[451] Der Mensch und sein Handeln, das er in einem sozialen Kontext vollzieht, sind durch individuelle psychische Prozesse geprägt. Werden Ressourcen, Informationen oder Wertvorstellungen ausgetauscht, handelt es sich um „eine freiwillige Aktivität zweier oder mehrerer Organisationen zum Zwecke ihrer besseren Zielerreichung."[452] Die Entstehung kooperativer Austauschverhältnisse wird auf das Nutzenkalkül der Akteure zurückgeführt, die Beziehungen eingehen, aufrechterhalten oder ausdehnen, wenn sie dies als belohnend empfinden.[453]

Diese Austauschbeziehungen zwischen den Akteuren werden durch drei zentrale Aspekte motiviert: (a) den Zugang zu externen Ressourcen, (b) Ziele und Funktionen der Interaktionspartner und (c) dem Grad an gemeinsamen Konsens.[454] Funktionale Spezialisierung der Partner und Ressourcenknappheit bilden dabei die Triebkräfte.[455] Der Erklärungsgegenstand der Austauschtheorie ist die Interaktion, zu der sie Begründungsgrundlagen liefert. Der Erklärungsbeitrag liegt in Kernaussagen über stimulative Auswirkungen von Belohnung und Bestrafung in der Interaktionsphase,

---

448 Vgl. Wunderer/ Weibler (1992), S. 515 ff.
449 Vgl. Håkansson (1987), S. 10
450 Renzl (2003), S. 76. Soziale Interaktionen bilden auch die Grundlage der Wissenskonversion. Siehe hierzu die Wissensspirale von Nonaka/ Takeuchi (1997) in Kapitel 3.5.3.1.
451 Vertreter dieser Theorie sind Homans (1961), Thibaut/ Kelley (1959), Emerson (1962) und Cook (1987).
452 Sydow (1996), S. 193
453 Vgl. Schenk (1984), S. 120, Sydow (1996), S. 193, Staehle (1999), S. 284-286
454 Vgl. Levine/ White (1961), S. 583 und 589 ff.
455 Vgl. Sydow (1996), S. 194

über die Interdependenz von Interaktionen und dem Einfluss der beteiligten Parteien sowie über Interaktionsstrukturen und den Ablauf von Interaktionsprozessen.[456] Ein Austausch zwischen Interaktionspartnern kommt immer dann zustande, wenn der subjektiv empfundene Gewinn die Kosten übersteigt.[457] Die Kontrolle über kritische Ressourcen bedingt eine Machtposition und erfordert Commitments (als Inverse der Macht), die den weiteren Verlauf der Interaktionen strukturell und inhaltlich beeinflussen.

Elementare Einflussgrößen auf das Entwicklungspotenzial einer interorganisationalen Beziehung werden bereits in der Initiationsphase geformt: Mögliche Verhaltenskonsequenzen werden auf Basis beobachteten Verhaltens wahrgenommener Werte und Normen zusammengestellt und auf die zukünftige Beziehung projiziert.[458] Den Beziehungsphasen[459] kommt dementsprechend eine hohe Bedeutung zu: In der Auswahlphase findet die Partnerselektion aufgrund von Verhaltensbewertungen und Gewinnabschätzung statt. Daran schließt sich die Verhandlungsphase an, in der Kooperations- und Wettbewerbsinteressen abgestimmt werden. Die Verpflichtungsphase umfasst wechselseitige Verpflichtungen und Investitionen der Akteure nach dem Gesetz der Proportionalität. In der abschließenden Institutionalisierungsphase sind aufgrund der Verhaltenssynchronisierung durch die bereits erfolgte Interaktionsdauer und -intensität Normen und Rollen definiert, die die beidseitige Unsicherheit und damit die Interaktionskosten reduzieren.

Der Ansatz der Austauschtheorie erklärt die Motivation der Akteure interorganisationale Beziehungen einzugehen und betont darüber hinaus die Bedeutung der Partnerwahl und des Kontextes. Allerdings macht sie keine Angaben darüber, wie eine Kooperation gestaltet werden kann und über die Rollenverhältnisse darin. Hierzu müssen ergänzend die Prinzipal-Agenten-Theorie, die Machttheorie und die Ressourcenabhängigkeitsperspektive herangezogen werden.

---

456 Vgl. Homans (1974), S. 16-39

457 Ein Gewinn kann intrinsischer oder extrinsischer Natur sein und z. B. in schnellerer Zielerreichung durch Arbeitsteilung, Anerkennung eigener Leistungen durch andere oder in Kontrolle des eigenen Wissensstandes durch Vergleiche mit einer Bezugsgruppe bestehen. Kosten entstehen durch Bindung an bestimmte Zeiten und Abläufe oder der Verpflichtung zur Übernahme von Aufgaben.

458 Vgl. Thibaut/ Kelley (1959), S. 65

459 Vgl. Piontkowski (1976), S. 21, Schwaner (1996), S. 46

4.2 Rollendefinition bei ressourcenbasierten Interaktionen

Akteure orientieren sich bei der Selektion und Auswahl ihrer Kommunikationspartner und ihrer Kommunikationselemente an ihrer Rollenfunktion. Rollenhandeln zeigt sich als „kommunikatives Handeln zwischen Interaktionspartnern, die sich an Normen orientieren, welche unabhängig von einem gerade aktuellen Interaktionsprozess bestehen. Unter Rollen sind folglich sozial definierte und institutionell abgesicherte Verhaltenserwartungen zu verstehen, die komplementäres Handeln von Interaktionspartnern ermöglichen.“[460]

4.2.1 Asymmetrische Informationsverteilung und Verhaltensmaxime – die Prinzipal-Agenten-Theorie und der Stewardship-Ansatz

4.2.1.1 Prinzipal-Agenten-Theorie

Die in wirtschaftlichen Systemen bestehende heterogene Informations- und Wissensverteilung motiviert Unternehmen interorganisational zu agieren und Ressourcen auszutauschen, um der Erosion von Wettbewerbsvorteilen entgegenzuwirken. Die Prinzipal-Agenten-Theorie[461] betrachtet Organisationen und ihre Umweltbeziehungen als Netzwerke von (impliziten und expliziten) Verträgen,[462] die unter den Beteiligten zur Regelung ihres ökonomischen Austausches geschlossen werden. Ein Agenturverhältnis besteht immer dann, wenn ein Prinzipal einen Agenten beauftragt eine Leistung für ihn zu erbringen, wobei eine Delegation von Entscheidungsbefugnissen auf den Agenten erfolgt, das Risiko für Fehlentscheidungen jedoch beim Prinzipal verbleibt.[463] Dabei kommt es sowohl zwischen dem Prinzipal (Auftraggeber) und dem Agenten (Auftragnehmer) zu bilateralen Koordinationsproblemen durch Interessenkonflikte oder unterschiedliche Risikoeinstellungen, als auch zu Unsicherheiten bzgl. des Verhaltens des Partners. Die Auf-

460 Krappmann (2000), S.98)

461 Die Forschungsrichtung der Prinzipal-Agenten-Theorie spaltet sich in eine positive und eine normative Richtung auf. Beide Richtungen weisen überwiegend identische Grundkonzeptionen auf, gehen aber von unterschiedlichen Annahmen aus.
Die positive Agenturtheorie („positivist agency theory“) ist deskriptiv und betont empirisch ausgerichtet. Sie beschreibt und erklärt die institutionelle Gestaltung von Auftragsbeziehungen (vgl. dazu z. B. Jensen/ Meckling (1976), Fama (1980), Fama/ Jensen (1983)).
Die normative Agenturtheorie („principal-agent theory“) leitet durch logische Deduktion und mathematische Beweise effiziente Lösungen für die Vertragsgestaltung ab (vgl. dazu z. B. Ross (1973), Arrow (1985), Levinthal (1988), Eisenhardt (1989) und Sappington (1991)).

462 Vgl. Fama (1980), S. 290

463 Vgl. Macharzina (1999), S. 52

gabendelegation wirft für den Prinzipal ein Informationsproblem auf: Je weniger Informationen er über die Motive, die Handlungsmöglichkeiten und das faktische Leistungsverhalten des Agenten hat, desto größer ist für ihn das Risiko, dass der Agent eigene Interessen zum Nachteil des Prinzipals verfolgt.

Unter der Annahme, dass sich sowohl Prinzipal als auch Agent opportunistisch,[464] aber rational bzgl. ihrer Präferenzen verhalten[465] und ihren individuellen Nutzen maximieren wollen, entstehen Zielkonflikte. Zudem entstehen unvollständige Verträge,[466] da es nicht möglich ist, sämtliche Modalitäten der Auftragsbearbeitung präzise und umfassend in den Vertragskonditionen zu berücksichtigen. Die entstehenden Agenturprobleme („adverse selection" und „moral hazard") lassen sich auf Informationsasymmetrien („hidden characteristics", „hidden intentions", „hidden knowledge" oder „hidden information" und „hidden action") zurückführen.[467] Der Prinzipal versucht dabei die Kosten („agency costs"),[468] die zum Abbau des Informationsdefizits zwischen Auftraggeber und -nehmer sowie zur Verringerung der Gefahr der Ausnutzung des Informationsdefizits durch den Agenten anfallen, durch geeignete Institutionen zu senken bzw. zu minimieren.

Vor Vertragsschluss hat der Agent bereits Informationen über seine individuellen Eigenschaften, z. B. seine Qualifikation (*hidden characteristics* – verborgene Merkmale). Da der Agent dem Prinzipal Qualifikationen signalisieren kann, über die er nicht verfügt, ergibt sich für den Prinzipal das Problem der Qualitätsunsicherheit („adverse selection"[469] – Gefahr der Auswahl schlechter Vertragspartner[470]): Er erfährt erst nach Vertragsabschluss, welche Qualifikationen der ausgewählte Agent tatsäch-

---

464 Vgl. Williamson (1975), S. 26, Furubotn/ Richter (1991), S. 4

465 Bei der normativen Agenturtheorie wird vollständig rationales Verhalten angenommen, das in der Realität kaum gegeben ist. Da Menschen in der Regel nur über ein begrenztes Potenzial zur Verarbeitung von Informationen verfügen, ist die Annahme der positiven Agenturtheorie über eine begrenzte Rationalität realistischer („bounded rationality", vgl. Simon (1957), Simon (1964) und Williamson (1975)).

466 Vgl. Richter (1991), S. 583

467 Es hat sich bisher kein einheitlicher Sprachgebrauch durchgesetzt. Vertreter der normativen Agenturtheorie halten vielfach an den Konzepten „moral hazard" und „adverse selection" fest, während sich Vertreter der positiven Agenturtheorie auf „hidden characteristics", „knowledge intentions" und „action" beziehen. Gemeinsam ist jedoch die Grundannahme der Informationsasymmetrie zuungunsten des Prinzipals und die Annahme, dass der Agent seinen Informationsvorsprung opportunistisch nutzt. Vgl. hierzu und im Folgenden Arrow (1985), S. 38, Fama (1980), S. 290 ff., Spremann (1990), S. 561 ff., Picot et al. (1999), S. 88 ff. und Saam (2002), S. 28 ff.

468 Vgl. zu diesem Effizienzkriterium ausführlich Jensen/ Meckling (1976), S. 308 ff.

469 Dieses Agenturproblem nimmt die Definition einer Prinzipal-Agenten-Beziehung von Eisenhardt (1989), S. 61 auf.

470 Vgl. Göbel (2002), S. 101

lich besitzt. Um diesem Problem vorzubeugen, kann der Prinzipal durch Überprüfung des Agenten („screening“) und entsprechende Vertragsgestaltung („self selection“) oder durch aktive Kommunikation mit dem Agenten im Vorfeld („signaling“) die Kosten aus dieser Informationsasymmetrie begrenzen.

Aufgrund der vertraglichen Bindung zwischen dem Prinzipal und dem Agenten kann dieser nach Vertragsabschluss willentlich unfair gegen den Prinzipal handeln (*hidden intentions* – verborgene Absichten). Der Prinzipal kann nicht einfach aus dem Vertragsverhältnis austreten, da er bereits irreversible Vorleistungen erbracht hat und ihm dadurch Kosten entstehen („sunk costs“). Diese Ausnutzung bestehender Abhängigkeiten wird als „hold-up“ (Überfall)[471] bezeichnet. Durch Autoritätssysteme („vertical integration“)[472] oder spieltheoretische Lösungsdesigns kann der Prinzipal diesem Problem ex ante entgegentreten.

Wenn nur der Agent nach Vertragsabschluss Wissen über bestimmte exogene Einflussfaktoren besitzt, wie z. B. Expertenwissen über Umwelteinflüsse, Informationen über Erfolgsaussichten von Handlungsalternativen oder Wissen über die Ergebnisse gewählter Handlungen, das zur Beurteilung seiner Tätigkeit und des Ergebnisses relevant ist, kann er dieses Wissen opportunistisch ausnutzen (*hidden knowledge* – verborgenes Wissen[473]). Da der Prinzipal keine vollständige Kontrolle über die Aktivitäten des Agenten hat, kann dieser zum Schaden des Prinzipals ein geringeres Arbeitsvolumen wählen oder ein größeres Arbeitsvolumen vortäuschen,[474] ohne dass der Prinzipal dies beobachten oder beurteilen kann (*hidden action* – verborgenes Handeln). Die Schaffung positiver Leistungsanreize durch Anreizsysteme, an denen der Agent erfolgsbeteiligt ist oder Kontrollsysteme („monitoring“) reduziert die Informationsasymmetrie.

An der Frage zur Realitätsnähe der Annahmen der Prinzipal-Agenten-Theorie setzen fundamentale Kritikpunkte an. Wenn kooperierende Unternehmen als Netzwerke von Verträgen interpretiert werden, dürfen nicht nur dyadische Beziehungen[475] im Mittel-

471 Vgl. Spremann (1990), S. 6
472 Vgl. Saam (2002), S. 33
473 Vgl. Weiershäuser (1996), S. 305 f.
474 Dies kann der Agent z. B. durch Drückebergerei („shirking“) oder Privatkonsum („consumption on the job“) bewirken.
475 Vgl. Saam (2002), S. 50

punkt stehen. Eine Erweiterung auf Multi-Agent-Modelle[476] und mehrstufige Agentenmodelle[477] erscheint realistischer. Zudem ist die statische Sicht nur auf eine Vertragsperiode und somit einfache Lernperioden angelegt.[478] Erst Agenturbeziehungen mit mehrfachen Vertragsperioden ermöglichen mehrstufige Lernprozesse.[479] Da Agenturbeziehungen meist einseitig aus der Perspektive des Prinzipals betrachtet werden, wird nur dem Agenten opportunistisches Verhalten unterstellt.[480] Zudem werden individuelle Verhaltensannahmen stark vereinfacht: der Agent handelt opportunistisch und arbeitsscheu,[481] sämtliche Ziele und Präferenzen sind vorab gegeben.[482] Es werden keine Aussagen über Entscheidungssituationen getroffen, die durch eine Ambiguität von Präferenzen gekennzeichnet sind.[483] Die vertragliche ex-ante-Perspektive setzt voraus, dass der Prinzipal den Vertrag bei voller Kenntnis aller Risiken abschließt: Alle Schwierigkeiten, die sich (möglicherweise) erst bei Vertragserfüllung einstellen, werden vernachlässigt.[484]

Die Prinzipal-Agenten-Theorie liefert dennoch wichtige Aussagen zum Verhalten von Akteuren in Interaktionsbeziehungen. Finden Delegationen in Interaktionsbeziehungen statt, geht dies nicht nur mit Einschränkungen von Autonomie- und Entscheidungsspielräumen, sondern auch mit Abhängigkeitssituationen einher.[485] Zudem beeinflussen das Rollenverständnis und das Rollenverhalten der Akteure die moderierenden Kooperationsfaktoren sowie den Wissenstransfer.

4.2.1.2 Stewardship-Ansatz

Der Stewardship-Ansatz entstand aufgrund der Kritik an den Verhaltensannahmen des Agenten in der Prinzipal-Agenten Theorie.[486] Er setzt der durch extrinsische Entlohnung motivierten individuellen Nutzenmaximierung und opportunistischem Ver-

---

476 Ein Multi-Agent-Modell ist z. B. ein Netzwerk aus einem fokalen Unternehmen und mehreren Agenten (vgl. Arrow (1985), S. 46 ff., Kieser (2002), S. 223, Wolf (2003), S. 282).

477 Vgl. zu Organisationen als Netzwerke hintereinander geschalteter Prinzipal-Agent-Beziehungen z. B. Kieser (2002), S.223 oder Göbel (2002), S. 106 f.

478 Vgl. Fama (1980), S. 304

479 Vgl. Kieser (2002), S. 223, Saam (2002), S. 51, Wolf (2003), S. 282

480 Vgl. Perrow (1986), S. 14 f., Göbel (2002), S. 104

481 Zur Kritik zu dieser Annahme vgl. Donaldson/ Davies (1991), S. 50 ff. oder Nilakant/ Rao (1994), S. 652.

482 Vgl. Levinthal (1988), S. 154

483 Vgl. Kieser (2002), S. 224

484 Vgl. Spremann (1990), S. 584, Kieser (2002), S. 222, Saam (2002), S. 51

485 Vgl. dazu auch die Machttheorie in Kapitel 4.2.2 und Diskussion zu Interdependenzen und Delegation in Akteursbeziehungen in Kapitel 4.4.1.3

486 Vgl. Macharzina (1999), S. 54, Wolf (2003), S. 285

halten des Agenten einen Steward entgegen, der bestrebt ist, zum Vorteil beider Parteien zu handeln.[487] Seine intrinsische Belohnung liegt in einem Vertrauensverhältnis, das durch Moral, Fairness und Selbstverpflichtung bestimmt ist. Dieses Vertrauen ersetzt als wichtige Komponente fehlende Regelungen. Vertrauen als „freiwillige Erbringung einer riskanten Vorleistung unter Verzicht auf explizite vertragliche Sicherungs- und Kontrollmaßnahmen gegen opportunistisches Verhalten in der Erwartung, dass sich der andere trotz Fehlens solcher Schutzmaßnahmen, nicht opportunistisch verhalten wird"[488] ist als impliziter Vertrag zu deuten.[489] Im Gegensatz zur Prinzipal-Agenten-Theorie, die von einem Interessenkonflikt zwischen den Parteien ausgeht, kommt ein durch Stewards geprägtes Verhältnis ohne dominante Regelungen aus, die sich eher dysfunktional auf die intrinsische Motivation und den Handlungsspielraum auswirken würden.

Der Aufbau von Vertrauen findet nur langsam statt, basiert auf vielen Interventionen, Eindrücken sowie vorhandenen Erfahrungen und ist durch negative Vorkommnisse schnell zu zerstören.[490] Während Vertrauen den Wissenstransfer dadurch unterstützt, dass weniger kommunikative Übungs- und Verhandlungsarbeit anfällt,[491] kann fehlendes Vertrauen zu Behinderungen führen, wie z. B. zu Zweifeln an der Glaubhaftigkeit und der Qualität der übertragenen Informationen.[492]
Aus rationalistischer Perspektive wird Vertrauen als Folge individueller Nutzenmaximierung gesehen, während konditionale Ansätze Vertrauensdispositionen als Bedingung der Möglichkeit von Kooperation betrachten.[493] HERBST unterscheidet Vertrauen bzgl. der Kooperationspartner und der Kooperationsbeziehung.[494] Beim Eingehen von neuen Kooperationsvorhaben werden vorzugsweise Partner gewählt, mit denen bereits vorherige Verbindungen bestanden,[495] da Erfahrungswerte ein realistischeres Einschätzen des Partners ermöglichen. Die Kenntnis eines Partners

---

[487] Vgl. Donaldson/ Davis (1991), S. 51 f., Mayer et al. (1995), S. 710 f., Muth/ Donaldson (1998), S. 6

[488] Ripperger (1998), S. 45. Misstrauen ist dementsprechend „die Erwartung, dass eine bestimmte Person, Gruppe bzw. Organisation vorhandene Handlungsfreiheiten ohne Rücksicht auf mögliche Schädigungen ihrer Kooperationspartner zum eigenen Vorteil nutzt bzw. diese Schädigungen sogar vorsätzlich herbeiführt" (Nippa/ Grigoleit (2006), S. 3 ff.).

[489] Vgl. Göbel (2002), S. 118

[490] Vgl. Probst et al. (1999), S. 259, Wathne et al. (1996), S. 63 ff., Luhmann (1989), S. 23

[491] Vgl. Kostova (1999), S. 318, Inkpen (2000), S. 1027 f., Kale et al. (2000), S. 220 f.

[492] Vgl. Szulanski (1995), S. 438, Szulanski (1996), S. 31, Husted/ Michailova (2002), S. 67

[493] Vgl. Wurche (1994), S. 146 ff.

[494] Vgl. Herbst (2002), S. 120 ff.

[495] Vgl. Gulati (1999), S. 401

bezüglich seiner individuellen Fähigkeiten, seiner beziehungsspezifischen Kompetenzen und seines Qualifikationsniveaus erleichtert den Kooperationsauftakt.[496]
In einer Kooperationsbeziehung ist wechselseitiges Vertrauen ein wesentlicher Erfolgsfaktor, da kooperatives Verhalten Vertrauen fördert, das wiederum die Basis für kooperatives Verhalten bildet.[497] Ist eine gemeinsame Vertrauensbasis vorhanden, können Kommunikationsprozesse und Informationsaustausch stimuliert werden.[498] Die trotz einer Vertrauensbasis gelegentlich auftretenden Interessenkonflikte tragen einerseits dazu bei, die Lernfähigkeit zu erhöhen und Potenziale für Offenheit, Toleranz und Akzeptanz zu schaffen,[499] ihre Wahrscheinlichkeitshäufigkeit verändert sich jedoch andererseits im Verlauf der Kooperationsentwicklung.[500] Ein Konfliktmanagement unterstützt das offensive Angehen inkompatibler Verhaltensweisen, indem es ermöglicht, Konflikte frühzeitig zu identifizieren und zu kanalisieren und aus den entstandenen Spannungen für die weitere Kooperation zu lernen.

Die negative Weltsicht der Prinzipal-Agenten-Theorie wird durch die Stewards relativiert. Die unbedingte Treueorientierung wirtschaftlicher Akteure ist jedoch genauso weltfremd. Ein wesentlicher Beitrag dieser Theorie liegt in Abkehr der absoluten Rationalitätsannahme zugunsten der Annahme von Vertrauen in kooperativen Beziehungen, das umfassende Regelungen ersetzen kann.

4.2.2 Entscheidungs- und Delegationsgewalt - die Machttheorie

Kooperationen bieten die Möglichkeit das Ressourcenspektrum der Interorganisationspartner zu erweitern, wobei der Handlungsspielraum, bspw. aufgrund wirtschaftlicher oder rechtlicher Interdependenzen, eingeschränkt sein kann[501]. Eine Weitergabe von Informationen und Wissen kann durch Macht und Status des Empfängers sowie durch die vom Sender erwartete Belohnung positiv beeinflusst werden.[502] Macht bedeutet „jede Chance, innerhalb einer sozialen Beziehung den eigenen Willen auch gegen Widerstreben durchzusetzen, gleichviel, worauf diese Chance be-

---

[496] Vgl. Fichman/ Levinthal (1991), S. 442, Kogut et al. (1993), S. 77, Hill (1990), S. 511
[497] Vgl. Zahn/ Foschiani (2000), S. 511 ff., Child/ Faulkner (2002), S. 175, Sydow (1996), S. 10 ff., Wurche (1994), S. 145 ff., Loose/ Sydow (1994), S. 164f f.
[498] Vgl. Mayer et al. (1995), S. 722, Krystek (1999), S. 267 ff.
[499] Vgl. Hillig (1997), S. 204, Bronder (1993), S. 110
[500] Vgl. zur Evolution und Dynamik des Vertrauens Mayer et al. (1995), S. 727 f.
[501] Dieses „Dilemma der Kooperation“ wird ausführlich bei AXELROD beschrieben (vgl. Axelrod (2005), S. 156).
[502] Vgl. hierzu die Untersuchung von Huber/ Daft (1987)

ruht".[503] Während Einfluss eine Einwirkungsform beschreibt, die in Einklang mit den Interessen des Betroffenen steht, beruht Macht als Einwirkungsform, die auch gegen die Interessen des Betroffenen eingesetzt werden kann, nicht auf der Legitimation aller Betroffenen. Die Grundlagen der Macht bestehen in materiellen oder immateriellen Voraussetzungen, die ein Akteur (be-)nutzt, um Anreize oder Sanktionen ausüben zu können.[504] In interorganisationalen Beziehungen sind die klassischen Machtbasen Belohnung, Bestrafung, Legitimation aufgrund internalisierter Werte und Normen, Identifikation durch konformes Verhalten sowie funktionale Spezialisierung im Sinne von Expertenwissen und Information vertreten.[505]

Die Agenturtheorie und die daraus begründete Delegationsbeziehung zwischen Prinzipal und Agent setzt nicht zwingend ein hierarchisches Verhältnis zwischen Prinzipal und Agent voraus.[506] Wenn aber die Delegation einer Aufgabe des Prinzipals an den Agenten automatisch in eine Hierarchie zwischen beiden mündet, dann fällt die hierarchische Macht dem Prinzipal zu (Autoritätsbeziehung). Werden Machtaspekte auf die Agenturprobleme übertragen, so eröffnen sich aus der jeweiligen Machtbefugnis je nach Rolle des Akteurs unterschiedliche Anreiz- und Sanktionsmechanismen (siehe Tabelle 8).

Aus dieser Tabelle wird ersichtlich, dass der Prinzipal bei Agenturproblemen über quantitativ mehr Machtbasen verfügt als der Agent.[507] Darüber hinaus verfügt er auch über diejenigen Machtbasen, deren Machtbereich umfassender ist,[508] wie z. B. Identifikationsmacht (Fähigkeit des Machtausübenden, bei den Bezugspersonen ein Gefühl der Verbundenheit hervorzurufen) oder Legitimationsmacht (Legitimität auf der Basis einer formalen Position).

---

[503] Weber (1972), S. 38

[504] Vgl. Sydow (1995), S. 92, Saam (2002), S. 145

[505] Vgl. dazu die Studien von French/ Raven (1959), Raven (1965), Raven/ Rubin (1976), Raven (1992), Diamantopoulos (1987), S. 187 ff.

[506] Vgl. Spremann (1987), S. 9, Laux (1990), S. 2, Spence/ Zeckhauser (1971), S. 380 f.

[507] Vgl. dazu den Zusammenhang zwischen Machtbasen und Macht bei French/ Raven (1959), S. 156 ff.

[508] Ein Machtbereich umfasst dabei die Menge an Handlungen, die der Machtausübende bewirken kann.

		Agenturproblem			
		hidden characteristics	hidden intentions	hidden knowledge/ information	hidden action
Machtbasis des Prinzipals	Belohnung	x	x	x	x
	Bestrafung	x	x	x	x
	Legitimation		x		x
	Identifikation	x	x	x	x
Machtbasis des Agenten	Belohnung	x*	x		x
	Bestrafung	x*	x		x
	Expertenwissen			x	
	Information	x		x	
		Selbstwahlschemata[509], Signaling, Screening	Autoritätssysteme, spieltheoretische Lösungen	Anreizsysteme, Selbstwahlschemata, Signaling, Screening	Anreizsysteme, Selbstbindung, IuK-Systeme
		Lösungsmechanismen			

* Nur wenn ein Agentenmangel besteht.

Tabelle 8: Machtbasen bei Agenturproblemen[510]

Die Weitergabe von Informationen wird nicht nur durch die Macht und den Status des Empfängers, sondern auch durch die vom Sender erwarteten Belohnungen beeinflusst.[511] Sender sind in der Regel bereit, Wissen zu teilen, wenn sie sich davon einen (Zusatz-)Nutzen zur Erreichung eigener Ziele versprechen.[512] Nach CROZIER/ FRIEDBERG beruht der Grad der Beherrschung von Einflusszonen auf vier Machtquellen:

- spezifisches Sachwissen und funktionale Spezialisierung,
- Kontrolle von Informationen und Kommunikationskanälen,
- Beziehungen zwischen der Organisation und ihrer Umwelt und
- Vorhandensein organisatorischer Regeln, die den Akteuren spezifische Rollenanforderungen (und Freiräume) zuweisen.[513]

---

[509] Selbstwahlschemata beruhen auf der Wahl unterschiedlich gestalteter Vertragsangebote, die der Prinzipal dem Agenten vorlegt.

[510] In Anlehnung an Saam (2002), S. 178 ff.

[511] HUBER und HUBER/ DAFT konnten nachweisen, dass durch Interaktionsprozesse Machtbeziehungen in Unternehmen reguliert und kanalisiert werden (vgl. Huber (1982), Huber/ Daft (1987)).

[512] Vgl. Crozier/ Friedberg (1979), S. 50. Der Nutzen kann dabei intrinsischer oder extrinsischer Natur sein und eine Vergrößerung des Wertevorrats oder eine Minderung des Werteverlustes bewirken.

[513] Vgl. Crozier/ Friedberg (1979), S. 50 ff.

Wissen und der Zugang dazu ist eine bedeutende Ressource zur Erhaltung oder zum Ausbau von Macht. Dementsprechend spekulieren Akteure bei der Weitergabe von Wissen auf strategische Vorteile und wägen daher ab, ob anderen Akteuren der Zugang zu Wissen gewährt werden soll.

4.2.3 Ressourcenknappheit und Autonomie – die Ressourcenabhängigkeitstheorie

Als Spezifizierung der allgemeinen machttheoretischen Aussagen wurde Mitte der siebziger Jahre der Resource Dependence Ansatz aus der Austauschtheorie herausgebildet.[514] Er dient als verhaltenswissenschaftlich orientiertes Erklärungsmuster zur Beschreibung des Verhältnisses zwischen der Abhängigkeit einer Organisation von ihrer Umwelt sowie der Einflüsse der Umwelt auf die Organisation und deren Autonomie. Das Überleben einer Organisation ist von der Fähigkeit abhängig, die Versorgung mit benötigten Ressourcen zu sichern, was denjenigen Interessengruppen, die über die für die Organisation essenziellen Ressourcen verfügen, Macht über die Organisation verleiht.[515] Aus dieser Perspektive besteht das Ziel einer Organisation darin, den Zufluss an überlebensnotwendigen Ressourcen sicherzustellen, in dem sie interorganisationale Ressourcenaustauschbeziehungen pflegt. Zielobjekte sind dabei diejenigen Ressourcen, die unter Verfügungsgewalt von Anspruchs- bzw. Interessengruppen stehen (extern bereitgestellte Ressourcen).

Der Erfolg einer Organisation resultiert u. a. aus dem Umgang mit den Forderungen derjenigen Interessengruppen, von denen sie abhängig ist. Inwiefern eine Organisation auf die Forderungen der Interessengruppe eingeht, wird vom Grad der Abhängigkeit beeinflusst, der sich nach der Wichtigkeit der Ressource für den Fortbestand der Organisation und nach dem Ausmaß des Einflusses der Interessengruppe auf die Ressourcen und Allokationsstrukturen bemisst.[516] Um auf die Abhängigkeit von ihrem Umfeld zu reagieren, stehen Organisationen nach PFEFFER/ SALANCIK verschiedene Möglichkeiten offen:

---

[514] Vgl. Pfeffer (1972) und Pfeffer (1987), Aldrich (1976), Aldrich/ Pfeffer (1976), Pfeffer/ Salancik (1978)

[515] Vgl. Van Gils (1984), S. 1083 ff., Pfeffer/ Salancik (1978), S. 258, Pfeffer/ Davis-Blake (1987), S. 440

[516] Vgl. Pfeffer/ Salancik (1978), S. 45 ff. Siehe hierzu auch die Abgrenzung zwischen einfacher und wechselseitiger Abhängigkeit bei KEOHANE/ NYE sowie die Diskussion zu den Determinanten der Abhängigkeit (vgl. Keohane/ Nye (1977), S. 8 und S. 12 f.).

- entweder die Erfüllung der Forderung, wobei die Organisation entweder eine aktive Rolle bei der Gestaltung der Determinanten der Einflussnahme übernehmen oder die Einflussnahme vermeiden kann,[517] oder
- Beeinflussung der Determinanten des Kontextes[518] und Veränderung der Abhängigkeitsstruktur durch Fusion, Diversifikation oder Wachstum aus eigener Kraft[519] sowie
- Schaffung interorganisationaler Strukturen zur Unsicherheitsreduktion[520] („negotiated environment" oder „bridging strategies"[521]).

Organisationen versuchen ihren Einfluss auf die Umwelt dadurch zu verstärken, indem sie die eigene Abhängigkeit von anderen reduzieren und gleichzeitig deren Abhängigkeit von sich selbst erhöhen.[522] Gehen sie z. B. Ressourcenaustauschbeziehungen mit ihren Kunden ein, führt dies zu unterschiedlichen Abhängigkeiten: Vertikale Austauschbeziehungen verursachen kompetitive oder symbiotische Abhängigkeiten.[523] Kompetitive Abhängigkeiten sind durch die parallele Nutzung derselben Ressource gekennzeichnet, bei der jeder Akteur nur Vorteile zuungunsten des anderen erwirtschaften kann. Bei symbiotischen Abhängigkeiten entspricht der Output des einen Akteurs dem Input des anderen.

Das Vorziehen des in der klassischen Wertschöpfungskette nachgelagerten Kunden in die Werterstellung des Unternehmens schafft einerseits Output-Abhängigkeiten und bedeutet Entscheidungsdelegation, reduziert andererseits aber auch die Unsicherheit. Da die Existenz und die Performance von Organisationen von der Ressource Wissen abhängen,[524] können Abhängigkeiten nicht vermieden, sondern nur beeinflusst werden. Die Intensivierung von Kooperationen mit den Ressourceneignern gilt als klassische (Überbrückungs-)Strategie hinsichtlich der Überwindung von Abhängigkeiten.[525] Somit sind auch Kooperationsbeziehungen mit Kunden eine wesentliche Quelle zur Akquisition von Wissen. Die Erweiterung der Unternehmens-

517 Vgl. Pfeffer/ Salancik (1978), S. 94 ff.
518 Vgl. Pfeffer/ Salancik (1978), S. 97 ff.
519 Vgl. Pfeffer/ Salancik (1978), S. 113 ff.
520 Vgl. Pfeffer/ Salancik (1978), S. 143 ff., Cyert/ March (1963), S. 109 f., Van Gils (1984), S. 1086
521 Vgl. Scott (1992), S. 197 ff.
522 Vgl. Ulrich/ Barney (1984), S. 472
523 Vgl. Pfeffer/ Salancik (1978), S. 123 ff.
524 Vgl. Aldrich (1976), S. 419
525 Vgl. Pfeffer/ Salancik (1978), S. 45, Scott (1992), S. 197

ressourcen durch die Integration von Kundenwissen ist eine adäquate Strategie zum Umgang mit der externen Abhängigkeit und trägt zur Überlebensfähigkeit bei.

4.3 Zusammenfassung der akteurszentrierten Betrachtungen zur Kultivierung von Kundenwissen

Um Kundenwissen im Unternehmen zu kultivieren, müssen Wissenstransferprozesse bewusst in Gang gesetzt und gelenkt werden. Hierzu wurden die relevanten Theorien auf ihren Beitrag zur Interaktionsgestaltung bei kooperativer Leistungserbringung sowie zur Rollendefinition ressourcenbasierter Interaktionen untersucht. In diesem Kapitel werden die wesentlichen Aussagen dieser Theorieansätze zur Kultivierung von Kundenwissen kondensiert.

Die Interaktionstheorie hat gezeigt, dass in lateralen Beziehungen wechselseitige Beeinflussungsprozesse zwischen den Akteuren stattfinden. Nach diesem Ansatz entstehen bei einem Wissenstransfer einzigartige Strukturen und Verbindungen zwischen den Beteiligten, die den Austausch und die Generierung neuen Wissens beeinflussen und sich damit auch auf die Bildung von Vertrauen in die Beziehung und den Transfer von Ressourcen auswirken.

Um das Entstehen von Interaktionsbeziehungen zu erklären, wurde die Austauschtheorie bemüht. Demnach gehen Unternehmen Austauschbeziehungen mit Kunden ein, um ihre vorhandenen Ressourcen mit externen Ressourcen zu kombinieren. Dabei nutzen sie das Wissen und die Kompetenzen des Kunden zur Überwindung ihrer Ressourcenengpässe. Kunden und Unternehmen tauschen aber nur dann Wissen aus, wenn der subjektiv empfundene Gewinn die ebenfalls subjektiv empfundenen Kosten übersteigt.

Aus der Prinzipal-Agenten-Theorie lässt sich ableiten, dass zwischen Unternehmen und Kunden Informationsasymmetrien bestehen. Beide Akteure können die Interaktionsbeziehung opportunistisch ausnutzen und falsche Eigenschaften und Handlungen signalisieren. In einer Beziehung, die dem Transfer von Wissen dient, ist das Verfolgen unterschiedlicher Ziele kontraproduktiv und wirkt sich auf den Umfang und die Qualität der transferierten Wissensressourcen aus.

Demgegenüber steht die von Vertrauen geprägte Stewardship-Beziehung, in der beide Akteure bestrebt sind, zum Vorteil beider zu handeln. Der Wissenstransfer zwischen Unternehmen und Kunden kann dabei ohne dominante Regelungen auskommen. Eine gemeinsame Vertrauensbasis kann Kommunikationsprozesse und den Informationsaustausch stimulieren.

In der Folge ließen sich aus der Machttheorie weitere Konkretisierungen für die Unternehmens-Kunden-Beziehung extrahieren: Für die potenziellen Probleme, die in einer Interaktionsbeziehung auftreten können, lassen sich aus Unternehmens- oder Kundensicht unterschiedliche Maßnahmen ergreifen. Für den Wissenstransfer zwischen Unternehmen und Kunde bedeutet dies, dass die Anreizschaffung zur Wissensteilung ein wesentliches Erfolgsmerkmal ist.

Schließlich wurde die Ressourcenabhängigkeitstheorie diskutiert. Sie erklärt, warum sich Unternehmen zur Überwindung ihrer Ressourcenknappheit in den Machtbereich des Kunden und somit in ein Abhängigkeitsverhältnis begeben, in dem sie einen Teil ihrer Autonomie aufgeben. Im Gegenzug erhöhen sie die Kundenbindung, indem sie das Kundenwissen in die eigene Wissensbasis integrieren und zur Erstellung kundenindividueller Leistungen einsetzen. Kooperationen zwischen Unternehmen und Kunden dienen daher als Überbrückungsstrategie zur Gestaltung von Abhängigkeiten.

Auf Basis dieser Erkenntnisse wird im folgenden Kapitel untersucht, welche Determinanten die Interaktionsbeziehung von Unternehmen und Kunden beeinflussen und welchen Restriktionen ein Wissenstransfer unterliegt.

4.4 Interaktionsbezogene Dimensionen der Wissenskultivierung

„The often active role of clients … suggests that a client might be an important source and partner in the development of a knowledge base."[526]

Eine konsequente Ausrichtung der unternehmerischen Entwicklungsaktivitäten auf die Bedürfnisse und Anforderungen der Kunden impliziert eine ebenso stringente

---

[526] Sivula et al. (1997), S. 122

Kundenorientierung als maßgebliche Leitlinie. Eine derartige Kundenorientierung verlangt jedoch nach einer Integration des Kunden und seines Wissens – über die üblichen Marktforschungsmaßnahmen hinaus – in die unternehmerische Wertschöpfung. Um Ansatzpunkte zur Integration dieses Wissens im Unternehmen zu schaffen, müssen nicht nur reine Transferprobleme gelöst werden, sondern es bedarf auch der Gestaltung der Interaktion und der Festlegung von Interaktionsdeterminanten zwischen den Wissensaustauschpartnern.

4.4.1 Charakteristika und Rahmenbedingungen der Kundenwissensintegration

Kundenintegration bedeutet, „dass Nachfrager durch von ihnen zur Verfügung zu stellende so genannte externe Faktoren in betriebliche Leistungserstellungsprozesse eingreifen und diese mitgestalten.“[527] Somit ist die Kundenintegration eine Form intensiver Hersteller-Anwender-Interaktion, in der kooperativ Produktinnovationen, Verfahrens- oder Prozessinnovationen und Strukturinnovationen generiert werden.[528] Eine derartige Interaktion im Produktinnovationsprozess, der daraus resultierende Wissenszuwachs und die Innovationsgenerierung durch Kundeneinbindung sind vielfach untersuchte Forschungsgegenstände.[529] In einer Studie von ZAHN ET AL.[530] bescheinigen 74 % der befragten Unternehmen den kooperativ erbrachten Innovationen einen hohen Markterfolg.

4.4.1.1 Rahmenbedingungen der Kundenintegration

Mit der Integration des Kunden in die Wertschöpfung sind nicht nur Erweiterungen des Leistungspotenzials verbunden, sondern auch Interdependenzen und Dispositionsinflexibilitäten der betrieblichen Prozesse. Das bedeutet, dass dem Informationsproblem, welchem durch die Kundenwissensintegration entgegengewirkt werden soll,

---

[527] Vgl. Kleinaltenkamp (1997a), S. 350

[528] Zu den Innovationsarten vgl. Pleschak/ Sabisch (1996), Thom (1980), Albach (1989). Kooperationen entstehen durch „ähnliche oder sich ergänzende Handlungen, um gemeinsame Ergebnisse zu erreichen“ (Anderson/ Narus (1990), S. 45). Im Rahmen dieser Arbeit wird die Kooperation als Terminus für die Zusammenarbeit zwischen Individuen oder Organisationen verstanden.

[529] Vgl. die Studien von Gemünden et al. (1992), Gemünden (1995), Herden (1992), Raabe (1993), Kirchmann (1994), Zahn et al. (1995), Hahn et al. (1995), Sydow/ Windeler (2003) und Reichwald/ Schaller (2005).

[530] Vgl. Zahn et al. (1995)

eine Informationsasymmetrie bzgl. der Leistungsfähigkeit und -bereitschaft des Partners gegenübersteht. Somit existieren auf beiden Seiten Handlungsspielräume, die sich mit zunehmender Leistungsplastizität vergrößern und opportunistisch ausgenutzt werden können („moral hazard").[531]

Für den Hersteller, der seine Wertschöpfungsprozesse mit denen des Kunden verknüpft, ergeben sich Einschränkungen seiner Autonomie- und Entscheidungsspielräume.[532] Er ist in erheblichem Maße von der Handlungskompetenz des Kunden, d. h. dessen Leistungsfähigkeit und -bereitschaft abhängig, die relevanten Informationen rechtzeitig in der benötigten Quantität und Qualität zur Verfügung zu stellen und zu transferieren (siehe dazu Abbildung 11).[533]

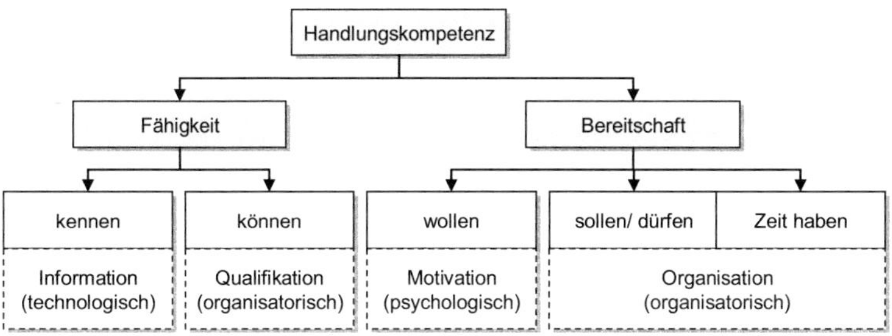

Abbildung 11: Bausteine zur Handlungskompetenz[534]

Dieser Abhängigkeit steht eine Ausweitung des Kompetenzenpools gegenüber, die eine zielgerichtete Entwicklung von Innovationen ermöglicht. Insgesamt wirkt sich die Integration des Kunden zur Leistungserstellung demnach für den Hersteller unsicherheitsreduzierend bzgl. der kundengerechten Leistungserstellung, aber auch abhängigkeitsverstärkend, bezogen auf seine Disposition aus.

[531] Vgl. Alchian/ Woodward (1988), S. 69 und siehe auch die Prinzipal-Agenten-Problematik in Kapitel 4.2.1.1
[532] Vgl. Kleinaltenkamp/ Dahlke (2003), S. 230
[533] Vgl. Fließ (1996), S. 92 ff.
[534] In Anlehnung an Dombrowski et al. (2004), S. 2

4.4.1.2 Determinanten der Kundenintegration

Die Kooperation von Herstellern und Kunden findet in einem breiten Kontinuum von Interaktionen statt, dessen Extrema gänzlich herstellerdominiert oder gänzlich anwenderdominiert sein können.[535] Dazwischen liegen zahlreiche Kooperationsvarianten in den unterschiedlichen Phasen des Innovationsprozesses. Die Aufgabe der Kundenintegration besteht durchgehend darin, „kundenbezogene Informationen zu beschaffen und in die betriebliche Wertschöpfung zu integrieren“[536] und den Kunden selbst bzw. seine Produktionsfaktoren als Teil der Wertschöpfung des Herstellers zu begreifen.

Die Integration des Kunden, als Umsetzung der Kundenorientierung, kann auf unterschiedliche Art erfolgen:[537]

- Eine *passive Mitwirkung* liegt vor, wenn die Kunden lediglich Informationen oder Wissen an den Hersteller übermitteln. Ob und wie dieser Input in den Prozessen des Herstellers berücksichtigt wird, liegt nicht in ihrem Einflussbereich.
- Bei einer *aktiven Mitentscheidung* treffen die Kunden zusammen mit dem Hersteller Entscheidungen über die Merkmale der zu realisierenden Produkte.
- Eine *aktive Partizipation* liegt vor, wenn die Kunden durch eigene Lösungsentwürfe an der Realisation der Problemlösung mitwirken.

Um unternehmensexterne Aufgabenträger in die Wertschöpfungsprozesse einzubeziehen, ist es zur Koordination und Gestaltung kooperativer Kundenintegrationsbeziehungen erforderlich, generelle Strukturvariablen, wie bspw. Ziele der Kooperation, Intensität und Form, festzulegen.

Das *Ziel* der Kundenintegration besteht zum einen in der Gewinnung und Interpretation von Informationen und Wissen über aktuelle und zukünftige Ziele und Probleme der Kunden, Kundenbedürfnissen und die sie beeinflussenden Faktoren und zum anderen in der Umsetzung dieser Ressourcen in konkrete Entscheidungen für Innovationen.[538] Um die Effektivität von Innovationsprozessen bzw. die Qualität des innovierten Produkts zu verbessern, werden Unterziele, wie Risikoreduzierung,

---

[535] Siehe hierzu Von Hippels Innovationsprozessuntersuchungen (Von Hippel (1978a) und Von Hippel (1978b)) und die dort entworfenen Interaktionsformen „manufacturer-active-paradigm“ (MAP) und „customer-active-paradigm“ (CAP) sowie die Überblicke bei Herstatt (1991), S. 23-43 und Karle-Komes (1997), S. 73-85.

[536] Kleinaltenkamp (1996), S. 23

[537] Vgl. Maleri (1997), S. 182, Reichwald et al. (2007), S. 34 f.

[538] Vgl. Reichart (2002), S. 25, Wecht (2005), S. 35, Weiber (2002), S. 1073

akquisitorische Ziele zur Absatzsteigerung, Qualitätssteigerungsabsichten, Zeitersparnis- und Kostenreduktionspotenziale definiert.[539]

Die *Intensität* der Kundenintegration in die Wertschöpfungsprozesse wird von der Art des Prozesses (z. B. Ideengenerierung oder Prototyptest) sowie von der Integrationsform (z. B. Befragung, aktive Integration oder Markteinführung) beeinflusst.[540] Unabhängig von der Prozessart und der Integrationsform lassen sich allgemeine Kriterien festlegen, wie bspw. die Häufigkeit und Dauer der Kontakte sowie die Anzahl der Kooperationspartner (Anzahl der von der Kundenseite beteiligten Akteure und Anzahl der Kundenunternehmen) oder der kooperativen Funktionalbereiche auf Hersteller und Kundenseite.[541] Eine gesteigerte Kooperationsintensität bedingt zwar eine differenzierte Festlegung von Rechten, Pflichten, Aufgaben und Rollen der Akteure, ermöglicht jedoch im Gegenzug die Entstehung von Vertrauen[542] und erhöhter Kooperationsbereitschaft.[543]

Die *Formen* der Kundenintegration lassen sich in wertschöpfungsphasenspezifische (z. B. in der Phase der Ideengenerierung oder der Leistungserstellungsphase)[544] und instrumentale (z. B. durch Marktbeobachtung oder durch direkte Faktorintegration)[545] Einbindungsformen differenzieren. Eine phasenunabhängige Unterscheidung basiert auf einer Analyse der Wirkungsstärke des Einbezugs in aktionsbezogene Inputpotenziale: als Initiator und Berater, in Gruppenarbeit oder als Teammitglieder.[546] In einer Initiator- oder Beraterfunktion liefert ein Kunde durch die Formulierung von Bedürfnissen und Ansprüchen individuelle Informationsbeiträge und Wissen an das Herstellerunternehmen. Als Partner in kooperativen Projekten erfolgt eine zeitlich begrenzte Interaktion zwischen Hersteller und Kunde, die auf die Erreichung eines gemeinsamen Ziels ausgerichtet ist. Eine vollständige Integration des Kunden in das Herstellerunternehmen erfolgt in der Einbindung des Kunden als vollständiges Teammitglied. Kollaborative Gruppenarbeit und die Bildung eines ge-

539 Vgl. Gruner (1997), S. 68 und 137 ff.
540 Vgl. dazu bspw. die Studien von Geschka/ Herstatt (1991), Zahn et al. (1995) und Reichwald/ Piller (2006), S. 44.
541 Vgl. Gruner (1997), S. 73, Killich (2007), S. 19 f.
542 Vgl. Anderson/ Narus (1990), S. 52 f., Kleer (1991), S. 188
543 Vgl. Rümenapp (2002), S. 80 f., Foscht/ Swoboda (2007), S. 234
544 Vgl. Reichwald/ Piller (2006), S. 314 f., Lampel/ Mintzberg (1996), S. 24 ff.
545 Vgl. Köhler (2005), S. 31
546 Vgl. Herstatt (1991), S. 47 f., Gruner (1997), S. 73 ff. und S. 145 ff. und Reichart (2002), S. 90

meinsamen Teams stellen die intensivste Form der Kundenintegration dar.[547] Vor allem der Austausch von „sticky informations“[548] bzw. schwer vom Sender zu trennendem impliziten Wissen über latente Bedürfnisse, bedürfen einer intensiven, persönlichen Interaktion.[549]

4.4.1.3 Interdependenz und Delegation

Die Nutzung einer Hersteller-Anwender-Kooperation als Lernarena erfordert eine dezentrale Ressourcenallokation und damit Integrationsbestrebungen einer großen Spanne von Wissensbasen. Diese immense organisationale Aufgabe wirft nicht nur Transferprobleme, sondern auch Koordinationsprobleme auf. Die Herausforderung liegt darin, Mechanismen zu finden, die die Wissensressourcen vieler verschiedener Individuen symbiotisch verknüpfen.[550] Der Schlüssel zu einer effizienten Wissensintegration liegt in der Schaffung von Koordinationsmechanismen, die die Effizienz in Wissensgenerierung (Erfordernis der Spezialisierung) mit der Effizienz in der Wissensanwendung (Erfordernis in der Integration vieler verschiedener Typen von Wissen) in Einklang bringen.[551]

Die Integration des spezifischen Wissens verschiedener Akteure bedingt Koordinationsaktivitäten, die eng an die Abhängigkeit der beteiligten Akteure zur Lösung gemeinsamer Aufgabenstellungen geknüpft sind. THOMPSON definiert verschiedene Arten gegenseitiger Abhängigkeit:[552]

- Die gepoolte Interdependenz ist die loseste Form der Abhängigkeit. Sie ermöglicht ein zielkompatibles Agieren der Akteure, ohne die Aktivitäten der anderen Beteiligten zu berücksichtigen. Gemeinsame Routinen ersetzen hierbei die Koordination und minimieren Kommunikationsprozesse.
- Bei sequenzieller Interdependenz besteht eine mittlere Abhängigkeit in einem nicht symmetrischen Abhängigkeitsverhältnis. Hier ist jeder Akteur auf Aktionen des anderen angewiesen und muss bei Fehlern oder Ausbleiben der

---

547 Vgl. Steinhoff (2006), S. 236
548 Vgl. Von Hippel (1994), S. 429 ff.
549 Vgl. Cavusgil et al. (2003), S. 13 f., Nonaka/ Konno (1998), S. 46
550 Diese Forderung beruht auf der Prämisse, dass sich Individuen spezialisieren (vgl. Demsetz (1988), S. 157).
551 Vgl. Grant (2002b), S. 138
552 Vgl. Thompson (2003), S. 54 f. unterscheidet in „pooled interdependence“, „sequential interdependence“ und „reciprocal interdependence“. VAN DE VEN ET AL. ergänzen diese Abhängigkeitsformen um Teamabhängigkeit, die eine gezielte Gruppenkoordination durch geplante, aber auch ungeplante Interaktionen erfordert (vgl. Van de Ven et al. (1976), S. 325).

erwarteten Leistung seine eigene Leistung variieren. Die Wissensintegration bei sequenzieller wechselseitiger Abhängigkeit kann durch gemeinsame Schemata und prozessevidentes Verhalten effektiv koordiniert werden.

- Reziproke Interdependenz liegt bei höchst intensiver Abhängigkeit vor: Der Input eines Akteurs ist vom Output eines anderen Akteurs abhängig. Bei Lernprozessen, die auf Wissenstransfer und -integration reziprok abhängiger Akteure beruhen, ist eine kontinuierliche beidseitige Anpassung durch Feedback erforderlich.

Zwischen dem jeweiligen Verhältnis an Interdependenz und Autonomie der Akteure besteht ein Dilemma: Je höher der Grad an Interdependenz, desto weniger opportunistisches Verhalten werden die Akteure zeigen.[553] Je stärker jedoch der Grad an Autonomie ausgeprägt ist, desto stärker wird die Bildung eines gemeinsamen Bewusstseins sowie die Vertrauensbildung beeinträchtigt, was wiederum opportunistisches Verhalten begünstigt.[554] Da der adäquate Grad an Autonomie und Interdependenz von der jeweiligen Integrationsstruktur determiniert wird, befinden sich Lernkooperationen in der Regel im Intervall zwischen den beiden Extrempunkten.

Die Integration von Kunden bedingt eine Funktionsausgliederung über die Unternehmensgrenzen hinaus. Sie findet immer dann statt, wenn Kunden (als Agenten) über spezifisches Wissen verfügen, das in einer Delegationsbeziehung wertsteigernd wirkt. Bei einer mehrfachen Delegation in längerfristigen Beziehungen findet einerseits ein verstärkter Vertrauensaufbau statt, der Überwachungs- und Sanktionskosten verringert, andererseits erfolgt auch eine Abwälzung des Risikos, was zu einer Erhöhung der Agenturkosten führen kann, falls die Vertrauensbasis der Kooperationspartner belastet wird.[555]

Das Grundprinzip einer kooperativen Arbeitsteilung beruht auf der Annahme, dass das Unternehmen (als Prinzipal) jeden Agenten nach seinem Leistungsgrad integriert, um seine Potenziale für das Unternehmen freizusetzen. Dieser Leistungsgrad des Agenten wird aus der Kombination von Willigkeit und Fähigkeit bestimmt.

---

553 Vgl. Sydow/ Van Well (1996), S. 173

554 Vgl. Liebhart (2002), S. 44

555 Vgl. Jarillo/ Ricart (1987), S. 89

Je nach Ausprägung dieser beiden Merkmale lassen sie sich zu vier Grundformen kombinieren:[556]

- Leistungsgrad 1: nicht fähig und nicht willig/ unsicher,
- Leistungsgrad 2: nicht fähig, aber willig/ vertrauensvoll,
- Leistungsgrad 3: fähig, aber nicht willig/ unsicher sowie
- Leistungsgrad 4: fähig und willig/ vertrauensvoll.

Aus den vier Grundformen lassen sich wiederum vier Interaktionsarten der Kooperation ableiten. Sie lassen sich anhand der Abhängigkeit des aufgabenrelevanten Leistungsgrads des Agenten, des Führungsverhaltens des Prinzipals und der Effektivität beschreiben:[557]

- Leistungsgrad 1: Durch Diktieren der Aufgaben werden genaue Anweisungen für einen klar abgegrenzten Verantwortungsbereich gegeben und die Leistung überwacht. Diese Einweg-Kommunikation berücksichtigt die fehlende Motivation und mangelnde Fähigkeiten des Agenten. Die Macht des Prinzipals basiert auf Legitimation und zeigt sich durch Bestrafung des Agenten.[558]
- Leistungsgrad 2: Beim Integrieren werden Aufgaben und Entscheidungen (Commitments) abgegrenzt sowie Feedback-Zyklen initiiert. Eine Grundmotivation des Agenten ist vorhanden, die Fähigkeiten jedoch nicht. Das Agentenverhalten kann durch Anreize weiter verstärkt werden. Die Machtgrundlage des Prinzipals beruht auf Belohnung und Anerkennung.
- Leistungsgrad 3: Durch Partizipieren können sowohl Ideen ausgetauscht als auch Motivationsanreize an den Agenten übermittelt werden. Der Agent besitzt die Fähigkeit, die Aufgabe zu erfüllen, es mangelt aber an Motivation. Die Vorbildfunktion des Prinzipals untermauert seine Machtgrundlage.
- Leistungsgrad 4: Durch Delegieren wird dem Agenten Verantwortung zur Entscheidungsfindung und Durchführung übergeben, da er die notwendigen Kompetenzen und eine ausgeprägte Motivation besitzt. Die Interaktionen werden weniger durch Aufgabenorientierung als vielmehr durch eine Beziehungsorientierung dominiert, wobei die Expertenmacht im Vordergrund steht.

---

556 Vgl. Hersey/ Blanchard (1982), S. 182 ff.
557 Vgl. Hersey/ Blanchard (1977), S. 169 und S. 174, Staehle (1999), S. 844 ff.
558 Zu den Machtgrundlagen bzw. Machtbasen von Prinzipal und Agent sowie den verschiedenen Lösungsmechanismen siehe Kapitel 4.2.2.

Interaktionen in kooperativen Beziehungen beinhalten nicht nur Wissensaufgaben, sondern auch Abhängigkeits- und Machtprobleme, die der Koordination bedürfen. Neben der jeweiligen Kompetenz der Akteure spielen die Beziehungsvariablen Commitment und Vertrauen eine wichtige Rolle.[559] Eine aktive Kundenintegration begreift Kunden als Wertschöpfungspartner, deren explizites und implizites Wissen zur Steigerung der eigenen Ressourcen beiträgt.[560]

4.4.2 Selektionskriterien bei der Partnerwahl

Die Kundenselektion als Instrument zur Segmentierung und Auswahl der zu bearbeitenden Zielgruppen (Kundensegmente) dient der optimalen Ressourcenallokation von Unternehmen unter Rentabilitätsgesichtspunkten. Sie umfasst die Kategorisierung der Kunden eines Unternehmens nach unterschiedlichen Kriterien, wie z. B. verhaltensorientierte, geografische, psychografische oder soziodemografische Eigenschaften.[561] Da letztlich der Kunde über Erfolg oder Misserfolg eines Unternehmens entscheidet,[562] stellt gerade das Wissen der aktuellen und potenziellen Kunden eine wesentliche Informationsquelle dar. Es kann dazu beitragen, die unternehmerische Wissensbasis zu vergrößern.[563]

4.4.2.1 Ermittlung des Kundenwertes

Der Kundenwert steht am Ende der Wirkungskette zwischen Kundennähe, Kundenzufriedenheit und Kundenbindung:[564] Die Kundennähe eines Unternehmens bildet die Voraussetzung, um den Kunden in den Fokus zu nehmen; Kundenzufriedenheit ist einerseits das Ergebnis der kundennahen bzw. kundenorientierten Vorgehensweisen und andererseits Voraussetzung für die Bindung des Kunden an ein Unternehmen. Eine Kundenbindung birgt Nutzenpotenziale auf Unternehmens- sowie Kundenseite, wobei der Kundennutzen wiederum als Basis für Transaktionen und

[559] Vgl. Wecht (2005), S. 22
[560] Vgl. Reichwald et al. (2007), S. 176
[561] Weitere Kriterien sind Segmentgröße, Umsatzgröße, Absatzmenge, Deckungsbeitrag oder regionale Lage, Affinität zur Zielgruppe, Bonität und Kaufkraft, Absatz- und Umsatzpotenzial, Gewinn und Margenaussichten, Entwicklungspotenzial und Trends, Kosten für den Markteintritt oder Vertriebskosten (vgl. Meffert (2000), S. 186 ff., Friedrichs-Schmidt (2003), S. 13 ff.).
[562] Vgl. dazu die Studien von Peters/ Waterman (1982), S. 32 ff. und Homburg (2000), S. 211 ff.
[563] Vgl. Kleinaltenkamp/ Dahlke (2003), S. 225
[564] Vgl. Krafft (2002), S. 9 und 47, Eggert (2006), S. 44 ff., Helm/ Günter (2003), S. 11, Meyer/ Schaffer (2003), S. 68, Benkenstein/ Stuhldreier (2003), S. 733

Kundenbindung dient.[565] Die Folge dieser Wirkungskette ist eine Erhöhung des Kundenwerts.[566] Der Kundenwert „ist die kundenindividuelle Einstufung auf einer (unternehmens-)spezifischen Messskala für die ökonomische Gesamtbedeutung eines Kunden, d. h. dessen direkten und indirekten Beitrag zur Zielerreichung eines Anbieterunternehmens."[567] Als Steuerungsgröße des Kundenmanagements dient er als Entscheidungskriterium zur Kundensegmentierung.

Der Wert des Kunden unterliegt jedoch immer unternehmensspezifischen Betrachtungen, d. h., er hat für jedes Unternehmen einen anderen Wert.[568] Aus ressourcenbasierter Sicht bemisst sich sein Wert darin, inwieweit er über externe Wissensressourcen verfügt, die für das produktive Unternehmen nützlich sind (vgl. dazu Abbildung 12).

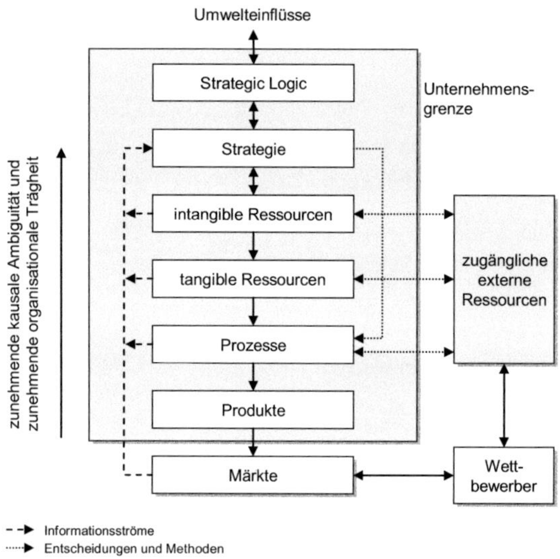

Abbildung 12: Unternehmen als „Open-System"[569]

[565] Vgl. Rapp (2000), S. 27, Helm/ Günter (2002), S. 12, Tomczak et al. (2006), S. 108
[566] Vgl. Krafft (1999), S. 526
[567] Rudolf-Sipötz (2001), S. 23
[568] Vgl. Freiling (2006), S. 94 f.
[569] In Anlehnung an Sanchez/ Heene (1997), S. 17

Das produktive Unternehmen steuert durch die „strategic logic“ (Handlungsgrundsätze und Routinen)[570] und Management-Strategien[571] die tangiblen und intangiblen Vermögenswerte.[572] Aktionen zur aktiven (Kunden-)Wissensintegration werden durch das Wahrnehmen strategischer Lücken zwischen den realen und gewünschten Ressourcenzuständen und den Prozessen motiviert. Als offenes System ergänzt das Unternehmen die Ressourcenbestände (einschließlich Fähigkeiten) durch seine Schnittstellen mit Kunden, Märkten und anderen Unternehmen. Das Kundenwissen kann, durch unterschiedliche Formen der Integrativität, direkt zur Kompensation von Wissenslücken verwendet oder auf Prozess- oder Produktebene zur Leistungserstellung eingesetzt werden.[573]

Durch Informationen, die über die Rückkopplungsschleife (Ressourcenfluss zwischen Markt und Unternehmen) in das Unternehmen fließen, kann der Kunde als Impulsgeber die Ressourcen- und Kompetenzentwicklung unterstützen.[574] Die Aktivität des Kunden kann sich auf aktuelle Erfahrungen oder Bedürfnisse bzgl. konkreter Produkte beziehen. Gerade Lead User besitzen aufgrund ihrer charakteristischen Eigenschaften einen hohen Kundenwert und bieten große Potenziale für Know-how-Zuwächse und intensivere Kooperationen.[575]

4.4.2.2 Kundenarten

Der allgemeine Begriff „Kunde“ umfasst alle Käufer von Unternehmensleistungen. Um den besonderen Wert und die Eignung des Kunden als Informationslieferant und Kooperationspartner näher herauszustellen, ist es daher zweckmäßig zu konkretisieren, welche Stellung der Kunde zum Unternehmen hat (siehe hierzu die Beispiele in Tabelle 9).

---

570 Vgl. Sanchez et al. (1996), S. 10

571 Eine besondere Rolle nehmen die dynamischen organisationalen Fähigkeiten ein: Managementkognitionen beeinflussen die Struktur von Ressourcenbeständen und -flüssen, die Koordinationsfähigkeiten des Managements sind für die Verteilung von Ressourcen und Organisation von Ressourcenströmen verantwortlich und Managementfähigkeiten unterstützen organisationales Lernen und den Kompetenzaufbau. Siehe dazu auch vertiefend Zahn (1997), S. 12 ff.

572 Vgl. Sanchez/ Heene (1997), S. 16

573 Hierbei kann explizites Wissen direkt in die Wissensbasis des Unternehmens integriert werden, implizites Wissen bedarf jedoch eines „Transmitters“ in Form von Beobachtung, Explikation, Mitarbeiterintegration oder Wissenssurrogatnutzung.

574 Vgl. Freiling (2002), S. 99, Rudolf-Sipötz (2001), S. 113. Vgl. zu den Ressourcenflüssen auch Dierickx/ Cool (1989), S. 1506 ff.

575 Siehe hierzu die Systematik von Kundenclusterungen in Kapitel 4.3.2.3

Kriterium	Kundenart			
Interorganisationsform	B2B	B2C	B2A	B2G
Engagement	aktuelle Kunden	potenzielle Kunden	ehemalige Kunden	
Transaktionsvolumen	Schlüsselkunden/ Key Accounts		Main Customers	
Evidenz	Lead User	...	latente Kunden	

Tabelle 9: Kundensegmentierungskriterien

Kunden lassen sich nach vielfältigen Eigenschaften klassifizieren. Im Rahmen dieser Arbeit werden vier Unterscheidungskriterien herangezogen, die für die weiteren Untersuchungen relevant sind: die hierarchische Position des Kunden zum Herstellerunternehmen, Attribute zum aktuellen Engagement, das Transaktionsvolumen und Evidenzkriterien.

Die *Interorganisationsform*, in der sich Anbieterunternehmen und der Kunde gegenüberstehen, lässt sich in drei Kategorien unterteilen:[576]

- Eine „business-to-business“-Beziehung (B2B) ist eine Relation zwischen (mindestens zwei) Unternehmen. Sie lässt sich als bilaterale Beziehung gleichberechtigter Partner, als 1:n-Beziehung oder als Netzwerk vieler Beteiligter[577] interpretieren.
- Der Terminus „business-to-consumer“ (B2C) bezeichnet Beziehungen zwischen Unternehmen und Endverbrauchern.
- Die Organisationsformen „business-to-government“ (B2G) oder „business-to-administration“ (B2A) beschreiben Beziehungen zwischen Unternehmen und der öffentlichen Verwaltung oder Administrationseinrichtungen.

Kunden lassen sich nach dem *Transaktionsvolumen* in Schlüsselkunden oder „key accounts“ kategorisieren. Diese Kunden besitzen eine besondere strategische Relevanz für das Anbieterunternehmen.[578] Eine weitere transaktionsorientierte Unterscheidung erfolgt nach „main customers“,[579] die sich durch hohe Umsatz- oder

[576] Vgl. Wannenwetsch (2005), S. 31, Lück (2004), S. 150, Macharzina/ Wolf (2005), S. 891, Scholz (2008), S. 1 f. Die „business-to“-Organisationsformen beruhen nicht zwangsweise auf elektronischen Plattformen, wie z. B. Internetportalen (vgl. Harting (2002), S. xi f.).
[577] Vgl. Behrenbeck et al. (2000), S. 40
[578] Vgl. Cardozo et al. (1988), S. 107 f., Pels (1992), S. 6 f., Helm (2000), S. 353, Ivens (2003), S. 217 ff.
[579] Vgl. Plinke (1995), S. 111 f. und ausführlich Rieker (1995)

Gewinnanteile auszeichnen. Das *Engagement* der Kunden unterliegt temporären Klassifikationskriterien: Aktuelle, potenzielle oder ehemalige Kunden spiegeln die jeweilige Geschäftsbeziehung zum Unternehmen wider.[580] Der Einsatz von *Evidenz*-Kriterien ermöglicht eine Einteilung der Kunden nach ihrer Sichtbarkeit für das Unternehmen. Während sich Lead User durch ihre Innovativität und Kompetenz bemerkbar machen, bleiben latente Kunden zunächst noch versteckt. Sie weisen zwar eine starke Kundenbindung an das Unternehmen auf, kaufen jedoch nur äußerst selten oder sind noch gar nicht als Nachfrager aufgetreten und damit in der Regel anonym.[581] Die beiden hier genannten Formen der Kundenevidenz stellen nur die Extrempunkte an den Intervallgrenzen des Kundenspektrums dar; dazwischen existieren zahlreiche weitere Interaktionsrollen.

4.4.2.3 Kundenclusterung

Die Kundenselektion ermöglicht die Aufteilung des gesamten Kundenstammes in einzelne, möglichst homogene und untereinander möglichst heterogene Untergruppen, so genannte Stereotypen.[582] Eine Selektion ist notwendig, da diejenigen Kunden identifiziert werden sollen, (a) die relevantes Kundenwissen besitzen, (b) bei denen der Ressourceneinsatz potenziell rentabel erscheint und (c) um die Kunden, die für eine Lernkooperation nicht geeignet sind, auszusondern.

Im Folgenden werden drei ausgewählte Konzepte nach steigendem Komplexitätsgrad zur Fokussierung auf relevante Kunden vorgestellt: die ABC-Analyse zur Grobrasterung, der Lead User-Ansatz zur detaillierten Analyse besonders engagierter Kunden sowie das Kundenportfolio als strategisches Segmentierungsinstrument des gesamten Kundenbestands.

ABC-Analyse

Die ABC-Analyse untersucht eine betrachtete Kundenmenge hinsichtlich der Intensität bestimmter Eigenschaften.[583] Dabei werden die Kunden anhand einer quantitativen Variablen, bspw. dem relativen oder absoluten Umsatz, bewertet und

---

580 Die Beendigung einer Kundenbeziehung kann entweder vom Hersteller ausgehen, wenn z. B. die strategische Unternehmensausrichtung oder der Geschäftszweck geändert wird oder sie kann durch den Kunden selbst erfolgen, falls bspw. ein negatives Kosten-Nutzen-Verhältnis für ihn entsteht (vgl. dazu Fischer/ Schmöller (2003), S. 500 ff.).

581 Vgl. Witt (2004), S. 145

582 Vgl. Böhler (1977), S. 10 ff.

583 Vgl. Troßmann (2002), S.124

entsprechend ihres Wertes absteigend in A-, B- und C-Kunden eingeteilt. Die Visualisierung dieses Klassifizierungsschemas erfolgt durch eine Lorenzkurve, in der sich die Kundenstruktur häufig der Pareto-Regel entsprechend darstellen lässt.[584] Beim Einsatz der ABC-Analyse werden vorwiegend quantitativ messbare Transaktionsdaten über die Kunden verwendet. Das Ziel ist es, einen Gesamtüberblick über die Kundenstruktur zu vermitteln. Aufgrund der verwendeten Informationen ist diese Kundenanalyse eher statisch und vergangenheitsbasiert.[585] Sie eignet sich für eine erste Selektion des Kundenpotenzials, liefert aber keine weiteren Anhaltspunkte über die inhaltliche Eignung der Kunden für einen Wissensaustausch.

Die *A-Kunden* stellen die aussichtsreichsten Kunden dar. Dies bedeutet nicht, dass diese Kunden für eine Lernkooperation besonders geeignet sind, die Höhe des Umsatzvolumens kann jedoch als Zeichen für entgegengebrachtes Vertrauen interpretiert werden, welches den Aufbau einer Kooperationsbeziehung zur Intensivierung von Kontakten und die Identifikation des Integrationspotenzials positiv beeinflusst. *B-Kunden* erwirtschaften weniger Umsatz, stellen jedoch möglicherweise die Hauptumsatz- oder Ergebnisträger der Zukunft dar. Durch verstärkte personalisierte Interaktion kann das Unternehmen Interesse an diesen Kunden sichtbar machen und so deren Bereitschaft zu einer Kooperation sowie den daraus zu erwartenden Nutzenbeitrag ermitteln. Um Kundenwissen von *C-Kunden* zu akquirieren, bieten sich weitgehend standardisierte und allgemein gehaltene Kundenbefragungen an. Treten aussichtsreiche Kunden durch auffallende oder immer wiederkehrende Lösungen hervor, kann eine Kooperation fallspezifisch eingegangen werden.

Aus der Systematik der ABC-Analyse ist eine segmentspezifische Vorgehensweise im Sinne einer Normstrategie zur Kundenbehandlung ableitbar. Sie ermöglicht es, die Ressourcen auf Kunden zu konzentrieren, die für die Geschäftsinteressen am aussichtsreichsten erscheinen.

Lead-User-Ansatz

Das Lead User-Konzept untersucht das Informations- bzw. Innovationspotenzial von Schlüsselkunden. Der Begriff Lead User bezeichnet auffällig innovative Kunden, die

---

[584] Vgl. Helm/ Günter (2003), S. 15 f., Spahlinger et al. (2003), S. 624, Hinterhuber et al. (2003), S. 31

[585] Vgl. zur Bewertung der ABC-Analyse Friedrichs-Schmidt (2003), S. 36 ff. Dort finden sich auch detaillierte Analysen dieser Methode als statischer oder dynamischer Ansatz sowie als direkter oder indirekter Ansatz.

über die Motivation und Qualifikation verfügen, an der Entwicklung neuartiger oder an der grundlegenden Verbesserung bestehender Leistungen mitzuwirken.[586] Lead User gehen vergleichsweise kritisch mit bestehenden Lösungen um und nehmen im Bezug auf neu entstehende Bedürfnisse eine Vorreiterrolle ein. Ihre Wahrnehmung des Nutzens von Neuerungen und Verbesserungen ist besonders ausgeprägt, sodass sie oft aus eigener Motivation nach geeigneten Problemlösungen forschen.[587] Lead User verfügen zudem über umfangreiches Wissen sowie ausführliche Erfahrungen im Umgang mit dem Leistungsobjekt und bieten Potenzial zur Integration von neuem, innovativem Wissen. Als Ersatzindikatoren zur Beurteilung ihrer Eignungsfähigkeit dienen die Produktmodifikationsrate, Neuproduktentwicklung oder die kommunizierte Unzufriedenheit mit bestehenden Lösungen.[588]

Bei Lead Usern kann von einer generellen Kooperationsbereitschaft ausgegangen werden, da sie von neuen Entwicklungen oft selbst intensiv betroffen sind und von Produktinnovationen bzw. -verbesserungen stärker profitieren können als andere Kunden. Tabelle 10 zeigt strategierelevante Kriterien, die eine besondere Entscheidungsrelevanz für eine Lead User-Kooperation besitzen.

extrinsische und monetäre Faktoren	intrinsische und motivationale Faktoren
hoher Absatzanteil/ hohe Absatzmacht („heavy user" oder „key account" bzw. Schlüsselkunde)	hohe Motivation zur Kooperation, z. B. in einer strategischen Partnerschaft
hohes Gewinnpotenzial innovativer Produkte und Leistungen	Dauerhaftigkeit der Geschäftsbeziehungen durch intensive, regelmäßige Interaktionen
hohes Wertsteigerungspotenzial und hoher Kundenwert	Veränderungsbereitschaft
strategische Eignung zur Steigerung von Kernkompetenzen zur Erfüllung von Kundenanforderungen	durch hohe Bedeutung des Produkts für den Kunden, erhöhte Zuverlässigkeit der Informationen
verstärkter Brancheneinfluss/ gestärkte Wettbewerbsposition	Imageträchtigkeit der Kooperation
hohes Integrativitätspotenzial	starker Fit mit der Geschäftsstrategie des Unternehmens sowie der Unternehmenskultur

Tabelle 10: Strategierelevante Lead User-Kriterien

586 Vgl. Herstatt et al. (2002), S. 61, Reichwald et al. (2007), S. 146 ff.
587 Vgl. Von Hippel (1986), S. 796
588 Vgl. Urban/ Von Hippel (1988), S. 570

Kundenportfolio

Die multikriterielle Kundenportfolioanalyse kombiniert direkte und indirekte Potenzialfaktoren.[589] Ziel ist eine Optimierung der Ressourcenallokation durch das Festlegen von Prioritäten bei der Kundenbearbeitung sowie die Definition von „key accounts".[590] Exogene Chancen und Risiken werden in der Regel in der „Kundenattraktivität" zusammengefasst, während die interne Dimension meist die endogen beeinflussbare Größe „relativer Lieferantenanteil" umfasst. Eine Einordnung der Kunden in dieses Portfolio lässt Aussagen für eine kooperative Wissensaustauschbeziehung zu. Durch die Visualisierung der Kundensegmente und aufgrund verschiedener Interpretationsmöglichkeiten aus denen sich Normstrategien ableiten lassen, besitzt die Kundenportfolioanalyse einen hohen Kommunikationswert.[591]

Star-Kunden, sind Kunden, bei denen das Anbieterunternehmen eine wichtige Lieferantenposition einnimmt und die eine hohe Kundenattraktivität besitzen. Eine grundlegende Kooperationsfähigkeit ist bei diesen Kunden vielfach gegeben, da die bereits existierende Geschäftspartnerschaft häufig durch eine auf Vertrauen basierende und enge Kooperation gekennzeichnet ist, die sich auf Kompatibilität sowie einem gemeinsamen Verständnis gründet. Die Beständigkeit der Kooperationsbeziehung hat dabei meist schon eine Kommunikationsstruktur entstehen lassen, die durch die Intensität der Austauschbeziehung gefestigt ist. *Question-Mark-Kunden* besitzen eine hohe Kundenattraktivität, bei eher geringem relativen Lieferantenstatus. Zu diesen Kunden bestehen nur wenige Austauschbeziehungen. Wenn ein ausreichendes Maß an Kompatibilität vorhanden ist, welches es erlaubt, eine Lernpartnerschaft einzugehen, kann dieses Verhältnis gefestigt und intensiviert werden. Fällt die Prüfung negativ aus, lohnt sich dennoch der Einsatz überwiegend standardisierter Techniken, um das Kundenwissen situativ zu akquirieren. Die Attraktivität der *Cash-Cow-Kunden* ist zwar aufgrund ihres geringen Volumenbeitrags relativ niedrig, aber die relative Lieferantenposition kennzeichnet das Anbieterunternehmen als Schlüsselzulieferer. Das gefestigte Beziehungsverhältnis macht diese Kunden möglicherweise für einen Wissensaustausch attraktiv. Eine Lernpartnerschaft sollte jedoch nur in Abhängigkeit vom zu erwartenden Mehrwert der Kooperation angestrebt werden. *Poor Dogs* besitzen eine geringe Attraktivität und die

---

[589] Vgl. Rudolf-Sipötz (2001), S. 62 sowie ausführlich Kohlöffel (2000), S.171 ff. und Müller-Stewens/ Lechner (2003), S. 300 ff.

[590] Vgl. Spahlinger et al. (2003), S. 630, Rudolf-Sipötz (2001), S. 38

[591] Vgl. Rieker (1995), S. 71, Macharzina/ Wolf (2005), S. 354 ff.

im Wettbewerbsumfeld schlechte relative Lieferantenposition des Unternehmens lassen einen Wissensaustausch eher im Rahmen standardisierter Befragungen sinnvoll erscheinen.

Das strategische Potenzial des Portfolios hängt von der Qualität des Wissens über die Kunden sowie vom Aggregationsgrad des betrachteten Clusters ab.[592] Der Aggregationsgrad bestimmt sich über das Clusterlevel (Markt, Gruppe oder Individuum) sowie über die Tiefe des Kundenwissens (formale und informelle Dialoge, Kundenbeobachtung oder Kundenwissen aus analytischen Modellen).[593]

4.4.2.4 Kanalisierung des Zielkundenkreises

Um zu verhindern, dass sich das Unternehmen auf Kunden konzentriert, die entweder aufgrund des potenziellen Nutzens, den das Unternehmen aus der Kooperation ziehen könnte oder aufgrund ihrer mangelnden Teilnahmebereitschaft für eine Kooperation nicht geeignet sind, sollen die selektierten potenziellen Kooperationspartner weiter auf den Kreis der strategisch wichtigen Kunden[594] eingeschränkt werden („key accounts"). Dies bedeutet, dass unter den identifizierten Kunden nur diejenigen ausgewählt werden, die aufgrund ihres Beitrags zur Kompetenzsteigerung einen nachhaltigen Wert für das Anbieterunternehmen besitzen und deren Teilnahmebereitschaft hinreichend hoch eingeschätzt wird: Das Hauptaugenmerk wird somit auf diejenigen Kunden gelegt, welche für das Unternehmen wertvoll und darüber hinaus auch motiviert sind, ihr Wissen zu teilen und mit dem Unternehmen zu kooperieren.

Den Kunden, die sich anhand dieses Kriterienrasters als geeignet erweisen, sollte besondere Beachtung geschenkt werden, da sie einen überdurchschnittlichen Beitrag zur Unternehmensperformance leisten können. Anhaltspunkte für die Identifikation dieser strategisch relevanten Kunden ergeben sich aus ihrem Ressourcen-

---

592 Vgl. Wayland/ Cole (1997), S. 17 und 57

593 Vgl. Wayland/ Cole (1997), S. 63 ff. unterteilen das Wissen über die Kunden in „conversational knowledge", „observational knowledge" und „predictive knowledge".

594 Bei strategisch wichtigen Kunden kann eine Kooperation zu einer Verschmelzung der Geschäftsprozesse führen (Integrationsstrategie), während bei strategisch unwichtigen Kunden nur opportune Leistungen angeboten werden (Opportunitätsstrategie). Kunden, die nicht den beiden Extrema zuzuordnen sind, sind wertabhängig zu behandeln (Wertstrategie) (vgl. Pfohl/ Flickinger (1998), S. 70).

potenzial.[595] Im Rahmen dieser Ressourcenanalyse ist es zusätzlich zweckmäßig, ausgewählte ehemalige Kunden zu prüfen. Auch diese früheren Kunden verfügen über wertvolles Produktwissen und relevante Erfahrungen. Aus den Gründen für den Anbieterwechsel oder dem eingeschränkten Bedarf an Leistungen lassen sich möglicherweise Informationen über Leistungsdefizite und Verbesserungspotenziale oder entgangene Entwicklungstrends ableiten. Gerade bei ehemaligen Kunden kommt dem Kriterium Teilnahmebereitschaft jedoch besondere Bedeutung zu, da zu befürchten ist, dass diese im Falle einer Unzufriedenheit mit dem Unternehmen eher gering ist.[596]

		Teilnahmebereitschaft	
		gering	hoch
Wert der Kundenbeziehung	gering	Ressourcenverschwendung	unprofitable Kunden, die von Aktivitäten ausgeschlossen werden können
	hoch	wertvoll, aber nicht involvierbar	wertvoll und engagiert, primäre Zielgruppe der Aktivitäten

Tabelle 11: Ökonomische Kundensegmentierung[597]

4.4.3 Enabler und Barrieren des Wissenstransfers

Der Wissenstransfer wird von verschiedenen Faktoren unterstützt und beeinträchtigt. Je nach Konstellation der Kontextfaktoren sowie der Eigenschaften von Sender und Empfänger wird der Wissenstransfer positiv oder negativ beeinflusst.[598] Dabei sind diese Enabler und Barrieren unterschiedlich stark ausgeprägt und üben zum Teil einen wechselseitigen Einfluss aufeinander aus.

4.4.3.1 Enabler und kritische Erfolgsfaktoren des Wissenstransfers in Lernkooperationen

Die Teilung und der Transfer von Wissen erfolgen in einem Kooperationsumfeld, das in der Regel stark vom Vertrauen in den Partner geprägt ist, da opportunistisches

595 Dieses Potenzial beinhaltet das Referenz-, Informations-, Kooperations- und Synergiepotenzial (vgl. Tomczak/ Rudolf-Sipötz (2003), S. 138 ff.).

596 Vgl. dazu die Grafik zur Eskalation der (Un-)Zufriedenheit bei Ackerschott (2001), S. 230

597 In Anlehnung an Aebi (2000), S. 131

598 Siehe hierzu z. B. Szulanski (1996), Von Hippel (1994), Knörck (2004), Bukó (2004), Argyris (1990), S. 21 und Argyris (1996)

Verhalten sich ökonomisch nachteilig auf beide Partner auswirken kann. Der Aufbau von Vertrauen und die Modellierung des Vertrauensverhältnisses motivieren nicht nur die Kooperationsbereitschaft und -intensität, sondern bedürfen auch gestaltender Spielregeln.

Formale Aspekte beziehen sich auf Regeln für kooperatives Handeln. Sie umfassen grundlegende Kooperationsregeln:

- Ein wesentlicher Faktor fur eine Kooperation ist ihr Transaktionskostenminimierungspotenzial.[599]
- Der zugrunde liegende Teamgedanke bestimmt das bewusste Verständnis jedes Partners, Teil einer kooperierenden Lerneinheit zu sein.[600]
- Ein Perspektiventausch hat positive Effekte auf die Berücksichtigung des Kontextes und der anderen Partner der Kooperation bei der Planung der Interaktionshandlungen.[601]
- Der Umgang mit entstehenden Dysfunktionalitäten und das Auftauchen nicht definierter Situationen machen eine Einigung auf ein bestimmtes Vorgehen und das Schaffen von Spielräumen und Möglichkeiten zur Hilfestellung notwendig.[602]
- Kommunikation ist als interaktives Wissenstransferverhältnis der Kooperierenden untereinander zu begreifen.[603]
- Lokales Wissen ist mit der Wissensbasis zu verzahnen. Dafür müssen die am Wissensaustausch Beteiligten die Prozesse und ihre Referenz zueinander verstehen.[604]

Demgegenüber beziehen sich *qualifizierende Aspekte* auf die Güte der Kooperation. Sie umfassen qualitative Faktoren,[605] wie bspw.

- die Eignung des Kooperationspartners zum Lernpartner. Dazu gehören eine Abschätzung des zu erwartenden opportunistischen Verhaltens und eine eventuell begrenzte Rationalität des handelnden Partners.[606]

---

599 Vgl. Gaitanides/ Stock (2004), S. 437 f., Schwaner (1996), S. 31, Reiß (1995), S. 544
600 Vgl. Lei et al. (1999), S. 25, Shrivastava (1983), S. 22 f., Alchian/ Woodward (1988), S. 70
601 Vgl. Prange et al. (1996), S. 12 und S. 15, Stumpf (1998), S. 395
602 Vgl. Balling (1997), S. 109 ff., Eisenhardt et al. (1997), S. 78 ff.
603 Vgl. Daft/ Huber (1987), S. 23, Weinkauf/ Woywode (2004), S. 396 und zu den diesbezüglichen Problemen Cramton (1997), S. 298 ff.
604 Vgl. Levinthal/ March (1993), S. 97
605 Siehe hierzu auch die Anforderungen an kooperative Lernprozesse in Kapitel 3.5.4
606 Vgl. Schächtele (2004), S. 264 ff., Herbst (2002), S. 77 ff.

- Bisherige Kooperationserfahrungen erleichtern eine Zusammenarbeit und helfen Emergenzen vorzubeugen.[607]
- Eine Bestimmung der Leistungs- und Absorptionsfähigkeit der Kooperationspartner.[608]
- Transferierte Inhalte sind auf ihre Potenzialorientierung (Effektivität und Effizienz für die Aufgabenerfüllung) zu prüfen.[609]
- Die Transferqualität bzw. Deckungsgleichheit der Wissensinhalte wird von organisatorischen, personellen und informationstechnologischen Rahmenbedingungen und dem Transferkontext (z. B. Zeit, Akteure, Aufgaben, räumliche Entfernung, Sprache etc.) beeinflusst.[610]
- Ein gemeinsames Kontextverständnis, das auf einer gemeinsamen Arbeitserfahrung oder einem gemeinsamen Interpretationsrahmen als Verständigungsgrundlage beruht, begünstigt den Wissenstransfer.[611]
- Der Kontext für den Wissensaustausch wird durch einen gemeinsamen kulturellen Rahmen begünstigt. Da das Formen gemeinsamer Wertvorstellungen und Handlungsweisen jedoch keinen ad hoc zu initiierenden Prozess darstellt, sondern aus Lern- und Entwicklungskomponenten über den Zeitverlauf entsteht, bilden sich eine kollektive Sprache und eine kollektive Arbeitsmethodik zwischen den Beteiligten erst nach einer längeren Zeit gemeinsamen Arbeitens und Lernens heraus.[612]
- Das entgegengebrachte Vertrauen und die Intensität der Beziehung bestimmen die Tiefe und Frequenz des Wissensaustauschs und des Interaktionsgrads (z. B. bei zeitbegrenzter Zusammenarbeit oder langfristigen Arrangements).[613] Die Wirkungsweisen von Vertrauen zeigen sich in Komplexitätsreduktion, Ansporn zur Übernahme von Verantwortung, Verbesserung von Kommunikation und Gruppeneinfluss, Verbesserung des Kooperationsverhältnisses und der Problemlösungsfähigkeit und in der Verringerung interner und externer Transaktionskosten sowie von Überwachungs- und Vereinbarungskosten.[614]

---

607 Vgl. Hoffmann (2003), S. 122 und die empirische Studie von Mellewigt (2003), S. 203 f.
608 Vgl. Cohen/ Levinthal (1990), S. 128, Werner (2004), S. 85 ff.
609 Vgl. Prange et al. (1996), S. 14
610 Vgl. Lullies et al. (1993), S. 171
611 Vgl. Gerybadze (2003), S. 153 ff.
612 Vgl. North et al. (2000), S. 3
613 Vgl. Schwaner (1996), S. 156 ff.
614 Vgl. Grunwald (1995), S. 74

4.4.3.2 Informationspathologien

Innerhalb von Kommunikationsprozessen kann es zu Störungen und Problemen zwischen Sender und Empfänger kommen.[615] Bei Informationspathologien handelt es sich „um vermeidbare Fehler, d. h. produzierbare Informationen, die nicht produziert werden, beschaffbare Informationen, die nicht beschafft werden, vorhandene Informationen, die nicht oder verzerrt übermittelt werden und übermittelte Informationen, die falsch verstanden oder nicht verwendet werden."[616] Sie beruhen auf Dysfunktionalitäten der Informationsverarbeitung und führen zu einer Verzerrung von Informationen und Entscheidungen. Eine Informationspathologie alleine verhindert noch nicht die Entwicklung von innovationsrelevantem Wissen. Erst eine Akkumulation verschiedener Informationspathologien, die sich gegenseitig verstärken und verfestigen, kann zum Misslingen von aus Lernprozessen resultierenden Innovationen führen. Im Wesentlichen lassen sich drei Arten von Informationspathologien unterscheiden: akteursbezogene, interaktionsbezogene und wissensbezogene.[617]

Akteursbezogene Informationspathologien lassen sich auf die Struktur der Wissensbasen zurückführen, die auf den subjektiven Erfahrungshorizonten basieren: Die Wissensbasis des Empfängers bietet aufgrund mangelnder Perzeptionsfähigkeit[618] keinen Anknüpfungspunkt für die transferierten Informationen des Senders. Somit kann der Empfänger sie weder sinnvoll integrieren, noch interpretieren. Zudem neigen Akteure dazu, nur das wahrzunehmen, was zu ihrem Wissensstand passt („not-invented-here"-Syndrom).[619]

Interaktionsbezogene Informationspathologien beziehen sich auf Störungen in den Kommunikationsprozessen zwischen den Akteuren. Da Individuen eher dazu neigen, eigene Meinungen und Modelle zu bestätigen, als sie in Frage zu stellen, kommt es zu einer Verzerrung der ausgetauschten Informationen in Richtung Bestätigung vor-

---

615 Vgl. Shannon (1948), S. 2 und 19 f.

616 Vgl. Scholl (1992), Sp, 901, der auf das Konzept der „organizational intelligence" von Wilensky (1967) Bezug nimmt.

617 Vgl. Picot et al. (2001), S. 86 ff.

618 Die Perzeption umfasst unbewusste Prozesse individueller Informations- und Wahrnehmungsverarbeitung. Perzeptionsprozesse bewirken eine Strukturierung und Einordnung der von außen kommenden Informationen in das Erkenntnissystem des Informationsempfängers.

619 Vgl. Allen (1967), S. 31 ff.

handenen Wissens. Neben semantischen Problemen kann es zu hierarchiebedingten und interessenbedingten Verzerrungen[620] von Kommunikationsinhalten kommen.

Wissensbezogene Informationspathologien basieren auf differierenden Einschätzungen darüber, was als (allgemeingültiges) Wissen bezeichnet wird. So basieren Entscheidungsgrundlagen häufiger auf quantitativen Fakten als auf qualitativen Informationen oder deklaratives Erkenntniswissen dominiert über Erfahrungswissen. Wissensbezogene Informationspathologien sind in der Unternehmenskultur verankert und beeinflussen primär die Generierung von Wissen.
Die Ursachen der Informationspathologien finden sich in individuellen Fehlanpassungen, wie z. B. mangelndes Problembewusstsein oder Wunschdenken, in sozialen Fehlanpassungen, bspw. Verständigungsproblemen oder Machtausübung und unangemessener Vorstellung von Wissen (siehe Tabelle 12).

Ursache	beobachtbare Phänomene
mangelndes Problembewusstsein	- mangelnde Informationssuche - mangelnde Grundkenntnisse - Betriebsblindheit
Wunschdenken	- selektive, verzerrte Informationsaufnahme - Abwertung anderer, Selbstüberschätzung - Unterschätzung des Problems oder der Meinung anderer
Verständigungsproblem	- Ressortegoismen - persönliche Antipathie - Trennung von Informationsverarbeitung und Entscheidung - zu lange Informationswege mit vielen Zwischenstationen - Verständigungsfehler - unzureichende Konsensbildung - Harmonie statt Kritik
Machtausübung	- Nichtweitergabe von Informationen - Behinderung der Informationsgewinnung - mangelnde Partizipation - Beschönigung schlechter Nachrichten nach oben in der Hierarchie - versuchte Interessendurchsetzung durch Zielverschleierung - Ignoranz der Meinung anderer - Manipulation von Informationen - unnötige Einmischung und Verzögerung
unangemessene Vorstellung von Wissen	- Erfahrung wird gegen Erkenntnis ausgespielt und umgekehrt - Interessenbezogenheit des Wissens wird nicht erkannt - Kultur der Fehlervermeidung hemmt Lernen durch Anpassen

Tabelle 12: Ursachen von Informationspathologien[621]

[620] Bei hierarchiebedingten Verzerrungen werden negative Informationen von unteren zu höheren Hierarchieebenen beschönigt dargestellt oder verschwiegen, um Sanktionen zu vermeiden oder Machtvorsprünge zu erhalten, während interessenbedingte Verzerrungen oder Informationszurückhaltung auf Bereichs- oder Konkurrenzdenken zwischen Akteuren gleicher Hierarchieebene zurückzuführen sind.

[621] Vgl. Scholl (1992), Sp, 905 ff.

4.4.3.3 Barrieren des Wissenstransfers

Bei der Übertragung einer Nachricht von einem Sender auf einen Empfänger kann es über die Pathologie hinaus zu vielfältigen weiteren Übertragungsstörungen in der Kommunikation kommen.[622] Wird Wissen aus dem Erfahrungskontext genommen und enkodiert, ist es – nach einer sehr engen Definition – kein Wissen mehr. Der Empfänger erhält lediglich Informationen und Daten (Ressourcen), die er wieder in seinen eigenen Erfahrungskontext einbettet, interpretiert und zu subjektivem Wissen transformiert. Hierbei können Probleme bei der Transformation der Ressource auftreten. Dazu kommen interaktions- und prozessbezogene Herausforderungen, wenn vorhandenes Wissen innerhalb eines Unternehmens oder über Unternehmensgrenzen hinweg verbreitet wird.[623] Auch Koordinationsprobleme innerhalb der Organisation, bspw. bei der Exploration oder Exploitation des Kundenwissens können die Wissensflüsse beeinträchtigen oder sogar blockieren.

Ressourcenbezogene Transferprobleme

Ein Wissenstransfer lässt sich als *Lernproblem* interpretieren, bei dem der Empfänger nach der Übertragung dasselbe Verständnis über das transferierte Wissen und seine Bedeutung erwerben soll wie der Sender.[624] Das mentale Modell des Senders kann jedoch bei der Übermittlung an den Empfänger durch eine Reihe „Störfaktoren" beeinträchtigt werden: Sprache, Text und Kontext werden von den Beteiligten in ihrem jeweiligen Kontext reflektiert und interpretiert. Eine erfolgreiche Übermittlung durch Adaption und Dekodierung des explizierten Wissens ist von der Kompetenz und der Kooperationsmotivation des Senders ebenso abhängig, wie von der Kompetenz und Kultur des Empfängers. Wenn es gelingt, Lernhindernisse in den unterschiedlichen Gestaltungsbereichen abzubauen, ist ein erster Schritt in Richtung einer lernorientierten Kooperation getan.[625]

Der Sender übermittelt sein Wissen auf Basis seiner individuellen Denkweise und Werte in der ihm adäquat erscheinenden Form. Seine Denk- und Ausdrucksweise sind durch seine Ausbildung, sein Umfeld, seine Erfahrung und seine Kultur geprägt. Der Empfänger wiederum verwendet seine Denkweise und seine Werte bei der Interpretation der empfangenen Signale. Je unterschiedlicher die Wertvorstellungen von Sender und Empfänger sind, desto größer ist die Gefahr von *Kommunikations-*

[622] Vgl. Wahren (1987), S. 29
[623] Vgl. Von Krogh/ Köhne (1998), S. 238
[624] Vgl. Thiel (2002), S. 29 ff.
[625] Vgl. Probst/ Büchel (1998), S. 73 ff.

problemen, Fehlinterpretationen, Interpretationsschwierigkeiten sowie *Bedeutungsverschiebungen.* Auch bei vergleichbarem kulturellem Hintergrund können wesentliche Teile der gesendeten Botschaft bei der Übermittlung verändert empfangen werden oder verloren gehen.[626] Im weiteren Verlauf kann sich dieses Problem in kollaborativen, Kompetenz bildenden und kulturellen Aktionen und Reaktionen niederschlagen.

Während der Wissensübertragung und der Lernprozesse von individuellen auf kollektive Ebenen können Informationen und Wissensbestandteile verloren gehen (*physischer Inhaltsverlust*), da diese auf komplexen Kognitionen der Individuen beruhen.[627] Hinzu kommen Einschränkungen bei der Transferierbarkeit von implizitem Wissen, das im jeweiligen Kontext interpretiert wird.[628]

Individuelle Barrieren beruhen nicht selten auf begrenzten kognitiven Fähigkeiten, die schon die Aufnahme neuen Wissens und entsprechend dessen Nutzung behindern.[629] Dazu zählen bspw. fehlende Kenntnis und mangelndes Verständnis des Wissensbedarfs, Abteilungsegoismus, Angst vor Wissensabfluss oder befürchteter Mehraufwand durch ein gezieltes Wissensmanagement.

Um erfolgreiche Innovationen zu generieren, sind Unternehmen nicht nur auf eigene Ressourcen angewiesen, sondern auch darauf, dass sie versuchen, ihren Kompetenzenpool stetig durch die Integration von Potenzialen zu erweitern. Die *Motivation* zum Wissensaustausch entsteht daher aus der unzureichenden Verfügbarkeit von Wissen. Auch die Motivation zur Wissensteilung, durch die neues Wissen generiert werden kann, stellt eine kritische organisationale Fähigkeit dar. Dabei kommt es darauf an, eine Balance zwischen intrinsischer und extrinsischer Motivation zu finden. Insbesondere dann, wenn Ziele schwierig zu formulieren sind und Ergebnisse nicht zweifelsfrei bestimmten Akteuren zugeschrieben werden können.[630]

Interaktions- und prozessbezogene Transferprobleme

Wird Wissen innerhalb eines Unternehmens oder über Unternehmensgrenzen hinweg transferiert, ergeben sich häufig *logistische Probleme.*[631] Der logistische

---

626 Das mentale Modell einer Person A kann durch Reflexion und Explikation zu einem völlig unterschiedlichen mentalen Modell einer Person B führen, die die empfangenen Daten für sich adaptiert, dekodiert und reflektiert.

627 Vgl. Crossan/ Inkpen (1994), S. 268 f., Nonaka (1994), S. 25 f.

628 Vgl. Lam (1997), S. 977 Nonaka/ Konno (1998), S. 42 f.

629 Vgl. Prange et al. (1996), S. 14

630 Vgl. Osterloh/ Frey (2000), S. 544

631 Vgl. Von Krogh/ Köhne (1998), S. 238

Wissenstransferprozess umfasst die Initiierungsphase, die Phase des Wissensflusses und die Integrationsphase.[632] Während dieses Prozesses scheitert die Integration zusätzlicher Ressourcen nicht selten an mangelnden (technologischen) Transfermechanismen oder fehlenden organisatorischen oder kommunikativen Fähigkeiten.
Je komplexer das zu übertragende Wissen ist, desto diffiziler gestaltet sich der Wissenstransferprozess. Die größte Barriere in Wissenstransferprozessen besteht häufig im *Koordinationsproblem* zwischen Sender und Empfänger. Hierzu zählen z. B. Zugangsprobleme zu relevantem Wissen, mangelnde Empathie und Perspektivenübernahme[633] des Senders oder mangelnde kognitive Fähigkeiten des Empfängers.
Darüber hinaus kann der Wissenstransfer als *Austausch von Informationsobjekten* aufgefasst werden.[634] Voraussetzung für den Austausch von Informationsobjekten ist eine gemeinsame Sprache bzw. Terminologie der beteiligten Akteure, die Bereitschaft zur Kooperation sowie die Existenz eines realen oder virtuellen Raumes, in dem der Austausch stattfinden kann. Auch fehlende technische und organisatorische Rahmenbedingungen oder Gelegenheiten für den Wissenstransfer, wie z. B. mangelhafte IT-Ausstattung und Organisationsstrukturen, können Wissensflüsse hemmen.

Organisationsbezogene Transferprobleme

Politische Barrieren beeinträchtigen zumeist spezielle Gruppen in Unternehmen in ihrem Informationsgrad und -gehalt und spiegeln Machtinteressen wider.[635] In der Regel sind damit auch *organisatorische Teilungsbarrieren* verbunden, die zu einer Zersplitterung der Wissensbasis führen, die nur schwer zu überwinden sind (siehe Abbildung 13).
Derartige *strukturelle Barrieren* entstehen oft durch unterbrochene oder unzureichende Informations- und Kommunikationsflüsse.[636] Durch Förderung des informellen Austauschs sowie durch Schaffung von Schnittstellen können Informationsflüsse über abgegrenzte Funktions- bzw. Marktbereiche hinweg ermöglicht bzw. verbessert werden.

---

[632] Siehe hierzu auch die Transfercharakteristika in Kapitel 4.4.4.1
[633] Vgl. Leonard/ Rayport (1998)
[634] Vgl. Riempp (2003), S. 34 ff.
[635] Vgl. Prange et al. (1996), S. 14, Probst/ Büchel (1998), S. 156 ff.
[636] Vgl. Schüppel (1996), S. 122, Probst/ Büchel (1998), S. 119 ff., Prange (2002), S. 193 f.

Abbildung 13: Organisationale Wissensbarrieren[637]

Eine einseitige Ausrichtung auf heutige produkt- und marktbezogene Fragestellungen bei der der Aufbau systematisch zukunftsgerichteter Fähigkeiten vernachlässigt wird, begünstigt das Entstehen *strategischer Lernbarrieren*.[638] Oft herrschen zudem kurzfristige Zielsetzungen vor, die durch die Entwicklung mittel- und langfristig orientierter Indikatoren und Frühwarnsysteme ergänzt werden sollten. Zu den am schwersten zu überwindenden Lernhindernissen gehören *kulturelle Barrieren*, da sie nicht einfach durch eine bewusste Systemgestaltung „umgangen" werden können.[639] Ansätze der Kontextgestaltung, die auf eine Verbesserung des wechselseitigen Austauschs zielen, unterstützen und fördern eine Kultur der Offenheit, um diesen Hindernissen entgegenzuwirken. Eine Lernkultur zwischen Akteuren wird nicht „geschaffen", sondern kann allenfalls durch die Gestaltung eines entsprechenden Umfeldes, z. B. durch Redundanz und Autonomie,[640] stimuliert werden.

4.4.4 Wissenstransfer in Unternehmen

Der Wissenstransfer dient der Verbreitung von unternehmensintern oder -extern vorhandenem Wissen in einem definierten Bereich. Er beinhaltet die gezielte Übertragung von Kenntnissen und Fähigkeiten zwischen Transferpartnern. Neben der Übermittlung von Informationen durch den abgebenden Transferpartner (Sender) erfolgt eine Integration der transferierten Informationen in die individuelle Wissensbasis des aufnehmenden Transferpartners (Empfänger) in der Weise, dass der Empfänger nach erfolgreichem Transfer über ähnliche Kenntnisse und Fähigkeiten

637 In Anlehnung an Probst et al. (2000), S. 257
638 Vgl. Probst/ Büchel (1998), S. 94 f.
639 Vgl. Reiß (1995), S. 545, Prange et al. (1996), S. 15, Probst/ Büchel (1998), S. 140 ff.
640 Vgl. Lorange/ Probst (1987), S. 71 ff., Nonaka/ Takeuchi (1997), S. 105 f.

verfügt wie der Sender.[641] Wissenstransferkomponenten sind in den Prozessen der Wissensentwicklung und dem unternehmensinternen sowie unternehmensexternen Aufbau von neuem Wissen und neuen Fähigkeiten zur Generierung neuer Produkte und Ideen enthalten.[642] In den Wissenskonversionsarten, die dem Wissensgenerierungsprozess und der Wissensspirale zugrunde liegen,[643] wird Wissen in bereits vielfältiger Form ausgetauscht. Ein Wissensaustausch oder Wissenstransfer ist somit einer der ersten Schritte in der Wissensentwicklung.[644] Dabei sind Wissensflüsse als eine Funktion von fünf Faktoren zu begreifen: Wert des Transferwissens des Senders, motivationale Einstellung des Senders, motivationale Einstellung des Empfängers, Aufnahmefähigkeit des Empfängers und Existenz und „Reichhaltigkeit"[645] der Übertragungskanäle.[646]

4.4.4.1 Wissenstransfercharakteristika

Wissenserwerb ist immer auch mit Lernprozessen verbunden. Je nach Ausrichtung findet der Wissenstransfer zwischen Individuen, Gruppen, Netzwerken, Unternehmenseinheiten sowie Organisationen statt.[647] Objekt des Austauschs bzw. der Teilung können implizites, explizites, individuelles, kollektives und/ oder organisationales Wissen sein.[648]

Der reine Transfer unverbundener Informationen oder Daten grenzt sich zum Wissenstransfer dadurch ab, dass Wissen in ihm als objektiv gegeben, explizit vorliegend und daher leicht kodier- und transferierbar betrachtet wird. Informationen gelten dabei als vollständig steuerbare Ressource, wodurch die Aspekte des Knowledge based View und die dieser Arbeit zugrunde liegende Wissensdefinition nur in unzureichendem Maße berücksichtigt werden. Dementsprechend zeigt sich der Erfolg des Wissenstransfers, wenn der Empfänger der Informationen (Informa-

[641] Vgl. Heppner (1996), S. 15, Spelsiek (2005), S. 27
[642] Vgl. Nonaka (1994), S. 18 ff., Nonaka/ Takeuchi (1997), S. 73 ff.
[643] Siehe zu den Wissenstransformationsprozessen Kapitel 3.5.3.1
[644] Vgl. Hansen (1999), S. 83 f., Probst et al. (1999), S. 197 ff., Tsai/ Ghoshal (1998), S. 466
[645] Siehe zur „media richness" Kapitel 4.4.4.3
[646] Vgl. Gupta/ Govindarajan (2000), S. 475
[647] Der Wissenstransfer wird in der Literatur nicht immer inhaltlich deckungsgleich ausgestaltet. So finden sich z. B. bei GUPTA/ GOVINDARAJAN Wissensflüsse als Übertragung von Fähigkeiten und von Technologie zwischen Organisationseinheiten, bei SZULANSKI werden Wissensflüsse als mehrstufige Prozesse, der Einführung, Implementierung, Veredelung und Integration gesehen, während HANSEN die Suche und Übertragung mit einbezieht (vgl. Gupta/ Govindarajan (1994), Szulanski (1996), S. 28 ff. und Hansen (1999)).
[648] Vgl. dazu auch eine ähnliche Definition bei Argote et al. (2000), S. 3

tionen werden nach einer engen Auffassung erst beim Empfänger zu Wissen[649]) ein prinzipiell ähnliches Verständnis über den Inhalt wie die Quelle hat.[650]
Wissenstransfer und Wissensaufbau gelten als übergeordnete Ziele von Kooperationen.[651] Durch einen Wissenstransfer wird ein Austausch von Fähigkeiten oder die Übertragung von Kompetenzen durch Internalisierung der Fähigkeiten des Partners ermöglicht.[652] Der Wissenstransferprozess selbst lässt sich anhand verschiedener Charakteristika klassifizieren.

<table>
<tr><th>Merkmal</th><th colspan="6">Ausprägung</th></tr>
<tr><td>Formalisierungsgrad</td><td colspan="3">formell</td><td colspan="3">informell</td></tr>
<tr><td>Ebene</td><td>Individuum</td><td colspan="2">Gruppe</td><td colspan="2">intraorganisational</td><td>interorganisational</td></tr>
<tr><td>Emergenzgrad</td><td colspan="3">geplant</td><td colspan="3">ungeplant</td></tr>
<tr><td>Frequenz</td><td colspan="2">einmalig</td><td colspan="2">mehrmalig</td><td colspan="2">regelmäßig</td></tr>
<tr><td>Unmittelbarkeit</td><td colspan="3">direkt</td><td colspan="3">indirekt</td></tr>
<tr><td>Ausrichtung</td><td colspan="3">Pull-Transfer</td><td colspan="3">Push-Transfer</td></tr>
</table>

Tabelle 13: Charakteristika des Wissenstransfers

Transferprozesse beinhalten als einfachste Form einen einzelnen Wissensfluss durch (Mit-)Teilen von Wissen zwischen zwei oder mehr Individuen. In Unternehmen findet in der Regel jedoch eine Vielzahl von informellen Wissensflüssen in alltäglichen Handlungen und Kommunikationen zwischen den Individuen, Gruppen und Organisationseinheiten sowie zwischen Unternehmen statt.[653] Ein geplanter Wissenstransfer wird gezielt angegangen und Inhalte werden bewusst ausgetauscht. Er findet damit nicht von alleine statt, sondern erfordert koordinatorische Unterstützung.[654] Ungeplante Wissensflüsse zeichnen sich durch ihre Zufälligkeit aus und finden meist ad hoc und nicht systematisch statt.[655] Bei Wissenstransferprozessen, die regelmäßig zwischen den Beteiligten erfolgen, kann der Sender ein grundlegendes gemeinsames Verständnis beim Empfänger voraussetzen. Dies hat Auswirkungen auf das Kontextwissen der Beteiligten, auf die zu treffenden Vorberei-

---

649 Zur Begründung vgl. Köhne (2004), S. 27-30
650 Vgl. Hærem et al. (1996), S. 119
651 Vgl. Müller-Stewens/ Osterloh (1996), S. 16
652 Vgl. Porter (1987), S. 41, Hamel (1991), S. 84 f.
653 Vgl. Schulz (2001), S. 662. Er definiert Wissensflüsse als „knowledge flows as the aggregate volume of know-how and information transmitted per unit of time."
654 Vgl. Köhne (2004), S. 63
655 Vgl. Inkpen/ Crossan (1995), S. 612

tungsmaßnahmen und auf die Auswahl von organisatorischen Maßnahmen und Instrumenten.[656]

Wissenstransferprozesse unterscheiden sich nach ihrer Unmittelbarkeit in direkte und indirekte Transfers.[657] Ein direkter Wissenstransfer ist durch Kommunikation von Individuen in einem sozialen System gekennzeichnet, wobei Sender und Empfänger sowohl in 1:1-Beziehungen als auch in 1:n-Beziehungen interagieren können. Der indirekte Wissenstransfer zwischen Sender und Empfänger erfolgt zeitentkoppelt über technische Systeme, die zur Unterstützung soziotechnischer Systeme[658] eingesetzt werden. Beim Sender muss dabei bereits eine Grundkenntnis über das Kontextwissen des Empfängers vorhanden sein. Auf dieser Basis kodiert er sein Wissen, das anschließend über ein technisches System an den Empfänger übertragen wird.

Wissenstransferprozesse können vom Nachfrager der Wissensressource (Pull-Prinzip) sowie vom Anbieter initiiert werden (Push-Prinzip),[659] wobei der jeweilige Beteiligte eine aktive oder eine passive Rolle einnimmt.
Pull-Transfers sind Wissensaustauschprozesse, bei denen sich der Wissenssuchende initiativ an einen Wissensträger wendet. Die Initiative zum Wissensaustausch kann von einzelnen Akteuren, Akteursgruppen oder Unternehmen ausgehen. Beim Pull-Transfers erfolgt eine selektive Weitergabe von Wissen, die auf Abwägung zwischen Aufwand und Ertrag beim Nachfrager beruht, da jede beteiligte Einheit nur über einen Teil des für seine Aufgaben relevanten Wissensportfolios verfügt.[660]
Der Fall, bei dem ein Wissensträger eine Wissenslücke bei einem anderen Akteur identifiziert und diese zu schließen versucht, wird als Push-Transfer bezeichnet. Der Wissensinhaber stößt den Prozess an, ohne zu wissen, wo sein Wissen benötigt wird. Ein solcher Wissenstransferprozess ist meist zufällig, informell, spontan und unstrukturiert. Meist findet ein solcher Austauschprozess nur zwischen Individuen statt. Gerade solche informellen Wissensflüsse leisten jedoch einen wesentlichen

[656] Vgl. Hartlieb (2002), S. 103 f.
[657] Vgl. dazu Hartlieb (2002), S. 90 ff. und Davenport/ Prusak (1998), S. 96
[658] Soziotechnische Systeme entstehen durch eine Vernetzung von sozialen und technischen Systemelementen (vgl. dazu die Übersicht bei Sydow (1985), S. 75 ff.).
[659] Vgl. Von der Oelsnitz/ Hahmann (2003), S. 151 f., Holtshouse (1998), S. 278
[660] Vgl. Grant (1996b), S. 114

Beitrag beim Wissensaufbau des Unternehmens.[661] Bei akuten Aufgabenstellungen oder komplexen Wissensgebieten ist diese Transferart nur begrenzt einsetzbar. Aufgrund der passiven Rolle des Empfängers beim Push-Transfer sind höhere Internalisierungsbarrieren zu erwarten als beim aktiven Pull-Transfer. Aufgrund der unterschiedlichen Eigenschaften ist ein effektiver Wissenstransfer aus einer Mischform beider Transferarten vorzuziehen.[662]

Die effektive Gestaltung der Wissenstransferprozesse erfordert sowohl vom Sender als auch vom Empfänger hohe Aufmerksamkeit. Sender-immanente Faktoren, wie z. B. der Wert des Wissens (durch Kosten- und Nutzenaspekte ausgedrückt) und die Motivation zur Wissensteilung oder Empfänger-immanente Faktoren, wie bspw. die Motivation zur Akzeptanz des neuen Wissens und die Aufnahmefähigkeit, werden von den Transferkanälen beeinflusst. Transferkanäle übernehmen an der Schnittstelle zwischen Sender und Empfänger die „Vermittlerfunktion". Ihre Quantität, Qualität und Kosten sind wesentliche Erfolgsdeterminanten des Wissenstransfers.

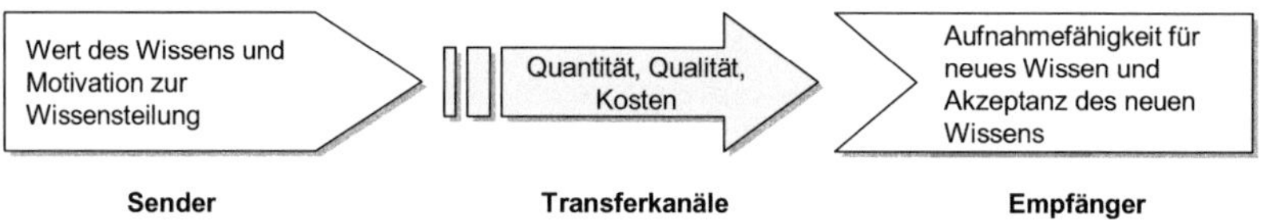

Abbildung 14: Erfolgsfaktoren der Transferkanäle

4.4.4.2 Wissenstransferprozess

Ziel des Wissenstransferprozesses ist es, das richtige Wissen zum richtigen Zeitpunkt an die richtige Stelle zu transferieren.[663] Der Wissenstransferprozess selbst unterteilt sich in die Phasen Initiierung, Wissensfluss und Integration.[664]

Die *Initiierungsphase* wird durch das Wahrnehmen eines Wissensdefizits bei der Lösung von Aufgabenstellungen eingeleitet.[665] Auf Basis einer näheren Bestimmung

---

[661] Vgl. Hamel (1991), S. 95, Davenport/ Prusak (1998), S. 91 ff.

[662] Vgl. Butz (2003), S. 39

[663] Vgl. Pawlowsky (1998), S. 26, Romhardt (1998), S. 209. Im Folgenden wird der Wissenstransferprozess auf Basis einer Pull-Strategie diskutiert.

[664] Vgl. Zahn/ Greschner (1996), S. 56 ff., Von Krogh et al. (2001), S. 425, Szulanski (1996), S. 28 ff., Kriwet (1997), S. 180 ff., Köhne (2004), S. 63 ff., Cristofolini (2005), S. 74 ff. Prange et al. (1996), S. 14

[665] Vgl. Zahn/ Greschner (1996), S. 57, Von Krogh/ Köhne (1998), S. 239

und Abgrenzung des fehlenden Wissens erfolgt eine Identifizierung und Lokalisierung des Wissensträgers, welcher über das benötigte Wissen im ausreichenden Maß verfügt.[666] Anhand einer klaren Zielsetzung,[667] sind richtige und passende Akteure zu finden und in den Wissenstransfer einbeziehen.[668] Zum Transfer des in unterschiedlichen Aggregationsstufen vorliegenden Wissens ist ein Portfolio an Methoden festzulegen sowie eine Bewertung des Wissenstransfers in Form einer Kosten-Nutzen-Analyse vorzunehmen.[669]

In der Phase des *Wissensflusses* findet der Austausch von implizitem und/ oder explizitem Wissen zwischen den am Transfer beteiligten internen oder externen Sendern und Empfängern statt.[670] Bei der Übertragung von impliziten Wissensbestandteilen beruht dieser Transfer auf Interaktion, bei expliziten Inhalten auf direkter oder indirekter Kommunikation.[671] In der Transferrichtung lassen sich vertikale und horizontale Wissensflüsse unterscheiden. Vertikale Wissensflüsse finden zwischen funktional und hierarchisch unterschiedlichen Akteuren statt, horizontale Wissensflüsse zwischen Partnern gleicher Funktion und Hierarchie.[672]

Die *Integrationsphase* dient der Verankerung des transferierten Wissens: Der Empfänger ordnet es in seine Handlungsabläufe ein, integriert und wendet es an.[673] Um das neue Wissen in Kernkompetenzen zu überführen, muss es in die organisationale Wissensbasis integriert und institutionalisiert werden.[674] Erst durch die Integration des Wissens in entsprechende Aufgaben gewinnt das Wissen an Wert.[675]
Im Rahmen vertikaler, deduktiver, generativer und evolutiver Lernprozesse können aus Kernkompetenzen Innovationen abgeleitet und Organisationskulturen verändert werden.[676] Horizontale Wissensflüsse begünstigen adaptives, stimulatives und interpretatives Lernen und können Lernkooperationen zwischen Unternehmen unter-

---

666 Vgl. Von Krogh et al. (2001), S. 425, Inkpen (1998), S. 71 f.
667 Vgl. Inkpen/ Tsang (2005), S. 157, Zahn/ Greschner (1996), S. 58
668 Vgl. Köhne (2004), S. 64
669 Vgl. Von Krogh et al. (2001), S. 425, Kriwet (1997), S. 181, Probst et al. (1999), S. 340 f.
670 Vgl. Holtbrügge/ Berg (2004), S. 133 ff.
671 Vgl. hierzu die Transformationsmechanismen von Nonaka (1991), S. 98 f., Nonaka/ Konno (1998), S. 46 und Kapitel 3.5.3.1
672 Vgl. Slater/ Narver (1995), S. 65, Kogut (2000), S. 409 ff., Lahti et al. (2002), S. 18
673 Vgl. Kriwet (1997)
674 Vgl. Von Krogh/ Venzin (1995)
675 Vgl. Von Krogh/ Roos (1995), S. 62, Slater/ Narver (1995), S. 65, Von Krogh et al. (2001), S. 425
676 Vgl. Zahn/ Richter (1995), S. 310 ff.

stützen.[677] Durch die Ressourcenintegration anderer Akteure können gemeinsame Produktentwicklungen, Produktionsprozesse oder Marktbearbeitungen begünstigt werden.[678] Gleichzeitig muss beim durch Wissensintegration angestoßenen Lernen eine Entscheidung darüber getroffen werden, welches Wissen bewahrt und welches Wissen verlernt werden soll.[679]

Um die Wissensintegration effizient zu gestalten, werden Koordinationsmechanismen eingesetzt, die zur Senkung von Kommunikations- und Lernkosten dienen.[680] Regeln und Direktiven setzen Handlungsstandards und beinhalten Handlungsanweisungen, durch die implizites Wissen in verstehbares explizites Wissen transferiert werden kann. Sind diese nicht vorhanden, können Routinen die Wissensintegration unterstützen. Durch eine Reihenfolgeplanung und zeitliche Ablaufsteuerung kann das transferierte Wissen zielgerichtet in wissensintensive Prozesse integriert werden, was durch die Prozessevidenz von Hersteller und Kunde unterstützt wird.[681]

4.4.4.3 Kommunikationskanäle und Media Richness

Wissenstransferprozesse finden über multiple Kanäle statt, deren Struktur jeweils einen unterschiedlichen Einfluss auf die Erwartungshaltungen, Explikationsgrade und Explikationsmotivationen der Lernpartner ausübt.[682] Die Media Richness Theorie[683] geht davon aus, dass die Medienwahl von den Charakteristika der zu lösenden Aufgabe und den Anforderungen an den Kontextreichtum determiniert wird. Dabei besitzen die Medien unterschiedliche Interaktionsspektren, d.h. eine „media richness", die zur Entwicklung der verschiedenen Kompetenzfacetten beiträgt. Reichhaltige Medien besitzen „a greater language variety (the ability to convey natural language rather than just numeric information), a greater multiplicity of cues (the number of

---

677 Vgl. Zahn/ Richter (1995), S. 314 ff.
678 Vgl. Lorange/ Roos (1992), S. 6
679 Vgl. Hedberg (1981), S. 18, Hamel (1991), S. 97. Unbewusstes Vergessen beruht auf einem natürlichen Selektionsprozess bei Individuen, Löschung von Wissen oder der Verunmöglichung des Zugriffs (Probst et al. (2003), S. 208). Akteure verlernen dagegen bewusst, wenn veraltetes und unbrauchbares, nicht mehr benötigtes Wissen aktiv „vergessen" wird (vgl. Zahn/ Greschner (1996), S. 57).
680 Vgl. hierzu und im Folgenden Grant (1996b), S. 114 f.
681 Vgl. zur Prozessevidenz auch Kapitel 5.3.2.4
682 Vgl. Davenport/ Prusak (1998), S. 302 f.
683 Vgl. Daft/ Lengel (1984), Daft/ Lengel (1990)

ways in which information could be communicated such as the tone of voice) and more rapid feedback."[684]

Nach DAFT ET AL. basiert die Klassifikation des Reichtums eines Mediums auf vier Kriterien: unmittelbare Möglichkeiten zum Feedback, multiple Transferkanäle, wie z. B. durch Mimik oder Gestik, Sprachenvielfalt (numerische oder „natürliche" Sprache) und Personalisierung (siehe Abbildung 15).[685] Demnach sind die reichsten Kommunikationsmedien Face-to-Face-Meetings, gefolgt von Telefon, E-Mail, Protokollen und allgemeinen Berichten bzw. Dokumentationen.[686]

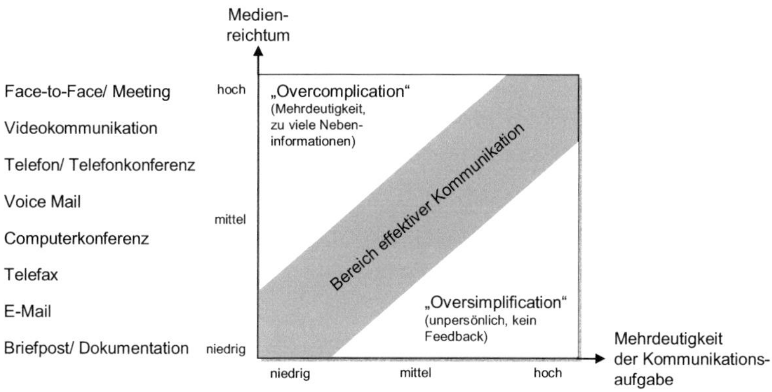

Abbildung 15: Media Richness Modell nach DAFT/ LENGEL (1986)[687]

Der Bereich, in dem die Kommunikation effektiv ist, liegt zwischen einer unnötigen Komplizierung und einer unangemessenen Simplifizierung. Die Wahl des geeigneten Mediums wird durch die Komplexität der Aufgabe bestimmt: Je komplexer die Aufgabe ist, desto „reicher" sollte das zu wählende Transfermedium sein und je strukturierter eine Aufgabe, desto „ärmer" das Transfermedium. „Media scope" bezeichnet die Fähigkeit des Mediums, Wissen zu speichern und zu multiplizieren sowie die durch das Medium zeitnahe Erreichbarkeit anderer Akteure mit möglichst geringem Aufwand zu gewährleisten.[688] Dies berücksichtigt jedoch nicht den sozialen

---

[684] Dennis/ Valacich (1999), S. 1
[685] Vgl. Daft et al. (1987), S. 362, Dennis/ Valacich (1999), S. 1
[686] Vgl. Rice/ Shook (1990), S. 198
[687] In Anlehnung an Rice (1992), S. 477 ff. und Picot et al. (2001), S. 112
[688] Vgl. dazu auch Büchel/ Raub (2001), S. 523

Kontext, in dem Sender und Empfänger interagieren. Zur Bestimmung des optimalen Kommunikationsmediums kommt es vielmehr auf die Art des Kooperationsprozesses und dessen Anforderung an die Informationsverarbeitungskapazität eines Mediums an.[689] Somit wird der Wahl unterschiedlicher Transfermedien durch ihre Leistungsfähigkeit zum Austausch von Informationen determiniert („conveyance") und an ihrem Potenzial zur Entwicklung einer gemeinsamen Sicht („convergence") gemessen.

Mehrdeutige Aufgaben („equivocality") sind auf verschiedene Arten zu bewältigen. Sie beinhalten unterschiedliche, teilweise sich widersprechende Interpretationsmöglichkeiten (wie z. B. die Formulierung einer Unternehmensstrategie) und sind durch einfaches Sammeln von Informationen nicht zu lösen. Bei unsicheren Aufgaben („uncertainty") ist der Weg vorgegeben, es fehlen jedoch Lösungsinformationen.

Unter den beiden Prämissen, dass Organisationen Informationen verarbeiten, um Ungewissheit und Mehrdeutigkeit zu verringern und einige Medien für bestimmte Aufgaben geeigneter sind als andere,[690] sollten für die Lösung mehrdeutiger Aufgaben eher reichhaltige Medien eingesetzt werden, für unsichere Aufgaben weniger reichhaltige Medien, die lediglich Informationen bereitstellen.

4.5 Zusammenführung der Interaktionsdimensionen und Modellierung des Interaktionskonstrukts

Unternehmen gehen Interaktionsverhältnisse aus der Motivation heraus ein, zusätzliche Ressourcen zur Generierung von Wettbewerbsvorteilen zu nutzen, Informationsasymmetrien abzubauen und Abhängigkeitsverhältnisse aktiv zu gestalten. Bedingt durch die besonderen Eigenschaften der Ressource Wissen, die in Kapitel 3.5 ausführlich thematisiert wurden, wird ein wissensbasiertes Interaktionsverhältnis durch vielfältige Rahmenbedingungen und Einflussfaktoren determiniert.

Unternehmen, die externes Kundenwissen in die betriebliche Wertschöpfung integrieren wollen, müssen eine Balance zwischen einem angemessenen Partizipationsgrad und der sich daraus ergebenden Interdependenz finden. Die Ressourcenbeschaffenheit bildet dabei eine zusätzliche Limitation: jede Wissensform

---

[689] Vgl. zur Kritik Dennis/ Valacich (1999), S. 3 und die dort vorgestellte „media-synchronicity"-Theorie.

[690] Vgl. Daft/ Lengel (1990), S. 557 f.

erfordert eigene Interaktionsmechanismen. So kann bspw. latentes Wissen nicht ad hoc genutzt werden, da seine Existenz (noch) ungewiss ist oder implizites Wissen nicht durch reinen Datentransfer übertragen werden. Zudem stellt sich die Wahl des Interaktionspartners und die ihm zugedachte Rolle während der Interaktion als erfolgskritisch dar: Aktuelle B2C-Kunden sind eher in der Lage, eine Statusanalyse der momentanen Produkt-Markt-Situation wiederzugeben, während Lead User-Wissen bereits in der Konzeptionsphase der Leistungserstellung eingesetzt werden kann. Der Transfer des Kundenwissens ist zusätzlich auch in starkem Maß von den gewählten Kommunikationskanälen abhängig, die durch ihre mediale Reichhaltigkeit („media richness") den Kommunikationsfluss prägen und den Transfer der verschiedenen Wissensformen in unterschiedlichem Ausmaß begünstigen oder erschweren.

Die in den vorangegangenen Kapiteln identifizierten Dimensionen und Einflussgrößen lassen sich in ein Phasenschema einordnen: Bei einem Wissenstransfer zwischen Unternehmen und Kunden stellen sich die Initiierungsphase, die Wissensflussphase und die Integrationsphase als zentrale Interaktionsabschnitte heraus (siehe Abbildung 16). Die drei Phasen sind dabei nicht trennscharf voneinander abzugrenzen, da ihre Charakteristika untereinander in wechselseitiger Abhängigkeit stehen und zum Teil einander bedingen.

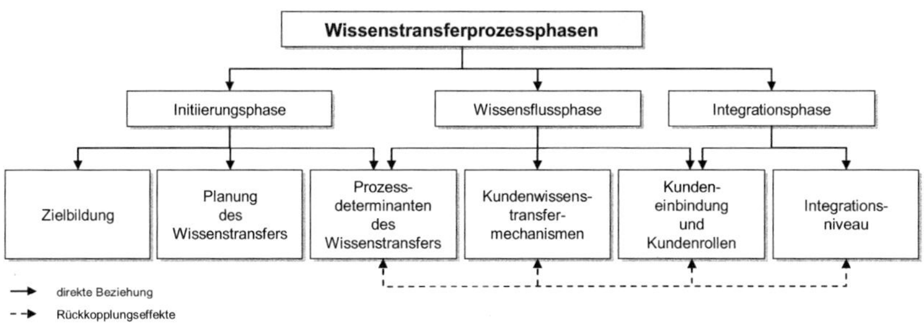

Abbildung 16: Modellierungsebenen des Wissenstransfers

In der *Initiierungsphase* verschafft sich das Unternehmen Klarheit über die grundsätzlichen Ziele der Wissenskooperation und trifft die Vorbereitungen für die Kooperation. Neben einem Verständnis für Ziele und Probleme der Kunden werden die Kundenbedürfnisse und Innovationspotenziale ermittelt.

Bei der Planung des Wissenstransfers sind fünf wesentliche Bereiche zu gestalten: Rahmenbedingungen, Chancen, Risiken und Barrieren, Formen der Kundenintegration, das Kundenverhältnis und die Auswahl der geeigneten Kunden.
Die Rahmenbedingungen umfassen den Kundenprozess (Kundeninformationsprozess, Kundenplanungsprozess, Kundeninteraktionsprozess, Verkaufs- und Abwicklungsprozess, Reklamationsprozess und Projektmanagementprozess) und die Zusammenstellung der geeigneten Kommunikationskanäle bzw. der angemessenen Media Richness.
Unter Chancen, Risiken und Barrieren subsumieren sich formale und qualifizierende Aspekte zur Ermittlung von Erfolgsfaktoren. Dabei sind kritische Pfade zu ermitteln, um Informationspathologien vorzubeugen sowie ressourcenbezogene, interaktions- und prozessbezogene sowie organisationsbezogene Transferbarrieren zu beseitigen.
Kundenwissen lässt sich in wertschöpfungsphasenspezifischer, instrumentaler oder phasenunabhängiger[691] Form in das Unternehmen integrieren. Entscheidend für die Handlungskompetenz des Kunden ist sein Leistungsgrad.
Die Gestaltung des Verhältnisses zum Kunden wird von Macht- und Vertrauensaspekten sowie dem Autonomieverhältnis (Interdependenz- und Delegationsgrad) geprägt. Wesentliche Bestimmungsfaktoren für die Intensität der Integration sind die gewählte Art des Kundenintegrationsprozesses[692] und die Integrationsform[693]. Unabhängige Parameter, wie bspw. die Häufigkeit und die Dauer der Kontakte, die Anzahl der Kooperationspartner[694] und kooperativer Funktionalbereiche auf Hersteller- und Kundenseite moderieren das Verhältnis.
Um die für einen Wissenstransfer geeigneten Kunden auszuwählen, werden die Kunden bewertet und ggf. in Cluster kategorisiert. Wichtige Aspekte für eine Kooperation sind hierbei das Transaktionsvolumen des Kunden, die Interorganisationsform, sein aktuelles Engagement gegenüber dem Unternehmen und die Kundenevidenz.

---

691 Die phasenunabhängige Integration beruht auf der Analyse der Wirkungsstärke des Einbezugs in aktionsbezogene Inputpotenziale des Kunden als Initiator oder Berater, in Gruppenarbeit oder als Teammitglieder.

692 z. B. wertschöpfungsphasenspezifische Formen wie Ideengenerierung oder Prototyptest

693 z. B. Befragung, aktive Integration oder Markteinführung

694 Dies umfasst nicht nur die Anzahl der von der Kundenseite beteiligten Akteure, sondern auch die absolute Anzahl der Kundenunternehmen.

Die *Wissensflussphase* setzt sich aus zwei Teilphasen zusammen: der Festlegung der Prozessdeterminanten des Wissenstransfers und der Wahl der Instrumente zur Kundenwissensermittlung.
Die Rahmenbedingungen für die Parameter des Wissenstransfers werden zu Beginn der Kooperation festgelegt und konkretisieren sich während der Wissensflussphase. Da ein Wissensaustausch zwischen Sender und Empfänger aufgrund unterschiedlicher Kontexte nicht linear geplant werden kann, ergeben sich während dieses Prozesses immer wieder Feedback-Schleifen/ Rückkopplungen und verändern diese Parameter dynamisch. Wissensflüsse finden auf horizontaler Ebene zwischen Akteuren gleicher Wertschöpfungsstufe oder vertikal zwischen Akteuren unterschiedlicher Wertschöpfungsebenen statt. Im Fall der Senderinitiierung kann von einem Push-Transfer, im Fall der Empfängerinitiierung von einem Pull-Transfer gesprochen werden. Über den geplanten Wissensaustausch hinaus treten häufig auch ungeplante, emergente Wissenstransfers auf, die formell oder informell organisiert sind. Diese Transfers können direkt oder indirekt zwischen Individuen, Gruppen, auf organisationaler und interorganisationaler Ebene stattfinden. Besonders beim Austausch impliziter Wissensbestandteile sind direkte Transfers von großer Bedeutung, während der Austausch expliziter Inhalte über direkte oder indirekte Kommunikationsmethoden abgewickelt werden kann.[695] Interaktionsfrequenzen können zwischen einmalig, mehrmalig oder regelmäßig variieren. Die Art in der der Kunde integriert wird, unterscheidet sich hinsichtlich seiner Beteiligung in passive Mitwirkung, aktive Mitentscheidung oder aktive Partizipation.
Der Kunde nimmt bei einem Wissenstransfer verschiedene aufgabenorientierte Rollen ein. Je nach Einbezug in die Wertschöpfungsaktivitäten des Unternehmens agiert er als Co-Designer, Co-Entwickler oder Co-Produzent.

In der *Integrationsphase* wird das Kundenwissen in die organisationale Wissensbasis integriert und institutionalisiert, damit es in Kernkompetenzen überführt werden kann. Darauf aufbauend ermöglichen vertikale deduktive, generative und evolutive Lernprozesse die Ableitung von Innovationen.[696] Regeln und Direktiven oder Routinen dienen zur Interaktionsunterstützung. Zum einen determiniert die Rolle des Kunden hierbei die Art, wie das Unternehmen als Empfänger das Kundenwissen in seine

695 Siehe hierzu auch die Transformationsmechanismen von Nonaka (1991), S. 98 f., Nonaka/ Konno (1998), S. 46 und vgl. zu den Wissenstransformationsebenen und -prozessen ausführlich Kapitel 3.5.3.1

696 Vgl. Zahn/ Richter (1995), S. 310 ff.

Handlungsabläufe einordnet, integriert und anwendet. Zum anderen ist das Integrationsniveau (Integrationsstufe, Integrationspunkt und physische Integration) entscheidend: ob der Kunde direkt oder indirekt integriert werden soll oder an welcher Stelle der Wertschöpfungskette beide Akteure kooperieren. Wird der Kunde außerdem physisch integriert, können nicht nur explizite, sondern auch implizite Inhalte leichter übertragen werden. Während der Kunde bei einer bedarfsorientierten Integration bei der Nutzung – aber nicht zwingend bei der Leistungserstellung – erforderlich ist, ist bei einer informationsbedingten Integration die Leistungserstellung ohne den Kunden nicht möglich.

5. Organisationale und prozessuale Determinanten des Customer Knowledge Managements

Um Wissen zu kreieren und zu speichern, müssen sich Individuen spezialisieren. Das führt dazu, dass bei komplexeren Produkten das Wissen verschiedener Spezialisten kombiniert werden muss. Die Integration dieser großen Spanne von Wissensbasen ist eine immense organisationale Aufgabe, die Probleme der Kooperation und der Koordination aufwirft. Um diese unterschiedlichen Wissensbasen zu vernetzen, werden kollaborative Strukturen geschaffen. Diese intra- und interkollaborativen Strukturen werden als wichtige Maßnahme zur Förderung des organisationalen Lernens und Wissensaustauschs angesehen.[697]
Besonders in strategischen Netzwerken dienen Kooperationen dazu, Aktivitäten entlang der Wertschöpfungskette zu koordinieren.[698] Die Kooperationsaktivitäten sind nicht notwendigerweise auf einzelne Wertschöpfungsstufen oder Funktionalbereiche beschränkt, sondern können sich auf sämtliche Ebenen und Unternehmensbereiche ausweiten. Durch das Eingehen von Kooperationen können sich Unternehmen[699] auf ihre Kernkompetenzen konzentrieren, um ihre Wettbewerbsfähigkeit zu erhöhen.
Der Schlüssel zur Effizienz in der Wissensintegration liegt im Generieren von Koordinationsmechanismen, die die Effizienz in der Wissensgenerierung (erfordert Spezialisierung) mit der Effizienz in der Wissensanwendung (erfordert die Integration vieler verschiedener Typen von Wissen) in Einklang bringen.[700]

In Kapitel 5 werden grundlegende Perspektiven auf die aktionszentrierten Aspekte der Wissenskultivierung dargelegt. Dazu werden in den folgenden Einzelkapiteln zunächst grundlegende Ansätze thematisiert, die sich hinsichtlich ihres Erklärungsansatzes und -beitrags wie folgt systematisieren lassen (vgl. Tabelle 14).

697 Vgl. bspw. Nonaka/ Takeuchi (1997), S. 197 ff. oder Schüppel (1996), S. 206
698 Vgl. Kreikebaum et al. (2002), S. 164
699 In einem engeren Sinn betrifft dies fokale Unternehmen und periphere Akteure.
700 Vgl. Grant (1996b), S. 113 ff.

Erklärungsansatz	Theorieansatz	Beitrag
Rahmenbedingungen wissensbasierter Interaktionen	Systemtheorie	Unternehmensgrenzen und Diffusion
	Interaktionsorientierter Netzwerkansatz	Wirkungszusammenhänge kollaborativer Akteursinteraktionen

Tabelle 14: Erklärungsansätze zur Kultivierung aktionszentrierter Aspekte

5.1 Rahmenbedingungen wissensbasierter Interaktionen

5.1.1 Unternehmensgrenzen und Diffusion – die Systemtheorie

Die Überlebensfähigkeit einer Organisation hängt in wesentlichem Maße von ihrer Fähigkeit ab, den Zufluss an überlebensnotwendigen Ressourcen sicherzustellen. Organisationen als Gefüge aus Ressourcenangebots- und -abnahmeprozessen pflegen aufgrund ihrer Ressourcenabhängigkeit System-Umwelt-Beziehungen. Diese System-Umwelt-Beziehungen sowie die Strukturen und Prozesse zwischen den Elementen sind Hauptuntersuchungsbereich der Systemtheorie.[701]

Ein System wird als „geordnete Gesamtheit von Elementen, zwischen denen bestimmte Beziehungen bestehen oder hergestellt werden können“[702] und als „eine Gesamtheit von in Wechselwirkung stehenden, durch gewisse (quantifizierbare) Merkmale charakterisierte Elemente“[703] verstanden. Diese Systeme – sowie Subsysteme und Teilsysteme – bestehen aus hierarchisch gegliederten Elementen mit vielfältigen Beziehungen; diese weisen typische Eigenschaften und Verhaltensweisen auf, die sie zu anderen Systemen als Ganzheit abgrenzen.[704] Auch Unternehmen sind in hohem Maße durch diese Eigenschaften charakterisiert, sodass sich die Kriterien der Systemtheorie auf die Austauschbeziehungen zwischen einem Unternehmen und seiner Umwelt übertragen lassen.[705]

701 Vgl. Staehle (1999), S. 445
702 Ulrich (1970), S. 105
703 Von Bertalanffy (1949), S. 115 und Forrester (1972), S. 88 f.
704 Vgl. Zahn (1972), S. 14, Luhmann (1987), S. 51 f., Fuchs (1980), Sp, 1618 f., Lehmann (1992), Sp, 1840, Zahn/ Hülsmann (2007), S. 49
705 Vgl. dazu grundlegend Forrester (1966)

Da eine Leistungserstellung ohne Ressourcenzufluss nicht möglich ist, pflegen Unternehmen mit ihrer Umwelt einen *intensiven Austausch* materieller und immaterieller Ressourcen.[706] Zur Sicherstellung eines stetigen Zuflusses von Informationen aus der Umwelt agieren Unternehmen als *offene Systeme*, in die Elemente „von außen" eintreten und aus denen Elemente „nach außen" austreten können[707], wobei die Systemgrenzen nicht eindeutig objektiv bestimmbar sind.[708]

Durch ihre Vielschichtigkeit und Vernetzung weisen Unternehmen eine hohe *Komplexität*[709] auf, die durch funktionale Differenzierung und wechselseitige Abhängigkeit der Interaktionspartner untereinander entsteht. Die Interaktion der Akteure setzt wiederum Kausalketten und Folgeprozesse in Gang. Hieraus entsteht die Notwendigkeit, die Beziehungen zwischen den Akteuren einer *ganzheitlichen Betrachtung*[710] bzgl. der Ursachen und Bedingungen sowie der Konsequenzen zu unterziehen. Innerhalb und außerhalb von Unternehmen bestehen *Wirkungsbeziehungen*[711], die sich nur im Hinblick auf das jeweilige System und die jeweilige Situation formulieren lassen.

Unternehmen bilden darüber hinaus *Subsysteme,* um Komplexität und Ungewissheit zu beherrschen. So passen sich Unternehmen mittels eines modularen Organisationsaufbaus der äußeren Komplexität durch eine reaktiv geschaffene interne Komplexität an und steigern auf diese Art ihre Überlebenschancen.[712] Zur Beherrschung dieser Komplexität und Ungewissheit werden durch motivationale und kognitive Prozesse *symbolische Strukturen*[713] (z. B. eine Unternehmenskultur) herausgebildet. Sie schlagen sich in gemeinsamen Werten, Modellen und Normen als interpersonelle Koordinationsfunktion nieder, grenzen Unternehmen nach außen ab und wirken identitätsbildend.

---

706 Vgl. Schaffitzel (1982), S. 219

707 Vgl. Luhmann (2006), S. 152 ff., Von Bertalanffy (1949), S. 121, Willke (2005), S. 46 f., Zahn et al. (2003a), S. 255

708 Systemgrenzen sind subjektiv bestimmbar. Elemente, Subsysteme oder Teilsysteme können Teilmenge mehrerer Systeme sein. Eine Zuordnung kann bspw. über eine untersuchungszweckabhängige Bestimmung der Interaktionsdichte der im Einzugsbereich stehenden Elemente erfolgen (vgl. Ulrich/ Probst (1991), S. 33).

709 Vgl. Willke (2005), S. 23, Ulrich/ Probst (1991), S. 58, Ulrich (1970), S. 116

710 Vgl. Spencer (1965), S. 142

711 Vgl. Probst (1987), S. 32 f., Wolf (2003), S. 134 f.

712 ASHBY bezeichnet diese Überlebensfähigkeit als „law of requisite variety" (vgl. Ashby (1956), S. 293).

713 Vgl. Willke (2005), S. 155 f.

Die Austauschbeziehungen zwischen einem Unternehmen und seiner Umwelt sind im Zeitablauf einem *Wandel* unterworfen.[714] Eine Veränderung der Austauschbeziehung erfordert eine Modifikation der internen Prozesse.[715] Durch Steuerungs- und Regelungsprozesse (z. B. durch Metafähigkeiten bzw. Flexibilitätspotenziale oder proaktive Handlungsfähigkeit) können Anpassungen erfolgen. So können offene Unternehmenssysteme ein „*Fließgleichgewicht*" erreichen.[716]

Im integrativen Wertschöpfungsprozess besteht eine gegenseitige Abhängigkeit der Elemente Unternehmen und Kunde. Um das auf der Kundenebene gewonnene Wissen dem gesamten Unternehmen zugänglich zu machen, muss es über Kommunikations- und Interaktionsprozesse im Unternehmen verbreitet werden. Dabei diffundiert Wissen durch die Unternehmensgrenzen.[717] Diese Diffusion ist ein Prozess (kein Ereignis), zu Beginn dessen zunächst der Wissenslücken aufgedeckt und ein Bedarf an Kundenwissen konstatiert wird (*Initiierung* des Transferprozesses), bevor es durch geeignete Methoden gewonnen werden kann (*Aneignung*). Innerhalb des Unternehmens kann es anschließend *adaptiert* werden, wobei die *Akzeptanz* des neuen Wissens und seine Integration in Handlungsabläufe zur *Routinisierung* und *Einbettung* in die Wissensbasis beitragen.[718] Durch den Diffusionsprozess kann Kundenwissen nicht nur transformiert und in die organisationale Wissensbasis transferiert werden, sondern auch bestehende Wissensstrukturen gegebenenfalls modifizieren. Ein derartiges Zusammenspiel der beiden Akteure bei Produkterstellung und Absatz bedingt die Zuordnung von Aufgaben und Koordinationsmechanismen.

---

[714] Vgl. Ulrich (1970), S. 110

[715] Vgl. Willke (2005), S. 55 ff.

[716] Vgl. Lehmann (1992), Sp, 1840. Eine ausführliche Darstellung der Stabilität im Zusammenhang mit Störungen findet sich bei Ashby (vgl. Ashby (1974), S. 114 ff.).

[717] Wesentliches Kennzeichen der Diffusion ist, dass die Bewegung von Elementen durch Konzentrationsunterschiede im System hervorgerufen wird; die Elemente wandern (diffundieren) dabei von Orten höherer Konzentration zu solchen niedrigerer Konzentration, bis die Unterschiede ausgeglichen sind.

[718] Siehe hierzu auch den Ansatz von ROGERS zur Diffusion von Innovationen (vgl. Rogers (2003)) sowie Bhola (1967), S. 668, Zaltman et al. (1973) und Davies (1979)

5.1.2 Wirkungszusammenhänge kollaborativer Akteursinteraktionen – der interaktionsorientierte Netzwerkansatz

Interorganisationsbeziehungen werden als die wichtigste Ressource betrachtet, über die Unternehmen verfügen.[719] Der Netzwerkansatz leistet einen Erklärungsbeitrag zu der Frage, warum und wie Akteure interagieren. Nach dem Resource Dependence Ansatz ist jedes Unternehmen aufgrund der begrenzten eigenen Ressourcenbasis von den komplementären Ressourcen anderer Akteure abhängig.[720] Diese wechselseitige Ressourcenabhängigkeit führt zu einem Zusammenspiel der Akteure, bei dem der Informationsaustausch eine zentrale Rolle einnimmt. Da sich die Unternehmensumwelt durch Heterogenität von Unternehmen und Ressourcen auszeichnet, ist es für den Erfolg eines Unternehmens entscheidend, den richtigen Kooperationspartner zu finden. Zudem ist die Gestaltung der Kooperation maßgeblich von den Interaktionspartnern abhängig, die über Machtpotenziale, wie z. B. Wissen, verfügen.[721] Der interaktionsorientierte Netzwerkansatz stellt opportunistisches Verhalten hinten an. Er geht stattdessen von Stewards aus,[722] die enge Beziehungen auf verschiedenen Ebenen pflegen, die durch persönliches Vertrauen und gegenseitiger Sympathie, den Austausch von Prozess- und Innovationswissen sowie langfristige Verträge geprägt sind.[723]

Das *Kooperationspotenzial* einer Netzwerkbeziehung ist von den Eigenschaften des Kooperationsobjektes und den Voraussetzungen einer kollaborativen Beziehung sowie der Nutzenverteilung abhängig. „Ein Kooperationspotenzial ist ein Zustand, in dem zwei oder mehr Unternehmen durch eine kooperative Geschäftsbeziehung, bezogen auf ein definiertes Kooperationsobjekt, einen Nutzen generieren können, der für alle Unternehmen wenigstens einen signifikanten Vorteil beinhaltet, sodass eine Win-Win-Situation hergestellt werden kann."[724]

---

719 Vgl. Håkansson (1987), S. 10
720 Vgl. Johanson/ Mattson (1991), S. 257
721 Vgl. Luhmann (2003), S. 24 ff. Bei Reiß findet sich eine Zusammenfassung der drei Kernprozesse in einem Netzwerk: Austauschprozesse, Integrationsprozesse und Einflussprozesse (vgl. Reiß (1998), S. 225 f.).
722 Siehe hierzu den Stewardship-Ansatz in Kapitel 4.2.1.2
723 Die Auswahl des Partners erfolgt durch einen Vergleich der Unternehmensprofile (Organisationsform, Ressourcen und Kultur) sowie aufgrund von bisherigen Kooperationserfahrungen und der antizipierten Qualität der zukünftigen Beziehung (vgl. Håkansson/ Johanson (1984), S. 10).
724 Schlick/ Killich (2006), S. 155

Der Erfolg der Kooperation und die *Netzwerkposition* werden durch den erfolgreichen Aufbau und die Nachhaltigkeit der Netzwerkbeziehung beeinflusst:[725] je größer die Anzahl und Stärke der Beziehungen sowie die Bedeutung des Unternehmens, desto stärker ist der Einfluss auf Effizienz und Kontrolle des Netzwerkes. *Interdependenzen* äußern sich im Zusammenhalt der Akteure sowie in Machtvorteilen.[726] Der Zusammenhalt beschreibt Unterschiede bezüglich der Abhängigkeiten der Akteure untereinander (Abhängigkeitsasymmetrien in einem dyadischen Austauschverhältnis). Machtvorteile ergeben sich aus der Summe der Abhängigkeiten der Akteure untereinander (gemeinsame Abhängigkeit). Durch die *Interaktionsatmosphäre* wird das Verhältnis von Macht und Abhängigkeit, Konflikt und Kooperation sowie Dichte und Distanz der Kooperationspartner geprägt. Austausch- und Anpassungsprozesse im Zeitverlauf verändern die Beziehungsdynamik und erleichtern die Bildung einer gemeinsamen Sprache und Kultur sowie von Handlungsroutinen.[727] Die *Stabilität* des Kooperationsverhältnisses hängt von der Beziehungsdauer, gemeinsam entwickelten Routinen, Erwartungen und Vertrauen der Netzwerkpartner ab. Die Beziehungsintensität wird durch die zunehmende Dauer der Beziehung verstärkt: „A situation evolves in which 'voice' is better as a conflict-resolution mechanism than 'exit', since exit is not easy or attractive."[728]

Der interaktionsorientierte Netzwerkansatz geht über die Analyse dyadischer Beziehungen hinaus und versucht die komplexen und interdependenten Sach- und Wirkungszusammenhänge ganzheitlich zu erfassen. Durch den evolutionären, auf kooperativem Handeln oder Machtausübung basierenden Prozesscharakter dieses Ansatzes wird die Entwicklung unternehmensübergreifender Beziehungen hervorgehoben. Netzwerke sind einerseits das Ergebnis von Interaktionen und werden andererseits von Interaktionen begrenzt.[729]

---

725 Vgl. Johanson/ Mattson (1991), S. 257 f.
726 Vgl. Gulati/ Sytch (2007), S. 32 sowie ausführlich Emerson (1962) und French/ Raven (1959)
727 Vgl. Håkansson (1987), S. 30
728 Johanson/ Mattson (1991), S. 259
729 Vgl. Sydow (1995), S. 217

5.2 Zusammenfassung der aktionszentrierten Betrachtungen zur Kultivierung von Kundenwissen

Um die dynamischen und komplexen Strukturen von Unternehmen und Kooperationsbeziehungen zu erklären, wurden Theorien zur näheren Betrachtung prozessbezogener und organisatorischer Aspekte untersucht. Im Folgenden werden diese Theorien kurz zusammengefasst und auf ihre zentralen Aussagen zur Kultivierung von Kundenwissen reduziert.

Aus der Systemtheorie ließ sich entnehmen, dass Unternehmen offene Systeme mit nicht eindeutig definierten Grenzen sind, die Austauschbeziehungen mit ihrer Umwelt pflegen. Soll Kundenwissen in die Wissensbasis des Unternehmens integriert werden, muss die extern angesiedelte Ressource durch die äußeren Grenzen des Unternehmens diffundieren. Für einen erfolgreichen Wissenstransfer müssen Unternehmen und Kunden ihre Strukturen demnach aufeinander abstimmen. Auch die Harmonisierung der Kulturen wirkt sich fördernd auf die Kooperationsbeziehung aus.

Im Anschluss wurde der interaktionsorientierte Netzwerkansatz untersucht. Er zeigt, dass Unternehmen in ein Netzwerk von Marktteilnehmern eingebettet sind, zwischen denen vielfältige Wirkungszusammenhänge bestehen. Zudem forcieren die engen Bindungen zwischen den Netzwerkteilnehmern die Bildung von Vertrauen, was wiederum den Kooperationserfolg – und damit die Effektivität und die Effizienz des Wissenstransfers zwischen Unternehmen und Kunde – erhöht und das Netzwerk für weitere potenzielle Teilnehmer attraktiv macht.

Die Erkenntnisse aus den beiden theoretischen Betrachtungen bilden die Basis für das weitere Vorgehen. Im folgenden Kapitel werden die oben gezogenen Schlüsse weiter ausgeführt und in Unternehmens- und Interaktionsprozesse integriert.

5.3 Organisationale Determinanten der Prozessmodellierung

„Knowledge management is the process of creating, capturing, and using knowledge to enhance organisational performance."[730]

Unternehmen setzen das Wissensmanagement nicht nur zur Unterstützung und zielorientierten Beeinflussung organisationaler Prozesse ein, sondern auch als System

---

[730] Bassie (1997), S. 25

zur Konkretisierung des organisationalen Lernens. Wissensprozesse haben zum einen Instrumentalcharakter, da sie Wissen für die organisationalen (Lern-)Prozesse zur Verfügung stellen.[731] Zum anderen forcieren sie Differenzierungsaktivitäten im Wettbewerb mit anderen Unternehmen.[732] Das gezielte Management von Wissen wird somit zu einer zentralen Herausforderung für Unternehmen. Es umfasst den Aufbau von Wissensstrukturen, den Ablauf von Wissensprozessen sowie Lernaspekte und Nachhaltigkeitsbetrachtungen.

5.3.1 Management-Zyklus des Wissens

In der Literatur finden sich zahlreiche Aufgliederungen von Wissensprozessen, die im Wesentlichen aus den Kernprozessen Wissensgenerierung und Wissenstransfer bestehen.[733] Nach differenzierten Modellen lassen sich Wissensprozesse

- netzwerkbezogen in „knowledge creation", „knowledge acquisition", „knowledge identification", „knowledge outflow", „knowledge transmission" und „knowledge inflow" unterscheiden[734],
- systemisch-integrativ zur Unterstützung organisationaler Lernprozesse gestalten,[735]
- in einem Kernkompetenzenmodell zur Produktion und Diffusion von Wissen aggregieren,[736]
- als Basis zur Beherrschung komplexer Wandlungsprozesse nutzen[737] oder
- als Management-Kreislauf der Wissensaktivitäten interpretieren[738].

---

[731] Vgl. Probst et al. (1999), S. 47, Bontis et al. S. 392

[732] Vgl. Zahn (1996b), S. 13 f., Zahn et al. (1998), S. 15 f., Al-Laham (2003), S. 9

[733] Der Wissenstransfer umfasst den Verteilungs- und Nutzungsprozess im weiteren Sinne (vgl. Holtshouse (1998), S. 278, Von Krogh et al. (2001), S. 426).

[734] Vgl. Gupta/ Govindarajan (2000)

[735] Vgl. Pawlowsky (1994), S. 311 f. und Pawlowsky/ Reinhardt (2002), S. 2 ff. Zu dem Kreislauf des organisationalen Lernens gehören die Phasen Identifikation und Generierung, Diffusion, Integration und Modifikation sowie Aktion und Nutzung.

[736] Vgl. Leonard-Barton (1995). Das Kernkompetenzenmodell wird von LEONARD-BARTON um ein komplementäres Prozessmodell der „Aktivitäten zur Behinderung von Wissen" ergänzt, in dessen Mittelpunkt so genannte „Kernrigiditäten" stehen. Zur umfassenden Thematisierung zum Komplex der defensiven Strukturierung („organizational defenses") der Organisation vgl. Argyris (1990) und Argyris (1999), S. 174 ff.

[737] Vgl. Schüppel (1996), S. 192 ff. Die vier Akte zum Wissensmanagement umfassen: Rekonstruktion der Wissensbasis, Analyse der Lernprozesse, Identifizierung der Wissens- und Lernbarrieren und Gestaltung des Wissensmanagements.

[738] Vgl. Probst et al. (2003), S. 28 ff.

PROBST/ RAUB/ ROMHARDT folgen einer pragmatischen Vorgehensweise, wie sie in dem Konzept der Bausteine des Wissensmanagements systematisch dargestellt wird.[739] Das Modell dient zur detaillierten Rasterung und Benennung einzelner Wissensprozesse im Unternehmen. Der von den Autoren vorgestellte Wissenszyklus besteht aus sechs formal zusammenhängenden Kernprozessen: Wissensidentifikation, Wissenserwerb, Wissensentwicklung, Wissens(ver)teilung, Wissensnutzung und Wissensbewahrung. Diese Kernprozesse sind als vorwiegend operative Aktivitäten in zyklischer Abfolge zu verstehen, die aber gegenseitig vernetzt sind.[740] Der Transfer zwischen Individuen erfolgt entweder direkt durch personale Kommunikation oder mithilfe technologiegestützter Methoden und Medien, die zur raum-zeitlichen Überbrückung von Distanzen dienen. Durch den Austausch wird das vorhandene Wissen multipliziert und führt zu einem größeren Nutzen, als wenn das Wissen an dem Punkt wo es entstanden ist, verbleibt.[741]
Die strategische Verankerung des Wissensmanagements erfolgt durch die Bausteine Wissensbewertung und Wissensziele, die eine Orientierung an den Unternehmenszielen gewährleisten sollen.[742]

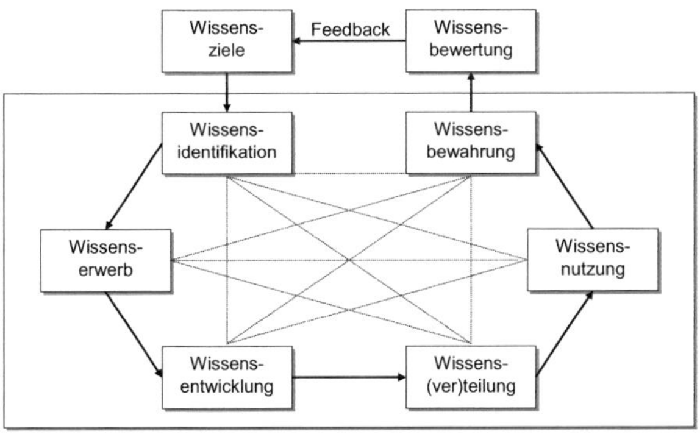

Abbildung 17: Bausteine des Wissensmanagements[743]

Ein Kritikpunkt an diesem Modell der Wissensbausteine orientiert sich weitgehend an seiner Praxisausrichtung: eine theoretische Fundierung der einzelnen Bausteine und

---

[739] Vgl. Probst et al. (2003), S. 141 f.
[740] Vgl. Romhardt (1998); S. 76 ff.
[741] Vgl. Armistead/ Meakins (2002), S. 55
[742] Vgl. Probst et al. (2003), S. 27
[743] In Anlehnung an Probst et al. (2003), S. 32

ihrer Anordnung ist nicht vorhanden. In komplizierteren und komplexeren Kontexten entspricht die forcierte Simplifizierung des Wissensprozesses darüber hinaus nicht der Realität und verringert damit den Nutzen.[744] Weitere Kritikpunkte betreffen die stringente Ablauforientierung der einzelnen Teilprozesse. Wissenserwerb und Wissensentwicklung sind zwei parallel ablaufende Prozesse, die sich aus der Identifikation des vorhandenen Wissens und von Wissenslücken und daraus resultierend dem Bestreben zur Schließung dieser Lücke ergeben. Dem sequenziell anschließenden Prozess der Wissens(ver)teilung muss die Bewahrung der Ressource vorausgehen, da sonst keine explizierenden Maßnahmen getroffen werden können. Somit rückt die (Ver)teilung des Wissens in den Mittelpunkt des Modells. Ziel des gesamten Wissensmanagements ist die Wissensnutzung. Hier lassen sich der operative Gebrauch sowie die strategische Verwertung unterscheiden. Aufbauend auf diesen Kritikpunkten des Bausteinmodells entwirft BRETTNER einen modifizierten Regelkreislauf des Wissensmanagements (siehe Abbildung 18).

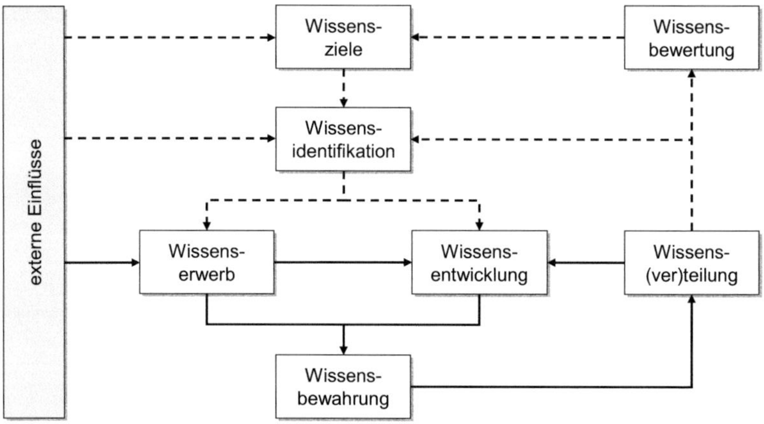

Abbildung 18: Modifiziertes Regelkreismodell des Wissensmanagements[745]

Der Einfluss externer Faktoren wird im modifizierten Modell stärker. Kundenwissen und Kundenkompetenzen als Ressourcen der Kunden auf der Marktgegenseite von Unternehmen stellen aus Unternehmenssicht externe Ressourcen dar. Werden Unternehmen als reale, offene, dynamische, komplexe, autonome, marktgerichtet

[744] Vgl. Willke (2001), S.82 f.
[745] In Anlehnung an Brettner (2001), S. 37

produktive, sozio-technische Systeme aufgefasst,[746] die sich durch eine spezifische Fremdbedarfsdeckungsfunktion auszeichnen,[747] lassen sich Wissensakquisitionsprozesse von Unternehmen als existenznotwendige Austauschbeziehungen mit dem Umfeld bzw. den Kunden interpretieren. Die Schnittstelle, an der Kundenwissen evident wird und durch die Systemgrenzen des Unternehmens diffundiert ist nicht trennscharf auf einen singulären Prozess – den Wissenserwerb – festgelegt: Bereits bei der Definition der Wissensziele (Veränderungsbedürfnis) und der Wissensidentifikation (Integrationspotenziale) müssen künftige Interaktionen des Unternehmens im Voraus geplant werden und der Integrationsgrad bestimmt werden.

5.3.2 Charakteristika von Integrationsprozessen bei Wissenskooperationen

Unternehmen gehen Kooperationen ein, um durch die Interaktion mit dem Partner die Wissensbasis zu erweitern. Sie agieren damit nicht in Isolation, sondern suchen kontinuierlich nach Potenzialen, Quellen und bauen Netzwerkbeziehungen auf, um ihre Ziele zu erreichen.[748] Eine Kundenintegration findet immer auf der Informationsebene statt.[749] Die Kombination von Aufgaben und dem damit korrespondierenden Unternehmens- und Kundenwissen ermöglicht es Unternehmen, den potenziellen Wert des Wissens zu realisieren, indem sie Fähigkeiten aufbauen, die Basis für Wettbewerbserfolge sein können. Wird Wissen nicht in entsprechende Aufgaben integriert, bleibt es kurzfristig wertlos.[750] Es lassen sich drei Kombinationsmöglichkeiten von Wissen und Aufgaben unterscheiden: Wissen, das vom Wissensträger selbst für sich ihm stellende Aufgaben genutzt wird, Wissen, das innerhalb des Unternehmens für andere, dem Wissensträger fremde Aufgaben eingesetzt wird und Wissen, das von anderen Mitarbeitern für ähnliche oder gleiche Aufgaben wie die des Wissensträgers genutzt wird.[751]

---

[746] Vgl. Ulrich (1970), S. 134, Thommen/ Achleitner (1998), S. 39 f.
[747] Vgl. Kosiol (1973), S. 301
[748] Vgl. Batt/ Purchase (2004), S. 169
[749] Vgl. Piller/ Müller (2003), S. 58
[750] Vgl. Von Krogh/ Roos (1995), S. 62, Slater/ Narver (1995), S. 65, Von Krogh et al. (2001), S. 425
[751] Vgl. Weitz (1981), S. 92, Von Krogh et al. (2001), S. 430

5.3.2.1 Ein- und mehrstufige Integrationsprozesse

Mit dem Einbezug des Kunden in die betriebliche Leistungserstellung findet eine Integration externer Faktoren statt.[752] Die aus den externen Faktoren resultierenden Leistungspotenziale werden in den Leistungserstellungsprozess eingebracht und gelangen nur zeitlich begrenzt in den Verfügungsbereich des Anbieters, der weder Eigentumsrechte an ihnen erwirbt[753] noch eine autonome Disposition ausüben kann.[754]

		Zeitbezug	
		statisch	dynamisch
Disposition	autonom	Leistungspotenzial	Potenzialgestaltung
	integrativ	Leistungsergebnis	Leistungserstellungsprozess

Tabelle 15: Leistungsdimensionen in Abhängigkeit des Dispositionsspielraums[755]

Bei der Integration immaterieller Faktoren kommt der Absorptionsfähigkeit von Unternehmen und dem individuellen und organisationalen Lernen eine besondere Bedeutung zu: für den Zeitraum der Kooperation befinden sich diese Ressourcen im Machtbereich des Anbieters. Der Anbieter dominiert dabei das Beziehungsverhältnis, ermöglicht eine Partizipation und kann somit die Ressourcenaustauschintensität und -häufigkeit beeinflussen. Die aufgenommenen Ressourcen können durch den Einsatz von Meta-Fähigkeiten („dynamic capabilities“) flexibel mit bestehenden Fähigkeiten ergänzt, in Routinen integriert und zur Kompetenzerweiterung genutzt werden.[756]

Bei einstufiger Kundenintegration erfolgt eine Integration der externen Faktoren in die Leistungserstellung mit einem Anbieter einer im Wertsystem direkt vorgelagerten

752 Vgl. Engelhardt (1989), S. 280, Jacob (1995), S. 33, Schnäbele (1997), S. 26 ff.

753 Vgl. Engelhardt et al. (1993), S. 401

754 Vgl. Hildebrand (1997), S. 33, Oppermann (1998), S. 27, Fließ (2001), S. 83 f. Zu den externen Faktoren werden, Personen, Objekte, Rechte und Informationen gezählt (vgl. Maleri (1973), S. 78, Corsten (1985), S. 128 f., Corsten (1990), S. 92, Rosada (1990), S. 15, Maleri (1991), S. 108, Kleinaltenkamp/ Haase (1999), S. 168). SEIDENBERG übt Kritik an dieser Sichtweise der wechselseitigen Integration, indem er auf die betrachterabhängige „Janusköpfigkeit“ des externen bzw. internen Faktors hinweist (vgl. Seidenberg (2003), S. 24 ff.).

755 Zu den Analysedimensionen der Leistungslehre zur Beschreibung betrieblicher Leistungsprozesse vgl. ausführlich Trommen (2003), S. 44 ff. und die dort angegebene Literatur.

756 Hierbei werden vor allem die statischen (Koordination und Integration), dynamischen (Lernen) und transformativen (Rekonfiguration) Effekte dynamischer Fähigkeiten genutzt (vgl. Teece et al. (1997), S. 518 ff.).

Wertschöpfungsstufe.[757] Dabei werden die externen Faktoren nur einem einzigen Abnehmer zur Verfügung gestellt, der in die Dispositionssphäre des direkten Anbieters eingreift. Bei mehrstufiger Integration werden externe Faktoren nicht nur dem Abnehmer der direkt vorgelagerten Wertschöpfungsstufe zur Verfügung gestellt, sondern auch in noch weiter vorgelagerte Stufen, die zu dessen Problemlösung beitragen.[758] Dadurch steigt der Einfluss des Kunden, während das Anbieterunternehmen Autonomie abgeben muss.[759]

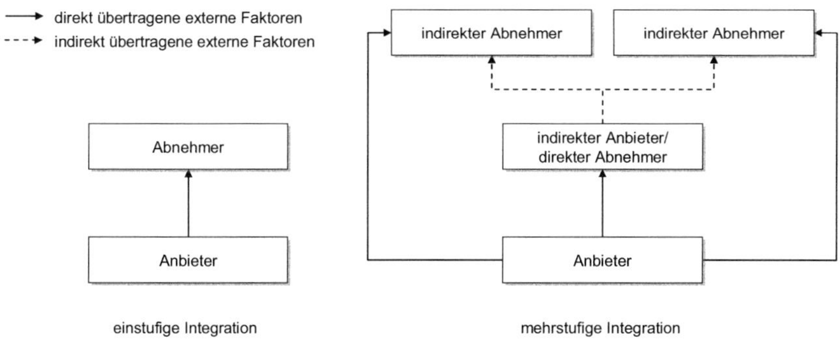

Abbildung 19: Ein- und mehrstufige Integration zwischen Anbieter- und Abnehmerunternehmen

Dieses Konzept lässt sich auf die Integration von Kundenwissen bei B2B- und B2C-Kooperationen übertragen.[760] Im ersten Fall übermittelt ein in der Wertschöpfungsstufe nachgelagertes Kundenunternehmen direkt Wissen an das Herstellerunternehmen. Dieses Wissen resultiert aus eigenen Quellen und Erfahrungen. In diesem dyadischen Verhältnis kommen bilaterale Integrationsmechanismen zum Tragen. Es besteht ein Kooperationsverhältnis in Form der klassischen einfachen Prinzipal-Agenten-Situation. Im zweiten Fall übermittelt das in der Wertschöpfungsstufe nachgelagerte Kundenunternehmen Wissen an das Herstellerunternehmen, das es aus eigenen Quellen und Erfahrungen sowie von den eigenen (End-)Kunden bezieht. Hierbei verschiebt sich der Fokus des Ressourcenbesitzes von einem unmittelbaren auf ein mittelbares Besitztum, da das Unternehmen direkter Abnehmer und indirekter

757 Vgl. Trommen (2003), S. 21
758 Vgl. Trommen (2003), S. 21
759 Vgl. dazu bspw. Fites (1996), Beitz (1996), Goldsmith et al. (1998), Thomke/ Von Hippel (2002), Rüdiger (2002), Morgan/ Rao (2003), Gassmann et al. (2005)
760 Vgl. dazu die Kundenarten in Kapitel 4.4.2.2

Anbieter ist. Der Anbieter als Endkunde kann jedoch Wissen direkt an den bzw. die Hersteller übermitteln.

5.3.2.2 Integrationsprozesse in der Vor- und Endkombination

Nur ganzheitlich optimierte, vorwärts- und rückwärts integrierende strategische Netzwerke, in denen die Schnittstellenproblematik gelöst ist, bieten Erfolgspotenziale.[761] Um Synergien zu schaffen, müssen die Arbeitsteilung in der Wertschöpfungskette und alle wesentlichen Leistungsstrukturen koordiniert werden. Um Synergieeffekte zu erzielen, sind eine ganzheitliche Betrachtung und eine Einordnung der Aktivitäten in die vernetzte Wertschöpfungskette erforderlich. Die Kooperation mit dem Kunden dient Herstellern als kontinuierliche Entwicklung synergieorientierter Geschäftssysteme. Der gemeinsame Wertschöpfungsprozess gestaltet sich dabei auf zwei Ebenen: der Vor- und der Endkombination.[762]

In der *Vorkombination* generiert der Hersteller sein Leistungspotenzial, in dem er interne Produktionsfaktoren autonom beschafft, kombiniert und so Potenzialbündel generiert. Dieser Prozess findet gewöhnlich noch ohne Integration des externen Faktors statt.[763] Er stellt durch seine Bereitstellung jedoch bereits ein Kooperationspotenzial für die Integration externer Akteure dar. Insbesondere bei B2B-Kooperationen wird in der Regel der gleiche Vorbereitungsprozess durch das Kundenunternehmen veranlasst. Bei B2C-Kooperationspartnern, die bspw. nicht über die nötigen Kompetenzen oder Potenzialfaktoren als „Rüstzeug“ verfügen, wird die Vorkombination der Faktoren häufig stärker vom erwarteten Nutzen abhängig gemacht.

Der eigentliche Leistungserstellungsprozess auf der zweiten Ebene (*Endkombination*) umfasst die Konfiguration und Fertigung der Leistung unter Einbezug des Kunden: Beide Akteure aktivieren ihre in autonomer Vorkombination bereitgestellten Potenziale und bringen sie in den Leistungserstellungsprozess[764] ein.

---

761 Vgl. Beyer (2007), S. 4

762 Vgl. hierzu bspw. Reichwald/ Piller (2002) und Seidenberg (2003)

763 Vgl. Jacob (1995), S. 51, Kleinaltenkamp (1997b), S. 90, Corsten (2001), S. 139, Fließ (2001), S. 35

764 ENGELHARDT ET AL. weisen auf die Missverständlichkeit dieses Begriffs hin, da bereits in der Vorkombination Leistungen erstellt werden und das Endergebnis nicht zwingend eine Marktleistung zu sein braucht (vgl. Engelhardt et al. (1993), S. 398).

Die Interaktion der Akteure kann einstufig oder zweistufig erfolgen.[765] Bei einstufiger Interaktion entsteht ein Leistungsergebnis, das unmittelbar als Marktleistung genutzt werden kann. Hierbei sind die Rollenverhältnisse der Arbeitsteilung klar definiert und das gewünschte Leistungsergebnis ist (hinreichend) genau spezifiziert. Bei mehrstufiger Integration wird zunächst eine informationelle Zwischenleistung erstellt, die beide Akteure integrieren und mit ihrem internen Potenzial autonom kombinieren und damit ihr Potenzial auch rekonfigurieren können. Das iterativ so veränderbare (Ausgangs-)Potenzial kann durch eine Abfolge solcher Elementarzyklen aus Vor- und Endkombinationen als Wissensintegrations- und Lernprozess angesehen werden, da jedes autonom erzeugte Zwischenprodukt sich steuernd auf andere autonome Prozesse der folgenden Stufe auswirkt.

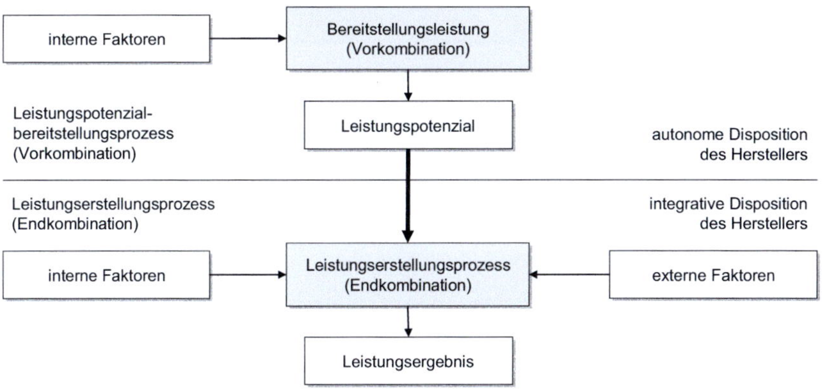

Abbildung 20: Integration externer Faktoren in den Prozess der Leistungserstellung[766]

Eine integrativ erstellte Leistung kann dazu bestimmt sein, in den Verfügungsbereich des Herstellers als auch in den Verfügungsbereich des Kunden überzugehen, wobei beide die erstellte Leistung als internen Faktor nutzen können. Gelangt die Leistung nur in den Verfügungsbereich des Herstellers, so ist dieser meist darauf angewiesen, dem Kunden Anreize zu einer Kooperation zu bieten. Gelangt die Leistung jedoch nur in den Verfügungsbereich des Kunden, liegt der Fall einer klassischen integrativen Leistungserstellung für den Marktaustausch vor.

[765] Vgl. Seidenberg (2003), S. 16 ff.
[766] In Anlehnung an Hildebrand (1997), S. 33, Piller (2003), S. 179

Durch die Verschmelzung der Wertschöpfungsprozesse von Kunde und Herstellerunternehmen wandelt sich die Rolle des Kunden zum integrativen Partner, dem Co-Produzenten.[767] Ziel der Kundenintegration bzw. Kundenkooperation ist es, das in der organisationalen Wissensbasis vorhandene Wissen mit dem Wissen des Kunden zu kombinieren und somit Innovationen zu generieren. Dazu ist der Kunde in jede maßgebliche Wertschöpfungsstufe des Unternehmens zu integrieren.

5.3.2.3 Kundenrollen und -aktivitäten in der Wertschöpfungskette und funktionale Kundenintegrationspunkte

Gegenstand der Kundenintegration ist eine Interaktion zwischen Unternehmen und Kunde im Leistungserstellungsprozess.[768] Mit steigendem Integrationsgrad des Kunden in die Wertaktivitäten wandelt sich die Rolle des Kunden vom Wertschöpfungsempfänger zum Wertschöpfungspartner.[769] Als Ergebnis der Verschmelzung der Wertschöpfungsprozesse wird der Kunde zum *Co-Produzenten*[770] oder „Prosumer“[771]. Gerade in B2B-Kooperationen geht die Kundenmitwirkung häufig über die Weitergabe von Individualisierungsinformationen hinaus, zu einer Mitarbeit bei der Realisierung der Problemlösung.[772] Beispiele dafür sind *Mitarbeiterentsendung*[773] und der Austausch von Kundenwissen („Wissen des Kunden“ und „Wissen für den Kunden“) während der Produktion.

---

767 Wirkt der Kunde nur bei der Produktkonfiguration und -definition mit, dann ist er als Co-Designer oder Prosumer zu bezeichnen (vgl. dazu Toffler (1980), S. 272 ff. und Normann (1991), S. 79 ff.). Wirkt er bereits bei der Realisierung der Problemlösung mit, dann agiert er als Co-Produzent (vgl. Jacob (1995), Kleinaltenkamp/ Marra (1995)). Weitere Unterscheidungen finden sich bei Lehmann (1998), S. 20 (zu Kundenfunktionen) und Meyer/ Blümelhuber (1997), S. 66 f. und Gouthier/ Schmidt (2001), S. 225 f. (zu Kundenrollen).

768 Vgl. Piller/ Müller (2003), S. 58. Siehe auch die Untersuchung von ROTERING zu den Vor- und Nachteilen einer Forschungs- und Entwicklungskooperation (vgl. Rotering (1990), S. 86).

769 Vgl. Reichwald/ Piller (2002), S. 28

770 Vgl. zu dieser Entwicklung z. B. Prahalad/ Ramaswamy (2000), S. 80 und ausführlich Davidow/ Malone (1992)

771 Vgl. Toffler (1980), S. 274 f.

772 Vgl. Hildebrand (1997), S. 147 ff., Kleinaltenkamp/ Jacob (1998), S. 241, Jacob (2003), S. 83 f.

773 Bei der Mitarbeiterentsendung werden Mitarbeiter des Herstellerunternehmens ins Anbieterunternehmen und auch umgekehrt entsandt. Durch die personelle Integration wird ein umfassender Know-how-Austausch gewährleistet (vgl. Herstatt (1991), S. 97 ff., Odenthal/ Wissel (2002), S. 234).

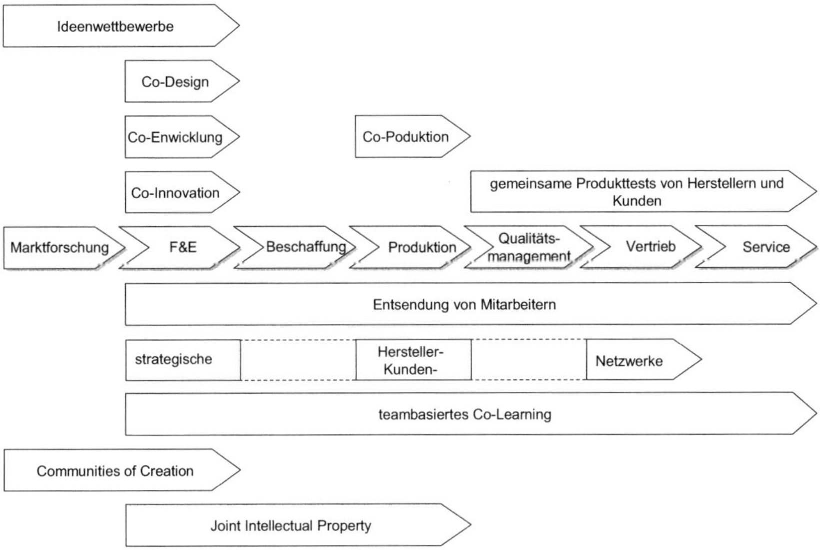

Abbildung 21: Kundenrollen in der Wertschöpfungskette des Unternehmens

Wirkt der Kunde nur bei der Produktkonfiguration und -definition mit und ist weniger in die eigentliche Leistungserstellung integriert, so wird er zum *Co-Designer*.[774] Als *Co-Entwickler* hilft er bei der Überführung von Forschungs- und Lernergebnissen zur Produktionsreife.[775] Diese Aufgabe umfasst die Neu- und Weiterentwicklung sowie die Erprobung von Produkten und Leistungen.[776] Innovationen beginnen meist mit der Wahrnehmung eines Ungleichgewichts zwischen den Zielen und der aktuellen Leistung einer Organisation, eines „performance gaps".[777] Durch die Integration von Kundenwissen können anwenderorientierte Innovationen generiert werden: Der Kunde wird zum *Ideenlieferanten*[778] oder zum *Co-Innovator*,[779] wobei das Hersteller-

---

774 Vgl. Von Hippel (1998), Piller (2003)
775 Vgl. Schweitzer (1994), S. 629 f.
776 Vgl. Kern (1992), S. 104
777 Vgl. Zaltman et al. (1973), S. 55
778 REICHWALD ET AL. betonen in diesem Zusammenhang die aktive Rolle des Kunden bei Ideenwettbewerben. Ideenwettbewerbe zielen nicht nur auf die Generierung von Input für die frühen Phasen des Innovationsprozesses ab, sondern fördern auch Kreativleistungen durch den Wettbewerb zwischen verschiedenen Nutzern (vgl. Reichwald et al. (2007), S. 145).
779 Vgl. Schrage (2006), S. 3 f., Brockhoff (1999), S. 37. Eine Konkretisierung stellt die Generierung gemeinsamer Innovationen von Unternehmen und Lead Usern dar. Dieses Konzept steht in engem Zusammenhang mit dem Lead-User-Ansatz und der Idee des Kunden als Co-Entwickler und Co-Designer. Durch die Co-Innovation wird ein maximaler Nutzen durch neue Ideen angestrebt (vgl. Gibbert et al. (2002), S. 465 f.).

unternehmen interne Ressourcen zur gemeinsamen Nutzung externalisiert. *Gemeinsame Produkttests* eröffnen eine weitere Zugangsmöglichkeit zu Kundenwissen[780]: Kunde und Hersteller sammeln gemeinsam Erfahrungen mit den Unternehmensleistungen und tauschen diese Erfahrungen aus: Hierbei wird nicht nur das gegenseitige Vertrauen gefördert, sondern die Partner erhalten auch die Möglichkeit, neuartige Produktaspekte wahrzunehmen, die erst durch die Kombination von Anwender- und Herstellerwissen offenbart werden.[781]

Durch Kooperationen entstehen umfangreiche Netzwerke von Unternehmensbeziehungen, die durch enge Zusammenarbeit und Aufgabenteilung bestimmt sind.[782] Diese Netzwerke können situativ und dynamisch aktiviert, auf- und ausgebaut werden. Langfristig angelegte *strategische Netzwerke* bilden einen gemeinsamen Ressourcenpool und bieten den Netzwerkpartnern Zugang zum Know-how und den (Kern-)Kompetenzen des Partners. Darüber hinaus profitieren die Partner von den Kosten- und Zeitvorteilen, die sich durch das Netzwerk in der Regel ergeben.[783]

Teambasiertes Co-Learning, Communities of Creation und Joint Intellectual Property stellen hoch interaktive Plattformen der Kundenintegration dar. Das *teambasierte Co-Learning* ermöglicht Lernen in einem Multiagentensystem[784] und beeinflusst dadurch Organisationsstrukturen und Wertsysteme. Durch wechselseitige Interaktionen bietet diese Kooperationsform Zugang zu komplementären Ressourcenpools[785] und dient der Schaffung von Sozialkapital.[786] Ähnlich wie Communities of Practice, zeichnen sich *Communities of Creation* dadurch aus, dass ihre Akteure über einen langen Zeitabschnitt kooperieren, ein gemeinsames Ziel verfolgen und gemeinsam Wissen generieren und teilen möchten.[787] Anders als die traditionellen Communities of Practice jedoch, überspannen Communities of Creation organisatorische, anstatt funktionale Grenzen, um gemeinsames Wissen und Wert zu generieren. Communities of Creation erfordern intensive Interaktionen zwischen Herstellern und

---

[780] Vgl. Herstatt (1991), S. 91 ff.
[781] Vgl. Prahalad/ Ramaswamy (2000), S. 81
[782] Vgl. Brockhoff (1999), S. 62
[783] Vgl. Meyer (1996), S. 222 ff. und zum Wissenstransfer in verschiedenen Organisationskonstellationen Kapitel 5.3.3.1
[784] Vgl. Sen/ Weiss (1999), S. 260 und zur Agentendiskussion Kapitel 4.2.1
[785] Vgl. Rajan/ Zingales (1998), S. 388 f.
[786] Vgl. Gibbert et al. (2002), S. 465 f.
[787] Vgl. Gibbert et al. (2002), S. 466

Kunden, aber auch der Kunden untereinander,[788] bei denen vor allem implizites Wissen erschlossen werden soll. Sie kombinieren die Vorteile von Wissensgemeinschaften[789] und gemeinsamer Produktentwicklung. Die intensivste Kundenintegration bildet *Joint Intellectual Property*. Dieser Interaktionstypus basiert darauf, dass eine Organisation dem Kunden „gehört" und in Kooperation zukünftige Geschäfte geplant und entwickelt werden: „being in business for and because of their customers".[790] Wissen wird gemeinsam „besessen" und kontinuierlich kooperativ entwickelt, statt „co-produziert".

5.3.2.4. Prozessevidenz und Routinisierung der Akteure

Ein wesentlicher Faktor des Wissenstransfers mittels Kundenintegration ist die Prozessevidenz der beteiligten Parteien. Oft herrscht weder beim Sender noch beim Empfänger vollständige Klarheit darüber, welches Wissen fehlt oder welche Information geliefert werden soll. Im gemeinsamen Leistungserstellungsprozess des Unternehmens mit dem Kunden kommt dazu noch die Schwierigkeit, dass der Kunde häufig nicht weiß, welche Leistung er benötigt.[791] Wenn der Kunde seinen eigenen Leistungsbeitrag zwar kennt, jedoch seine Bedeutung für die Qualität des Leistungsergebnisses unterschätzt, kann dies ebenfalls zu zeitlichen Verzögerungen führen. Die Ursache solcher „misfits" wird von FLIEß in mangelnder Prozessevidenz gesehen, die auf Willens- und Fähigkeitsbarrieren beruht.[792] Sie manifestiert sich in mangelndem Prozessbewusstsein und mangelnder Prozesstransparenz.[793]

Fehlt dem Kunden das *Prozessbewusstsein*, so ist es nicht offensichtlich für ihn, dass seine Beiträge den Leistungserstellungsprozess beschleunigen oder verzögern können oder die Qualität seiner Leistungsbeiträge die Qualität des Leistungsergebnisses mitbestimmt. Dieses mangelnde Problembewusstsein ist auf ein fehlendes

---

788 Vgl. Sawhney/ Prandelli (2000), S. 24, Wikström (1995), S. 6 f.

789 Eine Wissensgemeinschaft bezeichnet eine Gemeinschaft von Personen, die interorganisational Wissen austauschen bzw. entwickeln und sich bei Aufgaben oder Prozessen gemeinsamen Interesses gegenseitig unterstützen. Sie basieren auf sozialer Interaktion und gegenseitiger Information (vgl. Mohr et al. (2002), S. 550 f.).

790 Gibbert et al. (2002), S. 466 und vgl. dazu auch Leibold et al. (2005), S. 284 f.

791 VON HIPPEL weist darauf hin, dass die Generierung kundengerechter Produkte in der Regel eher vom Hersteller ausgeht: „The generation of consumer-product ideas is usually 'manufacturer-active' (i.e., the manufacturer plays the active role), rather than 'customer-active'" (Von Hippel (1978b), S. 39, Hervorhebung im Original).

792 Vgl. hierzu und im Folgenden Fließ (1996), S. 92 ff. sowie Reckenfelderbäumer/ Busse (2005), S. 161

793 Vgl. zur Aufsplittung der Prozessevidenz und der Prozesstransparenz Fließ (2001), S. 68 ff.

Problemverständnis des Kunden zurückzuführen, das sich entweder auf die Integration selbst oder auf die beizutragenden Faktoren bezieht. Ohne Integrationsbewusstsein ist dem Kunden nicht bewusst, ob seine potenziellen Beiträge relevant sind. Wenn ihm dagegen nicht klar ist, ob die Qualität seiner Beiträge bedeutsam ist, liegt mangelndes Faktorbewusstsein vor.

Auch wenn dem Kunden die Bedeutung seines Mitwirkens bewusst ist, können Leistungserstellungsprozesse ineffektiv und ineffizient sein. Mangelnde *Prozesstransparenz* beruht darauf, dass der Kunde nicht weiß, welche Leistung er wann zu liefern hat. Fehlt die Problemtransparenz, ist für den Kunden nicht offensichtlich, wie das Problem strukturiert ist und welche Aufgaben er übernehmen soll. Auch diese Problemtransparenz basiert auf zwei Teilaspekten: Integrationstransparenz und Faktortransparenz. Mangelnde Informationen darüber, wann und wo der Kunde Leistungsbeiträge liefern soll, zeigen sich in unzureichender Integrationstransparenz. Wenn der Kunde die erforderliche Faktorqualität kennt, er aber nicht imstande ist diese bereitzustellen, liegt mangelnde Faktortransparenz vor.
Die mangelnde Prozesstransparenz ist die Folge eines unzureichenden Prozessbewusstseins: wenn der Kunde sich der Bedeutung seiner Leistungsbeiträge nicht bewusst ist, kann er sein Wissen nicht an den richtigen Stellen in den Leistungserstellungsprozess einbringen. Beide Insuffizienzen können auf Kunden- sowie Herstellerseite auftreten. Während Willensbarrieren nur bei kundenseitiger Prozessevidenz vorkommen können, wenn bspw. unzureichendes Interesse am Verlauf des Leistungserstellungsprozesses besteht, wirken Fähigkeitsbarrieren bei mangelnder Prozesstransparenz und mangelndem Prozessbewusstsein auf Kunden- und Herstellerseite.[794]

5.3.3 Prozessorganisation, Organisationsmodularisierung und Netzwerkstrukturen

Die Organisationsstruktur eines Unternehmens ist Ausdruck der „Verteilung von Aufgaben, Kompetenzen und Entscheidungsbefugnissen auf verschiedene Teile eines Systems".[795] Ohne die notwendigen Strukturen für einen Wissensaustausch lassen sich externe Wissensressourcen nicht in die Unternehmens- und Prozessorgansation

[794] Vgl. Witte (1973), S. 8 f.
[795] Probst (1992), S. 44

integrieren.[796] Nach MINTZBERG steuert die Interaktion die Struktur einer Organisation. Er listet fünf Koordinationsmechanismen auf, die als „Klebstoff" die Organisation zusammenhalten. Die gegenseitige Abstimmung („*mutual adjustment*") dient als einfachste Form der Koordination, bei der die Handlungen auf informeller Koordination gleichgestellter Elemente basieren. Direkte Überwachung („*direct supervision*") erfolgt als formale Führungsstruktur durch Weisungsbefugnis innerhalb einer hierarchischen Beziehung der Über- und Unterordnung. Standardisierung kann Prozesse, Resultate, Produkte, Fähigkeiten, Wissen und Normen betreffen: als „*standardization of work progress*" und festes Programm zur Erledigung von Tätigkeiten bzw. Arbeitsschritten, als „*standardization of work outputs*" die Arbeitsergebnisse und als „*standardization of worker skills*" die Fertigkeiten und Qualifikationen der Mitarbeiter.[797]

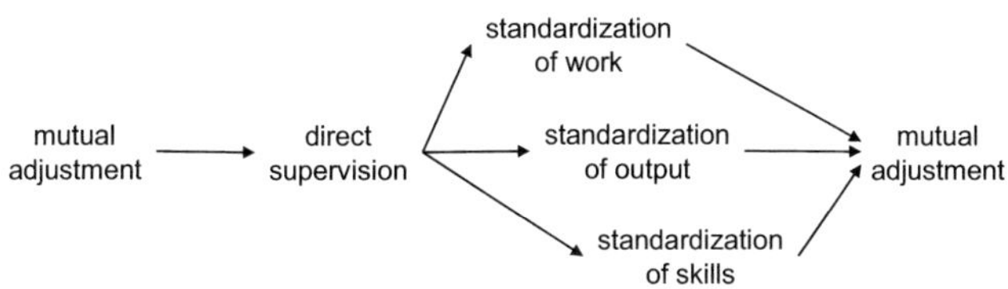

Abbildung 22: Koordinationsmechanismen: Ein grobes Kontinuum der Komplexität[798]

Ein Kennzeichen wissensbasierter Systeme ist, dass sie durch arbeitsteilig produzierende Organisationen gebildet werden. Diese Organisationen integrieren das Wissen der Subsysteme und bauen so systeminterne Intelligenz auf.[799] Die Schaffung einer lernorientierten Organisation setzt voraus, dass dem Unternehmen Zusammenhänge von Ursachen und Lernwirkungen bekannt sind. Diese Zusammenhänge sind zwischen dem organisationalen Lernen und der Unternehmensstruktur, -kultur und -strategie umzusetzen.[800]

---

796 Vgl. Bullinger/ Prieto (1998), S. 88, Bullinger et al. (1996), S. 21

797 Vgl. Mintzberg (1979), S. 2 f. Für einen Überblick über Koordinationsinstrumente der strukturkoppelnden Integration vgl. Thode (2003), S. 132 ff. und die dort angegebene Literatur.

798 In Anlehnung an Mintzberg (1979), S. 7

799 Vgl. Güldenberg (1998), S. 172 ff.

800 Vgl. Bea/ Haas (2001), S. 415 f.

5.3.3.1 Wissenstransfer in und zwischen Unternehmen: Organisationskonstellationen

Neben den internen Wissensflüssen besitzt der Wissenstransfer mit externen Partnern herausragende Bedeutung.[801] Einen beiderseitigen Zugang zum Wissen des anderen Unternehmens können strategische Partnerschaften bieten.[802] Die Unternehmenskultur bildet die Leitplanke, die diversen Wechselwirkungen zwischen beiden Partnern ausgesetzt ist.[803] Um ihren Handlungsspielraum zu erweitern, sind Unternehmen jedoch immer wieder gefordert, ihre internen und externen Unternehmensgrenzen zu überwinden. Wenn sich inter- und intraorganisationale Grenzen dabei auflösen, entwickeln sich neue Organisationsformen.

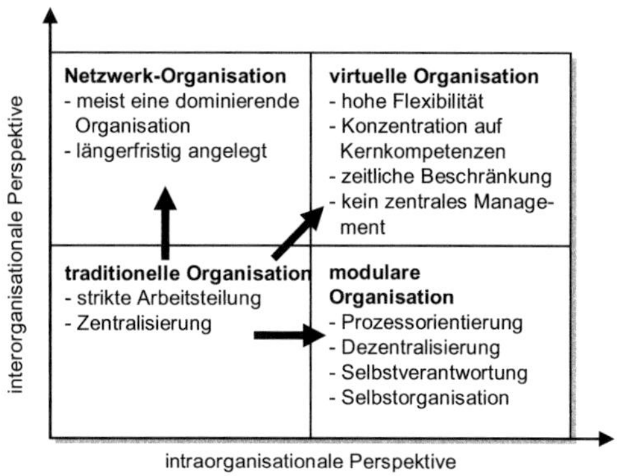

Abbildung 23: Organisationsformen und ihre Merkmale[804]

Die Auflösung von Grenzen innerhalb einer Organisation führt zu modularen Formen. Der Organisation wird auf Basis integrierter kundenorientierter Prozesse in relativ kleinere Einheiten restrukturiert, die sich durch dezentrale Entscheidungskompetenz und Ergebnisverantwortung auszeichnen. Hierarchie wird in klassischen Organisationen durch die Delegation von Autorität definiert: innerhalb einer systemischen Perspektive wird Hierarchie als Modularität bezeichnet.[805] Die Ko-

[801] Vgl. Von Krogh et al. (2001), S. 425
[802] Vgl. Hamel et al. (1989), S. 134, Badaracco (1991), S. 80-96, Khanna et al. (1998), S. 193, Inkpen/ Dinur (1998), S. 454 f., Halley et al. (2006), S. 4 f.
[803] Vgl. Sattelberger (1996), S. 22
[804] In Anlehnung an Reichwald et al. (1998), S. 224
[805] Vgl. Grant (2002b), S. 142 f.

ordination dieser Module erfolgt dementsprechend durch nicht-hierarchische Formen.[806]

Werden Grenzen zwischen Organisationen aufgelöst, entstehen Netzwerk-Formen. Dabei geht eine Organisation eine intensive Beziehung mit einer anderen, rechtlich selbstständigen spezialisierten Organisation ein, um in engen, stark arbeitsteiligen Austauschbeziehungen gemeinsame Aufgabenstellungen zu bewältigen.[807] Interorganisationale Netzwerkstrukturen erweitern die Ressourcenbasis und bergen einerseits positive Effekte, wie z. B. Synergien. Sie schaffen andererseits aber auch Abhängigkeitsverhältnisse zwischen den Partnern.
Symbiotische Kooperationen verursachen Ressourceninterdependenzen, die sich auf die Wahl der geeigneten Organisationsform auswirken.[808] Diese Ressourcenabhängigkeiten treten bei bilateralen Beziehungen besonders deutlich hervor und werden durch die Abhängigkeit, Potenz und Plastizität der Ressource bestimmt.[809] Abhängigkeit ergibt sich, wenn eine Ressource durch Symbiose mit Ressourcen des kooperierenden Unternehmens einen höheren Nutzen als in isolierter Nutzung erbringt. Eine Ressource besitzt eine hohe Potenz, wenn andere Ressourcen von dieser Ressource abhängig sind, dies aber nicht umgekehrt gilt. Gerade bei Wissensressourcen liegt eine hohe Plastizität vor, da die Art der Ressourcennutzung nicht oder nur begrenzt vorausgesagt werden kann.

Eine temporär begrenzte Weiterentwicklung der Netzwerkbildung und der Modularisierung ist die virtuelle Organisation. Sie ist ein dynamisches prozessorientiertes Netzwerk, das zur Lösung von Kundenproblemen gebildet werden kann, um individuelle Kernkompetenzen zu bündeln und entlang der Wertschöpfungskette zu integrieren.[810] Sie werden durch Modularität, Heterogenität und räumliche und zeitliche Verteiltheit charakterisiert.[811]

---

806 Vgl. Bund (2000), S. 343 ff., Picot et al. (2001), S. 230

807 Vgl. Thorelli (1986), S. 37, Jarillo/ Ricart (1987), S. 83 f., Jarillo (1988), S. 31 ff., Sydow (1995), S. 79, Picot et al. (2001), S. 207, Zahn et al. (2006), S. 131 ff. Vgl. zur Diskussion inter- und intraorganisationaler Netzwerke Sydow (1995), S. 78.

808 Vgl. Teece (1986), S. 288, Picot et al. (2001), S. 313. Siehe hierzu auch den Resource Dependence-Ansatz in Kapitel 4.2.3.

809 Vgl. Dietl (1995), S. 580

810 Vgl. Picot et al. (2001), S. 319

811 Vgl. Reichwald et al. (1998), S. 229

„Cross-functional integration" zur Auflösung intraorganisationaler Grenzen

„Cross-functional integration exists when an organization assigns specific business responsibilities to formalized teams involving personnel from multiple functional areas."[812] Die dabei entstehenden unspezifischen Handlungsspielräume können entweder im Sinne der Partnerschaft oder opportunistisch ausgefüllt werden.[813] Wenn sich Akteure in einer Interdependenzsituation aus eigener Motivation heraus freiwillig dazu bereitfinden, die eigenen Mittel so zu wählen, dass dadurch die Ziele des jeweils anderen respektiert und berücksichtigt werden, steigt das Potenzial für Kreativität und Innovativität durch interorganisationale Kooperation („cross-functional integration").[814] Funktionsübergreifende Teams können situativ oder als permanente Strukturen eingerichtet werden und ermöglichen facettenreiche Lösungsansätze durch Symbiose von problemrelevantem Expertenwissen.[815]

In Anlehnung an den Knowledge based View werden nachhaltige Wettbewerbsvorteile nicht durch Wissen per se geschaffen, sondern erst durch seine Integration über funktionale Einheiten.[816] In diesem Sinne wird Produktinnovation auch als Prozess bezeichnet, in dem ein Unternehmen Wissen, das in funktionsübergreifenden Teams eingebettet ist, in neue Produkte transferiert.[817] Anhand „lateral linkage devices or structural coordination mechanisms"[818], den Wissensintegrationsmechanismen, koordinieren Unternehmen funktionsübergreifende Interaktionen.[819] Wissensintegrationsmechanismen umfassen Strukturen und Prozesse (wie bspw. formelle und informelle Interaktionen, Projektanalysen und -berichte und externe Informationsflüsse), welche die Speicherung, Analyse, Interpretation und Kombination des Wissens innerhalb des Unternehmens sicherstellen.[820]

---

812 Campbell (2003), S. 379, siehe dazu weiterführend Hammer/ Champy (1993, 2003), S. 2 f.

813 Ein zentrales Problem der Kooperation besteht darin, dass ein Teil der Handlungen des Partners weder überwacht noch erzwungen werden kann, obwohl gerade diese Handlungen die Erreichbarkeit der Ziele nachhaltig beeinflussen. Siehe dazu auch die Prinzipal-Agenten-Problematik in Kapitel 4.2.1.1.

814 Vgl. Sethi et al. (2001), S. 75 f., Leonard-Barton (1992), S. 115

815 Vgl. Dyer (2004), S. 63 f.

816 Vgl. Grant (1996a), S. 380 sowie Grant (1991), S. 123 f. und Grant (1996b), S. 116 f.

817 Vgl. Madhavan/ Grover (1998), S. 2

818 Olson et al. (1995), S. 49

819 Vgl. Griffin/ Hauser (1996), S. 203. vgl. hierzu und im Folgenden das Modell von De Luca/ Atuahene-Gima (2007).

820 Vgl. Zahra et al. (2000), S. 930

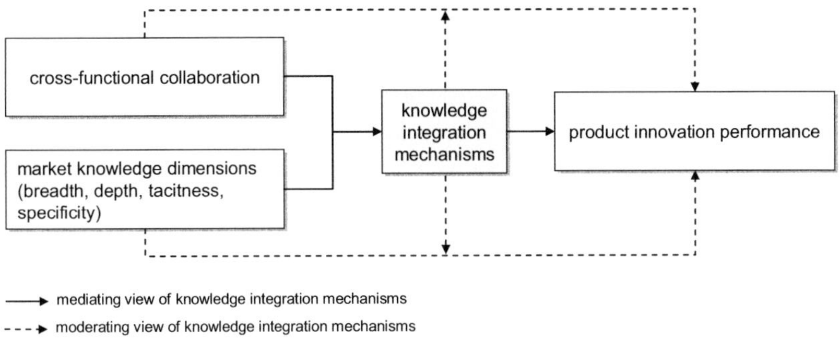

Abbildung 24: Rolle der funktionsübergreifenden Zusammenarbeit von Wissen und Wissensintegrationsmechanismen in der Produktinnovation[821]

Das Marktwissen beinhaltet sämtliches Wissen über die Umwelt, insbesondere das Wissen über das Verhalten von Kunden und Konkurrenten.[822] Die *Breite des Wissens* wird durch das Ausmaß des Wissens über Kunden (Kundenanforderungen, Kundenverhalten oder Kundencharakteristika) und Konkurrenten (Produkte, Marktanteile oder Strategien) beschrieben.[823] Eine große Bandbreite erhöht einerseits das Kombinationspotenzial des Wissens und die Kreativität,[824] kann sich jedoch andererseits auch negativ auf die Generierung neuen Wissens auswirken. Ein hoher Grad an Heterogenität der Wissenselemente erhöht die Transferkomplexität[825] und führt wiederum zu verstärkten Kodifizierungsbestrebungen und zur Routinenbildung.

Inwieweit ein Unternehmen sein Wissen über Kunden und Konkurrenten kultiviert und vernetzt hat, zeigt sich in der *Tiefe seiner Wissensbasis*.[826] Ein tief gehendes Verständnis impliziert starke und komplexe Interdependenzen zwischen einzelnen Wissensbestandteilen. Dies geht mit einem erhöhten Risiko für Fehlinterpretationen und für falsche Anwendungen einher, und es erfordert verschiedene Experten, um dieses Wissen zu akquirieren und im Unternehmen zu verteilen.[827] Dies führt nicht selten zu verschiedenen Denkmustern, die wiederum Unsicherheit und Ambiguität beim Wissenstransfer verursachen.[828]

---

821 In Anlehnung an De Luca/ Atuahene-Gima (2007), S. 96
822 Vgl. Nonaka (1994), S. 27, De Luca/ Atuahene-Gima (2007), S. 97
823 Vgl. Zahra et al. (2000), S. 929
824 Vgl. Kogut/ Zander (1992), S. 385
825 Vgl. Galunic/ Rodan (1998), S. 1197 f., Leonard-Barton (1992), S. 118 f.
826 Vgl. De Luca/ Atuahene-Gima (2007), S. 98
827 Vgl. McEvily/ Charkravarthy (2002), S. 293 f., Galunic/ Rodan (1998), S. 1198
828 Vgl. Dougherty (1992), S. 195, Szulanski (1996), S. 36

Besitzt das Wissen zudem einen hohen *Implizitätsgrad*, ist es schwer zu transferieren. Eine funktionsübergreifende Kooperation von Unternehmenseinheiten erfordert somit eine erhöhte Absorptionsfähigkeit und Informationsverarbeitungskapazität der beteiligten Akteure. Sie verursacht zudem Ressourceninterdependenzen, für die effektive Koordinationsmechanismen benötigt werden.[829] Aufgrund der Ressourcendiversität und verschiedener Kontexte, Erfahrungen und Denkmuster der Akteure verursacht der interne Wissenstransfer oft hohe Transaktionskosten sowie Ambiguität und schafft Unsicherheit. Um diese Faktoren zu minimieren, entwickeln Unternehmen Wissensintegrationsmechanismen. Diese Mechanismen wirken sich positiv auf den Transfer dieses Wissens aus,[830] sind aber für den Transfer von *speziellem Marktwissen* nicht zwingend notwendig, da dieses Wissen aufgrund seiner hohen Spezifität nur im jeweiligen Kontext einen Wert besitzt.[831]

Es lassen sich zwei Wirkungsarten von Wissensintegrationsmechanismen unterscheiden: vermittelnde („mediating mechanisms“) und moderierende („moderating mechanisms“).[832] Vermittelnde Wissensintegrationsmechanismen resultieren aus dem Bestreben „sticky knowledge“[833] zu transferieren, das an seinem Träger haftet. Dazu sind effiziente Kommunikationsstrukturen und organisationale Fähigkeiten zu entwickeln, die die Informationsverarbeitungskapazität erhöhen.[834] Sie bilden das Bindeglied zwischen Marktwissen, funktionsübergreifender Kooperation und den Innovationsanstrengungen. Moderierende Wissensintegrationsmechanismen beeinflussen das strategische Verhalten des Unternehmens und setzen es in Bezug zu den externen Umfeldbedingungen.

Strategische Netzwerke zur Auflösung interorganisationaler Grenzen

Unternehmen gehen formalisierte, längerfristige Beziehungen ein, um eigene Schwächen durch Stärkepotenziale anderer zu kompensieren und so die eigene Wettbewerbsposition zu sichern und langfristig zu verbessern.[835] Aus dieser relationalen Perspektive ergeben sich zusätzliche Quellen für Wettbewerbsvorteile durch die komplementäre Ressourcenausstattung der Netzwerkteilnehmer: durch

---

829 Vgl. Olson et al. (1995), S. 53
830 Vgl. Madhaven/ Grover (1998), S. 2
831 Vgl. Galunic/ Rodan (1998), S. 1197 f.
832 Vgl. weiterführend Drazin/ Van de Ven (1985) sowie Venkatraman (1989)
833 Vgl. Grant (1996a), S. 377, Szulanski (1996), S. 29 ff., Galunic/ Rodan (1998), S. 1195 f. und grundlegend Von Hippel (1994)
834 Vgl. Galbraith (1973), S. 6
835 Vgl. Sydow (1995), S. 63 f.

gegenseitigen Wissensaustausch und durch die Gestaltung der gegenseitigen Beziehung mit beziehungsspezifischen Investitionen und effektiven Governance-Mechanismen.[836]

So wie eine Organisation durch ihre Individuen lernt, lernen auch Allianzen durch die Erfahrungen und das Handeln ihrer Mitglieder.[837] Unternehmen bilden dazu interorganisationale Wertschöpfungspartnerschaften mit vertikal vor- oder nachgelagerten Unternehmen, wobei sie gemeinsame Aktivitäten auf bestimmte Stufen der Wertkette konzentrieren und entlang der Wertkette kooperieren.[838] Diese vertikalen Kooperationen beziehen sich auf Zulieferer-Abnehmer-Verhältnisse, die aus Transaktionskostensicht vorteilhafte Kooperationsformen[839] zwischen Markt und Hierarchie darstellen. Schließt sich eine „Gruppe unabhängiger Firmen, die durch vielfältige Allianzen miteinander verbunden sind, um ein gemeinsames Ziel zu erreichen"[840] zusammen, entstehen strategische Netze. Nach SYDOW stellt ein strategisches Netzwerk „eine auf die Realisierung von Wettbewerbsvorteilen zielende, polyzentrische, gleichwohl von einer oder mehreren Unternehmungen *strategisch* geführte Organisationsform ökonomischer Aktivitäten zwischen Markt und Hierarchie dar, die sich durch komplex-reziproke, eher kooperative denn kompetitive und relativ stabile Beziehungen zwischen rechtlich selbstständigen, wirtschaftlich jedoch zumeist abhängigen Unternehmungen auszeichnet."[841]

Wenn dieses Netzwerk von einem fokalen Unternehmen dominiert wird, kann die Interaktion zwischen Herstellerunternehmen und Kundenunternehmen als externalisierte Prinzipal-Agent-Beziehung interpretiert werden. Die Bindungsintensität[842], Machtverhältnisse sowie die Vertrauensbasis[843] in dieser Beziehung werden

---

836 Vgl. Dyer/ Singh (1998), S. 662 f.

837 Vgl. Argyris/ Schön (1978), S. 9. Eine strategische Allianz wird im Rahmen dieser Arbeit als Teilmenge strategischer Netzwerke interpretiert (vgl. zur Abgrenzung Kreikebaum et al. (2002), S. 164 oder Morschett (2005), S. 393 ff. und die jeweils dort angegebene Literatur). Ein weiter gefasstes Begriffsverständnis findet sich bspw. bei Harrigan (1988), S. 53, Lewis (1991) oder Gulati (1998), S. 293.

838 Vgl. Sydow (1995), S. 64 und die Beispiele bei Reiß/ Beck (2000), S. 319. Für eine differenzierte Betrachtung von Lernpartnerschaften siehe Kapmeier (2007), S. 458 ff.

839 Vgl. zu dieser Diskussion Backhaus/ Meyer (1993), S. 331 f. und zum „Transaktionsformen-Typenband" zwischen Markt und Hierarchie Contractor/ Lorange (1988), S. 5 ff. oder Weder (1989), S. 74

840 Lewis (1991), S. 104

841 Sydow (1995), S. 82 (Hervorhebung im Original), siehe auch Benson (1975), S. 231, Thorelli (1986), S. 37 f., Jarillo (1988), S. 32, Gulati et al. (2000), S. 203, Campbell (2003), S. 375

842 Die Bindungsintensität gilt als Partialmaß für Autonomie und Interdependenz, da sie die formale Ausgestaltung der Kooperation und die Dispositionsfreiheit determiniert (vgl. Schubert/ Küting (1981), S. 8 f., Weber (1994), S. 277 f. und 290 ff. und Killich (2007), S. 19 f.). Zur Gestaltung einer optimalen Bindungsintensität vgl. Bausch (2002), S. 336 ff.

843 Vgl. Thorelli (1986), S. 38 f., Kapmeier (2006), S. 64

durch den Umfang determiniert, in dem der Kunde über spezifisches Wissen oder Fähigkeiten verfügt, die sich in der Delegationsbeziehung wertsteigernd auswirken. So wie die intraorganisationale Wissensbasis als Netzwerk von Individuen gesehen wird, bilden auch Unternehmen Wissensnetzwerke,[844] um interorganisational zu kooperieren. Hierbei werden die starren Grenzen zwischen Unternehmen und Kunden auflöst. Unter einem Wissensnetzwerk wird ein kooperatives Arrangement von mehreren Wissensträgern aus ein und derselben oder aus verschiedenen Organisationen verstanden, die ihr spezialisiertes Wissen in eine gemeinsam nutzbare Wissensbasis einbringen und zum Zweck der Lösung gleichartiger oder verschiedenartiger Probleme neue Wissensbestandteile erzeugen, die in diese gemeinsame Wissensbasis integriert werden.[845]

5.3.3.2 Unternehmenskultur und Akkulturation beim Wissenstransfer

Die Basis für einen Wissensaustausch zwischen zwei oder mehreren Wissensträgern ist von der gemeinsamen Legitimation der Wissensgemeinschaft über grundlegende Inhalte und Regeln abhängig.[846] Der Kontext für den selbstorganisierenden Wissensaustausch wird durch die Bildung eines gemeinsamen kulturellen Verständnisses begünstigt. „Culture is a learned, shared, compelling, interrelated set of symbols whose meanings provide a set of orientations for members ... These orientations, taken together, provide solutions to problems that all must .. solve if they are to remain viable."[847] Ein gemeinsames kulturelles Verständnis basiert auf einem Muster gemeinsamer Werte und Grundprämissen, das die Gruppe bei der Bewältigung ihrer externen Anpassung und internen Integration erlernt hat, das sich bewährt hat und das daher als bindend akzeptiert wird. Das Muster wird darüber hinaus als rational und emotional korrekter Ansatz für den Umgang mit diesen Problemen weitergegeben.[848] Aus organisatorischer Sicht werden damit Systeme gemeinsamer Bedeutungen und Vorstellungen geschaffen, in denen das anhaltende Einverständnis und Engagement der Mitglieder durch die Etablierung von Vorstellungssystemen gelenkt wird.[849] Da das Formen gemeinsamer Wertvorstellungen und Handlungsweisen

844 Vgl. hierzu bspw. Kreis-Hoyer/ Grünberg (2004), S. 109 ff., Bukó (2004), S. 251 ff.
845 Vgl. Caspers (2004), S. 4
846 Zu den negativen Wirkungen einer starken Unternehmenskultur vgl. McGill/ Slocum (1993), S. 70 f.
847 Terpstra/ David (1991), S. 6
848 Vgl. Deshpandé/ Webster (1989), S. 4, Schein (1995), S.25, Inkpen/ Tsang (2005), S. 151 ff.
849 Vgl. Pfeffer (1981), S. 1, Gupta et al. (1986), S. 14, Deshpandé et al. (1993), S. 24 f., Kohli/ Jaworski (1990), S. 59 und S. 68

keinen ad hoc zu initiierenden Prozess darstellt, sondern aus Lern- und Entwicklungskomponenten über den Zeitverlauf besteht, bilden sich erst nach dieser Zeit gemeinsamen Arbeitens und Lernens eine kollektive Sprache und eine gemeinsame Arbeitsmethodik zwischen den Beteiligten heraus.[850]

Treffen verschiedene Organisationskulturen im Rahmen eines Wissenstransfers aufeinander, erfordert die Annäherung einen Anpassungsprozess: die Akkulturation. „Acculturation comprehends those phenomena which result when groups of individuals having different cultures come into continuous first-hand contact, with subsequent changes in the original cultural patterns of either or both groups."[851] Bei einem Wissenstransfer zwischen zwei Unternehmen kommt es demnach zu Akkulturationsprozessen, wenn beide (a) unterschiedliche Kulturen aufweisen, (b) ein interorganisationaler Austausch stattfindet und sich (c) ein kultureller Wandel bei mindestens einem der Unternehmen vollzieht.

Zwischen verschiedenen Unternehmen (z. B. einem Hersteller- und einem Kundenunternehmen) existieren in der Regel unterschiedliche Unternehmenskulturen, die auf organisationsindividuellen Denkmustern und unterschiedlichen grundlegenden Annahmen beruhen.[852] Ein wichtiger Enabler für den Wissenstransfer[853] ist jedoch ein gemeinsames Verständnis von Normen und Werten bei Sender und Empfänger, damit das Risiko differierender Deutungen bei der Interpretation des neuen Wissens gering gehalten werden kann. Wenn Probleme schlecht strukturiert sind[854] und das zu übertragende Wissen impliziten Charakters ist oder komplexe Inhalte vermittelt werden sollen, sind in der Regel direkte Austauschprozesse notwendig. Dabei findet eine kognitive Akkulturation immer dann statt, wenn der Empfänger die Deutungsmuster des Senders internalisiert hat oder beide eine neue Problemdefinition auf Grundlage der neuen Interpretation[855] erarbeiten.

Bei Wissenstransferprozessen kommt es jedoch nicht zwingend zu Akkulturationsprozessen zwischen Sender und Empfänger. Treffen die zu übermittelnden Wissens-

---

850 Vgl. North et al. (2000), S. 5
851 Redfield et al. (1936), S. 149
852 Vgl. Bleicher (2001), S. 244
853 Siehe hierzu auch die ausführliche Diskussion in Kapitel 4.4.3
854 Vgl. Probst (2001), S. 256 f., Bleicher (2001), S. 227
855 Vgl. zur organisationalen Offenheit bspw. Day (1994), S. 15, Slater/ Narver (1995), S. 68, Von Krogh (1998), S. 144 f., Day (1999), S. 46

inhalte auf klare Problemdefinitionen und sind ohne umfassende Lernprozesse vermittelbar, finden einfache Wissenstransfers statt. Ist das Wissen zudem kodifizierbar und ohne weitere Interaktion zwischen Sender und Empfänger übertragbar, ist ein direkter Kontakt zwischen beiden Parteien nicht erforderlich.

5.3.4 Aspekte der Nachhaltigkeitsbetrachtung von Wissenskooperationen

5.3.4.1 Voraussetzungen und Erfolgsfaktoren kollaborativer Wissensarbeit

Um die Zielsetzungen in einer wissensintensiven Kooperationsbeziehung zu erreichen, ist es unabdingbar, dass die beteiligten Unternehmen die hierfür notwendigen Voraussetzungen schaffen. Für eine erfolgreiche Gestaltung von Lernpartnerschaften lassen sich drei wesentliche Rahmengestaltungsbereiche identifizieren, die sich auf die Nachhaltigkeit einer Interaktionsbeziehung auswirken:[856]

Qualität, Quantität und Dauer

Mit der Bildung einer Lernpartnerschaft werden strategische Ziele verfolgt, die leistungswillige und leistungsfähige Partner erfordern. „The best people must be assigned to such endeavours, and each must be carefully and continually indoctrinated with the goals and objectives, as well as given incentives to achieve them.“[857] Neben der Qualität der Akteure besitzt die Quantität der kooperierenden Akteure konstitutive Wirkung: „Organizational learning often requires slack resources.“[858] Durch langfristig angelegte Beziehungen kann zudem ein kontinuierlicher Wissensfluss gewährleistet werden.

Kooperationseignung und Kooperationskultur

Interaktionspartner müssen verschiedene Anforderungen erfüllen. Dazu gehören: Loyalität und Vertrauensfähigkeit,[859] Kooperations- und Teamfähigkeit,[860] kulturelle Unvoreingenommenheit und Offenheit, mentale und intellektuelle Objektivität sowie

---

856 Vgl. Cohen/ Levinthal (1990), Hamel/ Prahalad (1990), Hamel (1991), Fichman/ Levinthal (1991), Doz/ Hamel (1995), Zander/ Kogut (1995), Corell (1998), S. 25 ff., Ciborra/ Andreu (2001), S. 76 ff., Zack (2003), S. 70 ff.

857 Merrifield (1992), S. 83

858 Pucik (1991), S. 131

859 Vgl. Davenport/ McLaughlin (2004), S. 106 ff., Huotari/ Iivonen (2004), S. 15 ff.

860 Vgl. Sole/ Edmondson (2002), S. 590 f., siehe auch die Untersuchungen von Rangarajan et al. (2004) und von Anbari/ Umpleby (2006) zu vertriebsorientierten Teambildungen.

Aufgeschlossenheit, Wissbegierde und Neugier. Die Kooperationseignung umfasst zudem sämtliche Erfahrungen im Kontakt mit unterschiedlichen Kooperationspartnern und -formen beider Kooperationspartner.

Die Kooperationskultur beinhaltet die grundlegende Bereitschaft und Fähigkeit kooperativ zu handeln sowie das Bewusstsein, bestimmte Aufgabenstellungen nur gemeinsam mit anderen Partnern lösen zu können.[861] Dazu gehört, dass das Wissen dem Partner zugänglich gemacht und beiderseits ein freier und ungehinderter Zugang innerhalb der Kooperationsbereiche gewährleistet wird.

Lernwille und absorptive Kapazität

In den meisten Fällen wird ein Wissenstransfer von einer intensiven Interaktion zwischen Sender und Empfänger begleitet. Das bedeutet für Unternehmen, die miteinander kooperieren, um Wissen von ihren Partnern zu erwerben, dass sie vor einer Zusammenarbeit in das gemeinschaftliche Lernen investieren müssen.[862] Der alleinige Wille, von und mit dem Partner zu lernen ist nicht ausreichend: zwischen altem und neuem Wissen sind Anknüpfungspunkte zu identifizieren, damit das neue Wissen leichter integriert und interpretiert werden kann. „Some partners may be inherently less penetrable than others. Penetrability will depend partly on the extend to which a firm's knowledge base is context-bound."[863] Die Assimilation kontextgebunden Wissens lässt sich nicht durch Transparenz kompensieren, sondern erfordert Annäherungen im kulturellen und sozialen Bereich.

Aus den oben genannten Voraussetzungen lassen sich die wesentlichen Erfolgsfaktoren kollaborativer Wissenstransferprozesse ableiten, die bei der Produktentwicklung zur Zusammenarbeit über Unternehmensgrenzen hinweg führen:[864]

- Integration der Akteure in unternehmensübergreifende Prozesse,
- Bildung unternehmensübergreifender Teams,
- Prozesstransparenz,
- Integration informeller Prozesse in den Prozessablauf,
- Berücksichtigung des individuellen Kontextes der Partner und Kontextverständlichkeit,

---

861 Bei Reiß ruht die Basis einer Kooperationskultur auf den drei Säulen Solidarität, Harmonie der Ziele-, Denk- und Arbeitsweisen und partnerschaftlicher Gleichberechtigung (vgl. Reiß (1995), S. 544).

862 Vgl. Dacin et al. (1997), S. 14 f., Kogut/ Zander (1995), S. 79 f., Leonard-Barton (1988), S. 259 f.

863 Terpstra/ David (1985), S. 132, vgl. auch Hamel (1991), S. 94

864 Vgl. dazu die Untersuchung von Ohlhausen (2002), S. 32 ff.

- Prozessunterstützung durch informations- und kommunikationstechnische Instrumente,
- Generierung gemeinsamer Lerneffekte zur zukünftigen Nutzung und
- Schaffung einer gemeinsamen auf Vertrauen basierenden Kultur.

5.3.4.2 Wandlungsfähigkeit von Lernprozessen

Zwischen intraorganisationalem und interorganisationalem Lernen bestehen wechselseitige Beziehungen, die Einfluss auf das Exploitations- sowie das Explorationsverhalten von Organisationen haben. HOLMQVIST[865] hat dazu einen Begriffsrahmen entwickelt, der die dynamische Beziehung zwischen Lernebenen und Lernformen veranschaulicht. Ausgangspunkt der Lernprozesse sind entweder Unzufriedenheiten („dissatisfaction") mit bestehenden exploitativen und explorativen Verhaltensweisen oder das Erlernen und Umsetzen („translating") der Erfahrungen anderer.[866]

Das Lernen innerhalb und zwischen Organisationen basiert auf Lernprozessen, die auf Erfahrung beruhen und zur Produktion und Wiedergabe von Regeln führen. Es ist durch zwei zentrale Lernprozesse gekennzeichnet. Unzufriedenheit mit statischem exploitativem Verhalten[867] löst einen *Erschließungsprozess* („opening-up") aus, der exploratives Experimentieren sowie Trial-and-Error-Prozesse beinhaltet und zu neuen Erfahrungen führt. Wenn Explorationsprozesse keinen nachhaltigen Erfolg liefern,[868] ist eine *Fokussierung* („focusing") erforderlich, damit eine Routinisierung in den Prozessen des Experimentierens und der freien Assoziation entwickelt wird.

Die Verbindung zwischen intraorganisationalem und interorganisationalem Lernen wird ebenfalls durch zwei Prozesse („translation") beschrieben. Der erste bezieht sich darauf, wie intraorganisationales Lernen durch *Erweiterungsprozesse* („extension") interorganisationales Lernen erzeugt: Zum einen können Erfahrungen

---

865 Vgl. Holmqvist (2004), S. 71 ff.

866 Das Verknüpfen individueller Erfahrungen mit Erfahrungen anderer Akteure kann nicht durch einfaches Kopieren von Erfahrungen erreicht werden. Es ist vielmehr das Ergebnis des Übersetzens fremder Erfahrungen, die in das eigene Sozialverhalten aufgenommen werden (vgl. Czarniawska (2001), S. 126 f.).

867 Durch rein exploitatives Verhalten laufen Unternehmen in die Gefahr der Kompetenzfalle, indem sie ihr Überleben durch stetige Verbesserung und Festhalten an veralteten Fähigkeiten gefährden (vgl. March (1991), S. 71, Cyert/ March (1963), S. 36 ff.).

868 Die alleinige Konzentration auf Explorationsaktivitäten lässt Potenziale und alternative Ideen nicht zu Kompetenzen reifen (vgl. March (1991), S. 71).

in einem Geschäftsverhältnis von einer Partei auf die andere Partei ausgedehnt werden, um die Erfahrungen des anderen durch Exploitation zu nutzen. Zum anderen können beide Parteien ihre Erfahrungen ausdehnen und kollektiv explorativ lernen. Daraus resultiert nicht nur eine Exploitation des Wissens der anderen Partei, sondern auch das Produzieren neuer Erfahrungen. Der zweite Übersetzungsprozess bezieht sich darauf, wie interorganisationales Lernen intraorganisationales Lernen erzeugt („*internalization*"). Dies bedeutet, dass eine Organisation die Erfahrungen, die interorganisational entwickelt wurden, internalisiert.

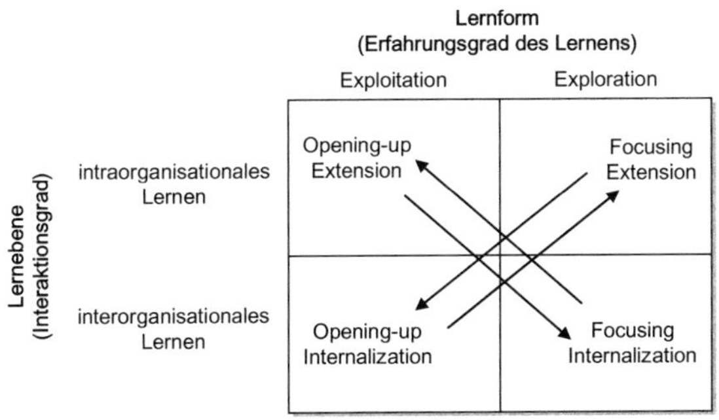

Abbildung 25: Modell des intra- und interorganisationalen Lernens[869]

Auf den dargestellten Lernprozessen basiert ein Modell, das beschreibt, wie intra- und interorganisationale Routinen und Regeln entwickelt und verändert werden. Es enthält die vier Hauptprozesse „opening-up" und „focusing" sowie „extension" und „internalization". Der Treiber der Dynamik zwischen „opening-up" und „focusing" ist Unzufriedenheit mit fortwährendem Richtlinienverhalten exploitativer oder explorativer Art (Handeln auf Basis von Routinen). Die Generierung von Kompetenz – entweder durch Exploitation oder durch Exploration bzw. „opening-up" oder „focusing" – erzeugt weder notwendigerweise „Lernfallen" oder ist zum organisationalen Wandel konträr. Eher kann ein beständiges exploitatives Verhalten eine Ursache für Explorationsanstrengungen sein und umgekehrt. Der Treiber hinter der Dynamik zwischen „extension" und „internalization" ist die Umsetzung spezifischer Erfahrungen auf verschiedenen Lernebenen, die eine wechselseitige Dynamik

869 In Anlehnung an Holmqvist (2004), S. 73

zwischen Exploitation und Exploration erlaubt. Dieses Ergebnis unterstützt die Idee, dass „translation is a key concept for understanding organizational change".[870]

5.4 Zusammenführung der organisationalen und prozessualen Determinanten und Modellierung des organisationalen Konstrukts

In Kapitel 5.3 wurden die zentralen Determinanten zur organisationalen und prozessbezogenen Gestaltung von intra- und interorganisationalen Lernprozessen diskutiert. Dabei wurden unternehmensinterne Wissensprozesse sowie Interaktionsaktivitäten an den Grenzen und über die Grenzen des Unternehmens hinaus näher beleuchtet. Hierbei zeigte sich, dass Unternehmen bei der Integration externer Faktoren nicht isoliert und unabhängig agieren, sondern vielfältige Wirkungszusammenhänge beachten und koordinieren müssen. Erfolgsdeterminierend wirken sich dabei besonders diejenigen Aktivitäten aus, die an der Schnittstelle zwischen den Partnern stattfinden. So zeigte sich bereits im Regelkreismodell des Wissensmanagements, dass in einer wissensbasierten Kooperation mehrere Interaktionspunkte bestehen und sich der Kontakt zur Wissensquelle nicht nur auf den Wissenserwerb beschränkt. Soll Kundenwissen nun nicht nur durch eine zentrale Stelle akquiriert werden, sondern interaktiv in die Unternehmensprozesse integriert werden, vervielfältigen sich nicht nur die Schnittstellen zwischen den Lernpartnern, sondern auch die kooperationsbasierten Anforderungen an beide Akteure, wie z. B.

- ein notwendiger Grad an Prozessevidenz, der aus dem Prozessbewusstsein und der Transparenz des Prozesses resultiert,
- den unternehmerischen Dispositionsspielraum, der sich auf die Leistungsdimensionen auswirkt,
- die Position des Kunden in der Integrationsstufe (direkt/ indirekt und in der Vor- oder Endkombination),
- die Kundenrolle in den Unternehmensprozessen, wie z. B. als Co-Innovator in der F&E-Phase oder als Partner bei gemeinsamen Produkttests,
- das Auflösen starrer interner und interorganisationaler Grenzen sowie
- die Unterstützung von Akkulturationsprozessen zwischen den Partnern.

[870] Czarniawska/ Sévon (1996), S. 7

Zur Verstetigung von Lernprozessen ist ein grundlegendes Verständnis über ihre Dynamik im Zeitablauf notwendig. Lernkooperationen bieten die Möglichkeit, von und mit dem Partner oder über das Kooperationsverhältnis zu lernen. Ausgangspunkt ist jeweils ein internes Veränderungsbedürfnis, das durch die Integration externer Faktoren befriedigt werden soll. Eine erfolgreiche Kundenintegration geht jedoch über das reine Sammeln und Analysieren von Informationen hinaus in Richtung eines gezielten Suchens und Verwendens des Kundenwissens.[871] Neben der genauen Vorstellung darüber, wer die potenziellen Partner sind, besteht an vielen Schnittstellen und Kommunikationskanälen nicht nur formeller, sondern auch häufig informeller Kontakt zu den Kunden. Das erfordert, dass die traditionellen Kanäle dynamisch erweitert werden und die Kundenintegration nicht durch Grenzen behindert wird.

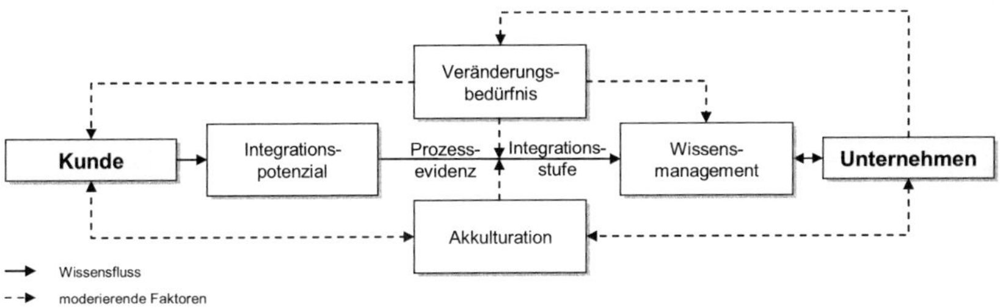

Abbildung 26: Organisationale und prozessbezogene Modellbausteine aus Unternehmenssicht

Wie aus Abbildung 26 ersichtlich, wird die Akquisition und Entwicklung neuer Wissensressourcen durch die Unzufriedenheit mit Bestehendem oder durch das Bedürfnis zum Erlernen und Umsetzen der Erfahrungen anderer in Form eines wahrgenommenen Veränderungsbedürfnisses ausgelöst. Durch die Integration externer Potenziale in die betriebliche Leistungserstellung gelangen Ressourcen in den Verfügungsbereich des Empfängers. Für den Zeitraum der Kooperation befinden sich diese Ressourcen im Machtbereich des Empfängers und ermöglichen eine Partizipation. Im Wissenstransfer zwischen Sender zu Empfänger wird dabei Wissen in sehr unterschiedlichem Umfang ausgetauscht. Es werden Faktenwissen, prozedurales Wissen, Erklärungswissen, Gestaltungswissen oder auch Wissenssurrogate transferiert, das Aktionen und Reaktionen des Partners auslöst.

[871] Vgl. Wayland/ Cole (1997), S. 239

Kunden werden auf vielfältige Arten in die Leistungserstellungsprozesse integriert. Wenn die Vorkombination von Unternehmen autonom erfolgt, können Kunden gezielt in verschiedene Wertschöpfungsstufen, z. B. als Co-Designer, Co-Produzent oder bei gemeinsamen Produkttests integriert werden. Bei der Generierung von Innovationen treten Kunden als Initiatoren auf, bspw. als Co-Entwickler oder als Co-Innovator und geben den Anstoß zur Entwicklung neuer Produkte und Leistungen. Eine Begleitung über den gesamten Leistungserstellungsprozess kann durch die Entsendung von Mitarbeitern als Kooperationspartner, in einem strategischen Netzwerk oder über interaktive Plattformen erfolgen. Dazu müssen intra- und interorganisationale Grenzen durchlässig gestaltet werden, damit eine Wissensdiffusion ermöglicht und der Wissenstransfer stattfinden kann. Voraussetzung für die Kundenintegration ist ein gewisses Maß an Prozessevidenz, da oft weder beim Sender noch beim Empfänger bekannt ist, welches Wissen an welcher Stelle fehlt oder welche Information geliefert werden soll. Im Laufe der Kooperation kommt es zu Angleichungsprozessen, die den Transfer von Wissen positiv beeinflussen, da sich die unterschiedlichen Kontexte beider Akteure bzw. Parteien aneinander anpassen.

6. Propositionen

Im Fokus dieser Arbeit steht die Kultivierung von Kundenwissen zur Konzeption eines ganzheitlichen CKM-Ansatzes. In den vorangegangenen Kapiteln wurden in den drei zentralen Kultivierungsdimensionen zunächst theoriegeleitete Erkenntnisse bezüglich

- faktorzentrierter, d. h. transformationsbezogener Ressourcenaspekte,
- akteurszentrierter, d. h. rollen- und interaktionsbezogener Aspekte
- und aktionszentrierter, d. h. prozessbezogener und organisationaler Aspekte

gewonnen. Im Rahmen der faktorzentrierten Kultivierungsdimension wurden zuerst die grundlegenden Perspektiven des Market based View und des Resource based View zur Ressourcensituation in Unternehmen auf ihren Beitrag zur Kundenwissenskultivierung untersucht. Darauf aufbauend fand eine Diskussion zur Dynamisierung der internen Potenziale statt, die anschließend um Nachhaltigkeitsbetrachtungen der Dynamisierungspotenziale erweitert wurde. Um nicht nur die faktorbezogenen, unternehmensinternen Kultivierungsaspekte zu beleuchten, wurde die Theoriediskussion auf die akteurszentrierte Kultivierungsdimension, die auf die Interaktionen eines Unternehmens mit seiner Umwelt bzw. mit seinen Interaktionspartnern eingeht, ausgedehnt. Sie lieferte Erkenntnisse zum Interaktionsverhalten bei kooperativer Leistungserbringung sowie zu verschiedenen Ausprägungen in der Rollenwahrnehmung bei ressourcenbasierten Interaktionen. Ergänzt wurden die faktor- und akteursbezogenen Kultivierungsaspekte durch theoriegeleitete aktionszentrierte Betrachtungen, die die organisationalen und prozessualen Verknüpfungen zwischen den beiden Kultivierungsaspekten aufzeigen.

Diese drei Kultivierungsdimensionen, „Faktoren“ in Form von transformationsbezogenen Wissensressourcen, „Akteure“ zur Erklärung rollen- und interaktionsbezogener Perspektiven und „Aktionen“ als organisatorische und prozessbezogene Rahmenbedingungen, stehen dabei nicht isoliert nebeneinander. Sie bedingen sich gegenseitig und stehen in Ursache-Wirkungsbeziehungen zueinander: Um eigene Ressourcenrestriktionen zu überwinden, gehen Unternehmen Kooperationsbeziehungen mit Kunden ein. Im Laufe dieser Interaktionsbeziehung suchen sie, Kundenwissen in das Unternehmen zu transferieren, es in die Wissensbasis zu integrieren und danach Lernprozesse zu motivieren. Die Transferergebnisse dieser

Lernprozesse – in Form von wettbewerbsrelevanten Leistungen und Innovationen – bilden wiederum die Grundlage zur Kundennutzenstiftung am Markt.

Auf der Basis dieses Verständnisses der Kundenwissenskultivierung und der zuvor gewonnenen theoriegeleiteten Erkenntnisse, werden in einem nächsten Schritt die bisherigen Aussagen empirisch überprüft und hinsichtlich ihrer bereichsübergreifenden Wirkungen untersucht. Die Grundlage für die Untersuchung der Beziehungen zwischen den beobachteten Phänomenen bilden Propositionen.[872] COOPER und EMORY definieren Propositionen als „a statement about concepts that may be judged as true or false if it refers to observable phenomena."[873] In diesem Sinne werden Propositionen als wesentliche, widerspruchsfreie Aussagen verwendet, die die theoretischen Annahmen zusammenfassen und einer empirischen Untersuchung zugänglich machen. Sie erfüllen darüber hinaus das Zweiwertigkeitsprinzip, da ihnen ein Wahrheitswert zugeordnet werden kann, der sich entweder durch Beobachtungen verifizieren oder logisch auf Beobachtungsaussagen reduzieren lässt.

Im Rahmen dieser Arbeit werden sieben Propositionen zur Beschreibung von Aussagen über die Zusammenhänge zwischen den drei Kultivierungsdimensionen formuliert, um den ganzheitlichen Ansatz, der für die Generierung eines CKM-Konzepts erforderlich ist, zu verdeutlichen. Sie postulieren einen Zusammenhang zwischen der Integration von Kundenwissen und der Unternehmensperformance sowie der Wettbewerbsfähigkeit von Unternehmen und dem Einsatz kundenorientierter Konzepte. Weiterhin zeigen Sie auf, dass wissenstransferbezogene Interaktionsbeziehungen einerseits in einen Wirkungskreislauf münden können, der positive Effekte auf die Innovationsfähigkeit hat, andererseits aber auch intersubjektiven Restriktionen begegnen müssen. Daher kommen der Gestaltung der Beziehungsvariablen zwischen den Akteuren Unternehmen und Kunde sowie der leistungsadäquaten Partnerauswahl für die Interaktion eine zentrale Funktion zu. Die siebte Proposition fasst die grundlegenden Kernaussagen aus den drei Kultivierungsbereichen in einer abschließenden Form zusammen, indem sie die wesentlichen Faktoren zur Umsetzung des Transferprozesses hervorhebt.

---

872 „Propositions are of great interest in research because they may be used to assess the truth or falsity of relationships among observable phenomena." (Cooper/ Emory (1995), S. 45)

873 Cooper/ Emory (1995), S. 39

Abbildung 27 stellt die in der Untersuchung der Kultivierungsdimensionen verwendeten Theorien den einzelnen Propositionen gegenüber und zeigt auf, auf welche Theorien die jeweilige Proposition Bezug nimmt.

			Propositionen: Kundenwissen und Unternehmensperformance	Einsatz kundenorientierter Konzepte	Chancen und Ziele der Interaktion	Risiken und Probleme der Interaktion	Gestaltung der Interaktionsbeziehung	Partnerauswahl für die Interaktion	Umsetzung des Transferprozesses
Faktorzentrierter Kultivierungsbereich: **Ressourcen**	Grundlegende Perspektiven	Maket based View	X	X	X				
		Resource based View	X	X	X				X
	Dynamisierung des internen Potenzials	Knowledge based View	X	X	X		X		X
		Competence based View			X		X	X	X
	Nachhaltige Dynamisierung von Kompetenzen	Dynamic Capabilities	X	X					
		Lernansatz	(X)		X	X	X	X	
Akteurszentrierter Kultivierungsbereich: **Interaktionen**	Interaktionen bei kooperativer Leistungserbringung	Interaktionstheorie		(X)	X	X	X	X	X
		Austauschtheorie	X		X	X		X	X
	Rollendefinition bei ressourcenbasierten Interaktionen	Prinzipal-Agenten-Theorie				X		X	X
		Stewardship-Ansatz			X	X		X	X
		Machttheorie				X		X	X
		Resourcenabhängigkeitstheorie				X	X		X
Aktionszentrierter Kultivierungsbereich: **Organisationale Determinanten und Prozesse**	Rahmenbedingungen wissensbasierter Interaktionen	Systemtheorie	(X)	X			X		
		Interaktionsorientierter Netzwerkansatz			X		X	X	X

X = grundlegender Beitrag
(X) = ergänzender Beitrag

Abbildung 27: Ableitung der Propositionen aus den Theoriegrundlagen

Auf der Grundlage der theoriegeleiteten Erkenntnisse lassen sich folgende aspektübergreifende Propositionen formulieren:

Proposition 1: Kundenwissen und Unternehmensperformance

Eine (differenzierte) Berücksichtigung von Kundenwissen erhöht die Unternehmensperformance.

Um den komplexen Begriff Kundenwissen zu operationalisieren, wurden in dieser Arbeit drei Arten von Kundenwissen differenziert: das „Wissen über den Kunden", das „Wissen des Kunden" und das „Wissen für den Kunden".[874] In der Literatur zum Kundenwissen wird wiederholt auf die Bedeutung des „Wissens über den Kunden" hingewiesen und seine Existenz in den Unternehmen bestätigt.[875] Die Nutzung dieses Wissens sowie die Integration des „Wissens des Kunden" zur Ergänzung und Hebelung der Ressourcenbasis, begünstigt die Erweiterung der Kompetenzportfolios,[876] schafft neue Potenziale für Unternehmen[877] und trägt zur Verbesserung der eigenen Wettbewerbsposition bei.[878] Dazu sind effektive dynamische Aktivitäten der Koordination und flexible Fähigkeiten der Kombination interner und externer Kompetenzen nötig,[879] um die Austauschbeziehungen zwischen den Akteuren[880] zu gestalten.

Um die kontinuierliche Koevolution des Kunden zu unterstützen, lässt sich zur Rückkopplung „Wissen für den Kunden" als Feedback transferieren.[881] Hierdurch kann nicht nur der Kunde seine mentalen Modelle modifizieren, sondern auch das Unternehmen lernt aktiv auf Basis veränderter Kundenbedürfnisse.

---

874 Vgl. hierzu bspw. Stauss (2002), S. 276 ff., Smith/ McKeen (2005), S. 747 ff., Dous et al. (2005), S. 169 sowie die Kapitel 2.1.2.1, 2.1.2.2 und 2.1.2.3 zu den drei Wissensarten

875 Vgl. Davenport (1998), S. 1, Reichheld/ Schefter (2000), S. 106 ff., Davenport et al. (2001), S. 163 ff., die Studie von Gamble et al. (2001) sowie Maciejewski (2002), S. 252 f., Handlbauer (2002), S. 163 ff., Riempp/ Gronover (2002), S. 762 f. und Handlbauer/ Renzl (2006), S. 151 ff.

876 Vgl. Zahn (1998), S. 44

877 Vgl. Park et al. (1992), S. 193 f., Handlbauer (1999), S. 43 f., Geib/ Riempp (2002), S. 394, Thomke/ Von Hippel (2002), S. 51 ff., Chesbrough (2003), S. 36 f., Crostak et al. (2004), S. 78, Fiedrich/ Degenhart (2004), S. 93 ff., Kristensson et al. (2004), S. 4 ff.

878 Vgl. Wernerfelt (1984), Rumelt (1984) und Barney (1986). Weitere Entwicklungen bspw. bei Wernerfelt/ Montgomery (1986), Dierickx/ Cool (1989), Wernerfelt (1989, 1995), Reed/ DeFillippi (1990), Barney (1991, 1997), Conner (1991), Grant (1991), Williams (1992), Amit/ Schoemaker (1993), Kay (1993), Peteraf (1993) und Black/ Boal (1994).

879 Vgl. Teece/ Pisano (1994), S. 538, Zahn/ Schön (2003), S. 170

880 Austauschbeziehungen werden durch drei zentrale Aspekte motiviert: um Zugang zu externen Ressourcen zu erhalten, durch die Ziele und Funktionen der Interaktionspartner und dem Grad an gemeinsamen Konsens (vgl. Levine/ White (1961), S. 583 und 589 ff.).

881 Vgl. Taylor/ Baker (1994), S. 163 ff., Spreng/ MacKoy (1996), S. 201 ff., Davenport/ Klahr (1998), S. 197, Garcia-Murillo/ Annabi (2002), S. 878 f.

Proposition 2: Einsatz kundenorientierter Konzepte

Der zunehmende Wettbewerbsdruck führt zur Umsetzung kundenorientierter Konzepte und zur Integration von Kundenwissen in das Wissensmanagement.

Die stetige Dynamik in den Märkten löst einen Innovationswettbewerb aus, der nicht nur eine kontinuierliche Weiterentwicklung der Ressourcenbasis bedingt, sondern – damit konform gehend – auch eine permanente Anpassung des Leistungsprogramms erfordert,[882] um vielversprechende Produkt-Markt-Positionen zu besetzen.[883] Da eine überlegene Kundennutzenstiftung in der Kenntnis und der Umsetzung von Kundenbedürfnissen wurzelt und die Erzeugung kundengerechter Leistungen multiple Wissensarten erfordert,[884] erwächst daraus der Imperativ, durch den Transfer von Wissen, insbesondere Kundenwissen, die unternehmerische Ressourcenbasis dynamisch zu erweitern.[885] Als Gefüge aus Ressourcenangebots- und -abnahmeprozessen pflegen Unternehmen aufgrund ihrer Ressourcenabhängigkeit System-Umwelt-Beziehungen,[886] wodurch sich im Interaktionsprozess bereits Systemgrenzen überschreitende Strukturen herausbilden.[887] Sie gestalten damit ihren Kontext (partiell) proaktiv und gründen ihre Erfolgspositionen auf die Verfügungsgewalt über strategisch einzigartige Ressourcen, die ressourcenbenachteiligten Wettbewerbern kurz- bis mittelfristig nicht zugänglich sind. Damit kommt den Kundenwissenstransferprozessen eine zentrale Bedeutung zu, infolgedessen sie als integrales Element des Wissensmanagements zu begreifen sind.

Proposition 3: Chancen und Ziele der Interaktion

Proposition 3.1: Interaktionsbeziehungen zwischen Kunden und Unternehmen erweitern die Wissensbasis von Unternehmen.

Proposition 3.2: Interaktionsbeziehungen zwischen Kunden und Unternehmen verbessern die Innovationsfähigkeit von Unternehmen.

Proposition 3.3: Interaktionsbeziehungen zwischen Kunden und Unternehmen steigern die Beziehungsqualität.

---

882 Vgl. Thom (1994), S. 322 ff., Zahn (2001b), S. 5 ff., Zahn et al. (2000a), S. 262, McEvily/ Chakravarthy (2002), S. 285 f., Reichwald et al. (2007), S. 5

883 Vgl. hierzu bspw. Porter (1991), S. 99

884 Vgl. Kogut/ Zander (1992), S. 386 f.

885 Vgl. Prahalad/ Hamel (1990), S. 81 und zum Wettbewerb auf Innovationsbasis bspw. Reichwald/ Piller (2002), S. 29, Chesbrough (2003), S. 36 f., Prahalad/ Ramaswamy (2003), S. 188 ff., Gassmann et al. (2005), S. 9 ff., Wecht (2005), S. 28 f.

886 Vgl. Staehle (1999), S. 445

887 Vgl. dazu grundlegend Wolf (2003), S. 177 ff.

Wie in Kapitel 4.4 thematisiert, gehen Akteure Interaktionen mit ihrer Umwelt ein, um ihre Ressourcenbasis aufzuwerten und zu erweitern. Sie verfolgen damit drei wesentliche Ziele, die eine Ursache-Wirkungskette bilden: Zunächst sehen Unternehmen in der Interaktionsbeziehung mit dem Kunden die Chance, zusätzliche Ressourcen in das Unternehmen zu transferieren und verschiedene Lernprozesse anzustoßen. Sie bezwecken damit den Ausbau ihres Kompetenzportfolios durch Exploration und Exploitation von Kundenwissen[888] sowie eine Modifikation ihrer Handlungsoptionen durch Verlernen alter Routinen oder Erlernen neuer Handlungsmuster.[889] Diese initiierten Lernprozesse bilden wiederum die Grundlage für die unternehmensindividuelle Erfolgsposition, die auf optimierten Leistungen und Innovationen wurzelt, welche sich aus einem überlegenen Ressourcenpool speisen, in dem besondere Fähigkeiten und Kompetenzen immer wieder neu kombiniert werden können.[890]

Sowohl mit diesen Leistungen und Innovationen, als auch durch frequente Interaktion mit dem Kunden suchen Unternehmen die Kundenzufriedenheit und die Kundenbindung zu erhöhen.[891] Eine erhöhte Kundenzufriedenheit und eine starke Kundenbindung münden in einen Doppeleffekt: einerseits wird die Vertrauensbasis zwischen Kunden und Unternehmen gestärkt und andererseits wird kooperatives Verhalten gefördert, das wiederum die Basis für kooperatives Vertrauen bildet.[892]

Proposition 4: Risiken und Probleme der Interaktion

> Wissenstransferaktivitäten finden nur dann statt, wenn für beide Seiten der subjektive Gewinn die subjektiven Kosten übersteigt.

In Kapitel 3.5.4.2 wurde bereits diskutiert, dass ein Wissenstransfer begünstigt wird, wenn für beide Interaktionspartner die angestrebten Ziele erreichbar erscheinen und die erhofften Chancen die potenziellen Risiken und Probleme dominieren.[893] Dabei

---

888 Vgl. March (1991), S. 71), Spender (1992), S. 390 und S. 399 ff.

889 Vgl. Argyris/ Schön (1978), S. 18 ff.

890 Vgl. Teece et al. (1997), S. 510, Dierickx/ Cool (1989), S. 1504 f., Hamel/ Prahalad (1994), S. 52 sowie S. 79 ff., Sanchez/ Heene (1997b), S. 4 f., Von Hippel (1986), S. 791, Gassmann et al. (2005), S. 9, Prange et. al. (1996)

891 Vgl. bspw. Bruhn (2002), S. 22 und die dort genannten Studien

892 Vgl. Zahn/ Foschiani (2000), S. 511 ff., Child/ Faulkner (2002), S. 175, Sydow (1996), S. 10 ff., Wurche (1994), S. 145 ff., Loose/ Sydow (1994), S. 164f f.

893 Siehe dazu auch die zentralen Aussagen der Austauschtheorie in Kapitel 4.1.2, wonach das Nutzenkalkül der Akteure darauf zurückgeführt wird, dann Beziehungen einzugehen, aufrechtzuerhalten oder auszudehnen, wenn sie diese als belohnend empfinden

gestalten die Akteure den Wissenstransfer nicht nur nach ihren eigenen Plänen, sondern auch nach den entsprechend (vermuteten) Plänen des jeweils anderen.[894] Wenn es zu einem Austausch von Kundenwissen kommen soll, müssen daher Rahmen gebende sowie rollenbezogene Einflussfaktoren berücksichtigt werden. Dazu zählen einerseits formale Kriterien, wie bspw. die Form, in der die Wissensressource vorliegt und die Zielkompatibilität der Transferpartner, aber auch Barrieren der Lernbehinderung sowie Informationspathologien und Transferprobleme.[895] Andererseits prägen stereotype Verhaltensmuster, wie Opportunismus, Missbrauch von Machtbasen oder Autonomieverlust, Vertrauen sowie die von den Akteuren subjektiv wahrgenommenen Chancen und Risiken die Interaktionsbeziehung.[896]

Proposition 5: Gestaltung der Interaktionsbeziehung

> Die Bedürfnisstruktur einzelner Funktionalbereiche ist nicht mit der anderer Funktionalbereiche kongruent, daher sind Kundenwissensprozesse dezentrale Prozesse.

In einer wissensbasierten Kooperation zwischen einem Unternehmen und seinen Kunden bestehen vielfältige Interaktionspunkte: Der Kontakt zum Kunden beschränkt sich nicht nur auf den Wissenserwerb („Wissen des Kunden"), sondern umfasst auch Feedbackwissen („Wissen für den Kunden"), was zu beiderseitigen Modifikationen der Wissensbasen führt, Unternehmensgrenzen überschreitende Lernprozesse anstößt und neue Transferprozesse motiviert. Im Unternehmen selbst existieren weitere interne Schnittstellen,[897] bspw. zwischen Orten, an denen Kundenwissen vorliegt („Wissen über den Kunden") und an denen es erhoben wird oder zwischen Funktionalbereichen, die untereinander Kundenwissen austauschen.

Wenn Kundenwissen darüber hinaus nicht zentral akquiriert wird, sondern bedarfsorientiert und interaktiv in die Unternehmensprozesse integriert werden soll,[898]

---

[894] Vgl. Hill et al. (1992), S. 445, Macharzina (1999), S. 416

[895] Vgl. Allen (1967), S. 31 ff., Wahren (1987), S. 29, Scholl (1992), Sp, 905 ff., Grunwald (1995), S. 74, Prange et al. (1996), S. 14, Schüppel (1996), S. 122, Von Krogh/ Köhne (1998), S. 238, Probst/ Büchel (1998), S. 94 f., Prange (2002), S. 193 f.

[896] Siehe hierzu die zentralen Aussagen der Prinzipal-Agenten-Theorie in Kapitel 4.2.1.1, dem Stewardship-Ansatz in Kapitel 4.2.1.2 und der Interaktionstheorie in Kapitel 4.1.1

[897] Diese Argumentation basiert darauf, dass das Kundenwissen noch nicht Teil der Wissensbasis ist und somit noch nicht allgemein zugänglich und verfügbar ist.

[898] In den Kapiteln 4.4.4.2 und 5.3.2 wurde anhand der Wissenstransferphasen und der Integrationsstufen bereits aufgezeigt, dass eine Anpassung des Leistungsprogramms dem durch die Dynamik des Marktes ausgelösten Innovationswettbewerb nur dann gerecht wird, wenn der Nachfrager der Leistungen schon von Beginn des Leistungserstellungsprozesses an in die Unternehmensprozesse einbezogen wird. Vgl. dazu auch bspw. Reichwald/ Piller (2002)

steigen nicht nur die kooperationsbasierten Anforderungen,[899] es vervielfältigen sich auch die Schnittstellen zwischen den Lernpartnern: die dyadische Beziehung zwischen Kunde und Unternehmen entfaltet sich als Beziehungsnetzwerk multipler Akteure, die in wechselseitigen Abhängigkeitsverhältnissen voneinander stehen und diese Abhängigkeitssituation individuell gestalten.[900] In diesem Zusammenhang wurde in Kapitel 5 herausgearbeitet, dass sich insbesondere diejenigen Aktivitäten erfolgsdeterminierend auswirken, die an den Schnittstellen zwischen den Partnern stattfinden. Dadurch erweist sich die Einbindung des Wissensträgers in die Wertschöpfung und die entsprechende Festlegung seiner Rolle in den Unternehmensprozessen als erfolgskritischer Faktor. Werden Interaktionsprozesse dezentral angelegt, kann jeder Funktionalbereich dasjenige Kundenwissen erheben, das er benötigt. Positive Effekte zeigen sich in der Reduktion der unternehmensinternen Schnittstellen bei der Wissensverteilung sowie der Verminderung interner Sender-Empfänger-Probleme, besonders in Hinsicht auf die individuell-subjektive Kontextinterpretation.

Proposition 6: Partnerauswahl für die Interaktion

> Der Austausch von Kundenwissen ist von der Leistungsbereitschaft und der Leistungsfähigkeit der Transferpartner abhängig.

Ein substanzielles Kriterium für den erfolgreichen Austausch von Kundenwissen ist die Kompatibilität der Partner. Sie basiert auf gemeinsamen Zielen, Abstimmung in Planung und Umsetzung des Wissenstransfers, gegenseitigem Vertrauen und einer funktionierenden Kommunikation. Dazu wurden im Rahmen der Austauschtheorie Determinanten zur Partnerwahl herausgearbeitet und anschließend Methoden und Instrumente zur Wahl geeigneter Partner diskutiert. Ob der Lernpartner die von ihm erwartete Leistung auch erbringen kann und will, hängt entscheidend von seiner Handlungskompetenz ab, d. h. der Kombination seiner Leistungsbereitschaft und Leistungsfähigkeit,[901] die er in seiner Rollenfunktion ausübt.[902] Dabei wirken materi-

---

[899] Vgl. dazu auch die Zusammenfassung der Anforderungen in Kapitel 5.4

[900] Vgl. Pfeffer/ Salancik (1978), S. 94 ff., S. 97 ff., S. 113 ff., S. 143 ff. sowie Cyert/ March (1963), S. 109 f. und Van Gils (1984), S. 1086

[901] In Kapitel 4.4.1.3 wurden im Zuge der Interdependenz- und Delegationsdiskussion die Grundlagen einer kooperativen Arbeitsteilung diskutiert und verschiedene Interaktionsformen abgeleitet, die auf Kombinationen unterschiedlicher Grade der Leistungsbereitschaft und Leistungsfähigkeit beruhen.

[902] Das Spektrum der Kundenrollen wurde in Kapitel 5.3.2.3 thematisiert. Darüber hinaus wurde in Kapitel 4.2.1 aufgezeigt, dass neben der Selektion eines geeigneten Interaktionspartners nicht nur das relationale Verhältnis, sondern auch seine Rolle erfolgskritisch ist.

elle oder immaterielle Anreize oder Sanktionen sich fördernd oder hemmend auf die Handlungskompetenz aus.[903]

Auf Basis ihrer Rollenwahrnehmung kooperieren Unternehmen mit verschiedenen Kundengruppen, wie z. B. Lead Usern, Schlüsselkunden, und sie motivieren auch ehemalige Kunden zur Zusammenarbeit, sodass ein Wissensnetzwerk komplexer und interdependenter Sach- und Wirkungszusammenhänge zwischen den Akteuren entsteht.[904] Durch die Erfahrungswerte der Kunden und deren leistungsbezogenes Wissen können Unternehmen unterschiedliche Wissensinhalte akquirieren, die in den einzelnen Wertschöpfungsstufen des Leistungserstellungsprozesses benötigt werden.

Proposition 7: Umsetzung des Transferprozesses

> Ein erfolgreicher Wissenstransferprozess ist von der Ressourcenbeschaffenheit, der Interaktionsform und dem Integrationspunkt abhängig.

Über die in Proposition 6 thematisierte Wahl des geeigneten Interaktionspartners hinaus, übt die Form, in der Kundenressourcen vorliegen, einen wesentlichen Einfluss auf die Transfer- und Integrationsaktivitäten aus: Zum einen limitiert die Ressourcenbeschaffenheit die anwendbaren Transfermechanismen.[905] Dies impliziert, dass jede Kundenwissensform spezifisch abgestimmte Interaktionsmechanismen erfordert, die auf unterschiedlichen Transfercharakteristika beruhen, z. B. dem Formalisierungsgrad, der Transferebene, ihrem Emergenzgrad, der Interaktionsfrequenz, der Unmittelbarkeit des Zugangs und ihrer Ausrichtung. Da Wissensressourcen qualitativ, räumlich und zeitlich bedingten Einflüssen unterliegen, durchlaufen sie zudem unterschiedliche Transformationszustände.[906] Im Laufe wiederholter Interaktionen verändert sich die Struktur der Interaktionsmechanismen, da Beeinflussungspotenziale, wie z. B. Belohnung, Bestrafung, das Abhängigkeitsverhältnis oder Commitments, Vertrauen und Lernfortschritte die weiteren Transferaktivitäten beeinflussen.[907]

---

903 Vgl. zu den klassischen Machtbasen bspw. Sydow (1995), S. 92 oder Saam (2002), S. 145

904 Vgl. Sydow (1995), S. 217

905 Siehe zu den Strukturierungsebenen von Wissensressourcen Kapitel 3.2.1.2

906 Siehe zum strategischen Wert einer Ressource die Diskussion über die Ressourceneigenschaften in Kapitel 3.1.2 und die VRIN-Kriterien bei Barney (1991), S. 99 ff. sowie Kapitel 3.6, in dem die Transformationszustände von Wissensressourcen als Eskalationsstufen dargestellt werden.

907 Vgl. Homans (1974), S. 16-39, Pfeffer/ Salancik (1978), S. 258, Van Gils (1984), S. 1083 ff., Pfeffer/ Davis-Blake (1987), S. 440, Donaldson/ Davis (1991), S. 51 f., Mayer et al. (1995), S. 710 f., Muth/ Donaldson (1998), S. 6 und Saam (2002), S. 178 ff.

Zum anderen wurde in Kapitel 4.4.4.3 aufgezeigt, dass die Ressourcenbeschaffenheit auch die Wahl des Kommunikationskanals für den Transfer determiniert. Der Kommunikationskanal ist dabei nicht nur in Abhängigkeit von der Beschaffenheit der zu transferierenden Ressource zu wählen, sondern auch in Hinsicht auf die Komplexität der zu transferierenden Inhalte.
In Abhängigkeit der Ressourcenbeschaffenheit sind die Interaktionsform (passive Mitwirkung, aktive Mitentscheidung, aktive Partizipation) und der Integrationspunkt weitere kritische Erfolgskomponenten für den Wissenstransferprozess. Die Gestaltung des Wissenstransferprozesses umfasst dabei immer auch die Frage, auf welche Weise der Kunde in eine bestimmte Wertschöpfungsstufe eingebunden werden soll.

Die o.g. Propositionen verbinden die drei Kultivierungsdimensionen der vorangegangenen Kapitel und zeigen, dass ein ganzheitliches CKM nicht aus isolierten Betrachtungen von Einzelaspekten heraus generiert werden kann. Um die formulierten Propositionen in der Praxis zu überprüfen, wurde eine zweiteilige empirische Studie durchgeführt, die im Folgenden vorgestellt wird.

7. Empirische Untersuchung zum Customer Knowledge Management

In der Unternehmenspraxis hat sich bisher weder ein allgemein anerkannter Ablauf oder eine allseits akzeptierte Struktur für das Management von Kundenwissen herauskristallisiert. Es herrscht ein Pluralismus von Konzepten, Ansätzen und Methoden, der eine stringente quantitative Untersuchung erschwert. Die Entwicklung eines Konzepts zur systematischen Erfassung und Integration von Kundenwissen sowie dessen Kultivierung im Unternehmen existiert bisher nur in Ansätzen bzw. Insellösungen einzelner Unternehmensbereiche.
Insbesondere bei noch unzureichend bekannten oder spezifizierten Forschungsgebieten, bei denen das Forschungsproblem noch zu erschließen ist, empfiehlt es sich daher, grundlegende Parameter mithilfe qualitativer Methoden zu ermitteln und anschließend mit quantitativen Methoden genauer zu bestimmen.[908] Da in der Praxis bezüglich der Kultivierung von Kundenwissen teilweise erhebliche Definitionsunterschiede und Kenntnislücken zu konstatieren sind, wird der kombinierte Forschungsansatz der Methodentriangulation gewählt.[909] Dieser Ansatz zielt auf die systematische Verbindung unterschiedlicher Zugänge im Rahmen einer Methode ab. Vor dem Hintergrund verschiedener theoretischer Zugänge lassen sich durch die Methodentriangulation nicht nur Datensorten kombinieren, sondern auch Ergebnisse aus einer Untersuchung anhand der Anwendung einer weiteren Methode überprüfen, indem jeweils Ergebnisse aus einer Untersuchung bei der Anwendung einer weiteren Methode genutzt werden.

Um die Kultivierung von Kundenwissen und Implikationen in der Praxis zu untersuchen, wird die Methode der Grounded Theory verwendet. Als qualitativ-empirisch einzuordnender Ansatz, der zudem forschungspragmatisch ist,[910] lässt sich dieser sozialwissenschaftliche Ansatz als klassische, Theorien entdeckende qualitative Methode bezeichnen.[911] Die Grounded Theory stellt dabei keine einzelne Methode dar, sondern eine Reihe ineinander greifender Verfahren. Es handelt es sich um

---

[908] Vgl. Friedrichs (1990), S. 156, Malhotra (1993), S. 89 ff.
[909] Vgl. dazu z. B. Kromrey (2002), S. 524 ff.
[910] Vgl. Glaser/ Strauss (1998), S. 12 ff., Brüsemeister (2000), S. 189 f.
[911] Vgl. Strauss (1994), S. 50

einen Forschungsstil, der eine pragmatische Handlungstheorie mit bestimmten Verfahrensvorgaben kombiniert.[912] Ziel ist es, auf der Basis von Dokumenten, Beobachtungen, Interviews oder bestehenden Theorien, systematisch zu entdecken,[913] um so eine realitätsnahe Theorie zu entwickeln, diese für die Praxis anwendbar zu machen und insofern die Theorie-Praxis-Schere zu mindern. Basierend auf dem Ansatz der Grounded Theory, stellt sich das Forschungsvorhaben wie folgt dar:

- Herausarbeitung theoriegeleiteter (Teil-)Modelle, die soziale Prozesse erklären,
- mit dem Fokus auf Handlungsprozesse (Selektionsentscheidungen) zur
- Abdeckung eines breiten Spektrums von Gegenstandsbereichen.[914]

Dafür werden zunächst Interviews mit Experten aus der Unternehmenspraxis durchgeführt. Sie dienen der Konkretisierung der theoriegeleiteten Erkenntnisse, die durch Aufarbeitung der Literatur ermittelt wurden. Damit ist diese qualitative Untersuchung eine Vorstudie, im Sinne einer in einer in Daten gegründeten Theorie, die ein Verhaltensmuster erklärt, das für die Beteiligten relevant und problematisch ist.[915] Um intersubjektive Aussagen zu Determinanten und zum Umsetzungsstand der Kundenwissenskultivierung zu machen, erfolgt nach der Theoriebildung aus den Expertengesprächen eine umfassende quantitative Untersuchung. Auf Basis der in den vorangegangenen Kapiteln erarbeiteten Anforderungen an die Kultivierung von Kundenwissen wurden die Perspektiven

- Faktorzentrierung (transformationsbezogene Ressourcenaspekte),
- Akteurszentrierung (rollen- und interaktionsbezogene Aspekte) und
- Aktionszentrierung (prozessbezogene und organisatorische Aspekte)

in den Propositionen aufgenommen und in Ursache-Wirkungs-Beziehungen gestellt. Der hierbei gewonnene Datensatz dient in einem ersten Schritt dem Testen der Propositionen und darüber hinaus zur Ergänzung der Modellbildung zur Kultivierung von Kundenwissen in Unternehmen.

Die Durchführung der empirischen Untersuchung lässt sich somit in mehrere aufeinander folgende Teilabschnitte gliedern (siehe Abbildung 28).

---

[912] Vgl. Strauss (1994), S. 29 f.
[913] Vgl. Kromrey (2002), S. 537, Glaser/ Strauss (1998), S. 12
[914] Vgl. Brüsemeister (2000), S. 190
[915] Vgl. Strauss (1994), S. 65, Brüsemeister (2000), S. 191

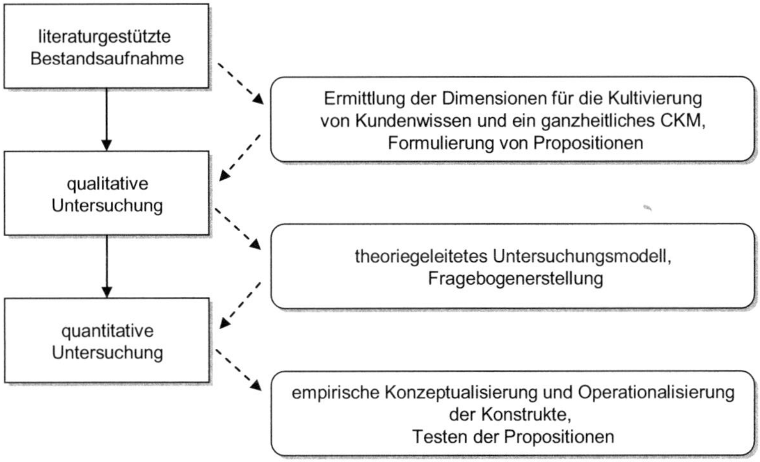

Abbildung 28: Vorgehensweise der empirischen Untersuchung

7.1 Qualitative Analyse als theoriebildende Vorstudie

Die Vorstudie zum Kundenwissensmanagement wurde mittels teilstrukturierter Interviews[916] anhand eines Gesprächsleitfadens durchgeführt. Die Gespräche basierten auf vorbereiteten und vorformulierten Fragen, wobei die Abfolge der Fragen variabel gestaltet werden konnte. Durch die Wahl dieser Methode bestand die Möglichkeit, sich aus dem Gespräch ergebende Themen aufzunehmen und sie von den jeweiligen Antworten ausgehend weiter zu verfolgen.[917] Ziel war es, ein grundlegendes Verständnis für das Konstrukt CKM und die Kultivierung von Kundenwissen in den Unternehmen zu gewinnen, um daraus die Themenkomplexe der Propositionen für die anschließende quantitative Datenanalyse zu konkretisieren.

7.1.1 Vorgehensweise und Rahmen

Für die Expertengespräche wurden acht Unternehmen aus sechs verschiedenen Branchen ausgewählt. Dabei wurde keine Zufallsstichprobe gezogen, sondern auf-

---

[916] Vgl. zu diesem Vorgehen bspw. Atteslander (2003), S. 145 ff.

[917] Vgl. Lamnek (1995), S. 69

grund theoriegeleiteter Erwägungen eine bewusste Auswahl getroffen.[918] Abgesehen von Teilnahmebereitschaft und Themeninteresse mussten die zu untersuchenden Unternehmen ein Umsatzvolumen von mindestens 250 Millionen Euro ausweisen und mindestens 1.000 Mitarbeiter haben. Hintergrund dieser Anforderungen war die Vermutung, dass ab einer bestimmten Unternehmensgröße institutionalisierte Wissensprozesse notwendig werden, da informelle Kommunikationsstrukturen nicht mehr ausreichen.[919]

NACE-Code [920]	**Wirtschaftszweig nach WZ 2003**	**Anteil der Unternehmen**
24	Herstellung von chemischen Erzeugnissen	12,5 %
28	Metallerzeugung und -bearbeitung, Herstellung von Metallerzeugnissen	12,5 %
29	Maschinenbau	25 %
34	Fahrzeugbau	25 %
36	Herstellung von Möbeln, Schmuck, Musikinstrumenten, Sportgeräten, Spielwaren und sonstigen Erzeugnissen; Recycling	12,5 %
64	Verkehr- und Nachrichtenübermittlung	12,5 %
	Gesamt	100 %

Tabelle 16: Unternehmensverteilung nach Branchenschlüssel

Die Befragung von Experten aus verschiedenen Unternehmens(teil)bereichen basierte auf zwei Motivationen: Einerseits sollte ermittelt werden, ob die getroffenen Annahmen und Aussagen auf Unterschieden in der persönlichen Perspektive basieren, andererseits sollten sich auch die spezifischen Einschätzungen der jeweiligen Sichtweise widerspiegeln. Daher wurden im Rahmen dieser Vorstudie acht Experten aus den Unternehmensbereichen Geschäftsführung, Strategie, Marketing und Vertrieb, Controlling und der IT-Abteilung in die Analyse einbezogen. Die Befragung von Marketing- und Vertriebsexperten diente dazu, Aussagen derjenigen Mitarbeiter zu erhalten, die üblicherweise am häufigsten in Kundenkontakt stehen.

918 Vgl. Lamnek (1995), S. 22 oder Kromrey (2002), S. 273 ff.

919 Das zu betrachtende Kriterium Unternehmensgröße wurde multikriteriell bestimmt. Es ergibt sich aus den zwei Faktoren Umsatzvolumen und Mitarbeiter.

920 Vgl. Europäisches Parlament (2008) und United Nations statistic division (2007). Eine in der deutschen amtlichen Statistik gebräuchliche Klassifikation der Wirtschaftszweige (aktuelle Ausgabe 2003, auch WZ 2003) baut auf NACE Rev. 1.1 auf. Die NACE ist ein System zur Klassifizierung von Wirtschaftszweigen, das von der Europäischen Union auf Basis der ISIC Rev. 3 der Vereinten Nationen entworfen wurde.

Für die technische Umsetzung eines CKMs war die Sicht der IT-Experten relevant und zur Ermittlung der Umsetzungsverfolgung wurden die Aussagen eines Controllingexperten erhoben. Um eine Gesamteinschätzung zu erhalten, wurden Geschäftsführer und Strategieexperten befragt.

7.1.2 Zentrale Modellierungsebenen der Vorstudie

Der Gesprächsleitfaden war darauf ausgerichtet, eine Bestandsaufnahme von CKM in der betrieblichen Praxis durchzuführen und die Relevanz des Themas zu analysieren. Dafür wurden die Unternehmen zunächst nach den allgemeinen Herausforderungen sowie zu internen und externen Rahmenbedingungen befragt. Anschließend erfolgte eine umfassende Befragung zum Thema Kundenwissen und CKM.

Aufgrund der geringen Größe der Stichprobe und der wenig standardisierten Erhebungsmethode wird bei der Darstellung der Ergebnisse von der Anwendung quantitativer Auswertungsmethoden abgesehen. Stattdessen werden die zentralen Ergebnisse zusammengefasst und durch Originalzitate illustriert.[921]

Bedeutung von CKM in der Unternehmenspraxis

Da die Interviewpartner freiwillig an dieser Studie teilnahmen, ist davon auszugehen, dass das Thema Kundenwissensmanagement bei den Teilnehmern auf ein gesteigertes Interesse stößt. Diese Einschätzung wurde von allen Unternehmen bestätigt. Bei den Befragten wurde jedoch ein unterschiedliches Verständnis der Begriffe Kundenwissen und Kundenwissensmanagement konstatiert. Der Großteil der Experten interpretiert den Terminus Kundenwissen als „Wissen über den Kunden“. In einzelnen Fällen wurde unter Kundenwissen auch „Wissen des Kunden“ oder „Wissen für den Kunden“ subsumiert.

Die Inhaltsanalyse der Interviews lässt den Schluss zu, dass das Verständnis des Kundenwissens von der Positionierung des Befragten im Unternehmen abhängt. Das breiteste Verständnis von Kundenwissen ist demnach bei der Geschäftsführung zu finden [„Kundenwissen umfasst alles, was den Kunden bewegt und mit dem wir Geld verdienen können."]. Mitarbeiter der einzelner funktionaler Bereiche zeigen tendenziell eher eine auf den Fachbereich fokussierte Sichtweise: Vertriebsmit-

921 Die Unternehmen und Experten sind dem Verfasser bekannt. Originalzitate werden im Folgenden in eckige Klammern gesetzt wiedergegeben.

arbeiter interpretieren Kundenwissen als „Daten über den Kunden“ [„Kundenwissen ist Wissen über den Kunden: Wer sind die Entscheider? Wie sind Organisationsstruktur, Bonität, seine Kundenstruktur und seine Wettbewerbsposition?“], während Experten der IT-Abteilung unter dem Management von Kundenwissen einen rein technischen Vorgang verstehen [„Unter dem Management von Kundenwissen verstehe ich Daten über alle Kunden so zu bündeln, dass eine Wissensdatenbank erstellt werden kann.“].

Kundenkontakte

Die Kundenkontaktaufnahme ist in den meisten Unternehmen zentral organisiert. In der Regel übernimmt der Vertrieb die Kundenansprache, in wenigen Fällen ist zusätzlich die Geschäftsführung involviert. Neben direkten und indirekten Befragungsmethoden werden in den unterschiedlichen Phasen der Leistungserstellung gemeinsame Workshops als Kundenkontaktinstrumente eingesetzt. Die Unternehmen extrahieren zusätzliche Informationen aus Kundenstammtischen bzw. Innovationskreisen und aus dem Beschwerdemanagement. Bei zeitlich oder inhaltlich abgegrenzten Projekten mit Dienstleistungscharakter werden Kunden fallweise auch früh in die Projektorganisation eingebunden. Insgesamt zeigen die Aussagen der Unternehmen, dass die Instrumentenauswahl durch die Kundenstruktur beeinflusst wird, insbesondere durch deren Anzahl und den Heterogenitätsgrad.

Kundensegmentierung und -analyse

Die befragten Unternehmen segmentieren ihre Kunden auf drei unterschiedliche Arten: kontinuierlich-systematisch anhand eines detaillierten Kriterienkatalogs,[922] regelmäßig anhand ausgewählter Kriterien[923] oder situationsspezifisch anhand subjektiver Eigenschaften [„Es gibt Kunden, die uns besonders „wohlgesonnen“ sind.“].[924] Alle befragten Unternehmen legen die Segmentierungskriterien primär vertriebsbasiert fest. Kriterien, die Kunden bzw. Kundenwissen nach ihrer Relevanz für Forschungs- und Entwicklungs- sowie Produktionskooperationen unterteilen, kommen dagegen nicht zum Einsatz.

---

922 Hier wurden bspw. Segmentierungen anhand der Wettbewerbssituation der Kunden, regionale Segmentierungen, Segmentierungen anhand eingesetzter Technologien oder Segmentierungen nach Schlüsselkunden genannt.

923 Als zentrale Größe wurde das Bestellvolumen angegeben.

924 Sofern Segmentierungen vorgenommen werden, sind diese stark durch subjektive Kriterien geprägt.

Die Segmentierungsmethodiken werden in erster Linie auf Geschäfts- und Endkunden (Kunden aus B2B- und B2C-Beziehungen) angewendet. Das Informationsspektrum über die Endkunden ist dabei vielfach geringer als das über die Geschäftskunden [„Unser Unternehmen erhält keine Informationen darüber, wer der Endkunde ist, es existiert keine Informationsstruktur dafür." und „Während unsere Kunden[925] durch Fragebögen und in Schulungen befragt werden, ist die Befragung der Endkunden problematisch, da kein eindeutiges Bild vom Endkunden vorhanden ist."]. Die Segmentierung der Kunden aus staatlichen Institutionen und der öffentlichen Verwaltung (B2G und B2A) folgt anderen Auswahlkriterien, da die Geschäftsbeziehung durch Ausschreibungsregularien und gesetzlich festgelegte Vergabeverfahren determiniert wird [„Im öffentlichen Bereich entscheidet nicht das Vertrauen, das der Kunde zu unseren Produkten hat, sondern die Erfüllung der Ausschreibungskriterien."].

Ermittlung und Quellen von Kundenwissen

Zur Extraktion von Kundenwissen werden innerhalb und außerhalb der Unternehmensgrenzen öffentlich zugängliche Marktforschungsstudien und interne Kennzahlen wie Kundenumsatz oder Beschwerden genutzt. Um zusätzliches Kundenwissen zu erheben, setzen die Unternehmen der Interviewpartner gemeinsame Workshops und Expertenbefragungen ein. Vereinzelt wird den Kunden die Möglichkeit angeboten, ihr Wissen bzw. Informationen in einem Webportal einzustellen. Nur eines der befragten Unternehmen wendet die Conjoint-Analyse als Methode zur gezielten Erhebung von Kundenwissen an. Zusammenfassend zeigt die inhaltsanalytische Betrachtung in Abhängigkeit der Unternehmensgröße, dass insbesondere bei den Unternehmen, die verhältnismäßig viele Kunden bedienen, weitere Instrumente zum Einsatz kommen.[926] Die Zuständigkeit für derartige Erhebungen liegt bei den meisten Unternehmen im Marketing. Bei Unternehmen, die wenige Kunden haben, ist das Kundenwissen überwiegend zentral im Vertrieb angesiedelt [„Kundenwissen wird nicht strukturiert erhoben und kommuniziert, es ist in den Köpfen der Vertriebsmitarbeiter vorhanden."].

---

925 B2B-Kunden, Anmerkung des Verfassers

926 Es wurden z. B. Innovationsportale, Kundenworkshops, Befragungen über Call-Center oder Mitarbeiterentsendung angegeben.

Relevantes Kundenwissen

Den Unternehmen fehlt häufig Wissen über Konkurrenzprodukte und -leistungen, Trends sowie Ursachen der Kundenunzufriedenheit. Darüber hinaus besteht großes Interesse an innovativen Produktideen, über den gefühlten Nutzen vorhandener Produktfunktionen sowie über Trends der Geschäftskunden [„Neben dem Wissen über Konkurrenten wären für uns insbesondere Einschätzungen von Kunden im Sinne einer Trendforschung wichtig sowie Einschätzungen von Endkunden in bestimmten Branchen.“ und „Wissen, welches wir gerne von unseren Kunden hätten und welches wir derzeit nicht haben, umfasst Informationen über die Konkurrenz, Gründe für Unzufriedenheit und neue Ideen von Kunden.“].

Integrationspotenziale des Kundenwissens

Ein heterogenes Bild ergibt sich bzgl. der Unternehmensbereiche, in denen Kundenwissen relevant ist: Es dominierten die Funktionalbereiche Marketing und Vertrieb, aber auch Einkauf, Konstruktion, Forschung und Entwicklung wurden genannt. Gleichzeitig wurde betont, dass in der diesbezüglichen Integration des Kunden(wissens) noch Nachholbedarf besteht [„Wünschenswert wäre ein systematischer Informationsfluss über die gesamte Wertschöpfungskette“ oder „Im Vertrieb ist Kundenwissen sehr wichtig und stark vorhanden, in der Entwicklung, im Management und in der strategischen Planung wird es zu wenig eingesetzt, in der Produktion gar nicht.“].

Hier zeigen sich deutliche Parallelen zum Verständnis des Kundenwissensbegriffs: Das priorisierte Bereichsspektrum hängt stark von der Funktion des Befragten innerhalb des Unternehmens ab. Während CRM- oder Marktforschungsexperten explizit ausschließen, dass Kundenwissen auch in der Forschung und Entwicklung relevant ist, sahen Geschäftsführer das potenzielle Einsatzgebiet deutlich umfassender.

Verteilung von Kundenwissen

Die unternehmensinterne Verteilung von Kundenwissen wird von den Befragten als große Herausforderung gesehen. So verhindern sowohl ein ausgeprägtes Abteilungsdenken als auch die mangelnde Explizierung des Kundenwissens seine interne Disposition [„Das Bereichsdenken unserer Abteilungen verhindert Wissensflüsse.“ und „Das Kundenwissen wird bei uns selten weitergegeben, da es personengebunden ist und bei uns nicht schriftlich festgehalten wird.“]. Die Zuständigkeit für die Verteilung von Kundenwissen liegt, analog zur Zuständigkeit der Erhebung, meist im Marketing bzw. beim Außendienst. In zwei der befragten Unternehmen werden zur Nutzung des Kundenwissens Innovationsteams gebildet und neue Prozesse definiert.

Speicherung von Kundenwissen

Die Speicherung des Kundenwissens stellt die meisten der befragten Unternehmen vor ähnlich große Herausforderungen wie die Verteilung von Kundenwissen. Nur wenige Unternehmen, die Kundenwissen speichern, verweisen auf bereits vorhandene IuK-Instrumente.[927] In einem Fall wurden spezielle IuK-Instrumente generiert. Die Aufgabe, das Kundenwissen zu speichern, wird auf das Marketing übertragen.

Kundenmotivation und Anreize

Die Motivation der Kunden, sich selbst und ihr Wissen aktiv in die Unternehmensprozesse einzubringen, zu integrieren und Ideen und Wissen zu transferieren, wird insgesamt positiv eingeschätzt: gerade längerfristige Kundenbeziehungen bergen große Kooperationspotenziale. Die befragten Experten sehen den Hauptvorteil für die Kunden darin, hochwertigere Produkte, ein tieferes Produktverständnis sowie eine individuelle Betreuung zu erhalten. Als weitere „Vorteile für den Kunden" werden ein besseres Verständnis von Produktionsengpässen sowie der Produktkosten gesehen. Regelmäßige Anreize zur Wissenskooperation werden den Kunden in der Regel nicht gegeben. Die selten eingesetzten Einzelaktionen bestehen in Kundenmotivation durch gemeinsame Workshops, der Auslobung eines Preises oder der Integration des Kunden in das unternehmerische Belohnungssystem.

Evaluation und Controlling von Kundenwissen

Die Bedeutung eines systematischen Controllings der Kundenwissensaktivitäten und einer regelmäßigen Evaluation der daraus abgeleiteten Aktionen wird zwar erkannt [„Aus dem Wissen über die Kunden müssten unbedingt Aktionen folgen, sonst nutzt auch viel Wissen nichts."], entsprechende Prozesse und Instrumente sind jedoch in keinem der befragten Unternehmen im Einsatz [„Standardisierte Analysen und ein standardisiertes Reporting zum Kundenwissen gibt es bei uns nicht."].

---

[927] Es wurde bspw. SAP oder Intranet angegeben.

Barrieren der Umsetzung eines CKMs
Die befragten Unternehmen gaben eine Vielfalt möglicher Barrieren an, die die Einführung eines CKM erschweren. Die meisten Nennungen betreffen die Skepsis der Geschäftsführung bzgl. der Fähigkeit und Bereitschaft vertriebsexterner Mitarbeiter, Kundenwissen zu erheben, zu strukturieren und zu verteilen [„Der Hauptaspekt der Bedenken bei der Kommunikation mit dem Kunden ohne den Vertrieb liegt darin, dass leider zu viele schwer zu sortierende und undifferenzierte Wünsche der Kunden geäußert werden."]. Darüber hinaus bestehen Bedenken über eine fehlende Akzeptanz durch die Mitarbeiter [„Eine zentrale Etablierung eines Customer Knowledge Managers würde vermutlich negativ bewertet und als Aktionismus abgetan." und „Die Bedeutung von Kundenwissen zu erkennen, ist sicherlich auch ein Generationenproblem: bei vielen erfahreneren Mitarbeitern ist die Mentalität, dass die Kunden das kaufen sollen, was wir machen, mit Sicherheit noch da."] und die Angst vor einem möglichen Wissensabfluss.

7.1.3 Theoriebildung und Modellierung der zentralen Fragenkategorien

Das Management von Kundenwissen bzw. CKM beinhaltet ein Spektrum an Kundenwissensarten, das von „Wissen über den Kunden" über „Wissen des Kunden" bis zu „Wissen für den Kunden" reicht. Die Breite des Verständnisses dieses Konstrukts variiert in Abhängigkeit vom funktionalen Fokus.
Schnittstellen zum Kunden können sich in sämtlichen Phasen der Leistungserstellung ergeben. Die Kundenkontaktaufnahme wird jedoch vorwiegend von den „kundennahen" Funktionsbereichen aus initiiert und gesteuert. Somit dominiert deren Intention die Interaktion mit dem Kunden. Die Kundenwissensakquisition dient primär der Wissenslückenbeseitigung dieser Bereiche. Bestehen Wissenslücken in anderen Unternehmensbereichen, so kann nicht sichergestellt werden, dass das benötigte Kundenwissen unternehmensweit zur richtigen Zeit, in der richtigen Form, im richtigen Umfang an die richtigen Stellen transferiert wird.

Segmentierungskriterien werden vor allem bei den Geschäftskunden im B2B-Bereich angewendet. Endkunden zeichnen sich vor allem durch ihre Heterogenität aus, was die Festlegung allgemein gültiger Segmentierungskriterien erschwert, sodass häufig auf eine Clusterung nach Transaktionsvolumen zurückgegriffen wird. Eine Selektion der Kunden nach dem vermuteten Wissenspotenzial („Kundenkompetenz") wird durch die Kriterien Beziehungsdauer und -intensität, sowie nach Absatzgesichtspunkten beeinflusst.

Aufgrund der unterschiedlichen Definitionsansätze und der damit verbundenen Interpretationsschwierigkeiten des Kundenwissens existiert in der Praxis kein einheitliches Bild über die Wissensträger, die Wissensquellen oder die Art des Kundenwissens.[928] Daher werden in den funktionalen Unternehmensbereichen jeweils bereichsspezifische Instrumente angewandt, mit denen Wissen ermittelt wird, das von den anderen Bereichen selten genutzt werden kann.

Unternehmen sehen im Kundenwissen nicht nur eine wichtige Quelle für Produktverbesserungen, sondern auch für Innovationen. Somit sind sie Initiator und Motor für das laufende und zukünftige Geschäft. Bestimmte Kundengruppen, z. B. Geschäftskunden oder Schlüsselkunden, stehen im Zentrum der Betrachtung. Sie gelten als besonders aussichtsreiche Kooperationspartner, um die Kompetenzen des Unternehmens zu erweitern. Gerade ihre exponierte Beziehung zum Unternehmen macht sie zum attraktiven Partner.

Über die Beziehungskomponente hinaus wird eine Integration des Kundenwissens zusätzlich durch die Ausrichtung der funktionalen Bereiche beeinflusst. Nicht immer sind die Bereiche, die das Kundenwissen benötigen auch diejenigen, die das Kundenwissen erheben. Da Wissen immer im Kontext interpretiert wird, bestimmen nicht nur ressourcenimmanente Aspekte, wie z. B. die Kundenwissensart, die Wissensform oder das Integrationspotenzial, sondern auch die Erhebungsmethoden (direkte oder indirekte Instrumente und interaktive oder passive Instrumente zur Kundenwissensermittlung und -integration) die Art und den Umfang des zu erhebenden Wissens.
In fünf der acht untersuchten Unternehmen werden Methoden zur interaktiven Wissensübermittlung angewendet: durch Mitarbeiterentsendung, gemeinsame Produkttests oder Co-Produktion können Kooperationspartner auch implizites Wissen austauschen, was die Bandbreite und Komplexität der erforderlichen Instrumente zum Wissenstransfers erweitert.

---

[928] Unter die verschiedenen Arten des Kundenwissens fallen bspw. das Wissen über Produktverbesserungen oder Innovationsideen.

Die Speicherung und Verteilung des Kundenwissens erfolgt primär in den kundennahen Bereichen und mit Hilfe von IuK-Instrumenten. Oft wird eine unternehmensweite Nutzung durch interne Barrieren erschwert, wie z. B. Bereichsegoismen und Abteilungsdenken, wobei sich die funktionalen Bereiche hinsichtlich der Herausforderungen und Barrieren, die sie in einem Kundenwissensmanagement sehen, unterscheiden. Da Wissen in diesen Fällen nicht weitergegeben wird, kann es auch nicht der organisationalen Wissensbasis hinzugefügt werden.

Der Einsatz von Controllinginstrumenten und die Evaluation von Kundenwissen sind von der Reichhaltigkeit des eingesetzten Kundenintegrationskonzepts (wie bspw. CRM oder CKM) abhängig:[929] je detaillierter das eingesetzte Instrumentarium, desto umfangreichere Analysen und Bewertungen lassen sich durchführen.

Das gegenseitige Vertrauen und das Bedürfnis nach einer stabilen Hersteller-Abnehmer-Relation bilden die Schwerpunkte der Beziehung zwischen dem Unternehmen und seinen Kunden. Bei Kunden wird eine Selbstmotivation zur Wissens(mit)teilung vorausgesetzt, die durch die Unmittelbarkeit der Beziehung und die Beziehungsintensität zum Herstellerunternehmen angeregt wird. Diese Beziehungskomponenten beeinflussen wiederum die Wahl der Kooperationsinstrumente.

Aus den obigen Folgerungen lassen sich die Anforderungen und Fragen für die anschließende Untersuchung ableiten:

1. Neben einem allgemeinen Teil zur Klassifikation des Unternehmens und der befragten Person sollte das Verständnis des Konstrukts Kundenwissen und Kundenwissensmanagement bzw. CKM untersucht werden.
2. Die Funktion der befragten Person im Unternehmen zeigte sich in der Voruntersuchung prägend für das Verständnis von Kundenwissen und anderen Themenkomplexen. Für die weiteren Untersuchungen sollte daher sichergestellt werden, dass die zu befragenden Experten aus diversen Funktionsbereichen stammen.
3. Im Fragebogen sollte zwischen verschiedenen Kundengruppen unterschieden werden: Beziehungskomponenten (z. B. im B2B-Bereich) und Kundenlatenz

929 Siehe hierzu auch die Diskussion zur Reichhaltigkeit von Kommunikationsmedien in Kapitel 4.4.4.3

(z. B. Schlüsselkunden) beeinflussen die „Kundenkompetenzvermutung" der Unternehmen bei der Auswahl der geeigneten Kooperationspartner.

4. Die einzelnen Phasen der Leistungserstellung erwiesen sich als zentral für die Ermittlung der Schnittstellen von Kunde und Unternehmen und die eingesetzten Ermittlungs- und Integrationsinstrumente. Da weder die Quellen, noch Instrumente zur Ermittlung und Integration des Kundenwissens eindeutig bestimmbar waren, sollte die empirische Untersuchung diese Punkte strukturiert fokussieren.
5. Welches Kundenwissen für welche Unternehmensprozesse bzw. Unternehmensbereiche interessant ist und dort benötigt wird, sollte aufgrund der Uneinheitlichkeit der Antworten aus der Vorstudie mittels einer vorstrukturierten Auswahl erhoben werden.
6. Eine Abfrage von Barrieren, Chancen und Risiken eines Kundenwissensmanagements sollte nicht in direktem Zusammenhang mit anderen Fragen erfolgen, da das Kundenwissenskonzept und die eingesetzten Ermittlungs- und Integrationsinstrumente unterschiedlichen Herausforderungen im Unternehmen begegnen müssen.

Die o. g. aufgeführten Anforderungen und Fragen stehen nicht konträr zu den in Kapitel 6 vorgeschlagenen Propositionen, sondern flankieren ergänzend die dort postulierten Aussagen im Sinne der Grounded Theory. Sie bilden damit nicht nur zusätzliche aus der Praxis abgeleitete Nebenbedingungen für das weitere Vorgehen, sondern konkretisieren weiterhin den Untersuchungsgegenstand „Kultivierung von Kundenwissen".

7.2 Aufbau und Rahmendaten der Erhebung

Die folgende empirische Analyse baut auf den theoriegeleiteten und empirischen Erkenntnissen der vorangegangenen Kapitel auf und führt den Weg einer sich bildenden Gesamttheorie konsequent weiter. Nach einer Darstellung der methodischen Grundlagen und des Aufbaus der Befragung werden die in Kapitel 6 aufgestellten Propositionen auf Basis der Antworten aus der unternehmerischen Praxis untersucht.

7.2.1 Fragebogenaufbau und Erhebungsgrundlage

Aufbauend auf den Zielsetzungen und den Erkenntnissen der empirischen Voruntersuchung, erfolgte die zweite Datensammlung per Fragebogen.[930] Dieser Teil der Erhebung stützt sich in wesentlichen Punkten auf die begriffs- und theoriebildenden Methoden der vorherigen teilstrukturierten Befragung. Um eine Vergleichbarkeit der Ergebnisse zu sicherzustellen, wurden die Freiheitsspielräume des Befragten bei dieser Erhebung stark eingeschränkt, in dem bis auf wenige Ausnahmen geschlossene Fragen gestellt wurden.[931]

Der erste Teil des Fragebogens dient der Klassifikation der Unternehmen und der befragten Experten. Der zweite Teil enthält Fragen zur Kundenstruktur sowie Assoziationen zu Kundenwissen, Wissensmanagement und Kundenwissensmanagement. Im dritten Teil werden konkrete Fragen zur Interaktion der Unternehmen mit ihren Kunden gestellt, wobei unternehmensgesteuerte und interaktive Instrumente zur Ermittlung und Integration des Kundenwissens im Vordergrund stehen.

Die Befragung wurde im Zeitraum von Dezember 2003 bis Oktober 2004 durchgeführt. Für die Auswahl der Stichprobe waren folgende Anforderungen maßgeblich:

1. hohe Rücklaufquote,[932]
2. unterschiedliche Funktionalbereiche und Hierarchieebenen innerhalb der Unternehmen,[933]
3. hoher Anteil Großunternehmen und sehr großer Unternehmen,[934]

---

930 Vgl. zu dieser Methode bspw. Atteslander (2003), S. 145 ff. oder Kromrey (2002), S. 359 ff.

931 Vgl. zur Fragebogenanalyse z. B. Friedrichs (1990), S. 198 f.

932 Eine hohe Rücklaufquote soll sicherstellen, dass die Ergebnisse innerhalb der Zielgruppe repräsentativ sind.

933 Unterschiedliche Verständnisse des Begriffs Kundenwissens zeigten sich bereits in der Vorstudie. Um möglichst viele Facetten, Ermittlungsmethoden und Integrationspotenziale des Kundenwissens zu untersuchen, soll das Interpretationsspektrum nicht durch die Funktion der Befragten festgelegt sein.

934 Die Sicherstellung der weitestgehenden Nutzung von Synergien in der Organisations- und Kommunikationsstruktur stellt eine wesentliche Anforderung an die Zusammenarbeit im Unternehmen dar. Große und sehr große Unternehmen besitzen im Allgemeinen eine komplexe interne Struktur. Spezialisierung und die Verteilung von Wissen sind in diesem Kontext stärker ausgeprägt als bei Kleinstunternehmen, die eine geringere interne Komplexität aufweisen. Die Koordination der Wissensströme in Kleinstunternehmen basiert in der Regel vorwiegend auf Selbstabstimmung und weniger auf formalisierten Kommunikationsstrukturen (vgl. dazu die Studien von Freise et al. (2002), S. 332 f.).

4. Schwerpunktlegung auf produzierenden Unternehmen mit komplexen Gütern,[935]
5. großer Anteil an Unternehmen mit Geschäftskunden (B2B-Bereich)[936] und
6. unbedeutender bis kein Anteil an Kunden aus staatlichen Institutionen und der öffentlichen Verwaltung (B2A- und B2G-Bereich).[937]

Die Erfüllung dieser Anforderungen an die Stichprobe wird in den folgenden Kapiteln überprüft.

Insgesamt wurden 453 Unternehmen kontaktiert. Um die Teilnahmebereitschaft und das Interesse für die Thematik zu ermitteln, wurde mit 200 Unternehmen zunächst ein Telefongespräch geführt, 150 Unternehmen erhielten eine Studienankündigung mit der Bitte um Rückmeldung per E-Mail. Bei weiteren 103 Unternehmen erfolgte keine Vorabinformation über die Studienzwecke. Der Fragebogen wurde anschließend 300 Studienteilnehmern zugeschickt. Von diesen Teilnehmern sandten 45 den Fragebögen ohne Nachfassaktion ausgefüllt zurück. Um die Rücklaufquote zu erhöhen, wurde eine zweite Telefonaktion durchgeführt, bei der die namentlich bekannten Ansprechpartner nochmals gebeten wurden, sich mit dem Fragebogen zu befassen. Durch die zweite Telefonaktion konnten weitere 30 Datensätze gewonnen werden. Die erreichte Rücklaufquote liegt insgesamt bei 25 %. Tabelle 17 beschreibt das Vorgehen der Erhebung und die gewonnenen Rückläufe.

Eine Auswertung der Telefongespräche mit den Unternehmen zeigte, dass der Kontakt zu den Unternehmen durch die bisher geringe Strukturiertheit des Kundenwissenskonzepts erschwert wurde. Zudem bestehen erhebliche Unterschiede in der

---

935 Die branchenspezifische Fokussierung basiert auf der These, dass Hersteller hochpreisiger und komplexer Produkte in einem intensiveren Kundenkontakt stehen als bspw. Konsumgüterhersteller die eine hohe Anzahl an Produkten für einen anonymen Markt fertigen.

936 Gegenüber Endkunden, die oftmals durch sehr umfangreiche Produktkataloge bedient werden, sind Geschäftskunden klar definiert und ihnen wird eine eher kleine Anzahl an Produkten angeboten. Da es sich bei Geschäftskunden ebenfalls um Unternehmen handelt, ist eine Kopplung der Geschäftsprozesse möglich: Somit kann die Integration ihres Wissens in die Wertschöpfungskette zielgerichtet erfolgen. Im Kontakt mit Geschäftskunden stehen feste Handelsbeziehungen und die Automatisierung von Geschäftsprozessen im Vordergrund. Der Wert der Transaktionen ist im Vergleich zu B2C-Beziehungen höher, die Transaktionsrate jedoch niedriger (vgl. Scholz (2008), S. 1 f.).

937 Aus der Vorstudie ging hervor, dass öffentliche Ausschreibungen häufig anderen Erfordernissen unterliegen als Auftragsvergaben in der Industrie. Da diese Differenzierung nicht Gegenstand der vorliegenden Arbeit ist, soll von einer Befragung von Unternehmen, deren Kunden hauptsächlich dem öffentlichen Bereich zuzuordnen sind, abgesehen werden.

Begriffsdeutung. Vor diesem Hintergrund kann die Rücklaufquote von 25 % als hoch angesehen werden.[938]

Menge	Gesamtheit	1. Abstufung	2. Abstufung
1. kontaktierte Unternehmen	453		
1.1 telefonisches Vorgespräch		200 [44 %]	
1.2 Vorankündigung per E-Mail		150 [33 %]	
1.3 ohne Vorabinformation		103 [23 %]	
2 Absagen aus dem Kontakt	153 [34 %]		
2.1 Thema uninteressant		3 [2 %]	
2.2 Zeitgründe		14 [9 %]	
2.3 keine Angabe oder sonstige Gründe		136 [89 %]	
3. versandte Fragebögen	300 [66 %]		
3.1 Rücklauf		75 [25 %]	
3.1.1 ohne Nachfassaktion			45 [60 %]
3.1.2 mit Nachfassaktion			30 [40 %]
3.2 ohne Rücklauf		225 [75 %]	
3.2.1 Zeitgründe			94 [42 %]
3.2.2 keine Angabe oder sonstige Gründe			131 [58 %]

Tabelle 17: Zusammensetzung der Stichprobe

7.2.2 Charakterisierung der befragten Unternehmen

Die Adressierung der Fragebögen bzw. die Bestimmung der *Zielpersonen* innerhalb der Unternehmen wurde den Unternehmen selbst überlassen. Die Umfrage ergab, dass CKM in erster Linie als Aufgabe der oberen Hierarchiebereiche begriffen wird:[939] Unter den Personen, die den Fragebogen ausfüllten, befanden sich 35 % Geschäftsführer und 51 % Bereichs- und Abteilungsleiter.[940] Disziplinär war der Großteil der Befragten der Unternehmensleitung (35 %) sowie den Bereichen Vertrieb (24 %) und Marketing (22 %) zuzurechnen.[941]

[938] Vgl. hierzu Nr. 1 der Anforderung zur Auswahl der Stichprobe

[939] Die Frage nach der Unternehmensfunktion war offen formuliert und ergab 72 gültige Antworten.

[940] Die restlichen 14 % setzten sich aus Sachbearbeitern der unterschiedlichen Fachbereiche zusammen.

[941] Vgl. hierzu Nr. 2 der Anforderung zur Auswahl der Stichprobe. Weitere Befragte stammten aus den Bereichen Service/ Support (7 %), Controlling (4 %) und Strategische Planung (3%), sowie jeweils 1 % aus dem CRM-, Produkt-, IT- und Personalmanagement.

Neben den Unternehmenszielen beeinflussen Rahmenbedingungen, wie Unternehmensgröße, Unternehmensstruktur, Branche und Unternehmenskultur, die Gestaltungsdimensionen des Wissensmanagements.[942] Ab einer bestimmten Unternehmensgröße tritt ein erhöhter Koordinationsbedarf auf, der eine Organisation der Wissensflüsse erfordert. Um die Bedeutung von CKM und seine Relevanz für die Praxis auszuloten, wurden Unternehmen unterschiedlicher Größe befragt. Das *Größenkriterium* basiert auf zwei Messgrößen: die Anzahl der Mitarbeiter und der durchschnittliche Jahresumsatz.[943] Eine Clustereinteilung nach der Anzahl der Mitarbeiter zeigt,[944] dass die befragten Unternehmen insbesondere den Großunternehmen und sehr großen Unternehmen zuzuordnen sind (siehe Tabelle 18).[945] Erwartungsgemäß stehen Belegschaftsgröße und Jahresumsatz in einem positiven Zusammenhang.[946]

Unternehmensgröße nach Mitarbeiteranzahl		**Unternehmens-verteilung**	**durchschnittlicher Jahresumsatz**[947]
sehr große Unternehmen	≥ 2.500	29 %	5.901.161
Großunternehmen	250 - 2.499	35 %	128.770
mittelgroße Unternehmen	50 - 249	14 %	18.925
Kleinunternehmen	10 - 49	19 %	7.785
Kleinstunternehmen	0 - 9	3 %	300
Summe		100 %	–

Tabelle 18: Auswertung der Unternehmensgröße nach Mitarbeiteranzahl und Umsatz

Die meisten der befragten Experten kommen aus der *Unternehmensbranche* Maschinenbau (31 %), weitere 15 % aus dem Bereich Elektronik, 14 % aus dem Bereich Dienstleistungen und 9 % aus dem Bereich Fahrzeugbau. Jeweils 5 % der befragten Unternehmen sind in den Branchen Büromaterial/ Papier und Tele-

[942] Vgl. Ohlhausen et al. (2002), S. 364

[943] Siehe hierzu auch die Anforderungen an die qualitative Studie in Kapitel 7.2.1 und die Begründungen dort

[944] Da die 72 gültigen Antworten zwischen 2 und 230.000 Mitarbeitern mit einer Standardabweichung von 29.117 eine sehr weite Spannweite abdecken, wurden Cluster gebildet, die sich an den Kriterien der Kommission der Europäischen Union orientieren (vgl. EU-Kommission (2006)).

[945] Vgl. hierzu Nr. 3 der Anforderung zur Auswahl der Stichprobe

[946] Der Korrelationskoeffizient zwischen der Anzahl der Mitarbeiter und dem Jahresumsatz beträgt 0,987 und ist auf dem Niveau von 0,01 signifikant (N = 61). Da der erhöhte Koordinationsbedarf stärker durch die Anzahl der Mitarbeiter als durch die Höhe des Jahresumsatzes determiniert ist, wird im weiteren eine mitarbeiterbasierte Einteilung der Unternehmen nach ihrer Größe verwendet.

[947] In Tausend Euro

kommunikation/ EDV tätig, jeweils 4 % in den Bereichen Lebensmittel, Baustoffe und Metallerzeugnisse. 3 % entfallen jeweils auf die Branchenzweige Transport und Verkehr, Chemie und pharmazeutische Produkte. Die Verteilung zeigt, dass die Unternehmen aus diversen Branchen stammen, wobei der Maschinen- bzw. Anlagenbau den Schwerpunkt bildet.[948]

Aus der Vorstudie ging hervor, dass Aktivitäten zur Integration des Kundenwissens vielfach von der Heterogenität der *Kundenstruktur* abhängen. Neben der Kenntnis der absoluten Anzahl der Kunden ist es zur Beurteilung der Kundenstruktur wichtig, ob es den Unternehmen möglich ist, sich auf wenige Kunden zu konzentrieren (siehe dazu Tabelle 19).

Unternehmensverteilung nach Kundenanzahl[949]		**Großkunden-/ A-Kunden-Anzahl**
5.000 Kunden und mehr	24 %	8.738
1.000 - 4.999 Kunden	26 %	408
100 - 999 Kunden	30 %	74
50 - 99 Kunden	14 %	19
unter 50 Kunden	6 %	7
Summe	100 %	–

Tabelle 19: Unternehmensverteilung nach Kundenanzahl und durchschnittliche Großkundenanzahl

Die Fokussierung auf einen bestimmten Kundenkreis erfordert eine Intensivierung der Unternehmensanstrengungen und mündet nicht selten in ein enges Kooperationsverhältnis. Daher besitzen Unternehmen mit einer gewissen Anzahl an A-Kunden bereits vielfach erste Kooperationserfahrungen. Um diese These zu untermauern, wurden die Experten nach dem der Anteil der Großkunden, die 80 % des Umsatzes ausmachen, befragt. Bezogen auf die jeweilige Kundenanzahl ergibt sich bei dem jeweiligen Großkundenanteil folgendes Bild (Abbildung 29).

948 Vgl. hierzu Nr. 4 der Anforderung zur Auswahl der Stichprobe

949 Es konnten 66 Antworten ausgewertet werden. Der Minimalwert lag bei 60, der Maximalwert bei 220.000. Der Durchschnitt betrug 13.670, die Standardabweichung 41.767. Zur Operationalisierung wurde eine Einteilung der Kundenanzahl in sehr wenige (<50), wenige (<100), mittel (<1.000), viele (<5.000) und sehr viele Kunden (≥5.000) vorgenommen.

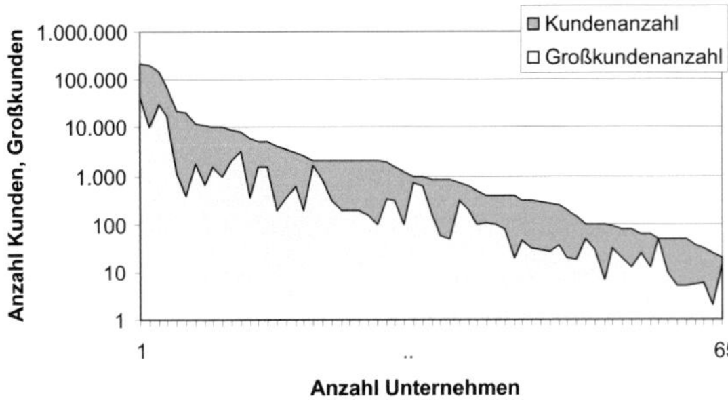

Abbildung 29: Anzahl der Kunden und Anzahl der Großkunden der befragten Unternehmen[950]

Eine erfolgreiche Selektion von Kunden, die für eine Wissenskooperation geeignet sind, beruht nicht nur auf der Kenntnis des Kundenumfangs und der Kundenstruktur, sondern auch auf der Kenntnis der Kundenart. Um die aussichtsreichsten Kunden gezielt anzusprechen und in die Unternehmensprozesse zu integrieren, werden die Kunden nach Art des Kooperationsverhältnisses unterteilt.

Kundenart	Unternehmensverteilung
Geschäftskunden (B2B)	71 %
Endkunden (B2C)	11 %
Geschäftskunden und Endkunden (B2B und B2C)	18 %
Summe	100 %

Tabelle 20: Kundentypologie

Bei den meisten Unternehmen wird die Kundenstruktur durch Geschäftskunden dominiert, lediglich 11 % bedienen überwiegend Endkunden und 18 % der Unternehmen ordnen ihre Kunden sowohl dem B2B- als auch dem B2C-Bereich zu.[951] Unternehmen, die vorwiegend Kunden aus staatlichen Institutionen und der öffentlichen Verwaltung bedienen, nahmen an der Befragung nicht Teil.[952]

950 Darstellung in abnehmender Reihenfolge, Skala logarithmisch.
951 Vgl. hierzu Nr. 5 der Anforderung zur Auswahl der Stichprobe
952 Vgl. hierzu Nr. 6 der Anforderung zur Auswahl der Stichprobe

7.3 Überprüfung der Propositionen

Basierend auf den vorangehenden theoriegeleiteten Ausarbeitungen zu den drei Kultivierungsdimensionen des CKM wurden in Kapitel 6 Propositionen abgeleitet. Als übergreifende und integrative Aussagen beinhalten sie faktor-, akteurs- und aktionsbezogene Aspekte, die im folgenden Kapitel anhand der empirischen qualitativen Analyse untersucht und fundiert werden.

7.3.1 Proposition 1: Kundenwissen und Unternehmensperformance

> Eine (differenzierte) Berücksichtigung von Kundenwissen erhöht die Unternehmensperformance.

Die Vorstudie hat bereits gezeigt, dass der Begriff Kundenwissen inhaltlich unterschiedlich bestimmt wird. Eine isolierte Fokussierung innerhalb dieser Arbeit – entweder auf das „Wissen des Kunden", das „Wissen über den Kunden" oder das „Wissen für den Kunden" – wird dem zugrunde liegenden Verständnis der Befragten nicht gerecht. Somit ist eine alle drei Kategorien umfassende Interpretation gefordert, die es erlaubt ein breiteres Spektrum von Kundenwissen zu ermitteln. Zu Beginn der Untersuchung wurden die Unternehmensvertreter daher befragt, was sie ad hoc mit dem Begriff „Kundenwissen" assoziieren (Tabelle 21).

Wissensart	Nennungen
Wissen des Kunden	52 %
Wissen über den Kunden	37 %
Wissen für den Kunden	11 %
Summe	100 %

Tabelle 21: Verständnis von Kundenwissen[953]

Die Antworten zeigen, dass für über die Hälfte der Befragten eine sehr starke Assoziation zwischen Kundenwissen und „Wissen des Kunden" besteht, während ein Drittel unter Kundenwissen das „Wissen über den Kunden" versteht. Eine gedankliche Verbindung zwischen Kundenwissen und „Wissen für den Kunden" ist für rund

[953] Bei dieser Frage waren Mehrfachantworten nicht zugelassen.

ein Zehntel der Befragten gegeben. Ein umfassendes Verständnis von Kundenwissen sollte alle drei Inhalte berücksichtigen. Ausgehend von diesem breiten Verständnis von Kundenwissen werden die positiven Effekte, die Kundenwissen auf die Unternehmensperformance hat, insgesamt hoch eingeschätzt: 89 % der befragten Unternehmen schätzen den Nutzen, den Unternehmen aus einer strukturierten Bearbeitung des Kundenwissens ziehen, groß bis sehr groß ein (Abbildung 30). Lediglich 10 % der Befragten beschreiben den erwarteten Mehrwert als mittelmäßig, 1 % der Befragten als gering.

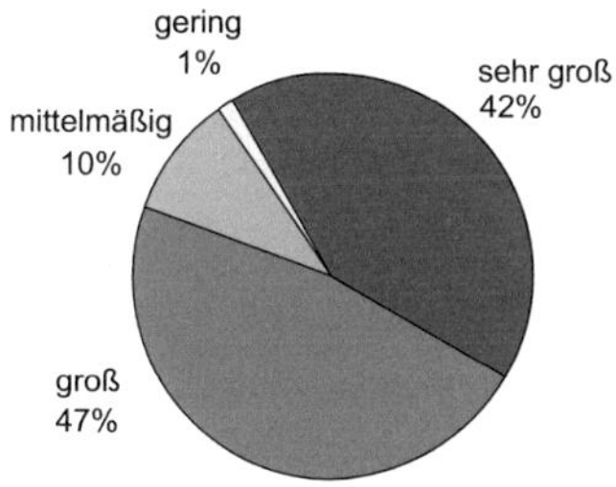

Abbildung 30: Erwarteter Nutzen von Kundenwissen

Auch wenn bei diesem Ergebnis zu vermuten ist, dass sich primär diejenigen zu einer Teilnahme an dieser Studie bereit erklärt haben, die dem Kundenwissen eine besondere Bedeutung beimessen, bestätigen die Antworten, dass der vermutete Mehrwert, den eine systematische Nutzung von Kundenwissen leisten kann, als groß bis sehr groß angesehen wird.

7.3.2 Proposition 2: Einsatz kundenorientierter Konzepte

> Der zunehmende Wettbewerbsdruck führt zur Umsetzung kundenorientierter Konzepte und zur Integration von Kundenwissen in das Wissensmanagement.

In einer vertieften Analyse zur Bedeutung des Kundenwissens in Unternehmen wurde untersucht, welche Relevanz kundenorientierte Konzepte in der unternehmerischen Praxis haben. Über die Untersuchung der bereits vorhandenen Instrumente hinaus – „Welche kundenorientierten Konzepte werden in den Unternehmen der Umfrageteilnehmer derzeit eingesetzt?“ – wurde dabei auch gefragt, welche konkreten Planungen bereits absehbar sind: „Welche Konzepte sollen innerhalb der nächsten drei Jahre eingesetzt werden?“ Die vorstrukturierte Antwortauswahl umfasste die drei vielfach in der Literatur zum Kunden- und Wissensmanagement thematisierten Konzepte Kundenbindungsmanagement, CRM und Kundenintegration[954] sowie CKM.

Das Ergebnis zeigt, dass insgesamt 93 % der befragten Unternehmen zumindest eins dieser Kundenkonzepte umsetzen oder dessen Einsatz planen, wobei 60 % der Befragten zumindest ein Instrument bereits seit mehr als drei Jahren anwendet. Dabei wurde die Annahme bestätigt, nach der sich Kundenorientierung und Kundenbindung als kundenorientierte Konzepte bereits bewährt haben.[955] Dass zudem 47 % der Befragten planen, in naher Zukunft mindestens ein weiteres Instrument einzusetzen unterstreicht darüber hinaus die Aktualität des Themas. Neben den drei bekannten Kundenkonzepten Kundenbindungsmanagement, CRM und Kundenintegration zeichnet sich der neue Ansatz des CKM durch einen relativ hohen Bekanntheitsgrad aus. In Abbildung 31 wird offensichtlich, dass rund ein Drittel der Unternehmen (34 %) ein CKM oder ein vergleichbares Konzept bereits institutionalisiert haben. Ein weiteres Viertel plant in absehbarer Zeit den Einsatz eines CKMs (23 %).

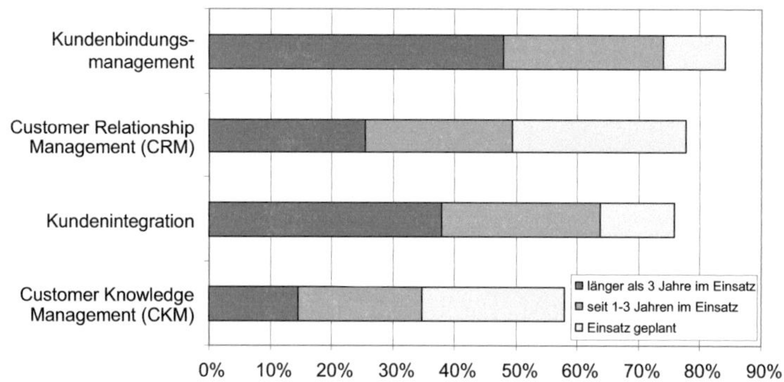

Abbildung 31: Einsatz kundenorientierter Konzepte

954 Vgl. bspw. Diller (1996), Witt (2004), Töpfer (2001), Gamble et al. (2006), S. 210 ff., Stauss (2006) und Tomczak et al. (2006) zur Kundenbindung, Rapp (2000), Gerecke (2001), Maciejewski (2002), Sexauer (2002), Bose/ Sugumaran (2003), Rowley/ Haynes (2005), S. 176 ff. und Grabner-Kräuter/ Schwarz-Musch (2006) zu CRM sowie Dahlke/ Kergaßner (1996), Jacob (1996), Kleinaltenkamp (1996), S. 10 ff., Plinke (1996), Mangold (2002), Dorsch/ Walcher (2004) und Lüthje (2004) zu Kundenintegration.

955 Vgl. hierzu die Diskussion in den Kapiteln 2.1.1.1 und 2.1.1.3. Siehe zu diesem Zusammenhang auch Mieth (1989), Deshpandé et al. (1993), Lengnick-Hall (1996), Homburg/ Werner (1998), Bailom/ Tschemernjak (1998), Zahn et al. (2003b), Bruhn (2002), Bruhn (2006), Stahl (2006) sowie Gierl/ Gehrke (2004), Schaffry (2004) und Tomczak et al. (2006).

Kundenwissen wird erst dann zur wertvollen Ressource, wenn es in entsprechende Unternehmensaufgaben integriert wird.[956] Damit es in Aufgabenstellungen einbezogen werden kann, muss es im Unternehmen lokalisiert und verfügbar gemacht werden (Kundenwissen als interne Ressource) und/oder von Außen in das Unternehmen diffundieren und vom Unternehmen anschließend absorbiert werden (Kundenwissen als externe Ressource).[957] Ziele der Kundenwissensintegration sind die Verbreiterung der Ressourcenbasis und die Erweiterung der Unternehmenskompetenzen.

Die Befragung zur Relevanz des Kundenwissens ergab, dass 34 % der Unternehmen das Kundenwissen als festen Bestandteil des Wissensmanagements betrachten und es in ihre Wertschöpfungsaktivitäten integrieren (vgl. dazu Abbildung 32). 37 % der Interviewpartner gaben an, dass die unternehmerische Wissensbasis zwar Kundenwissen enthält, dieses jedoch nicht explizit analysiert oder verarbeitet wird. In 29 % der Unternehmen wird nicht festgestellt, ob und in wie weit Kundenwissen Teil des Wissensmanagementsystems ist oder es spielt für die laufenden Unternehmensprozesse nur eine untergeordnete Rolle.

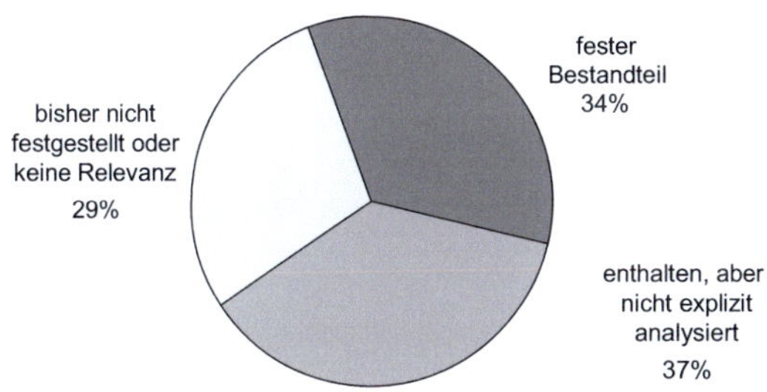

Abbildung 32: Rolle des Kundenwissens im Wissensmanagement

Zusammengefasst bestätigt die Befragung somit, dass kundenorientierte Konzepte stark eingesetzt werden und das Kundenwissen häufig ein Teil des Wissensmanagements von Unternehmen ist.

956 Vgl. dazu auch Von Krogh/ Roos (1995), S. 62, Slater/ Narver (1995), S. 65, Von Krogh et al. (2001), S. 425

957 Vgl. zu den einzelnen Wissenstransformationsstufen und deren differenzierte Betrachtung Kapitel 3.6 sowie zum modifizierten Regelkreislauf des Wissensmanagements und den Schnittstellen zwischen Unternehmen und Unternehmensumwelt Kapitel 5.3.1

7.3.3 Proposition 3: Chancen der Interaktion

Proposition 3.1: Interaktionsbeziehungen zwischen Kunden und Unternehmen erweitern die Wissensbasis von Unternehmen.

Proposition 3.2: Interaktionsbeziehungen zwischen Kunden und Unternehmen verbessern die Innovationsfähigkeit von Unternehmen.

Proposition 3.3: Interaktionsbeziehungen zwischen Kunden und Unternehmen steigern die Beziehungsqualität.

Es wurde bereits dargestellt, dass der erwartete Mehrwert durch die Integration von Kundenwissen in die Unternehmensprozesse von fast 90 % der Befragten als groß oder sehr groß beurteilt wurde. Grundlage und Enabler der Integrationsbestrebungen sind die Interaktionsbeziehungen zwischen Unternehmen und Kunden[958] sowie die Ziele, die durch diese Kooperation erreicht werden sollen. Auf dieser Basis wurden die Fragebogenteilnehmer zunächst nach den Chancen befragt, die sie in einer Integration von Kundenwissen sehen: 90 % der Befragten gaben an, dass die Steigerung der Kundenzufriedenheit für sie im Vordergrund steht (Abbildung 33).

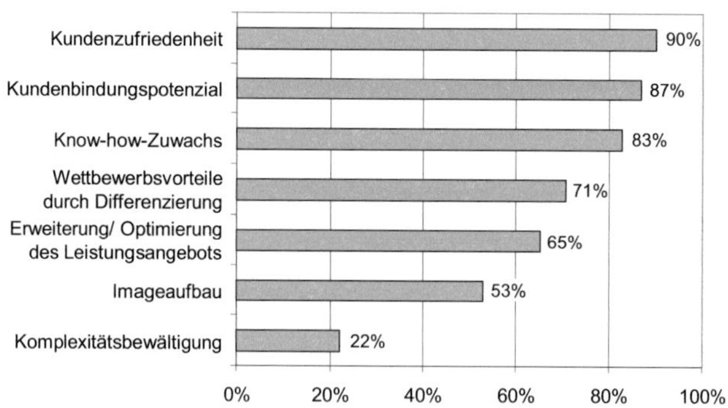

Abbildung 33: Chancen der Integration von Kundenwissen

Da die Kundenzufriedenheit einen nicht unerheblichen Wettbewerbsfaktor darstellt, ist das Verhältnis von Kundenerwartung zu Bedürfnisbefriedigung eine wesentliche

958 Zu den Erfolgsfaktoren sowie den Enablern und Barrieren von Interaktionsbeziehungen zwischen Unternehmen und Kunden siehe Kapitel 4.4.3

Größe zur Differenzierung am Markt.[959] Zu den weiteren kardinalen Chancen, die sich aus der Interaktionsbeziehung zwischen Unternehmen und Kunden ergeben, zählen bei über 80 % der Befragten das Kundenbindungspotenzial und der Know-how-Zuwachs. Rund zwei Drittel der Befragten sehen generell Wettbewerbsvorteile durch Differenzierung sowie die Erweiterung und Optimierung des Leistungsangebots als relevante Chancen an.

Die Kundenzufriedenheit kann über ihre Relevanz als Wettbewerbsfaktor auch als Indikator für die Qualität von Kundenbindungsmaßnahmen und des Qualitätsmanagements[960] interpretiert werden. Auch wenn die genannten Chancen auf Basis der Befragung nicht eindeutig in einen Ursache-Wirkungszusammenhang gestellt werden können, kann davon ausgegangen werden, dass der Know-how-Zuwachs im Verständnis organisationalen Lernens und die Erweiterung bzw. Optimierung des Leistungsangebots Unterziele sind, die zur Steigerung der Kundenzufriedenheit und der Kundenbindung beitragen. Bestärkt wird diese Annahme durch die Ziele, welche von den Unternehmen mit der Einführung des CKMs verfolgt werden. Die im Rahmen dieser Studie befragten Experten beabsichtigen mit der Einführung eines CKM die Erreichung verschiedener kunden- sowie wissensbezogener Ziele, wie aus Abbildung 34 ersichtlich wird.

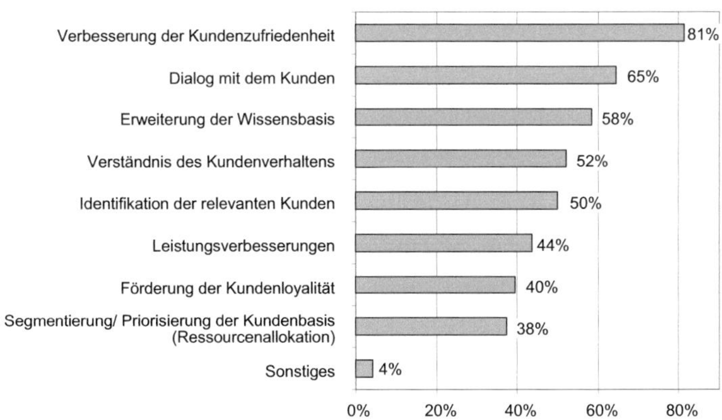

Abbildung 34: Ziele des CKM-Einsatzes

959 Vgl. Diller (1996), S. 90, Günter (1996), Fornell et al. (1996), Gierl/ Bartikowski (2002), Hinterhuber et al. (2003), S. 3 ff. und auch den kritischen Artikel von Stahl et al. (2006)

960 Vgl. Schneider (2000), S 23 ff., Bruhn (2002), S. 125, Huber et al. (2006), S. 69, Matzler/ Bailom (2006), S. 243

Der Großteil der Unternehmen sieht das Hauptziel in der Verbesserung der Kundenzufriedenheit, die auch schon als primäre Chance zur Differenzierung im Wettbewerb identifiziert wurde. Rund zwei Drittel der Unternehmen (65 %) beabsichtigen mit einem CKM einen dauerhaften wechselseitigen Dialog mit dem Kunden zu initiieren, um Informationen auszutauschen. Derartige kontinuierliche Interaktionen bieten nicht nur das Potenzial, die Beziehungsqualität zu verbessern, sondern forcieren auch die Akkulturation beider Partner und begünstigen die Prozessevidenz während des Wissenstransfers.[961] Fast ebenso häufig wurde das Ziel „Erweiterung der Wissensbasis“ (58 %) genannt. Die Interaktion mit dem Kunden dient demnach der Verbreiterung der Ressourcenbasis des Unternehmens, sodass auf dieser Basis neue Kompetenzen und Innovationen generiert werden können.

7.3.4 Proposition 4: Risiken und Probleme der Interaktion

> Wissenstransferaktivitäten finden nur dann statt, wenn für beide Seiten der subjektive Gewinn die subjektiven Kosten übersteigt.

Zu den Grundüberlegungen, ob Kooperationsverhältnisse eingegangen werden, gehört in erster Linie die Analyse des Kooperationspotenzials. Nur wenn die Zusammenarbeit das Potenzial zu beidseitigem Mehrwert bietet, erscheint ein Eingehen zweckmäßig.[962] Im vorangegangenen Kapitel 7.3.2 wurden die ausschlaggebenden Chancen, die bei der Integration von Kundenwissen gesehen werden sowie die angestrebten Ziele des CKM-Einsatzes bereits aufgezeigt. Demgegenüber stehen operative Probleme und strategische Risiken, die sich aus Kooperationsverhältnissen ergeben. Das größte Problem bei der Ermittlung von Kundenwissen liegt aus Sicht von 62 % der Befragten in dem mit der Erhebung verbundenen hohen zeitlichen und finanziellen Aufwand. Die schwere Zugänglichkeit des Kundenwissens stellt für 44 % und die mangelnde Bereitschaft des Kunden zur Kooperation für 40 % der Interviewpartner eine maßgebliche Barriere dar. Unter dem Punkt sonstige Probleme (26 %) wurden Einzelnennungen, wie die fehlende Bereitschaft zur Wissensteilung seitens der eigenen Mitarbeiter, die unsystematische Verarbeitung des Wissens innerhalb

961 Vgl. Prahalad/ Ramaswamy (2003), S. 49 ff. und siehe hierzu auch die Diskussionen zur Sender-Empfänger-Beziehung beim Wissenstransfer in Kapitel 3.5.3.2 und zur Rollenwahrnehmung der Akteure in Kapitel 5.3.2.3.

962 Vgl. Schlick/ Killich (2006), S. 155, Håkansson/ Snehota (1995), S. 2, Halley et al. (2006), S. 5, Gupta/ Govindarajan (2000), S. 475, Hillig (1997), S. 107 f.

des Unternehmens, häufig heterogene Ansichten der Kunden sowie organisatorische Probleme an der Schnittstelle zum Kunden zusammengefasst (Abbildung 35).

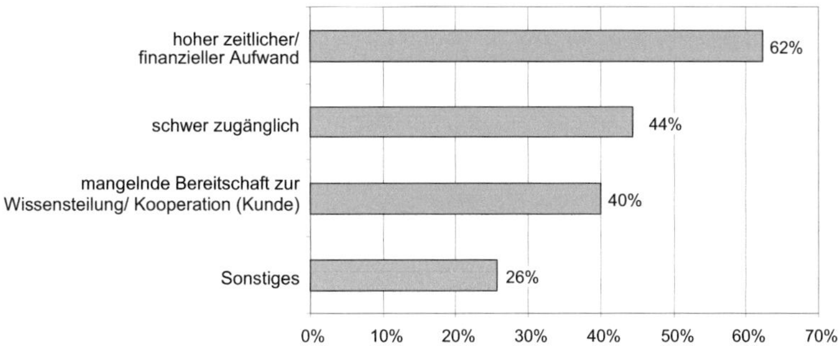

Abbildung 35: Hauptprobleme bei der Ermittlung von Kundenwissen

Basierend auf der Analyse von Chancen und Risiken treffen Unternehmen strategische Entscheidungen bezüglich ihrer Stärken und Schwächen. Während Chancen mögliche Potenziale zur Verbesserung der Wettbewerbsfähigkeit darstellen, implizieren Risiken zugleich einen Handlungsbedarf bzgl. der Bewertung ihrer Eintrittswahrscheinlichkeit und ihrer Schadenshöhe sowie der Einleitung von Gegenmaßnahmen. Zu den Risiken, die für die befragten Teilnehmer mit der Integration von Kundenwissen verbunden sind, zählen neben einem erhöhten Koordinationsaufwand Probleme bei der Wissensverteilung und -bereitstellung sowie mangelnde Kapazitäten im personellen und finanziellen Bereich (Abbildung 36).

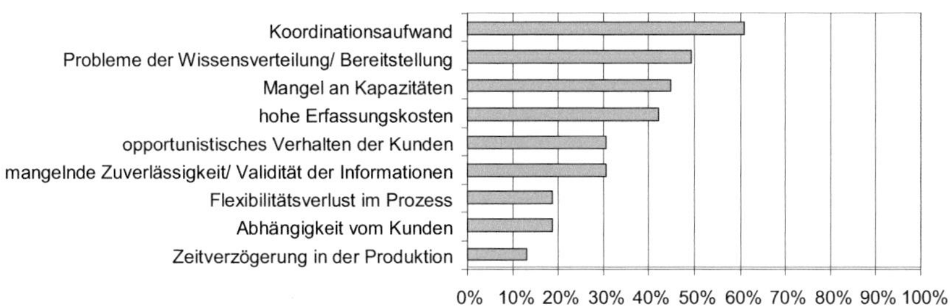

Abbildung 36: Risiken der Integration von Kundenwissen

Bei der Auswertung der Risiken kristallisiert sich der hinter der Kundenwissensintegration stehende Aufwand als erfolgskritische Größe heraus. Bei der Zielbildung sowie bei der Planung des Wissenstransfers ist zunächst der erwartete Nutzen dem Aufwand zur Kundenwissensermittlung und -integration gegenüberzustellen und zu bewerten. Darüber hinaus weisen 44 % und 40 % der Befragten darauf hin, dass die schwere Zugänglichkeit bzw. die mangelnde Bereitschaft des Kunden zur Wissensteilung einen Wissenstransfer erschweren. Daher besteht auch die Notwendigkeit bereits bei der Planung zu beachten, wie der Kunde zu einer Wissensteilung motiviert und mit welchen Instrumenten das gewünschte Wissen erhoben und im Unternehmen verbreitet werden kann.

Zusammenfassend lässt sich feststellen, dass das größte Problem und gravierendste Risiko im internen Aufwand gesehen wird (hoher zeitlicher und finanzieller Aufwand, Koordinationsaufwand, Mangel an Kapazitäten, hohe Erfassungskosten). Einen weiteren bedeutenden Problem- und Risikobereich stellen Lern- und Transferprobleme dar. Hier stehen neben externen, also beim Kunden angesiedelten Problemen und Risiken, wie z. B. schwere Zugänglichkeit des Kundenwissens und mangelnde Bereitschaft des Kunden zur Kooperation, auch interne, d. h. im eigenen Unternehmen angesiedelte Probleme und Risiken, bspw. Probleme bei der Wissensverteilung und -bereitstellung, fehlende Bereitschaft zur Wissensteilung seitens der eigenen Mitarbeiter und unsystematische Verarbeitung des Wissens innerhalb des Unternehmens.[963] Weitaus weniger entscheidend scheinen Risiken im Zusammenhang mit der internen Flexibilität (Flexibilitätsverlust im Prozess und Zeitverzögerung in der Produktion). Die Abhängigkeit vom Kunden und ein opportunistisches Verhalten der Kunden und eine mangelnde Validität der Informationen werden von weniger als einem Drittel der Befragten als Risiko wahrgenommen.

Voraussetzung eines erfolgreichen Austauschs von Wissen ist, dass die Chancen und erreichbaren Ziele gegenüber den Problemen und Risiken dominieren. Ein Vergleich aller Nennungen zu Chancen und Risiken zeigt, dass die absolute Anzahl und die relative Verteilung der Nennungen zu Chancen insgesamt die Nennungen zu Risiken übersteigt (vgl. Abbildung 37).

---

963 Externe Risiken lassen sich durch eine gezielte Suche bei mehr oder weniger allgemein zugänglichen Quellen identifizieren, während interne Risiken sich häufig aus der Routinisierung der Akteure und (finanziellen) Kapazitätsengpässen ergeben.

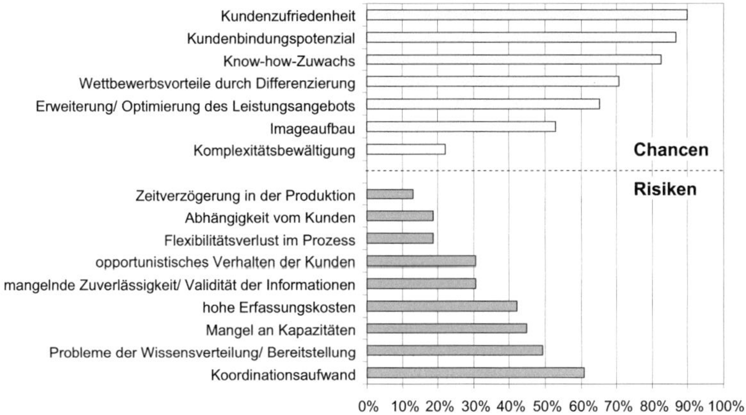

Abbildung 37: Gegenüberstellung von Chancen und Risiken der Integration von Kundenwissen

Das lässt den Schluss zu, dass Interaktionen zwischen Unternehmen und Kunden zur Kundenwissensintegration von den meisten Unternehmen eher als Chance denn als Risiko angesehen werden. Unternehmen gestalten Interaktionsverhältnisse zum Kunden aus der Motivation heraus, zusätzliches Kundenwissen zur Generierung von Wettbewerbsvorteilen zu nutzen und Informationsasymmetrien abzubauen. Durch ihr Leistungsangebot am Markt stehen sie in einem Abhängigkeitsverhältnis gegenüber dem Kunden, der die angebotene Leistung nachfragt. Diese Thesen lassen sich auch auf den Kunden übertragen: Um kundenorientierte Leistungen zu erhalten, sind Kunden bereit, ihr Wissen dem Unternehmen zur Verfügung zu stellen, um im Gegenzug ihr Abhängigkeitsverhältnis vom Unternehmen aktiv zu gestalten.[964] Somit suchen beide Akteursgruppen nach vorteilhaften Positionen und sind bereit, dafür Kooperationsverhältnisse einzugehen.

7.3.5 Proposition 5: Gestaltung der Interaktionsbeziehung

> Die Bedürfnisstruktur einzelner Funktionalbereiche ist nicht mit der anderer Funktionalbereiche kongruent, daher sind Kundenwissensprozesse dezentrale Prozesse.

964 Siehe hierzu auch die Diskussionen zum Verhalten von Prinzipalen und Agenten in Kapitel 4.2.1 und zur Gestaltung von Abhängigkeits- und Delegationsverhältnissen in Kapitel 4.4.1.3.

Nach der Festlegung von Zielen und der Abwägung von Chancen und Risiken folgt im nächsten Schritt die Planung des eigentlichen Wissenstransfers. Inhaltliche und strukturelle Kernelemente dieser Planung sind die Bestimmung der zu transferierenden Wissensinhalte und die Verortung der Transferschnittstellen im Unternehmen.

Den inhaltlichen Einflussfaktor auf die Gestaltung des Wissenstransferprozesses stellt die Art des Kundenwissens dar, das zur Erreichung der Zielsetzung erhoben werden soll. Befragt nach der Art des Kundenwissens, das die befragten Unternehmen bei ihren Kunden vermuten, wird offensichtlich, dass in erster Linie Wissen über aktuelle Produkte und Leistungen erwartet wird (siehe Abbildung 38). Dieses Wissen resultiert aus Erfahrungswerten, welche aus dem Gebrauch des Produktes oder der Nutzung der Leistung gewonnen werden. Auch Kritik und Verbesserungsvorschläge der Kunden bilden eine wesentliche Basis, um bestehende Produkte und Leistungen zu modifizieren. Neben Ideen für neue Produkte und Leistungen wird außerdem bei den Kunden wertvolles Wissen zur Verbesserung bestehender Produkte und Leistungen erwartet.

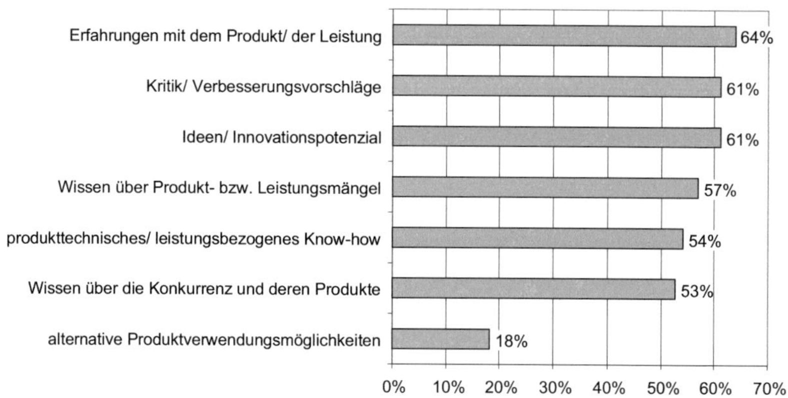

Abbildung 38: Kundenwissensinhalt

Eine strukturelle Analyse liefert Anhaltspunkte dafür, welcher Funktionalbereich Kundenwissen benötigt und welches Wissen für die einzelnen Funktionalbereiche erhoben werden soll. Die erfolgsdeterminierende Wirkung derjenigen Aktivitäten, die an den Schnittstellen zwischen den Partnern stattfinden, zeigte sich bereits in der theoretischen Untersuchung in Kapitel 5. In der empirischen Untersuchung erweist eine detaillierte Betrachtung des *relevanten Kundenwissens in den funktionalen Unternehmensbereichen*, dass die Bedeutung von Kundenwissen für den Service und den Vertrieb insgesamt hoch eingeschätzt wird: 88 % bzw. 84 % der Befragten geben an, Kundenwissen sei für ihre Geschäftstätigkeit relevant bis sehr relevant (Abbildung 39). In den der Leistungserstellung vorgelagerten Unternehmensbereichen Forschung und Entwicklung sowie im Qualitätsmanagement[965] stellt dieses Wissen ebenfalls eine wichtige Quelle dar (83 % und 81 %). Hierbei dient Kundenwissen nicht nur als Input für die Kreation neuer Leistungen, sondern übernimmt auch eine begleitende Trägerrolle bei der Verbesserung von Produkten, Prozessen oder Leistungen jeglicher Art. Für die Bereiche Marktforschung (78 %) und Strategieentwicklung (77 %) schätzen die Befragten diese Ressource vergleichbar wertvoll ein, wie für das Marketing (76 %).

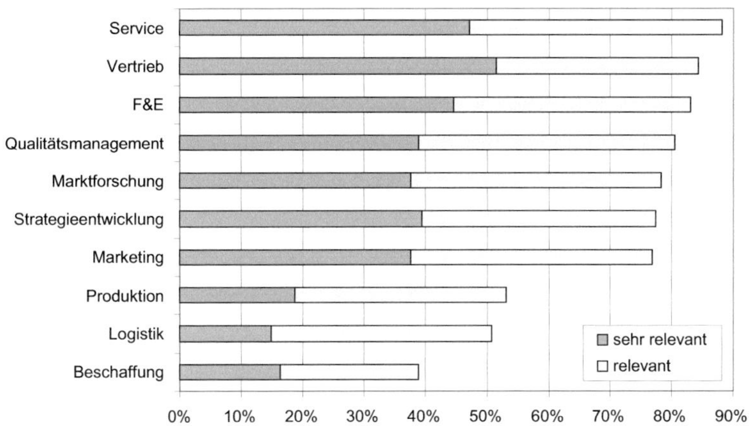

Abbildung 39: Relevanz des Kundenwissens in den Funktionalbereichen

Um zu überprüfen, welche Kundenwissensart die Prozesse der Funktionalbereiche am besten unterstützt, wurden die Experten nach ihrer Einschätzung bzgl. der einzelnen Unternehmensbereiche befragt (Tabelle 22).

---

[965] Der hier verwendeten Funktion Qualitätsmanagement liegt nach der internationalen Norm DIN EN ISO 8402 das Ziel, die Effizienz einer Arbeit oder von Geschäftsprozessen zu erhöhen, zugrunde.

Wissensinhalt	Funktionalbereich	Relevanzgrad
Wissen über die Konkurrenz und deren Produkte	Marketing	67 %
Kritik und Verbesserungsvorschläge	Service	65 %
Erfahrungen mit dem Produkt bzw. der Leistung	Vertrieb	62 %
Ideen und Innovationspotenzial	Strategieentwicklung, F&E	59 %
Kritik und Verbesserungsvorschläge	Qualitätsmanagement	58 %
Erfahrungen mit dem Produkt bzw. der Leistung	Marketing	57 %
Wissen über die Konkurrenz und deren Produkte	Vertrieb, Marktforschung	57 %
Wissen über Produkt- bzw. Leistungsmängel	Qualitätsmanagement	55 %
Kritik und Verbesserungsvorschläge	F&E	52 %

Tabelle 22: Priorität des Kundenwissens in den Funktionalbereichen[966]

Die häufigsten Nennungen entfielen auf das Wissen über die Konkurrenz und deren Produkte für das Marketing. Dicht gefolgt von Kritik und Verbesserungsvorschlägen für den Service sowie Erfahrungen mit dem Produkt bzw. der Leistung für den Vertrieb. Nach Ansicht der befragten Unternehmen sind das Marketing und der Vertrieb diejenigen Unternehmensbereiche, in denen Kundenwissen insgesamt die bedeutendste Rolle spielt. Während die Kundenwissensart Kritik bzw. Verbesserungsvorschläge die meisten Nennungen erhielt, wird das Wissen über alternative Produktverwendungsmöglichkeiten am wenigsten favorisiert. Die folgende Tabelle 23 zeigt die in Intervalle geclusterten Ergebnisse der Umfrage.

Aus der Gegenüberstellung der Kundenwissensarten und den Funktionalbereichen ergibt sich eine heterogene Bedürfnisstruktur: so benötigt jeder Unternehmensbereich verschiedene Arten von Kundenwissen in unterschiedlichem Umfang zur Unterstützung seiner Geschäftsprozesse. Eine zentrale und pauschalisierte Ermittlung von Kundenwissen kann demnach den Bedürfnissen der einzelnen Funktionalbereiche nur bedingt gerecht werden. Besonders in Hinsicht auf die den Wissenstransfer limitierenden Faktoren, wie z. B. Sender-Empfänger-Probleme oder die Nutzung von Realisationssurrogaten, hilft ein direkter Austausch zwischen dem jeweiligen Unternehmensbereich und dem Kunden, das Kundenwissen zielkompatibel zu transferieren.

966 Die Rangliste enthält nur diejenigen Paarungen, die von mehr als 50 % der befragten Unternehmen als relevant oder sehr relevant bezeichnet wurden.

	Ideen/ Innova-tions-potenzial	Wissen über die Konkur-renz und deren Produkte	Er-fahrungen mit dem Produkt/ der Leistung	produkt-tech-nisches/ leistungs-be-zogenes Know-how	alternative Produkt-verwen-dungs-möglich-keiten	Wissen über Produkt-bzw. Leistungs-mängel	Kritik/ Ver-besse-rungs-vorschlä-ge
Strategieentwicklung	+ +	+	o	o	o	–	o
Marktforschung	+	+ +	+	o	o	o	o
F&E	+ +	o	+	+	o	+	+ +
Beschaffung	–	o	o	o	– –	o	o
Logistik	– –	–	o	–	– –	–	+
Produktion	– –	– –	o	o	– –	+	o
Qualitätsmanagement	–	–	+	–	– –	+ +	+ +
Marketing	+	+ +	+ +	o	o	o	+
Vertrieb	o	+ +	+ +	+	o	+	+ +
Service	–	–	+	o	- -	+	+ +

– – 0 bis 9 %   – 10 bis 19 %   o 20 bis 39 %   + 40 bis 49 %   + + 50 bis 100 %

Tabelle 23: Bedeutung von Kundenwissen für die Funktionalbereiche

7.3.6 Proposition 6: Partnerauswahl für die Interaktion

> Der Austausch von Kundenwissen ist von der Leistungsbereitschaft und der Leistungsfähigkeit der Transferpartner abhängig.

Die Kundenselektion als Instrument zur Auswahl des Interaktionspartners dient Unternehmen zur optimalen Ressourcenallokation unter Rentabilitätsgesichtspunkten. Dabei kann die Integration der Kunden wertschöpfungsphasenspezifisch, instrumental oder phasenunabhängig erfolgen.[967] Zudem beruht die kooperative Arbeitsteilung darauf, dass die Kunden nach ihrer Handlungskompetenz – als Kombination von Bereitschaft und Fähigkeit – integriert werden, um ihre Potenziale freizusetzen. Basierend auf diesen Kriterien und der Art des Kundenwissens, das zur Erreichung der Zielsetzung erhoben werden soll, kann eine Selektion derjenigen Kunden vorgenommen werden, die über dieses benötigte Wissen verfügen.

Die befragten Unternehmen identifizierten Schlüsselkunden bzw. Lead User eindeutig als diejenige Kundengruppe, die das Wissen besitzt, das für aktuelle und zu-

[967] Vgl. Reichwald/ Piller (2006), S. 314 f., Lampel/ Mintzberg (1996), S. 24 ff., Köhler (2005), S. 31, Herstatt (1991), S. 47 f., Gruner (1997), S. 73 ff. und S. 145 ff. sowie Reichart (2002), S. 90

künftige Geschäfte relevant ist (Abbildung 40).[968] Da Lead User in der Regel kritischer mit bestehenden Lösungen umgehen, sind sie oft aus eigener Motivation auf der Suche nach geeigneten Problemlösungen.[969] Ihr umfangreiches Wissen, wie auch das der strategisch relevanten Schlüsselkunden, bildet ein wertvolles Potenzial. Aber auch Großkunden und langjährige Kunden werden als attraktive Wissensquelle erkannt: Durch eine intensive Geschäftsbeziehung konnten bei diesen Kunden bereits Einblicke vertieft und beidseitig Kompetenzen aufgebaut werden, sodass nicht nur der Grad an Leistungsbereitschaft, sondern auch der Grad an Leistungsfähigkeit hoch einzuschätzen ist. Ehemalige Kunden stellen für die Befragten nur eine Randgruppe dar.

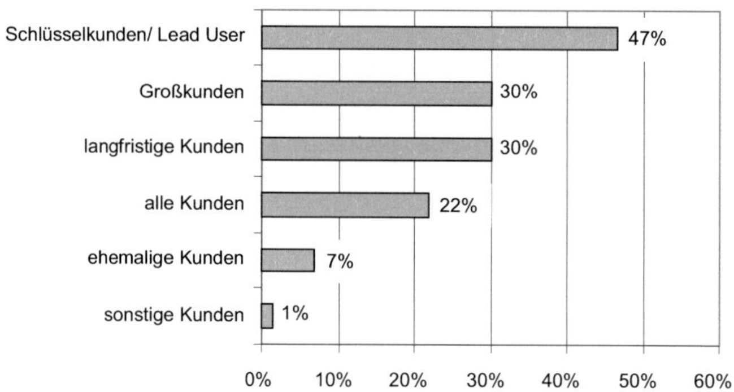

Abbildung 40: Kundengruppen mit relevantem Wissen

Eine vertiefende Analyse darüber, welches Wissen von der jeweiligen Kundengruppe erwartet wird, ergibt sich ein zur vorangehenden Auswertung konträres Bild: Die Gegenüberstellung der Wissensinhalte und der Kundengruppe offenbart, dass die ehemaligen Kunden eine wertvolle Informationsgruppe für Unternehmen bilden (siehe Tabelle 24).

968 Für die Befragung wurden aus pragmatischen Gründen die Kundenkategorien Schlüsselkunden bzw. Key Accounts und Lead User zusammengefasst. Zwar unterscheiden sich diese zwei Kundenarten hinsichtlich ihrer Beurteilungskriterien (Transaktionsvolumen vs. Kundenlatenz, siehe dazu Kapitel 4.4.2.2), in der Praxis ist eine Kundeneinteilung anhand einer derartig differenzierten Abgrenzung jedoch nur selten anzutreffen.

969 Vgl. Von Hippel (1986), S. 591, Urban/ Von Hippel (1988), S. 569, Lilien et al. (2002), S. 1044, Gassmann et al. (2005), S. 11, Reichwald et al. (2007), S. 146 ff.

Wissensinhalte der Kundengruppen	**Kundengruppe**				
	Schlüsselkunden/ Lead User	Großkunden	langfristige Kunden	alle Kunden	ehemalige Kunden
Ideen/ Innovationspotenzial	+	+	o	+	+ +
Wissen über die Konkurrenz und deren Produkte	o	+	o	–	+ +
Erfahrungen mit dem Produkt/ der Leistung	+	+	+	+ +	+
produkttechnisches/ leistungsbezogenes Know-how	o	+	+	o	+
alternative Produktverwendungsmöglichkeiten	–	– –	– –	–	– –
Wissen über Produkt- bzw. Leistungsmängel	o	+	+	+	+ +
Kritik/ Verbesserungsvorschläge	o	+	o	+ +	+

– – 0 bis 19 %   – 20 bis 39 %   o 40 bis 59 %   + 60 bis 79 %   + + 80 bis 100 %

Tabelle 24: Wissensinhalte der Kundengruppen

Bei den ehemaligen Kunden werden insbesondere Ideen und Innovationspotenziale sowie Wissen über Produkt- und Leistungsmängel oder Konkurrenzprodukte vermutet. Demnach bewerten die befragten Unternehmen die Leistungsfähigkeit dieser Kundengruppe relativ hoch. Großkunden sowie langfristige Kunden verfügen über ein sehr breites Spektrum an Kundenwissen, sind aber für neue Ideen bzgl. alternativer Produktverwendungsmöglichkeiten kaum attraktiv. Im Gegensatz zur vorangegangenen Auswertung, erwarten die Studienteilnehmer bei den Schlüsselkunden und Lead Usern zwar ebenfalls einen repräsentativen Leistungsüberblick, sehen diese Kundengruppe jedoch nicht als prioritär an. Um ein möglichst repräsentatives Bild des Status quo zu generieren, setzen die befragten Unternehmen auch auf das Wissen aller Kunden. Von dieser Kundengruppe wird Erfahrungswissen mit dem Produkt bzw. der Leistung und Kritik an bestehenden Leistungen oder Verbesserungsvorschläge erwartet.

Insgesamt zeigen die Ergebnisse, dass den verschiedenen Kundengruppen aus Sicht der Befragten unterschiedliche Handlungskompetenzen zugerechnet werden. Dies zeigt sich sehr deutlich bei der Beurteilung der generellen im Gegensatz zur spezifischen Handlungskompetenz. Hervorzuheben ist, dass gerade Kundengruppen deren Identifizierung einen größeren Aufwand erfordert (wie z. B. Schlüsselkunden und Lead User) und/ oder schwer zu motivieren sind (wie z. B. ehemalige Kunden), dabei über potenziell relevantes Wissen für den Wissenstransfer verfügen. Die subjektive Sicht der Unternehmen bzgl. der gruppenindividuellen Kombination von Leistungsbereitschaft und Leistungsfähigkeit ist somit ein zentrales Merkmal.

7.3.7 Proposition 7: Umsetzung des Transferprozesses

> Ein erfolgreicher Wissenstransferprozess ist von der Ressourcenbeschaffenheit, der Interaktionsform und dem Integrationspunkt abhängig.

Wie in Kapitel 4.4.4.2 dargelegt wurde, beinhaltet der dieser Arbeit zugrunde liegende Kundenwissenstransferprozess drei wesentliche Transferschritte: die Initiierung des Wissenstransfers, den Wissensfluss und die Wissensintegration. Bevor der Prozess initiiert werden kann, sind zunächst die Rahmenbedingungen zu identifizieren und der Wissenstransfers zu planen. Danach schließen sich die Ermittlung und der Transfer sowie die Integration des Kundenwissens an. In Kapitel 4.4 wurde bereits darauf hingewiesen, dass der Wissensfluss und die Wissensintegration nicht trennscharf voneinander abzugrenzen sind. Je nach Kooperationsart können diese beiden Phasen entweder

- separat und hintereinander durchlaufen werden (unternehmensseitig gesteuerter Wissenstransfer) oder
- miteinander verwoben sein (interaktiver Wissenstransfer).

Zur Beurteilung der oben genannten Proposition befasst sich dieses Kapitel zunächst mit dem unternehmensseitig gesteuerten Wissenstransfer und geht anschließend auf Wissenstransferprozesse in interaktiven Kooperationsverhältnissen ein.

Unternehmensseitig gesteuerter Wissenstransfer

Wie aus Abbildung 41 ersichtlich wird, nutzen die Studienteilnehmer zur unternehmensseitig gesteuerten Ermittlung des Kundenwissens am häufigsten die Kundenbefragung: 79 % der Unternehmen ermitteln durch dieses Instrument Kundenwissen und weitere 6 % planen den Einsatz innerhalb der nächsten drei Jahre.[970] Kundenbefragungen sind immer dann ein geeignetes Instrument, wenn es darum geht, Informationen über eine größere Anzahl von Zielgruppenvertretern zu

---

[970] Den Befragten wurde eine Auswahl verschiedener Instrumente angeboten, wobei die Auswahl der Instrumente zur Kundenwissensermittlung zum einen aus der Literatur und zum anderen den Aussagen der Experten in der Vorstudie entnommen wurde.

gewinnen[971] und die *„media richness“* des Kommunikationskanals von den Unternehmen selbst gesteuert werden soll. Daher eignet sich das Instrument nicht nur für die Ermittlung von explizitem, sondern auch von implizitem Kundenwissen.

Nahezu ebenso häufig werden Berichte aus den Kundenkontakten ausgewertet (76 %). Dieses Instrument beruht auf einem wahrgenommenen Sachverhalt oder einer Handlung, die objektiv und ohne Wertungen dargestellt wird.[972] Initiator des Kontakts können das Unternehmen selbst oder der Kunde sein. Auch hier ist die Bandbreite des Transferkanals begrenzt steuerbar, sodass explizites und implizites Kundenwissen ermittelt werden können. Daneben werden intentionsbasierte Instrumente Kundenzufriedenheitsanalysen (69 %) und Beschwerdemanagement (64 %) geringfügig seltener eingesetzt.

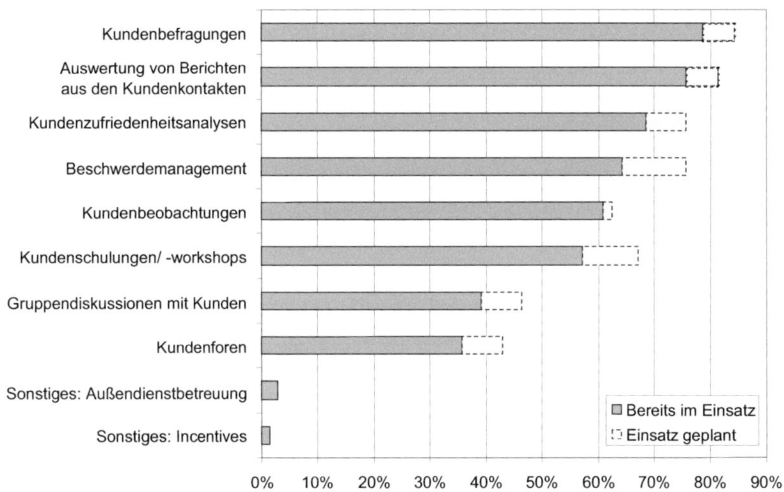

Abbildung 41: Instrumente zur Ermittlung des Kundenwissens

Zur weiteren Differenzierung wurde ermittelt, welche der o. g. Instrumente bei den einzelnen Kundengruppen angewendet werden und wie sie von den befragten Unternehmen bewertet werden.

---

971 Vgl. Rapp (2000), S. 72, Bruhn (2004), S. 162. Als Befragungstypen lassen sich zwei Kategorien unterscheiden: schriftliche und mündliche Befragungen, die jeweils wenig, teil- oder stark strukturiert werden können sowie auch kombinierbar sind (vgl. z. B. Atteslander (2003), S. 145).

972 Ein Bericht wird jedoch immer von einem Individuum verfasst, dessen Handlungen in der Regel in einem Kontext zu interpretieren sind, zumeist von Intention geprägt sind und nicht selten auch Sender-Empfänger-Problemen unterliegen.

Eine detaillierte Analyse der Instrumente, die zur Ermittlung des Kundenwissens eingesetzt werden (Tabelle 25), zeigt eindeutig, dass sie insbesondere bei Schlüsselkunden und Lead Usern, aber auch bei Großkunden eingesetzt werden. Das dabei insgesamt am häufigsten genutzte Instrument zur Ermittlung des Kundenwissens ist die Gruppendiskussion, bei der ein direkter Austausch von Wissen stattfindet: Hier sind der Medienreichtum und das Transferpotenzial – auch in Bezug auf den Aktivitätsgrad der Interaktionsform – besonders hoch. Eine Befragung ehemaliger Kunden findet nur selten statt.

Instrumente zur Kundenwissensermittlung	**Kundengruppe**				
	Schlüsselkunden/ Lead User	Großkunden	langfristige Kunden	alle Kunden	ehemalige Kunden
Kundenbefragungen	+	+	o	o	– –
Auswertung von Kundenkontaktberichten	+	+	o	o	–
Kundenzufriedenheitsanalysen	+	+	–	+	– –
Beschwerdemanagement	+	+	–	o	– –
Kundenbeobachtungen	+ +	+	–	–	– –
Kundenschulungen/ -workshops	+	o	–	o	– –
Gruppendiskussionen mit Kunden	+ +	+	o	–	– –
Kundenforen	o	+	o	o	– –

– – 0 bis 9 %   – 10 bis 39 %   o 40 bis 49 %   + 50 bis 59 %   + + 60 bis 100 %

Tabelle 25: Einsatz der Instrumente zur Kundenwissensermittlung nach Kundengruppen

Ein wesentliches Entscheidungskriterium, welche Instrumente zur Kundenwissensermittlung zum Einsatz kommen, ist ihre Wirksamkeit. Da die Beurteilung der Wirksamkeit eines Instruments durch viele Facetten bestimmt ist, wurden die Unternehmen nach einzelnen Bestimmungsgrößen befragt: (a) nach dem potenziellen Nutzen, (b) nach der Qualität und (c) nach dem Umfang des Wissens, das mit dem jeweiligen Instrument erhoben wird. Die Wirksamkeit wurde anschließend anhand einer Schulnotenvergabe errechnet, wobei die drei Einzelkriterien Nutzen, Qualität und Umfang des Instrumenteneinsatzes gleich gewichtet wurden (siehe Tabelle 26).

Instrumente zur Ermittlung des Kundenwissens	**Wirksamkeit**	Nutzen	Qualität	Umfang
Kundenschulungen/ -workshops	1,92	1,75	1,77	2,23
Gruppendiskussionen mit Kunden	2,22	2,13	1,84	2,67
Kundenzufriedenheitsanalysen	2,27	2,15	2,23	2,43
Beschwerdemanagement	2,32	2,10	2,33	2,53
Kundenbeobachtungen	2,45	2,26	2,27	2,82
Kundenbefragungen	2,48	2,36	2,36	2,71
Kundenforen	2,48	2,32	2,28	2,83
Auswertung von Kundenkontaktberichten	2,58	2,57	2,55	2,61
Durchschnitt	2,34	2,20	2,20	2,60

Tabelle 26: Wirksamkeit der Instrumente zur Kundenwissensermittlung

Die Bestnote wurde durch das Instrument Kundenschulungen/ -workshops erzielt. Durch die in der Regel längere Interaktionszeit können eine Vielzahl an Inhalten zwischen den Akteuren transportiert werden sowie explizites und implizites Wissen in hoher Frequenz und Intensität ausgetauscht werden. Auffällig ist an diesem Umfrageergebnis, dass die Fokussierung des Einzelaspekts „Umfang" ein verändertes Bewertungsbild der Instrumente – im Gegensatz zu der in Tabelle 26 aufgeführten Sortierung nach dem Kriterium Wirksamkeit – ergibt. Dies ist insbesondere auf die vergleichsweise schlechtere Bewertung des Instruments „Auswertung von Berichten aus Kundenkontakten" [973] und die relativ gute Bewertung des Instruments „Gruppendiskussionen mit Kunden" zurückzuführen. Weiterhin fällt auf, dass die höchste Wirksamkeit nicht den Instrumenten zugeschrieben wurde, die am häufigsten in den befragten Unternehmen zum Einsatz kommen, sondern denjenigen, die vergleichsweise selten genutzt werden (siehe Abbildung 42).

Aus Sicht der befragten Unternehmen sind die Instrumente mit hohem Medienreichtum und großer Interaktionsdichte Kundenschulung und Gruppendiskussion am effektivsten (Schulnoten 1,9 und 2,2). Beide Instrumente werden aufgrund ihres Arbeitsaufwands jedoch seltener eingesetzt. Die Instrumente Kundenbefragung und

[973] Vgl. zu der Vorgehensmethodik bei der Auswertung von Kundenkontaktberichten bspw. Puppe et al. (1998), S. 60

Auswertung von Kundenkontaktberichten werden deutlich häufiger genutzt. Es wird ihnen allerdings auch die geringere Wirksamkeit bescheinigt (Note 2,5 und 2,6).

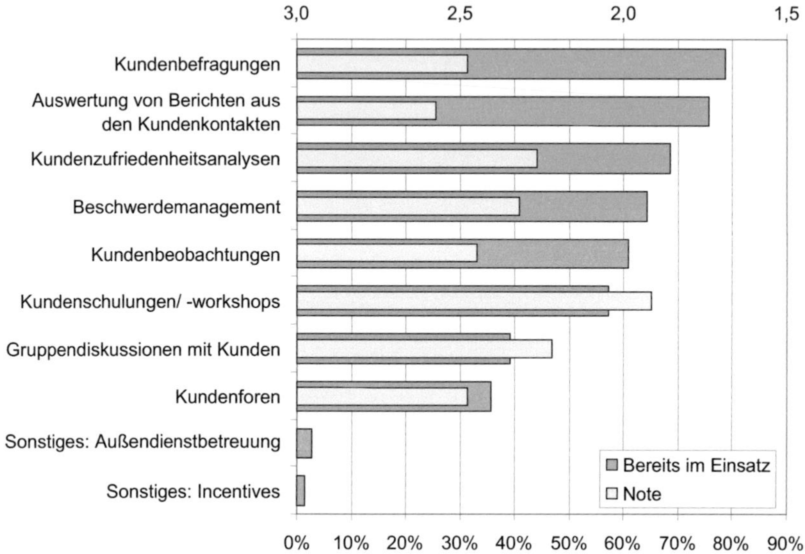

Abbildung 42: Einsatz und Bewertung der Instrumente zur Ermittlung des Kundenwissens

Interaktiver Wissenstransfer

Interaktive Instrumente zur Kundenwissensermittlung ermöglichen die direkte Kooperation zwischen einem Unternehmen und seinen Kunden. Durch die interaktive Zusammenarbeit kann nicht nur explizites, sondern auch implizites Wissen leichter übertragen werden.[974] Zudem ermöglichen diese Instrumente neben der Ermittlung auch gleichzeitig die Integration des Kundenwissens sowie den Transfer von Feedbackwissen für den Kunden. In dieser Art der Interaktion wird dem Kunden zugleich eine Rolle zu einem bestimmten Punkt in der Leistungserstellung in der Wert-

[974] Darauf, dass der Transfer von implizitem Wissen besonderen Herausforderungen genügen muss, wurde schon in Kapitel 3.2.1.2 hingewiesen sowie im Zusammenhang mit Lernprozessen diskutiert. Lösungsansätze und spezielle Transferverfahren wurden in den Kapiteln 3.5.2 (Surrogate) und 3.5.3.1 (Wissenstransformationsebenen und -prozesse) thematisiert. Darüber hinaus bietet eine interaktive Zusammenarbeit die Möglichkeit, Feedback-Schleifen im Wissenstransfer vorzusehen und so Missverständnissen vorzubeugen.

schöpfungskette zugewiesen (Integrationspunkt). Wie häufig diese Instrumente in den Unternehmen der befragten Experten eingesetzt werden, zeigt Abbildung 43.[975]

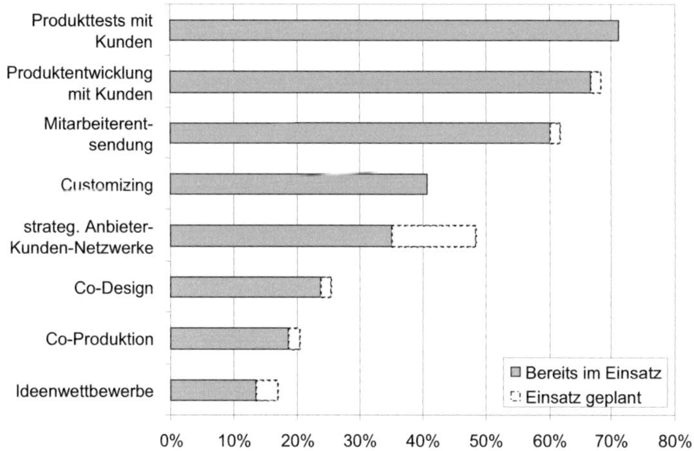

Abbildung 43: Instrumente zum interaktiven Wissenstransfer

In vielen Fällen setzen die Unternehmen Produkttests mit Kunden (71 %) ein. Der Kunde übernimmt dabei die Rolle des kritischen Anwenders und gibt seine Erfahrungswerte mit dem Produkt oder der Leistung an das Unternehmen weiter.[976] Überdurchschnittlich häufig wird der Kunde auch in den Produktentwicklungsprozess integriert (67 %), wodurch ein sehr früher Integrationspunkt und eine hohe Integrationstiefe erreicht werden: bereits in der Prelaunch-Phase der Neuproduktentwicklung und aufgrund der aktionsbasierten Versuchs-Irrtums-Prozesse des bilateralen organisationalen Lernens über Präferenzen.[977] Den Mehrwert, den eine personelle Entsendung von Mitarbeitern leistet (60 %), ist ebenfalls besonders hoch, da sich diese Interaktionsart während des gesamten Leistungserstellungsprozesses praktizieren lässt. So lassen sich Probleme situativ lösen und interaktive Wissenstransfers zwischen den Kooperationspartnern gewährleisten. Allerdings sehen die befragten Unternehmen das Potenzial, das strategische Anbieter-Kunden-Netzwerke

975 Die Auswahl der Instrumente zur Kundenwissensermittlung wurde der einschlägigen Literatur und den Aussagen der Experten in der Vorstudie entnommen.

976 Siehe zur Rolle des Kunden und die Integrationspunkte in den Wertschöpfungsprozessen Kapitel 5.3.2.3.

977 Vgl. Joshi/ Sharma (2004), S. 48 und siehe dazu die Erfolgsfaktoren kollaborativer Wissensprozesse in Kapitel 5.3.4.1

bieten: es wird zwar nur von 35 % eingesetzt, 13 % planen jedoch die Umsetzung dieser Wertketten begleitenden Interaktionsform innerhalb der nächsten drei Jahre.

Die Analyse, in welchem Unternehmensbereich bzw. -prozess die interaktiven Kooperationsinstrumente am häufigsten angewendet werden, ergab folgendes Bild (siehe Abbildung 44).

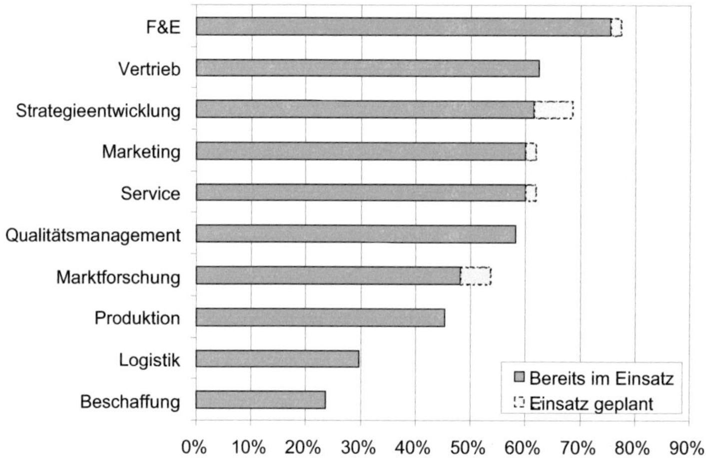

Abbildung 44: Funktionalbereiche und Unternehmensprozesse in denen Instrumente zum interaktiven Wissenstransfer eingesetzt werden

75 % der befragten Unternehmen setzen auf einen frühen Integrationspunkt des Kunden und nutzen interaktive Kooperationsinstrumente in erster Linie zur Unterstützung der Forschung und Entwicklung, aber auch verstärkt zur Unterstützung der Strategieentwicklungsprozesse (insgesamt 68 %, davon im Einsatz 61 % und geplant 7 %). In den klassischen CRM-Bereichen Vertrieb, Marketing und Service werden die interaktiven Kundenwissensermittlungs- und -integrationsinstrumente mit 63 %, 60 % und 60 % recht einheitlich eingesetzt.

Die Antwort auf die Frage, welches der interaktiven Kooperationsinstrumente in den Funktionalbereichen und Unternehmensprozessen am häufigsten eingesetzt wird, ergab, dass die gemeinsame Produktentwicklung (Co-Produktentwicklung) und gemeinsame Produkttests sowie Anbieter-Kunden-Netzwerke von den befragten Unternehmen regelmäßig zur Ermittlung und Integration von Kundenwissen genutzt werden. Tabelle 27 gibt einen vollständigen Überblick über die Instrumente, die die Studienteilnehmer zur kooperativen Interaktion in den Unternehmensbereichen und den Unternehmensprozessen einsetzen.

	Ideen-wettbe-werbe	Co-Design	Co-Produkt-entwick-lung	Co-Produk-tion	Custo-mizing	gemein-same Produkt tests	An-bieter-Kunden - Netz-werke	Mitar-beiter-entsen-dung
Strategie-entwicklung	–	o	+ +	–	o	o	+	o
Markt-forschung	o	–	o	–	–	o	o	+
F&E	–	o	+ +	o	+	+ +	–	+
Beschaffung	– –	– –	– –	– –	– –	–	o	– –
Logistik	– –	– –	–	–	–	–	o	–
Produktion	– –	–	o	o	–	+	–	o
Qualitäts-management	– –	–	o	–	o	+	–	+ +
Marketing	o	o	o	– –	o	o	o	+
Vertrieb	–	–	+	–	o	+	+	+ +
Service	–	– –	o	–	o	+	–	+ +

– – 0 bis 2 % – 3 bis 9 % o 10 bis 19 % + 20 bis 29 % + + 30 bis 100 %

Tabelle 27: Einsatz der Instrumente zum interaktiven Wissenstransfer in den Funktionalbereichen und Unternehmensprozessen

In Analogie zur Analyse der Instrumente zur Kundenwissensermittlung wurden auch die interaktiven Kooperationsinstrumente auf ihr Einsatzpotenzial untersucht (Tabelle 28). Die differenzierte Betrachtung zeigt, dass hier die Schlüsselkunden bzw. Lead User und die umsatzstärksten Kunden die primären Zielgruppen zur interaktiven Kooperation darstellen. Besonders auffällig ist dabei, dass die Instrumente deutlich gezielter eingesetzt werden. Während Instrumente zur Kundenwissensermittlung auch generell bzw. auf alle und auf ehemalige Kunden angewendet werden, ist ein Einsatz interaktiver Instrumente nur selten bei diesen Zielgruppen vorgesehen: Ehemalige Kunden erfahren hier kaum bis gar keine Berücksichtigung.

Instrumente zum interaktiven Wissenstransfer	**Kundengruppe**				
	Schlüssel kunden/ Lead User	Groß-kunden	lang-fristige Kunden	alle Kunden	ehe-malige Kunden
Ideenwettbewerbe	+	+	–	–	– –
Co-Design	+	+	–	–	– –
gemeinsame Produktentwicklung	+ +	+	o	–	– –
Co-Produktion	+	+	–	–	– –
Customizing	+	+ +	+	–	– –
gemeinsame Produkttests	+	+	o	–	– –
strategische Anbieter-Kunden-Netzwerke	+	+	o	–	– –
Mitarbeiterentsendung	+	+	o	–	– –

– – 0 bis 9 % – 10 bis 39 % o 40 bis 49 % + 50 bis 69 % + + 70 bis 100 %

Tabelle 28: Einsatz der Instrumente zum interaktiven Wissenstransfer nach Kundengruppen

Die Wirksamkeit der Instrumente zum interaktiven Wissenstransfer wurde anhand einer Schulnotenvergabe ermittelt. Als Einzelkriterien dienten (a) der potenzielle Mehrwert des integrierten Wissens (Nutzen), (b) den Komplexitätsgrad der Interaktion (Einfachheit) sowie (c) die Teilnahmebereitschaft der Kunden. Insgesamt sind die Unterschiede in den Bewertungen (von Note 2,1 bis 2,9) zwar relativ gering, es zeigen sich aber erhebliche Unterschiede in der Zusammensetzung aus den drei Einzelkriterien: Die differenzierte Betrachtung der einzelnen Instrumente offenbart, dass die positive Bewertung der drei Instrumente Mitarbeiterentsendung, gemeinsame Produkttests und gemeinsame Produktentwicklung sich insbesondere auf die Kombination der Kriterien Nutzen und Teilnahmebereitschaft der Kunden stützt (Tabelle 29).

Unter den drei attraktivsten Instrumenten ist die Mitarbeiterentsendung hervorzuheben. Sie gewährleistet einen (medien-)reichhaltigen interaktiven Wissenstransfer während des gesamten Wertschöpfungsprozesses. Besonders bei Face-to-Face-Interaktionen wird nicht nur die Identifikation von latent vorhandenem Wissen ermöglicht, sondern auch die Vermittlung von expliziten und impliziten Wissensinhalten sowie der Austausch komplexer Inhalte zwischen Sender und Empfänger.

Instrumente zum interaktiven Wissenstransfer	**Wirksam-keit**	Nutzen	Einfachheit	Teilnahme-bereitschaft
Mitarbeiterentsendung	2,07	1,89	1,95	2,38
gemeinsame Produkttests	2,16	1,95	2,75	2,28
gemeinsame Produktentwicklung	2,25	1,79	3,17	2,26
Co-Design	2,77	2,47	3,29	2,78
Customizing	2,81	2,65	3,12	2,54
Anbieter-Kunden-Netzwerke	2,86	2,24	2,72	3,05
Ideenwettbewerbe	2,90	2,95	2,24	3,00
Co-Produktion	2,94	2,44	3,44	2,94
Durchschnitt	2,60	2,30	2,84	2,65

Tabelle 29: Wirksamkeit der Instrumente zum interaktiven Wissenstransfer

Die Stärken der Instrumente Mitarbeiterentsendung, der gemeinsamen Produkttests mit Kunden und der gemeinsamen Produktentwicklung werden auch im direkten Vergleich der Instrumente offensichtlich (Abbildung 45): Es werden diejenigen Instrumente am besten bewertet, deren Einsatz am häufigsten erfolgt.

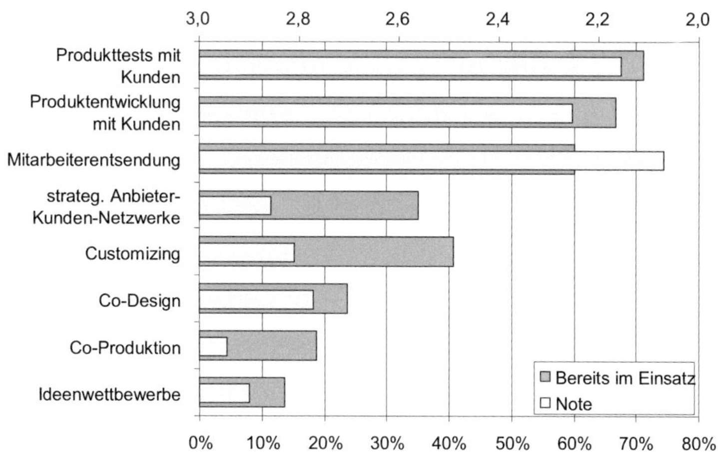

Abbildung 45: Einsatz und Bewertung der Instrumente zum interaktiven Wissenstransfer

Insgesamt zeigt die Untersuchung der unternehmensseitig gesteuerten und der interaktiven Wissenstransferinstrumente, die den Wissenstransferprozess bei der Ermittlung und der Integration des Kundenwissens unterstützen, dass ihr Einsatz in Abhängigkeit von folgenden wesentlichen Faktoren erfolgt: der Ressourcenbeschaffenheit, der Integrationsform bzw. der Rolle, die dem Kunden zugedacht wird und dem Integrationspunkt in der Wertschöpfungskette. Zudem unterscheiden sich die eingesetzten Instrumente durch ihre mediale Reichhaltigkeit, d.h. ihr Potenzial, komplexe Wissensinhalte zu übermitteln: Unternehmensseitig gesteuerte Kundenwissensermittlungsinstrumente weisen überwiegend lineare Kommunikationsstrukturen auf und besitzen meist nur ein geringes Interaktionsspektrum. Dadurch lassen sich z. B. implizite Wissensinhalte eher schwer übertragen. Demgegenüber lassen interaktive Wissenstransferinstrumente eine große Bandbreite an Kommunikationsmitteln zu und erlauben auch den Austausch komplexer Wissensinhalte.

7.4 Zusammenfassung der zentralen Ergebnisse

Das integrative Konzept CKM ist in der Praxis ein bisher noch weitgehend unzureichend bekanntes und spezifiziertes Anwendungsgebiet. Da bezüglich der dazu notwendigen Kultivierung von Kundenwissen teilweise erhebliche inhaltliche, strukturelle und methodische Unterschiede und Kenntnislücken zu konstatieren sind, wurde der kombinierte Forschungsansatz der Methodentriangulation gewählt. Bevor der praxisorientierte Test der Propositionen durchgeführt werden konnte, wurden zunächst grundlegende Parameter mithilfe qualitativer Methoden ermittelt und anschließend mit quantitativen Methoden genauer bestimmt. So konnten (a) die vorangegangenen theoriegegründeten Untersuchungen ergänzt, (b) der Forschungsgegenstand schrittweise näher spezifiziert und (c) die Propositionen getestet werden. Die durch die Propositionen gewonnenen Erkenntnisse

- dienen einerseits als Lösungsansätze zur Kultivierung von Kundenwissen und liefern Kernaussagen und Instrumente zur funktions- und aufgabenspezifischen Ausgestaltung der Interaktion zwischen Unternehmen und Kunden und

- vervollständigen andererseits die Teilmodelle aus den Kapiteln 3.6, 4.5 und 5.4, indem sie die Verbindungen zwischen den drei Kultivierungsdimensionen herausstellen.

Die Erkenntnisse der Untersuchung liefern zentrale Aussagen zum Konzept CKM und seinem integrativen Potenzial, die Wissensbasis von Unternehmen zu erweitern und somit die Unternehmensperformance zu steigern. Dabei ist es erforderlich, das Kundenwissen in die drei Kundenwissensarten („Wissen über den Kunden", „Wissen des Kunden" und „Wissen für den Kunden") zu differenzieren, um laufende und weitere Wissenstransfers durch zielgerichtete Feedback-Prozesse unterstützen zu können. Diese Wissenstransfers sind essenziell wettbewerbsrelevant, da sie die Ressourcenbasis von Unternehmen erweitern und zur Erstellung kundengerechter Produkte und Leistungen beitragen. Neben der Abwägung potenzieller Chancen und Risiken sind zudem die Ziele und Bedürfnisse der Funktionalbereiche zu analysieren und das benötigte Kundenwissen über interne sowie externe Schnittstellen zu transferieren. In Abhängigkeit von der Ressourcenbeschaffenheit, dem Integrationspartner, der Interaktionsform sowie dem Integrationspunkt lassen sich für den Wissenstransfer pull-, push- und interaktive Wissenstransferinstrumente identifizieren.
In einem nächsten Schritt werden die zentralen Erkenntnisse aus den Propositionen mit den Teilmodellen zusammengeführt und ein integrativer CKM-Systematisierungsrahmen zur Kultivierung von Kundenwissen generiert.

8. Systematisierungsrahmen zur Kultivierung von Kundenwissen

Nach dem Verständnis von CKM als ganzheitlichem Ansatz, der tiefere Einsichten in die nachhaltige Integration von Kundenwissen in die Unternehmensprozesse erlaubt, wird in dieser Arbeit die Kultivierung von Kundenwissen anhand dreier Dimensionen untersucht: Faktorzentrierung (transformationsbezogene Ressourcenaspekte), Akteurszentrierung (rollen- und interaktionsbezogene Aspekte) und Aktionszentrierung (organisatorische und prozessbezogene Aspekte). Hieraus ergeben sich drei Fragen zur Kultivierung des Kundenwissens im Unternehmen:

1. Welche Transformationszustände durchläuft Wissen?
2. Wie funktioniert eine wissensbasierte Interaktion zwischen Kunde und Unternehmen?
3. Welche organisationalen und prozessualen Determinanten beeinflussen wissensbasierte Interaktionen zwischen Kunde und Unternehmen?

Die kritische Reflektion von relevantem Theoriematerial sowie die empirischen Analysen der faktor-, akteurs- und aktionszentrierten Aspekte zeigen, dass ein CKM-Konzept nicht nur alle drei Perspektiven einbeziehen muss, sondern auch die Ursache-Wirkungsbeziehungen zwischen ihnen zu berücksichtigen hat. Diese werden anhand von Perspektiven übergreifenden Propositionen in der Praxis getestet. Die empirische Überprüfung der Propositionen liefert auch zusätzliche Instrumente für die Interaktionsdimensionen und die Modellierung des Interaktionskonstrukts zum Teilmodell des Wissenstransfers in Kapitel 4.5. Das modifizierte Teilmodell in Abbildung 46 zeigt, dass die Wissensflussphase und die Wissensintegrationsphase – je nach Kooperationsart – entweder sequenziell (unternehmensseitig gesteuerter Wissenstransfer) oder simultan (interaktiver Wissenstransfer) durchlaufen werden können. Die Wissenstransferinstrumente der einzelnen Phasen unterscheiden sich hinsichtlich der Reichhaltigkeit des Interaktionskanals. Beide Wissenstransferarten greifen jedoch auf Transformations- und Integrationsmechanismen zurück, die die unternehmensinterne Aufnahme, Interpretation und Verarbeitung des Kundenwissens beeinflussen.

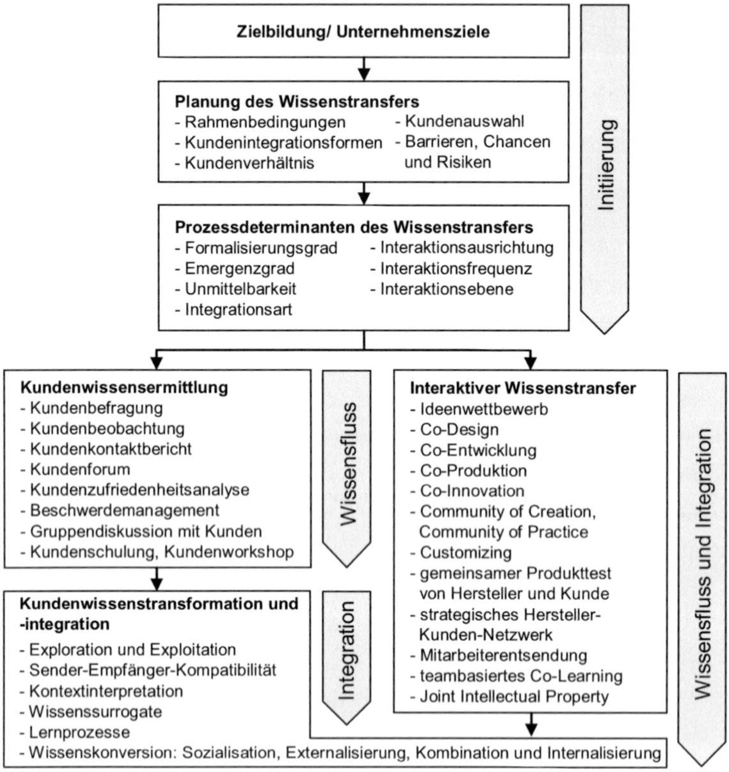

Abbildung 46: Erweiterung des Teilmodells „Modellierungsebenen des Wissenstransfers" um zentrale Wissenstransferinstrumente

Um ein Gesamtmodell in Form eines Systematisierungsrahmens zur Kultivierung von Kundenwissen zu generieren, werden im Folgenden die drei Teilmodelle „Kultivierungsstufen des Wissens", „Modellierungsebenen des Wissenstransfers" und „Organisationale und prozessbezogene Modellbausteine aus Unternehmenssicht" zusammengeführt. Sie werden um Ergebnisse und durch Ursache-Wirkungsbeziehungen aus der empirischen Untersuchung ergänzt und verbunden. Das Gesamtmodell zur Wissenskultivierung integriert somit:

- ressourcenbezogene Dimensionen und Faktoren sowie durch Lernen induzierte Transformationsprozesse, die sich zu den Eskalationsstufen der Wissenskultivierung verdichten,

- interaktionsbezogene Rahmenbedingungen und Kriterien, die die Kooperationsprozesse moderieren,
- organisationale und prozessbezogene Aspekte, die Kooperationsbereiche und Koordinationsaufgaben kanalisieren wie auch die
- Ergebnisse der Propositionen aus der Untersuchung zum Status Quo des Kundenwissensmanagements in der Praxis.

Daraus ergibt sich ein Systematisierungsrahmen, der auf drei Ebenen beruht: der Planungs- und Interaktionsebene, der Ressourcenebene und der Organisations- und Steuerungsebene (vgl. Abbildung 47).

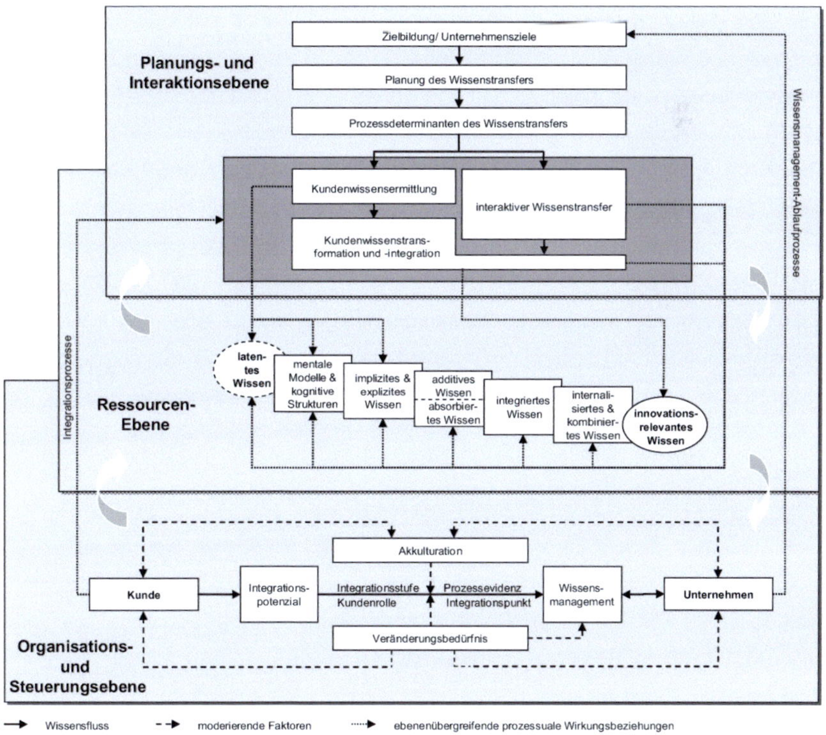

Abbildung 47: Systematisierungsrahmen zur Kultivierung von Kundenwissen

Die drei Ebenen sind durch Ursache-Wirkungsbeziehungen miteinander verknüpft, die sich aus den Propositionen ableiten lassen. Auf der *Organisations- und Steuerungsebene* werden die Akquisition und die Entwicklung neuen Wissens durch die Unzufriedenheit mit bestehenden Lösungen oder durch das Bedürfnis zum Erlernen und Umsetzen der Erfahrungen anderer ausgelöst. Aus Unternehmenssicht dient eine Kundenintegration nicht nur der Erweiterung der Wissensbasis, sondern vor allem der Erzeugung kundengerechter Leistungen. Dazu kann der Kunde indirekt oder direkt in Unternehmensprozesse integriert werden (Integrationsstufe). Bei einer indirekten Integration bringt der Kunde sein Wissen über Märkte und Konkurrenzprodukte, Verbesserungsvorschläge oder leistungsbezogenes Know-how auf Initiative des Unternehmens ein, während eine direkte Integration auf Interaktivität beruht. Eine personelle Integration in die funktionalen Prozesse der Unternehmensbereiche erfordert ein Mindestmaß an Prozessevidenz. Auf organisationaler Ebene sind eine klare Abgrenzung der Kundenrolle, die der Kunde während des Wissenstransfer- und -integrationsprozesses wahrnimmt, zu treffen sowie derjenige Unternehmensbereich festzulegen, in dem der Kunde aktiv tätig werden soll (Integrationspunkt). Hier zeigen sich die Wechselwirkungen der Organisations- und Steuerungsebene mit der Planungs- und Interaktionsebene auf Kunden- und Unternehmensseite: Ausgehend vom Integrationspotenzial des Kunden formieren sich die Integrationsprozesse auf der Interaktionsebene in den Wissenstransferphasen Wissensfluss und Wissensintegration und bedingen die Nutzung der unternehmensseitig gesteuerten Wissenstransferinstrumente oder des interaktiven Wissenstransfers. Auf Unternehmensseite stößt das wettbewerbsinduzierte Veränderungsbedürfnis eine Überprüfung der bestehenden Ressourcenbasis und der Unternehmensziele an, das sich in Wissensmanagementprozessen niederschlagen kann.

Damit externes Kundenwissen in das Unternehmen transferiert werden kann, sind Aktionen und Prozesse notwendig, die es zielgerichtet lokalisieren und integrieren.[978] Ausgehend vom festgestellten Wissensbedarf werden auf der *Planungs- und Interaktionsebene* Ziele formuliert und der Wissenstransferprozess initiiert. Nach der Planung des Transferprozesses werden Prozessdeterminanten festgelegt. Der Wissensfluss wird dann durch die Ermittlungsaktivitäten ausgelöst, bei denen der Kunde eine passive oder eine aktive Rolle einnehmen kann. Eine besonders enge Kooperationsform gehen Unternehmen und Kunden beim interaktiven Wissens-

---

[978] Die Identifikation und Verteilung von internem Wissen (hier als „Wissen über den Kunden") sowie dessen Integration in die Wissensbasis gilt als obligatorische Aufgabe des Wissensmanagements und ist an dieser Stelle nicht Gegenstand der weiteren Betrachtung. Siehe zum internen Wissensmanagement die Bausteine des Wissensmanagements in Kapitel 5.3.1.

transfer ein, indem sie bspw. gemeinsam Prototypen testen. Bei dieser Interaktionsform lässt sich der Wissensfluss nicht trennscharf von der Wissensintegration abgrenzen, da beim Transfer von implizitem Wissen immer auch ein grundlegendes Verstehen des Empfängers vorausgesetzt wird. Die Wissensflussphase bei der Kundenwissensermittlung sowie die Wissensflussphase beim interaktiven Wissenstransfer sind eng mit den Transformations- und Integrationsmechanismen verknüpft: Während der Phase des Wissensflusses finden ständig Wissenstransformationen und Lernprozesse statt. Empfänger interpretieren das neue Wissen in ihrem eigenen Kontext, integrieren es in Handlungsabläufe und kombinieren es mit eigenen Kenntnissen und Erfahrungen. Wichtiges Wissen wird von unwichtigem getrennt und neue Wissensflüsse zu anderen Empfängern initiiert. Durch Wissensteilung und die Kombination bestehender Ressourcen mit Kundenwissen können neuartige Fähigkeiten entstehen und Kompetenzen geschaffen werden, die die Generierung von Potenzialen für Wettbewerbsvorteile ermöglichen.

Um auf der *Ressourcenebene* Kundenwissen im Unternehmen zu kultivieren und Innovationen zu generieren, müssen Wissensaustauschprozesse bewusst initiiert und gelenkt werden. Nur dann kann sichergestellt werden, dass sie zur Verbesserung dynamischer Strukturen und Aktionen beitragen. Dabei ist zu berücksichtigen, dass Wissensressourcen in ihrem Kultivierungsprozess verschiedene Transformationszustände durchlaufen. Sie unterliegen in ihrer Entwicklung qualitativen, räumlichen sowie zeitlichen Veränderungen: Während bei Wissen in latenter Form lediglich eine grundlegende Kenntnis über seine Existenz besteht, bietet systemänderndes innovationsrelevantes Wissen Erfolg versprechende Potenziale für Wettbewerbsvorteile. Zwischen den einzelnen Transformationsstufen wirken Lernprozesse (Single-Loop-Learning, Double-Loop-Learning und Deutero-Learning), die es ermöglichen, Wissensressourcen zu verändern und neu zu interpretieren.

Die Wechselwirkungen zwischen der Planungs- und Interaktionsebene und der Ressourcenebene zeigen sich in den Verbindungen von Wissenstransferinstrumenten und den Transformationsstufen der Ressource Wissen: In der vom Unternehmen gesteuerten Wissensflussphase der reinen Kundenwissensermittlung werden in erster Linie Wissenspotenziale des Kunden aufgedeckt, individuelles Wissen lokalisiert und die einfachen Verbesserungslernprozesse angestoßen. Instrumente des interaktiven Wissenstransfers ermöglichen nicht nur das Entdecken von Wissenspotenzialen und individuellem Wissen, sondern erlauben auch das tiefere Lernen (Erneuerungs- und Metalernen[979]) auf kollektiver und organisationaler Basis. Die mediale Reichhaltigkeit der beiden Wissenstransferarten wird durch die Kundenwissenstransformations- und -integrationsmechanismen unterstützt, die auf alle Transformationsstufen des Wissens wirken.

[979] Ein Metalernen kann vor allem durch die lernbasierten Instrumente des interaktiven Wissenstransfers erreicht werden, wie z. B. beim teambasierten Co-Learning oder dem Joint Intellectual Property.

9. Fazit und Ausblick

9.1 Fazit

Ausgangspunkt dieser Arbeit ist die Forderung nach einem integrativen CKM-Konzept und die Feststellung, dass theoretisch fundierte Gesamtmodelle zur Erklärung der Akquisition und Integration von Kundenwissen kaum vorliegen. Vor diesem Hintergrund besteht das Anliegen der Untersuchung in zum einen in einer wissenschaftlichen Durchdringung grundlegender Theoriekonzepte, die einen Erklärungsbeitrag zum Management von Kundenwissen leisten sowie zum anderen in der Aufdeckung von Ursache-Wirkungsmechanismen, die durch ein Kundenwissensmanagement in Unternehmen und zwischen Unternehmen und Kunden ausgelöst werden. Um diesem integrativen Anspruch gerecht zu werden, wird dieser Arbeit der Grundgedanke der Kultivierung von Kundenwissen zugrunde gelegt. Nach SIMMEL beinhaltet Kultivierung das

> *bewusste Ingangsetzen und Lenken von Einflussfaktoren,*
> um *dynamische komplexe Strukturen* zu *verbessern.*[980]

Doch wie lassen sich Einflussfaktoren zur Verbesserung von dynamischen komplexen Strukturen bewusst in Gang setzen und lenken?

Treiber, die die Dynamik des Wettbewerbsumfelds beeinflussen, lassen sich in verschiedensten Segmenten des Unternehmensumfelds festmachen, wobei im Allgemeinen zwischen dem generellen Umfeld mit politisch-rechtlichen, soziokulturellen, technologischen, ökologischen und ökonomischen Aspekten sowie dem unternehmensspezifischen Aufgabenumfeld unterschieden wird.[981] Unternehmen, die mit ihrem Umfeld interagieren, weisen durch ihre Vielschichtigkeit und Vernetzung

[980] Vgl. Simmel (1908)

[981] Vgl. Zahn et al. (2000b), S. 48. Die verschiedenen Veränderungskräfte, die in unterschiedlichen Bereichen des Unternehmensumfelds zum Tragen kommen, werden bei ZAHN/ TILEBEIN thematisiert (vgl. Zahn/ Tilebein (1998), S. 49).

meist schon eine hohe innere Komplexität[982] auf, die durch interne funktionale Differenzierung und wechselseitige Abhängigkeit von internen Akteuren mit externen Interaktionspartnern noch erhöht wird. Sie werden als Sozialsysteme verstanden,[983] die eigengesetzlich Wirklichkeiten konstruieren und ihrem Handeln zugrunde legen. Dieses Verständnis von unternehmensinternen und Systemgrenzen überschreitenden Prozessen bildet die Handlungsgrundlage für dynamisches Agieren und Innovationsfähigkeit, um die Komplexität der Globalisierung handhabbar zu machen.[984]

Mit der Anforderung, responsiv auf den Wandel der Umfeldbedingungen reagieren zu können, ist die Notwendigkeit zur permanenten Weiterentwicklung der Wissens- und Kompetenzbasis des Unternehmens verbunden. Damit wird eine differenziertere Grundlage zur Erzielung nachhaltiger Wettbewerbsvorteile und übernormaler ökonomischer Renten geschaffen.[985] Da Unternehmen in sich stetig verändernden Umfeldern ihre Ressourcenbasis dynamisch anpassen müssen, um adäquate Antworten liefern zu können, sind sie nicht nur auf ihre eigenen organisationalen Fähigkeiten, sondern auch auf kontinuierlichen Input ihres Umfelds angewiesen.[986] Sie agieren nicht in Isolation, sondern suchen kontinuierlich nach Potenzialen, Quellen und bauen Netzwerkbeziehungen mit Kunden auf, um durch die Interaktion ihre Wissensbasis zu erweitern und kundengerechte Leistungen zu erzeugen.[987]

Ausgehend von dieser Forderung, dass insbesondere Unternehmen, die sich in einem dynamischen globalen Wettbewerb befinden, auch eine *dynamisch komplexe Struktur* besitzen sollten und der Feststellung, dass das Erlangen nachhaltiger Wettbewerbsvorteile eine *Verbesserung* – im Sinne eines ökonomischen Fortschritts –

---

[982] Vgl. Willke (2005), S. 23, Ulrich/ Probst (1991), S. 58, Ulrich (1970), S. 116. Das *Gesetz von der erforderlichen Varietät* („law of requisite variety") besagt, dass die Varietät eines Systems positiv mit der Varietät seiner Umwelt korreliert ist, die es durch Steuerung vermindern kann. Dies erlaubt die Folgerung, dass die Varietät des Steuerungssystems mindestens ebenso groß sein sollte wie die Varietät der auftretenden Störungen, damit es die Steuerung ausführen kann (vgl. Ashby (1956), S. 293).

[983] Vgl. dazu grundlegend Forrester (1966) und Luhmann (2006)

[984] Vgl. Von Bertalanffy (1949), S. 121, Ulrich/ Probst (1991), S. 33, Willke (2005), S. 46 f., Zahn et al. (2003a), S. 255 sowie Luhmann (2006), S. 152 ff. zur Kontingenz sozialer Systeme und dem Phänomen der „emergenten Ordnung"

[985] Vgl. Zahn (1999), S. 11. ZAHN hebt Potenziale zur Verbesserung der Wettbewerbsposition hervor, aus denen nachhaltige Wettbewerbsvorteile generiert werden können, wie z. B. Kooperationen oder die Integration externer Ressourcen (Zahn (2000), S. 156 f.).

[986] Vgl. Armour/ Teece (1980), S. 470 f., Demsetz (1988), S. 153 f., Teece et al. (1991), S. 25, Von Krogh/ Venzin (1995), S. 425, Grant (1996b), S. 119, Zahn (2000), S. 158, Zahn et al. (2000a), S. 262

[987] Vgl. Piller/ Müller (2003), S. 58, Batt/ Purchase (2004), S. 169

darstellt, resultiert die Unternehmensaufgabe der *bewussten Ingangsetzung und Lenkung von Einflussfaktoren*. Diese Aufgabe mündet in den Auftrag, wissensbasierte Interaktionen zwischen Unternehmen und Kunden aktiv unter Berücksichtigung ihrer vielfältigen Ursache-Wirkungsbeziehungen zu gestalten. Das beinhaltet nicht nur die Analyse, an welchem Punkt in der Wertschöpfungskette und in welchem Funktionsbereich eine bestimmte Art von Kundenwissen mit geeigneten Transfermechanismen integriert werden soll, sondern auch eine strukturierte Untersuchung der Beschaffenheit der Transferressource Kundenwissen.

Der Forschungsprozess der vorliegenden Arbeit wurde von einem Verständnis getragen, das auf drei Gestaltungsfelder zur Kultivierung von Kundenwissen setzte, die ein nachhaltiges Management von Kundenwissen ermöglichen: Faktoren, Akteure und Aktionen.

Im Rahmen der *faktorzentrierten Betrachtung* lotet die vorliegende Arbeit transformationsbezogene Ressourcenaspekte aus. Im Fokus der Untersuchung steht dabei die Ressource Kundenwissen und deren kennzeichnende Transformationsdimensionen: von latent im Unternehmensumfeld vorhandenen Informationen als Ausgangsbasis der Wissensakquisition über verschiedene Zwischenzustände bis zu unternehmensintern angesiedeltem komplexen und zu innovationsrelevantem Wissen, das die Grundlage zur Generierung von Wettbewerbsvorteilen bildet. Lern- und Akkulturationsprozesse wirken dabei moderierend und hebeln die Wissensressourcen von einer Eskalationsstufe zur nächsten.

In der *akteurszentrierten Betrachtung* zeigt sich: Aufgrund asymmetrischer Informationsverteilung und Verhaltensmaximen nehmen Unternehmen und Kunden unterschiedliche Rollen als Wissensträger wahr und bestimmen somit die Rahmenbedingungen des Wissenstransfers. Dabei nutzen die Akteure ihre jeweilige Entscheidungs- und Delegationsgewalt, um einerseits die Ressourcenknappheit zu überwinden und andererseits ihre Autonomie zu erhalten. Im gemeinsamen Wissenstransferprozess wirkt sich diese Rollenwahrnehmung in partizipations- und interaktionsbasierten Transferoptionen aus.

Die *aktionszentrierte Betrachtung* beleuchtet Rahmen gebende organisatorische und prozessbezogene Aspekte wissensbasierter Interaktionen. Dabei zeigt sich, dass bei wissensintensiven Kooperationen vielfältige dynamische Diffusionsprozesse zwischen (Hersteller-)Unternehmen und Kunden(unternehmen) stattfinden und die Integrationsaktivitäten Unternehmensgrenzen aufweichen. Dadurch entstehen komplexe – zum Teil interdependente – Sach- und Wirkungszusammenhänge kollaborativer Akteursinteraktionen zwischen Wissenstransfer und Wissensintegration. Hierauf aufbauend bestimmen sich die organisationalen Determinanten zur Prozessmodellierung aus generellen Management- und prozessualen Integrationsaufgaben.

Diese Teilmodelle bilden die drei Ebenen, auf denen der Systematisierungsrahmen zur Kultivierung von Kundenwissen beruht: der Planungs- und Interaktionsebene, der Ressourcenebene und der Organisations- und Steuerungsebene.

Auf der Basis der theoriegeleiteten Erkenntnisse zur Kundenwissenskultivierung wurden Propositionen im Sinne widerspruchsfreier Aussagen formuliert, deren Inhalt sich mittels empirischer Untersuchungen belegen lässt. Diese Kultivierungsdimensionen übergreifenden Propositionen verdeutlichen die engen Verknüpfungen und Wechselwirkungen zwischen den Kultivierungsdimensionen und zeigen dabei auf, dass ein ganzheitliches CKM nicht aus isolierten Betrachtungen von Einzelaspekten heraus generiert werden kann.

Um die theoriegegründeten Propositionen zu testen, wird eine zweiteilige empirische Studie durchgeführt. Die Studie bildet den praxisorientierten Teil der Methodentriangulation, indem sie Erkenntnisse zum Umsetzungsstand von CKM-Ansätzen in ausgewählten Unternehmen beisteuert und das Überprüfen der Propositionen verbindet. In der qualitativ angelegten Vorstudie wird der Status Quo des CKM in der Unternehmenspraxis untersucht. Mit der Vorstudie wird zum einen das Ziel verfolgt, Modifikationen an den zugrunde liegenden theoriegeleiteten Annahmen vorzunehmen und zum anderen, eine Grundlage zur Erstellung der Fragebogenstudie zu schaffen, innerhalb derer der eigentliche Test der Propositionen in der unternehmerischen Praxis durchgeführt wird. Über die Überprüfung der Propositionen hinaus können mit der Studie Erkenntnisse zum Verbreitungsgrad von CKM sowie zum Verständnis und zur Bedeutung von Kundenwissen in der unternehmerischen Praxis gewonnen werden. Sie liefert darüber hinaus auch wesentliche Ergänzungen zu den in der Praxis angewendeten Methoden und Instrumenten für die faktor-, akteurs- und aktionszentrierten Teilmodelle dieser Arbeit.

Verbunden werden die theoretischen und empirischen Erkenntnisse in einem dreischichtigen Systematisierungsrahmen, der die Kultivierungsdimensionen Faktoren, Akteure und Aktionen auf den Ebenen Ressourcen, Planung und Interaktion sowie Organisation und Steuerung zusammenfasst. Der Systematisierungsrahmen macht deutlich, dass ressourcenbezogene Aspekte zentrale Basisanforderungen an die Unternehmensprozesse stellen und der Umgang mit Kundenwissen damit ein kritischer Erfolgsfaktor für Unternehmen ist. Ferner zeigt sich, dass Interaktionen und organisationale Determinanten nicht losgelöst vom Transferobjekt Kundenwissen betrachtet werden können: Um zu einem systemorientierten ganzheitlichen sowie zu einem ressourcen- und marktorientierten Management des Kundenwissens im Unternehmen beizutragen, müssen verschiedene Zielvorstellungen, Aufgabenschwerpunkte, Prozesse und Wirkungsebenen harmonisiert werden. Ergebnis dieser Arbeit ist ein Aussagesystem zur Kultivierung von Kundenwissen, das die Verknüpfung der drei Gestaltungsfelder aufzeigt und erklärt, wie sich Prozesse der Wissenskultivierung bewusst in Gang setzen und lenken lassen.

9.2 Ausblick

Die Analyse von ressourcen-, interaktions- und aktionsorientierten Kultivierungsdimensionen in wissensbasierten Kooperationen zwischen Unternehmen und Kunden bietet – nicht zuletzt, da sich die komplexen Ursache-Wirkungsbeziehungen zwischen den Einflussfaktoren der Kultivierungsdimensionen dynamisch, vielfältig und vielschichtig darstellen – sowohl für die strategische Managementforschung als auch für die Wissensmanagementforschung verschiedene Ansatzpunkte für weitere Forschungsarbeiten. Mit dem in dieser Arbeit entwickelten Systematisierungsrahmen wird ein erster Schritt zur vertieften Betrachtung der Kundenwissenskultivierung getan: Es wird ein Integrationsrahmen geschaffen, mit dessen Hilfe sich weitere Forschungsbeiträge überprüfen, eingliedern und vernetzen lassen. Dabei ist der generisch gestaltete Systematisierungsrahmen offen für die Untersuchung weiterer (Teil-)Aspekte und bietet dafür zahlreiche Anknüpfungspunkte. In Anlehnung an den vorangegangen Abschnitt werden nachfolgend die Grenzen der theoriegeleiteten Untersuchung zur Kundenwissenskultivierung sowie der weitere Forschungsbedarf bezüglich der empirischen Analyse dieser Arbeit diskutiert.

Der Anspruch der vorliegenden Arbeit, einen integrativen Systematisierungsrahmen zur Kundenwissenskultivierung zu entwickeln, impliziert gleichzeitig ein möglichst vollständiges Konzept zu entwerfen, welches aus multiplen Ansätzen verschiedener Forschungsdisziplinen sowie aus der Unternehmenspraxis besteht, aber auch offen für die Integration weiterer Überlegungen ist. Für das Modell des Systematisierungsrahmens bedeutet dies, dass sich innerhalb der drei Kundenwissenskultivierungsebenen, zwischen den Ebenen und in der Übertragbarkeit des Systematisierungsrahmens in die Unternehmenspraxis weiterer Forschungsbedarf lokalisieren lässt.

Zur Ableitung von Aussagen zu den Kultivierungsdimensionen können die zugrunde liegenden Theorieansätze praxeologisch weiter untersucht werden, um weitere Anhaltspunkte für die Kultivierungsebenen des Systematisierungsrahmens zu liefern.
So zeigt sich auf der Planungs- und Interaktionsebene beispielsweise in der Ableitung der Akteurshandlungen und ihrer Ziele beim Wissenstransfer, aber auch in der Auswahl der zu berücksichtigenden System- und Prozessdeterminanten weiterer Entwicklungsbedarf hinsichtlich der Handlungsgrundlagen und der Anwendbarkeit unter den Rahmenbedingungen der unternehmerischen Praxis.
Auf der Ressourcenebene werden in dieser Arbeit die grundlegenden Transformationseigenschaften der Ressource Kundenwissen und die Eskalationsstufen der Kundenwissensentwicklung in Unternehmen durch generische Lernprozesse auf individueller und organisationaler Ebene aufgezeigt. Forschungsarbeiten aus weiteren Disziplinen, wie beispielsweise der Psychologie oder der Soziologie könnten hier weitere Erkenntnisse für ein tieferes Verständnis von Aspekten zum individuellen und kollektiven Lernen beitragen. Derartige multidisziplinäre Forschungsaktivitäten ließen sich auch zur Generierung von weiteren Erkenntnissen für die Organisations- und Steuerungsebene anstreben, um weitere Wirkungen und Zusammenhänge zwischen dem Integrationspotenzial der Akteure, ihrer gemeinsamen Akkulturation oder zum Veränderungsbedürfnis von Unternehmen und den Imperativen an das Kundenwissensmanagement aufzudecken.

Mithilfe der Propositionen werden in der vorliegenden Arbeit die Ursache-Wirkungsbeziehungen zwischen den Ebenen hergestellt. Ihre Überprüfung in der Praxis erfolgt anhand einer begrenzten Stichprobe von Unternehmen: Eine wesentliche Restriktion des empirischen Teils liegt in der Eingrenzung des Untersuchungsobjekts Kundenwissen auf produzierende Unternehmen mit komplexen Gütern, die ein Umsatzvolumen von mindestens 250 Millionen Euro ausweisen und mindestens 1.000 Mitarbeiter haben. Diese Einschränkung erfolgt auf Basis der These, dass Hersteller hochpreisiger und komplexer Produkte in einem intensiveren Kundenkontakt stehen als bspw. Konsumgüterhersteller die eine hohe Anzahl an Produkten für einen anonymen Markt fertigen sowie der Vermutung, dass ab einer bestimmten Unternehmensgröße institutionalisierte Wissensprozesse notwendig werden, da informelle Kommunikationsstrukturen nicht mehr ausreichen. Hier besteht Potenzial für breiter angelegte empirische Analysen, die ihre empirischen Erhebungen auch auf Konsumgüter- und Dienstleistungsunternehmen sowie kleine und mittlere Unternehmen ausdehnen.

Um die im Rahmen dieser Arbeit gewonnenen Erkenntnisse in der Unternehmenspraxis anwenden zu können, ist weitere Entwicklungsarbeit erforderlich. Durch anwendungsbezogene Forschung und mit verschiedenen Instrumenten des Projektmanagements kann hier in Kooperation mit Unternehmen die Entwicklung eines umsetzungsorientierten Leitfadens ansetzen, der die im Rahmen dieser Arbeit gewonnenen theoriegegründeten Erkenntnisse und Ursache-Wirkungsbeziehungen für die Anwendbarkeit operationalisiert. Ein derartiger Leitfaden ist wiederum Ansatzpunkt für die Entwicklung geeigneter Informations- und Kommunikationsinstrumente, welche die Kultivierung von Kundenwissen in geeigneter Form unterstützen.

Literaturverzeichnis

Abell, D.F./ Hammond, J.S. (1979): Strategic market planning, Englewood Cliffs 1979

Ackerschott, H. (2001): Strategische Vertriebssteuerung: Instrumente zur Absatzförderung und Kundenbindung, 3. Aufl., Wiesbaden 2001

Adam, D./ Backhaus, K./ Meffert, H./ Wagner, H. (Hrsg., 1989): Integration und Flexibilität: Eine Herausforderung für die Allgemeine Betriebswirtschaftslehre, Wiesbaden 1989

Adams, M.E./ Day, G.S./ Dougherty, D. (1998): Enhancing new product development performance: An organizational learning perspective, in: Journal of Product Innovation Management, 15, 1998, 5, S. 403-422

Aebi, R. (2000): Kundenorientiertes Knowledge Management: Erfolg durch Wissen über Markt und Unternehmen, München et al. 2000

Agmon, T./ Von Glinow, M.A. (Hrsg., 1991): Technology transfer in international Business, Oxford 1991

Albach, H. (1989): Innovationsstrategien zur Verbesserung der Wettbewerbsfähigkeit, in: Zeitschrift für Betriebswirtschaft, 59, 1989, 12, S. 1338-1352

Albach, H./ Eymann, E./ Luhmer, A./ Steven, M. (Hrsg., 1999): Die Theorie der Unternehmung in Wissenschaft und Praxis, Berlin et al. 1999

Albach, H./ Kaluza, B./ Kersten, W. (Hrsg., 2002): Wertschöpfungsmanagement als Kernkompetenz, Wiesbaden 2002

Albers, S./ Herrmann, H./ Kahle, E./ Kruschwitz, L./ Perlitz, M. (Hrsg., 1989): Elemente erfolgreicher Unternehmenspolitik im mittelständischen Unternehmen: Unternehmenskultur, Kundennähe, Quasi-Eigenkapital – Ergebnis des Lüneburger Mittelstand-Symposiums 1988, Stuttgart 1989

Alchian, A.A./ Woodward, S. (1988): The firm is dead – long live the firm: A review of Oliver E. Williamson's „The economic institutions of capitalism", in: Journal of Economic Literature, 26, 1988, 1, S. 65-79

Aldrich, H.E. (1976): Resource dependence and interorganizational relations: Local employment service offices and social services sector organizations, in: Administration and Society, 7, 1976, 4, S. 419-454

Aldrich, H.E./ McKelvey, B./ Ulrich, D. (1984): Design strategy from the population perspective, in: Journal of Management, 10, 1084, 1, S. 67-86

Aldrich, H.E./ Pfeffer, J. (1976): Environments of organizations, in: Inkeles, A./ Coleman, J./ Smelser, N. (Hrsg., 1976), S. 79-105

Al-Laham, A. (2003): Organisationales Wissensmanagement: Eine strategische Perspektive, München 2003

Al-Laham, A. (2004): Wettbewerbsvorteile aus Wissen? Was leistet der wissensbasierte Ansatz für die strategische Unternehmensführung?, in: Die Unternehmung, 58, 2004, 6, S. 405-432

Allen, T.J. (1967): Communication in the Research and Development Laboratory, in: Technology Review, 70, 1967, 1, S. 31-38

Amelingmeyer, J. (2000): Wissensmanagement: Analyse und Gestaltung der Wissensbasis von Unternehmen, Wiesbaden 2000

Amit, R./ Schoemaker, P.J.H. (1993): Strategic assets and organizational rent, in: Strategic Management Journal; 14, 1993, 1, 33-46

Anbari, F.T./ Umpleby, S.A. (2006): Productive research teams and knowledge generation, in: Carayannis, E.G./ Campbell, D.F.J. (Hrsg., 2006), S. 26-38

Anderson, J.C./ Narus, J.A. (1990): A model of distributor firm and manufacturer firm working partnerships, in: Journal of Marketing, 54, 1990, 1, S. 42-58

Antlitz, A. (1999): Unternehmensgrenzen und Kooperationen: Make-cooperate-or-buy im Zusammenspiel von Kompetenz und Strategieentwicklung, Wiesbaden 1999

Arbeitsgruppe Bielefelder Soziologen (Hrsg., 1973): Alltagswissen, Interaktion und gesellschaftliche Wirklichkeit, Band 1: Symbolischer Interaktionismus und Ethnomethodologie, Reinbek 1973

Argote, L./ Ingram, P./ Levine, J.M./ Moreland, R.L. (2000): Knowledge transfer in organizations: Learning from the experience of others, in: Organizational Behavior & Human Decision Processes, 82, 2000, 1, S. 1-8

Argyris, C. (1990): Overcoming organizational defences: Facilitating organizational learning, Needham 1990

Argyris, C. (1996): Defensive Routinen und eingeübte Inkompetenz, in: Fatzer, G. (Hrsg., 1996), S. 109-149

Argyris, C. (1999): On organizational learning, 2. Aufl., Malden 1999

Argyris, C./ Schön, D.A. (1978): Organizational learning: A theory of action perspective, Reading 1978

Argyris, C./ Schön, D.A. (2002): Die Lernende Organisation: Grundlagen, Methode, Praxis, 2. Aufl., Stuttgart 2002

Armistead, C.G./ Meakins, M. (2002): A framework for practising knowledge management, in: Long Range Planning, 35, 2002, 1, S. 49-71

Armour, H.O./ Teece, D.J. (1980): Vertical integration and technological innovation, in: Review of Economics and Statistics, 62, 1980, 3, S. 470-474

Arrow, K.J. (1985): The economics of agency, in: Pratt, J.W./ Zeckhauser, R.J. (Hrsg., 1985), S. 37-51

Ashby, W.R. (1956): An introduction to cybernetics, London 1956

Ashby, W.R. (1974): Einführung in die Kybernetik, Frankfurt 1974

Atteslander, P. (2003): Methoden der empirischen Sozialforschung, 10. Aufl., Berlin/ New York 2003

Aulinger, A./ Fischer, D. (2000): Einige Daten und Informationen zum Wissensmanagement, in: Die Betriebswirtschaft, 60, 2000, 5, S. 642-668

Axelrod, R.M. (2005): Die Evolution der Kooperation, 6. Aufl., München 2005

Baaken, T./ Bobiatynski, E. (2002): Strategische Aspekte der B2B-Kommunikation: Customer Relationship Management – Erhöhung der Kundenbindung durch Kommunikation, in: Baaken, T./ Busche, M./ Ginter, T. (Hrsg., 2002), S. 11-30

Baaken, T./ Busche, M./ Ginter, T. (Hrsg., 2002): Business-to-Business-Kommunikation: Neue Entwicklungen im B2B-Marketing, Berlin 2002

Bach, N./ Homp, C. (1998): Objekte und Instrumente des Wissensmanagements, in: Zeitschrift für Organisation, 67, 1998, 3, S. 139-146.

Bach, V./ Österle, H. (2000): Customer-Relationship-Management in der Praxis: Wege zu kundenzentrierten Lösungen, Berlin et al. 2000

Bacharach, S.B./ DiTomaso, N. (Hrsg., 1987): Research in the sociology of organizations, London 1987

Backhaus, K./ Günter, B./ Kleinaltenkamp, M./ Plinke, W./ Raffée, H. (Hrsg., 1997): Marktleistung und Wettbewerb: Strategische und operative Perspektiven der marktorientierten Leistungsgestaltung, Wiesbaden 1997

Backhaus, K./ Meyer, M. (1993): Strategische Allianzen und Strategische Netzwerke, in: Wirtschaftswissenschaftliches Studium, 22, 1993, 7, S. 330-334

Badaracco, J.L. (1991): Strategische Allianzen, Wien 1991

Bailom, F./ Tschemernjak, D. (1998): Kundenorientierte Strategieentwicklung erfordert neue Wege der Marktsegmentierung, in: Handlbauer, G./ Matzler, K./ Sauerwein, E./ Stumpf, M. (Hrsg., 1998), S. 1-20

Bain, J.S. (1956): Barriers to new competition, Cambridge 1956

Bain, J.S. (1968): Industrial organization, 2. Aufl., New York 1968

Balling, R. (1997): Kooperationen: Strategische Allianzen, Netzwerke, Joint-Ventures und andere Organisationsformen zwischenbetrieblicher Zusammenarbeit in Theorie und Praxis, Frankfurt 1997

Bamberg, G./ Spremann, K. (Hrsg., 1987): Agency theory, information, and incentives, Berlin 1987

Bamberger, I./ Wrona, T. (1996b): Der Ressourcenansatz und seine Bedeutung für die Strategische Unternehmensführung, in: Zeitschrift für betriebswirtschaftliche Forschung, 48, 1996, 2, S. 130-153

Bänsch, A. (2007): Wissenschaftliches Arbeiten. 9. Aufl., München 2007

Barney, J.B. (1986): Strategic factor markets expectations, luck, and business strategy, in: Management Science, 32, 1986, 10, S. 1231-1241

Barney, J.B. (1989): Asset stock accumulation and sustainability of competitive advantage: A comment, in: Management Science, 35, 1989, 12, S. 1511-1513

Barney, J.B. (1991): Firm resources and sustained competitive advantage, in: Journal of Management, 17, 1991, 1, S. 99-120

Barney, J.B. (1997): Gaining and sustaining competitive advantage, Reading 1997

Bassie, L.J. (1997): Harnessing the power of intellectual capital, in: Training and Development, 51, 1997, 12, S. 25-30

Batt, P.J./ Purchase, S. (2004): Managing collaboration within networks and relationships, in: Industrial Marketing Management, 33, 2004, 3, S. 169-174

Bauer, H.H. (1986): Das Erfahrungskurvenkonzept, in: Wirtschaftswissenschaftliches Studium, 15, 1986, 1, S. 1-10

Baumgartner, P. (1993): Der Hintergrund des Wissens: Vorarbeiten zu einer Kritik der programmierbaren Vernunft, Klagenfurt 1993

Baumgartner, P./ Laske, S./ Welte, H. (2000): Handlungsstrategien von LehrerInnen: Ein heuristisches Modell, in: Metzger, C./ Seitz, H./ Eberle, F. (Hrsg., 2000), S. 247-266

Bausch, A. (2002): Strategische und strukturelle Gestaltung industrieller Unternehmenszusammenschlüsse, Gießen 2002

Bea, F.X./ Dichtl, E./ Schweitzer, M. (Hrsg., 2002): Allgemeine Betriebswirtschaftslehre, Band 2, 8. Aufl., Stuttgart 2002

Bea, F.X./ Haas, J. (2001): Strategisches Management, 3. Aufl., Stuttgart 2001

Becker, T./ Dammer, I./ Killich, S./ Howaldt, J./ Loose, A. (Hrsg., 2007): Netzwerkmanagement: Mit Kooperation zum Unternehmenserfolg, 2. Aufl., Berlin et al. 2007

Behrenbeck, K./ Menges, S./ Roth, S./ Warschun, M. (2000): B2B-Geschäftsmodelle im Konsumgütersektor, in: Absatzwirtschaft, 43, 2000, 11, S. 38-47

Beitz, W. (1996): Customer Integration im Entwicklungs- und Konstruktionsprozess, in: Kleinaltenkamp, M./ Fließ, S./ Jacob, F. (Hrsg., 1996), S. 285-293

Bellmann, K. (Hrsg., 2001): Kooperations- und Netzwerkmanagement, Berlin 2001

Bellmann, K./ Freiling, J./ Hammann, P./ Mildenberger, U. (Hrsg., 2002): Aktionsfelder des Kompetenz-Managements: Ergebnisse des 2. Symposiums Strategisches Kompetenz-Management, Wiesbaden 2002

Bellmann, M./ Krcmar, H./ Sommerlatte, T. (Hrsg., 2002): Praxisbuch Wissensmanagement: Strategien – Methoden – Fallbeispiele, Düsseldorf 2002

Belz, C. (Hrsg., 1997): Marketingtransfer: Kompetenz für Marketing-Innovationen, Schrift 5, St. Gallen 1997

Bendapudi, N./ Leone, R.P. (2002): Managing business-to-business customer relationships following key contact employee turnover in a vendor firm, in: Journal of Marketing, 66, 2002, 2, S. 83-101

Bendorf, M. (2002): Bedingungen und Mechanismen des Wissenstransfers: Lehr- und Lern-Arrangements für die Kundenberatung in Banken, Wiesbaden 2002

Benkenstein, M./ Stuhldreier, U. (2003): Anwendung von Kundenwertkonzepten: Kundenwertsteigerung durch Beziehungsmarketing im Privatkundengeschäft von Universalbanken, in: Günter, B./ Helm, S. (Hrsg., 2003), S. 641-658

Benson, K.J. (1975): The interorganizational network as a political economy, in: Administrative Science Quarterly, 20, 1975, 2, S. 229-249

Berger, P.L./ Luckmann, T. (1980): Die gesellschaftliche Konstruktion der Wirklichkeit: Eine Theorie der Wissenssoziologie, Frankfurt 1980

Beyer, H.-T. (2007): Die Strategie der Gewinner: Synergien durch kundenorientierte Wertschöpfungspartnerschaft, Online-Lehrbuch des Instituts für Wirtschaftswissenschaft der Universität Erlangen-Nürnberg, http://www.economics.phil.uni-erlangen.de/bwl/lehrbuch/hst_kap5/strat_gew/strat_gew.pdf (abgerufen am 28.10.2007)

Bhola, H.S. (1967): The configurational theory of innovation diffusion, in: Public Opinion Quarterly, 30, 1967, 4, S. 668-668

Biethahn, J./ Mucksch, H./ Ruf, W. (2004): Ganzheitliches Informationsmanagement, Band 1: Grundlagen, 6. Aufl., München/ Wien 2004

Black, J.A./ Boal, K.B. (1994): Strategic resources: Traits, configurations and paths to sustainable competitive advantage, in: Strategic Management Journal, 15, 1994, Special Summer Issue, S. 131-148

Blackler, F. (2002): Knowledge, knowledge work, and organizations, in: Organization Studies 16, 2002, 6, S. 1021-1046

Bleicher, K. (2001): Das Konzept integriertes Management, 6. Aufl., Frankfurt 2001

Blumer, H. (1973): Der methodologische Standort des Symbolischen Interaktionismus, in: Arbeitsgruppe Bielefelder Soziologen (Hrsg., 1973), S. 80-146

Böhler, H. (1977): Methoden und Modelle der Marktsegmentierung, Stuttgart 1977

Böhler, H. (Hrsg., 2002): Marketing-Management und Unternehmensführung, Stuttgart 2002

Bongartz, U. (1997): Strategische Ressourcen und erhaltbare Wettbewerbsvorteile, Die ressourcenorientierte Sicht am Beispiel der Treasury, in: Zeitschrift für Betriebswirtschaft, 67, 1997, Ergänzungsheft 1/97, S. 21-43

Bontis, N./ Choo, C.W. (Hrsg., 2002): The strategic management of intellectual capital and organizational knowledge, New York 2002

Bontis, N./ Dragonetti, N.C./ Jacobsen, K./ Roos, G. (1999): The knowledge toolbox: A review of the tools available to measure and manage intangible resources, in: European Management Journal, 17, 1999, 4, S. 391-402

Bornemann, M./ Sammer, M. (2002): Wissensmanagement, in: Bornemann, M./ Sammer, M. (Hrsg., 2002), S. 5-18

Bornemann, M./ Sammer, M. (Hrsg., 2002): Anwendungsorientiertes Wissensmanagement, Wiesbaden 2002

Bose, R./ Sugumaran, V. (2003): Application of knowledge management technology in customer relationship management, in: Knowledge and Process Management, 10, 2003, 1, S. 3-17

Bower, G.H./ Hilgard, E.R. (1983): Theorien des Lernens 1, Stuttgart 1983

Braganza, A. (2003): A better way to link sharing to your strategy, in: Knowledge Management Review, 6, 2003, 4, S. 20-22

Brast, C. (2006): Post Merger Integration betrieblicher Forschung und Entwicklung, Wiesbaden 2006

Brettner, U. (2001): Wertschöpfungspotentiale durch Integration, http://www.software-city.de/articles/brettner/wpot_int.pdf (abgerufen am 17.12.2001)

Brockhoff, K. (1999): Forschung und Entwicklung: Planung und Kontrolle, 5. Aufl., München/ Wien 1999

Brockhoff, K. (2003): Customers' perspectives of involvement in new product development, in: International Journal of Technology Management, 26, 2003, 5/6, S. 464-481

Bronder, C. (1993): Kooperationsmanagement, Frankfurt/ New York 1993

Bruhn, M. (1999): Kundenorientierung: Bausteine für ein exzellentes Customer Relationship Management (CRM), München 1999

Bruhn, M. (2002): Integrierte Kundenorientierung: Implementierung einer kundenorientierten Unternehmensführung, Wiesbaden 2002

Bruhn, M. (2004): Marketingübungen: Basiswissen, Aufgaben, Lösungen, 2. Aufl., Wiesbaden 2004

Bruhn, M. (2005): Kooperationen im Dienstleistungssektor, in Zentes et al. (Hrsg., 2005), S. 1277-1302

Bruhn, M. (2006): Das Konzept der kundenorientierten Unternehmensführung, in: Hinterhuber, H.H./ Matzler, K. (Hrsg., 2002), S. 33-65

Bruhn, M./ Homburg, C. (Hrsg., 2005): Handbuch Kundenbindungsmanagement, 5. Aufl., Wiesbaden 2005

Bruhn, M./ Stauss, B. (Hrsg., 2003): Dienstleistungsnetzwerke: Jahrbuch Dienstleistungsmanagement, Wiesbaden 2003

Brüsemeister, T. (2000): Qualitative Forschung: Ein Überblick, Wiesbaden 2000

Büchel, B./ Raub, S. (2001): Media choice and organizational learning, in: Dierkes, M./ Berthoin Antal, A./ Child, J./ Nonaka, I. (Hrsg., 2001), S. 518-534

Bühner, R./ Haase, K./ Wilhelm, J. (Hrsg., 1995): Die Dimensionierung des Unternehmens, Stuttgart 1995

Bukó, C. (2004): Wissensnetzwerke aus Sicht von Unternehmen und wissenschaftlichen Einrichtungen: Eine empirische Analyse, in: Caspers, R./ Bickhoff, N./ Bieger, T. (Hrsg., 2004), S. 251-314

Bullinger, H.-J. (2002): Technologiemanagement: Forschen und arbeiten in einer vernetzten Welt, Berlin 2002

Bullinger, H.-J. (Hrsg., 1996): Lernende Organisation: Konzepte, Methoden und Erfahrungsberichte, Stuttgart 1996

Bullinger, H.-J. (Hrsg., 1996): Lernende Organisationen: Konzepte, Methoden und Erfahrungsberichte, HAB-Forschungsberichte, Band 8, Stuttgart 1996

Bullinger, H.-J./ Brettreich-Teichmann, W./ Gidion, G./ Schäfer, M./ Wiedmann, G. (1996): Management kreativer Unternehmen, in: Bullinger, H.-J. (Hrsg., 1996), S. 13-39

Bullinger, H.-J./ Prieto, J. (1998): Wissensmanagement: Paradigma des intellektuellen Wachstums, in: Pawlowsky, P. (Hrsg., 1998), S. 87-118

Bullinger, H.-J./ Scheer, A.-W. (Hrsg., 2005): Service Engineering: Entwicklung und Gestaltung innovativer Dienstleistungen, 2. Aufl., Berlin 2005

Bullinger, H.-J./ Warnecke, H.-J./ Westkämper, E. (Hrsg., 2003): Neue Organisationsformen im Unternehmen: Ein Handbuch für das moderne Management, 2. Aufl., Berlin et al. 2003

Bullinger, H.-J./ Wörner, K./ Prieto, J. (1998): Wissensmanagement aus strategischer Sicht: Wissensmanagement – Modelle und Strategien für die Praxis, in: Bürgel, H.D. (Hrsg., 1998): Wissensmanagement, Berlin et al. 1998, S. 21-39

Bund, M. (2000): Modulare Organisation, in: Wirtschaftswissenschaftliches Studium, 29, 2000, 6, S. 343-346

Burchert, H. (2005): Praxis des wissenschaftlichen Arbeitens: Eine anwendungsorientierte Einführung, 2. Aufl., München 2005

Büren, A./ Schierholz, R./ Kolbe, L.M./ Brenner, W. (2004): Customer knowledge management: Improving performance of customer relationship management with knowledge management, in: Proceedings of the 37th Hawaii International Conference on System Sciences, Big Island 2004, S. 1-10

Büren, A./ Schierholz, R./ Kolbe, L.M./ Brenner, W. (2005): Improving performance of customer processes with knowledge management, in: Business Process Management Journal, 11, 2005, 5, S. 573-588

Bürgel, H.D. (Hrsg., 1998): Wissensmanagement, Berlin et al. 1998

Burghard, W./ Kleinaltenkamp, M. (1996): Standardisierung und Individualisierung: Gestaltung der Schnittstelle zum Kunden, in: Kleinaltenkamp, M./ Fließ, S./ Jacob, F. (Hrsg., 1996), S. 163-176

Burmann, C. (2002): Kompetenz-Management im Spannungsfeld zwischen Flexibilität und Commitment: Strategische Flexibilität und Strategieveränderung als Determinanten des Unternehmenswertes, in: Bellmann, K./ Freiling, J./ Hammann, P./ Mildenberger, U. (Hrsg., 2002), S. 109-144

Bussmann, W. (Hrsg., 1994): Lernen in Verwaltungen und Policy-Netzwerken, Chur/ Zürich 1994

Butz, C. (2003): Bedeutung des Wissenstransfers für die Entwicklung einer Wirtschaftsregion, in: Wissensmanagement, 5, 2003, 3, S. 38-40

Campbell, A.J. (2003): Creating customer knowledge competence: Managing customer relationship management programs strategically, in: Industrial Marketing Management, 32, 2003; 5, S. 375-384

Cangelosi, V.E./ Dill, W.R. (1965): Organizational learning: Observations toward a theory, in: Administrative Science Quarterly, 10, S. 175-203

Carayannis, E.G. (1999): Knowledge transfer and technological hyper-learning in five industries, in: Technovation, 19, 1999, 3, S. 141-161

Carayannis, E.G./ Campbell, D.F.J. (Hrsg., 2006): Knowledge creation, diffusion, and use in innovation networks and knowledge clusters : A comparative systems approach across the United States, Europe, and Asia, London 2006

Cardozo, R.N./ Smith, D.K./ Viswanathan, M. (1988): Identifying key customers for novel industrial products, in: Journal of Product Innovation Management, 5, 1988, 2, S. 102-113

Cartwright, D. (Hrsg., 1959): Studies of social power, Michigan 1959

Caspers, R. (2004): Gesellschaftliche Bedeutung von Wissen und Wissensnetzwerken, in: Caspers, R./ Bickhoff, N./ Bieger, T. (Hrsg., 2004), S. 59-107

Caspers, R., Kreis-Hoyer, P. (2004). Konzeptionelle Grundlagen der Produktion, Verbreitung und Nutzung von Wissen in Wirtschaft und Gesellschaft, in: Caspers, R./ Bickhoff, N./ Bieger, T. (Hrsg., 2004), S. 17-58

Caspers, R./ Bickhoff, N./ Bieger, T. (Hrsg. 2004): Interorganisatorische Wissensnetzwerke: Mit Kooperationen zum Erfolg, Berlin et al. 2004

Castanias, R.P./ Helfat, C.E. (1991): Managerial resources and rents, in: Journal of Management, 17, 1991, 1, S. 155-171

Cavusgil, S.T./ Calantone, R.J./ Zhao, Y. (2003): Knowledge transfer and firm innovation capability, in: Journal of Business & Industrial Marketing, 18, 2003, 1, S. 6-21

Champy, J. (2002): X-engineering the corporation: Reinventing your business in the digital age, New York 2002

Chen, C.-J. (2004): The determinants of knowledge transfer through strategic alliances, in: Academy of Management Proceedings, New Orleans 2004, S. H1-H6

Chesbrough, H.W. (2003): The era of open innovation, in: MIT Sloan Management Review, 44, 2003, 4, S. 35-41

Child, J./ Faulkner, D. (2002): Strategies of cooperation: Managing, networks, and joint ventures, 2. Aufl., Oxford 2002

Choo, C.W./ Bontis, N. (2002): Knowledge, intellectual capital, and strategy: Themes and tensions, in: Bontis, N./ Choo, C.W. (Hrsg., 2002), S. 3-22

Choo, C.W./ Bontis, N. (Hrsg., 2002): The strategic management of intellectual capital and organizational knowledge, New York 2002

Ciborra, C.U./ Andreu, R. (2001): Sharing knowledge across boundaries, in: Journal of Information Technology, 16, 2001, 2, S. 73-81

Coase, R.H. (1937): The nature of the firm, in: Economica, 4, 1937, 16, S. 386-405

Cockburn, I./ Henderson, R./ Stern, S.(2000): Untangling the origins of competitive advantage: Strategic Management Journal, 21, 2000, 10/11, S. 1123-1145

Cohen, M.D./ Bacdayan, P. (1994): Organizational routines are stored as procedural memory: Evidence from a laboratory study, in: Organization Science, 5, 1994, 4, S. 554-568

Cohen, W.M./ Levinthal, D.A. (1990): Absorptive capacity: A new perspective on learning and innovation, in: Administrative Science Quarterly, 35, 1990, 1, S. 128-152

Collis, D.J. (1991): A resource-based analysis of global competition: The case of the Bearings industry, in: Strategic Management Journal, 12, 1991, Summer Special Issue, S. 49-68

Collis, D.J./ Montgomery, C.A. (1995): Competing on resources: Strategy in the 1990s, in: Harvard Business Review, 73, 1995, 4, S. 118-128

Conner, K.R. (1991): A historical comparison of resource-based theory and five schools of thought within industrial organization economics: Do we have a new theory of the firm?, in: Journal of Management, 17, 1991, 1, S. 121-154

Contractor, F.J./ Lorange, P. (1988): Cooperative strategies in international business, Toronto 1988

Cook, K.S. (1987): Social exchange theory, Newbury Park 1987

Cooper, A. (1998): Customer Knowledge Management, http://www.poolonline.com/archive/iss2fea1.html (abgerufen am 31.07.2007)

Cooper, D.R./ Emory, W. (1995): Business Research Methods, 5. Aufl., Boston 1995

Corell, A.C. (1998): Das Management wissensintensiver Unternehmen, Köln 1998

Cormier, S./ Hagman, J. (1987): Transfer of learning, San Diego 1987

Corsten, H. (1985): Die Produktion von Dienstleistungen: Grundzüge einer Produktionswirtschaftslehre des tertiären Sektors, Berlin 1985

Corsten, H. (1990): Betriebswirtschaftslehre der Dienstleistungsunternehmungen: Einführung, 2. Aufl., München/ Wien 1990

Corsten, H. (1997): Dienstleistungsmanagement, 3. Aufl., München/ Wien 1997

Corsten, H. (2001): Dienstleistungsmanagement, 4. Aufl., München/ Wien 2001

Corsten, H./ Deppe, J. (2002): Technik des wissenschaftlichen Arbeitens, 2. Aufl., München 2002

Corsten, H./ Reiß, M. (Hrsg., 1999): Betriebswirtschaftslehre, 3. Aufl., München/ Wien 1999

Cramton, C.D. (1997): Information problems in dispersed teams, in: Academy of Management Proceedings, 1997, S. 298-302

Cristofolini, M. (2005): Wissenstransfer im Marketing: Lern- und Austauschprozesse des kundenbezogenen Wissens von Kundenkontaktmitarbeitern, St. Gallen 2005

Crossan, M.M./ Berdrow, I. (2003): Organizational learning and strategic renewal, in: Management Journal, 24, 2003, 11, S. 1087-1105

Crossan, M.M./ Inkpen, A.C. (1994): Promise and reality of learning through alliances, in: The International Executive, 36 1994, 3, S. 263-273

Crossan, M.M./ Lane, H.W./ White, R.E. (1999): An organizational learning framework: From intuition to institution, in: The Academy of Management Review, 24, 1999, 3, S. 522-537

Crostak, H.-A./ Richard, T./ Höfling, M./ Lins, S. (2004): Systematik zur Erhebung und Aufbereitung von Kundenanforderungen, in: Winzer, P. (Hrsg., 2004), S. 77-92

Crozier, M./ Friedberg, E. (1979): Macht und Organisation: Die Zwänge kollektiven Handelns, Königstein/ Taunus 1979

Cummings, L.L./ Staw, B.M. (Hrsg., 1981): Research in organizational behavior, 3, Greenwich 1981

Cummings, L.L./ Staw, B.M. (Hrsg., 1990): Information and cognition in organizations, 6, Greenwich/ London 1990

Cyert, R.M./ March, J.G. (1963): A behavioral theory of the firm, Englewood Cliffs 1963

Czarniawska, B. (2001): Anthropology and organizational learning, in: Dierkes, M./ Berthoin Antal, A./ Child, J./ Nonaka, I. (Hrsg., 2001), S. 118-136

Czarniawska, B./ Sévon, G. (1996): Translating organizational change, Berlin 1996

Dacin, M.T./ Hitt, M./ Levitas, E. (1997): Selecting partners for successful international alliances: Examination of U.S. and Korean firms, Journal of Business, 32, 1997, 1, S. 3-16

Daft, R.L./ Huber, G.P. (1987): How organizations learn: A communication framework, in: Bacharach, S.B./ DiTomaso, N. (Hrsg., 1987), S. 1-36

Daft, R.L./ Lengel, R.H. (1984): Information richness: A new approach to managerial behavior and organization design, in: Staw, B.M./ Cummings, L.L. (Hrsg., 1984), S. 191-233

Daft, R.L./ Lengel, R.H./ Trevino, L.K. (1987): Message equivocality, media selection, and manager performance: Implications for information systems, in: MIS Quarterly, 11, 1987, 3, S. 354

Daft, R.L./ Lengel, R.H. (1990): Information richness: A new approach to managerial behavior and organization design, in: Cummings, L.L./ Staw, B.M. (Hrsg., 1990), S. 243-285

Dahlke, B./ Kergaßner, R. (1996): Customer Integration und die Gestaltung von Geschäftsbeziehungen, in: Kleinaltenkamp, M./ Fließ, S./ Jacob, F. (Hrsg., 1996), S. 177-192

Davenport, E./ McLaughlin, L. (2004): Interpersonal trust in online partnerships: The challenge of representation, in: Huotari, M.-L./ Iivonen, M. (Hrsg., 2004), S. 107-123

Davenport, T.H. (1998): Managing customer knowledge, http://www.cio.com/archive/060198/think_content.html (abgerufen am 17.03.2003)

Davenport, T.H./ Harris, J.G./ Kohli, A.K. (2001): How do they know their customers so well?, in: MIT Sloan Management Review, 42, 2001, 2, S. 63-73

Davenport, T.H./ Klahr, P. (1998): Managing customer support knowledge, in: California Management Review, 40, 1998, 3, S. 195-208

Davenport, T.H./ Prusak, L. (1998): Wenn Ihr Unternehmen wüsste, was es alles weiß ...: Das Praxisbuch zum Wissensmanagement, 2. Aufl., Landsberg/ Lech 1999

Davidow, W.H./ Malone, M.S. (1992): Das virtuelle Unternehmen, Frankfurt 1992

Davies, S. (1979): The diffusion of process innovations, Cambridge 1979

Day, G.S. (1990): Market driven strategy: Processes for creating value, New York 1990

Day, G.S. (1994): Continuous learning about markets, in: California Management Review, 36, 1994, 4, S. 9-31

Day, G.S. (1999): The market driven organization: Understanding, attracting, and keeping valuable customers, New York 1999

Day, G.S./ Reibstein, D.J. (Hrsg., 1997): Wharton on dynamic competitive strategy, New York 1997

De Geus, A.P. (1988): Planning as learning, in: Harvard Business Review, 66, 1988, 2, S. 70-74

De Luca, L.M./ Atuahene-Gima, K. (2007): Market knowledge dimensions and cross-functional collaboration: Examining the different routes to product innovation performance, in: Journal of Marketing, 71, 2007, 1, S. 95-112

Degele, N. (2000): Informiertes Wissen: Eine Wissenssoziologie der computerisierten Gesellschaft, Frankfurt 2000

Demsetz, H. (1988): The theory of the firm revisited, in: Journal of Law, Economics and Organization, 4, 1988, 1, S. 141-161

Dennis, A.R./ Valacich, J.S. (1999): Rethinking media richness: Towards a theory of media synchronicity, in: Proceedings of the 32nd Hawaii International Conference on System Sciences, Big Island 1999, S. 1-10

Deshpandé, R./ Farley, J.U./ Webster, F.E. Jr. (1993): Corporate culture customer orientation, and innovativeness in Japanese firms: A quadrad analysis, in: Journal of Marketing, 57, 1993, 1, S. 23

Deshpandé, R./ Webster, F.E. Jr. (1989): Organizational culture and marketing: defining the research agenda, in: Journal of Marketing, 53, 1989, 1, S. 3-15

Desouza, K.C./ Awazu, Y. (2004): Gaining a competitive edge from your customers: Exploring three dimensions of customer knowledge, in: KM Review, 7, 2004, 3, S. 12-15

Desouza, K.C./ Awazu, Y. (2005): What do they know?, in: Business Strategy Review, 16, 2005, 1, S. 41-45

Devlin, J.F. (2002): Customer knowledge and choice criteria in retail banking, in: Journal of Strategic Marketing, 10, 2002, 4, S. 273-290

Diamantopoulos, A. (1987): Vertical quasi-integration revisited: The role of power, in: Managerial and Decision Economics, 8, 1987, 3, S. 185-194

Dierickx, I./ Cool, K. (1989): Asset stock accumulation and sustainability of competitive advantage, in: Management Science, 35, 1989, 12, S. 1504-1511

Dierickx, I./ Cool, K. (1990): A resource-based perspective on competitive strategy, INSEAD Working Paper, September, Singapore 1990

Dierkes, M./ Berthoin Antal, A./ Child, J./ Nonaka, I. (Hrsg., 2001): Handbook of organizational learning and knowledge, Oxford 2001

Dietl, H. (1993): Institutionen und Zeit, Tübingen 1993

Dietl, H.M. (1995): Institutionelle Koordination spezialisierungsbedingter wirtschaftlicher Abhängigkeit, in: Zeitschrift für Betriebswirtschaft, 65, 1995, 6, S. 569-585

Diller, H. (1996): Kundenbindung als Marketingziel, in: Marketing-ZFP, 18, 1996, 2, S. 81-94

Dixon, N. (1994): The organizational learning cycle: How we can learn collectively, London et al. 1994

Dombrowski, U./ Horatzek, S./ Wrehde, J. (2004): Nachlesen oder Nachfragen? Ein Ansatz zur Intensivierung des Wissenstransfers, in: Wissensmanagement online, Ausgabe Januar/ Februar 2004, http://www.wissensmanagement.net/online/archiv/2004/01_2004/nachlesen.shtml (abgerufen am 23.11.2007)

Donaldson, L./ Davis, L.H. (1991): Stewardship theory or agency theory: CEO governance and shareholder returns, in: Australian Journal of Management, 16, 1991, 1, S. 49-65

Donath, B. (2005): Customer knowledge takes priority in study, in: Marketing News, 39, 2005, 20, S. 7

Dorsch, S./ Walcher, D. (2004): Innovation durch Kundenintegration, in: Marketing Journal, 11, 2004, 9, S. 23-28

Dosi, G. (1982): Technological paradigms and technological trajectories : A suggested interpretation of the determinants and directions of technical change, in: Research Policy, 11, 1982, 3, S. 147-162

Dougherty, D. (1992): Interpretive barriers to successful product innovation in large firms, in: Organization Science, 3, 1992, 2, S. 179-202

Dous, M./ Salomann, H./ Kolbe, L.M./ Brenner, W. (2005): Knowledge management capabilities in CRM: Making knowledge for, from and about customers work, in: Proceedings of the 11th American Conference on Information Systems, Omaha 2005, S. 167-178

Doz, Y.L./ Hamel, G. (1995). The use of alliances in implementing technology strategies: Managing technology and innovation for corporate renewal, Oxford 1995

Doz, Y.L./ Hamel, G. (1998): Alliance advantage: The art of creating value through partnering, Boston 1998

Drazin, R./ Van de Ven, A.H. (1985): Alternative forms of fit in contingency theory, in: Administrative Science Quarterly, 30, 1985, 4, S. 514-539

Drenth, P.J.D./ Thierry, H./ Willems, P.J./ De Wolff, C.J. (Hrsg., 1984): Handbook of work and organizational psychology, Chichester/ New York 1984

Drucker, P.F. (1954): The practice of management, New York 1954

Duncan, R./ Weiss, A. (1979): Organizational learning: Implications for organizational design, in: Staw, B.M. (Hrsg., 1979): Research in organizational behavior, 1, Greenwich, S. 75-123

Duschek, S./ Sydow, J. (2002): Ressourcenorientierte Ansätze des strategischen Managements, in: Wirtschaftswissenschaftliches Studium, 31, 2002, 8, S. 426-431

Dutton, J.M./ Duncan, R. (1981): The process and threats to sensemaking and their relationship to organizational learning, Working Paper Kellogg Graduate School of Management, Northwestern University

Dutton, J.M./ Freedman, R.D. (1985): External environment and internal strategies: Calculating, experimenting, and imitating in organizations, in: Lamb, R.B./ Shrivastava, P. (Hrsg., 1985), S. 39-68

Dwyer, J. (2004): R&D: Smart power, in: IEEE Review, 50, 2004, 8, S. 36

Dyckhoff, H. (2006): Produktionstheorie: Grundzüge industrieller Produktionswirtschaft, 5. Aufl., Berlin/ Heidelberg 2006

Dyer, J.H. (2004): Cross-functional teams, in: Chartered Accountants Journal, 83, 2004, 3, S. 63-64

Dyer, J.H./ Singh, H. (1998): The relational view: Cooperative strategy and sources of interorganizational competitive advantage, in: Academy of Management Review, 23, 1998, 4, S. 660-679

Edvinsson, L. (2003): The intellectual capital of nations, in: Holsapple, C.W. (Hrsg., 2003a) , S. 153-163

Edvinsson, L./ Malone, M.E. (1997): Intellectual capital: The proven way to establish your company's real value by measuring its hidden brainpower, New York 1997

Eggert, A. (2006): Perspektiven der Kundenwertanalyse: Die zwei Perspektiven des Kundenwerts: Darstellung und Versuch einer Integration, in: Günter, B./ Helm, S. (Hrsg., 2006), S.41-60

Eisenhardt, K.M. (1989): Agency theory: An assessment and review, in: Academy of Management Review, 14, 1989, 1, S. 57-74

Eisenhardt, K.M./ Kahwaji, J.L./ Bourgeois III, L.J. (1997): How management teams can have a good fight, in: Harvard Business Review, 75, 1997, 4, S. 77-85

Eisenhardt, K.M./ Martin, J.A. (2000): Dynamic capabilities: What are they?, in: Strategic Management Journal, 21, 2000, Special Issue., S. 1105-1121

Emerson, R. (1962): Power-dependence relations, in: American Sociological Review, 27, 1962, 1, S. 31-41

Engelhard, J./ Oechsler, W.A. (Hrsg., 1999): Internationales Management: Auswirkungen globaler Veränderungen auf den Wettbewerb, Unternehmensstrategie und Märkte, Wiesbaden 1999

Engelhardt, W.H. (1989): Dienstleistungsorientiertes Marketing: Antwort auf die Herausforderung neuer Technologien, in: Adam, D./ Backhaus, K./ Meffert, H./ Wagner, H. (Hrsg., 1989), S. 269-288

Engelhardt, W.H./ Freiling, J. (1995a): Integrativität als Brücke zwischen Einzeltransaktion und Geschäftsbeziehung, in: Marketing-ZFP, 17, 1995, 1, S. 37-43

Engelhardt, W.H./ Freiling, J. (1995b): Die integrative Gestaltung von Leistungspotenzialen, in: Zeitschrift für Betriebswirtschaft, 47, 1995, 10, S. 899-918

Engelhardt, W.H./ Kleinaltenkamp, M./ Reckenfelderbäumer, M. (1993): Leistungsbündel als Absatzobjekte: Ein Ansatz zur Überwindung der Dichotomie von Sach- und Dienstleistungen, in: Zeitschrift für betriebswirtschaftliche Forschung, 45, 1993, 5, S. 395-425

Enke, M./ Poznanski, S. (2005): Kundenintegration bei Finanzdienstleistungen, in: Freiberger Arbeitspapiere, Nr. 11/2005, http://www.tu-freiberg.de/~wwwfak6/files/paper/enke_11_2005.pdf?PHPSESSID=c66c96937bacf40121275922f46a821b (abgerufen am 30.03.2007)

Erichson, B./ Hildebrandt, L. (Hrsg., 1998): Probleme und Trends in der Marketingforschung, Stuttgart 1998

Ettenberg, E. (2004): Know their customer: Customer knowledge and agents, in: Marketing Magazine, 109, 2004, 19, S. 11

EU-Kommission (2006): Unternehmen: Definition kleiner und mittlerer Unternehmen, http://ec.europa.eu/enterprise/enterprise_policy/sme_definition/index_de.htm (abgerufen am 27.08.2007)

Europäisches Parlament (2008): Verordnung des Europäischen Parlaments und des Rates zur Aufstellung der statistischen Systematik der Wirtschaftszweige (NACE), http://eur-lex.europa.eu/LexUriServ/LexUriServ.do?uri=CELEX:32006R189 3:DE:NOT (abgerufen am 09.04.2008)

Fama, E.F. (1980): Agency problems and the theory of the firm, in: Journal of Political Economy, 88, 1980, 2, S. 288-307

Fama, E.F./ Jensen, M.C. (1983): Agency problems and residual claims, in: Journal of Law & Economics, 26, 1983, 2, S. 327-349

Fatzer, G. (Hrsg., 1996): Organisationsentwicklung und Supervision: Erfolgsfaktoren bei Veränderungsprozessen, Köln 1996

Fichman, M./ Levinthal, D.A. (1991): Honeymoons and the liability of adolescence: A new perspective on duration dependence in social and organizational relationships, in: Academy of Management Review, 16, 1991, 2, S. 442-468

Fiedrich, S./ Degenhart, T. (2004): Die Kundenstimme explizit erfassen – Theorie und Praxis: Durchdachte Modifikation als Grundlage einer individuellen All-in-One-Lösung, in: Winzer, P. (Hrsg., 2004), S. 93-109

Fiol, C.M./ Huff, A.S. (1992): Maps for managers: Where are we? Where do we go from here?, in: Journal of Management Studies, 29, 1992, 3, S. 267-285

Fiol, C.M./ Lyles, M.A. (1985): Organizational learning, in: Academy of Management Review, 10, 1985, 4, S. 803-813

Fischer, L./ Wiswede, G. (2002): Grundlagen der Sozialpsychologie, 2. Aufl., München 2002

Fischer, T.M./ Schmöller, P. (2003): Kundenwert und wertorientiertes Management: Kundenwert als Entscheidungskalkül für die Bedeutung von Kundenbeziehungen, in: Günter, B./ Helm, S. (Hrsg., 2003), S. 497-521

Fites, D.V. (1996): Make your dealers your partners, in: Business Review, 74, 1996, 2, S. 84-95

Fließ, S. (1996): Prozessevidenz als Erfolgsfaktor der Kundenintegration, in: Kleinaltenkamp, M./ Fließ, S./ Jacob, F. (Hrsg., 1996), S. 91-103

Fließ, S. (2001): Die Steuerung von Kundenintegrationsprozessen: Effizienz in Dienstleistungsunternehmen, Wiesbaden 2001

Florenz, P./ Weich, M. (2002): Customer Intelligence: Innovative Instrumente zur Analyse und Steuerung von Kunden im Internet, in: Horváth, P. (Hrsg., 2002), S. 223-244

Fornell, C./ Johnson, M.D./ Anderson, E.W./ Cha, J./ Bryant, B.E. (1996): The American Customer Satisfaction Index: Nature, Purpose, and Findings, in: Journal of Marketing, 60, 1996, October, S. 7-18

Forrester, J.W. (1966): A new corporate design, in: McKinsey Quarterly, 3, 1966, 1, S. 17-35

Forrester, J.W. (1972): Grundzüge einer Systemtheorie, Wiesbaden 1972

Fortmüller, R. (1991): Lernpsychologie, Wien 1991

Foschiani, S./ Habenicht, W./ Schmid, U./ Wäscher, G. (Hrsg., 2000): Strategisches Management im Zeichen von Umbruch und Wandel, Stuttgart 2000

Foscht, T./ Swoboda, B. (2007): Käuferverhalten: Grundlagen – Perspektiven – Anwendungen, 3. Aufl., Wiesbaden 2007

Foss, N.J. (1993): Theories of the firm: Contractual and competence perspectives, in: Journal of Evolutionary Economics, 3, 1993, 2, S. 127-144

Foss, N.J. (2003): Cognition and motivation in the theory of the firm: Interaction or never the twain shall meet, in: Journal des Économistes et des Études Humaines, 12, 2003, Special Issue, S. 79-96

Freiling, J. (2001): Resource-based View und ökonomische Theorie: Grundlagen und Positionierung des Ressourcenansatzes, Wiesbaden 2001

Freiling, J. (2002): Terminologische Grundlagen des Resource-based View, in: Bellmann, K./ Freiling, J./ Hammann, P./ Mildenberger, U. (Hrsg., 2002), S. 3-28

Freiling, J. (2004): Competence-based View der Unternehmung, in: Die Unternehmung, 58, 2004, 1, S. 5-25

Freiling, J. (2006): Perspektiven der Kundenwertanalyse: Kundenwert: Eine vergleichende Analyse ressourcenorientierter Ansätze, in: Günter, B./ Helm, S. (Hrsg., 2006), S. 83-102

Freise, H.-U./ Schäffer, U./ Weber, J. (2002): Planung in eBusiness-Start-Ups, in: Controller Magazin, 27, 2002, 4, S. 328-334

Freitag, M. (2002): Teure Kunden, in: Wirtschaftswoche, 56, 2002, 40, S. 122-135

French, J.R.P. Jr./ Raven, B.H. (1959): The biases of social power, in: Cartwright, D. (Hrsg., 1959), S. 150-167

Frese, E. (Hrsg., 1992): Handwörterbuch der Organisation, Enzyklopädie der Betriebswirtschaftslehre 2, 3. Aufl., Stuttgart 1992

Friedrich, S.A./ Matzler, K./ Stahl, K. (2002): Quo vadis RBV? Stand und Entwicklungsmöglichkeiten des Ressourceneinsatzes

Friedrichs, J. (1990): Methoden der empirischen Sozialforschung, 14. Aufl., Opladen 1990

Friedrichs-Schmidt, S. (2003): Wertorientierte Kundensegmentierung: State of the Art und Praxisbeispiele, München 2003

Fuchs, H. (1980): Systemtheorie, in: Grochla, E. (Hrsg., 1980), Sp. 1618-1630

Fuchs, P.H./ Mifflin, K.E./ Miller, D./ Whitney, J.O. (2000) : Strategic integration: Competing in the age of capabilities, in: California Management Review, 42, 2000, 3, S. 118-147

Füller, J./ Mühlbacher, H./ Rieder, B. (2003): An die Arbeit, lieber Kunde!, in: Harvard Business Manager, 25, 2003, 5, S. 36-45

Furubotn, E.G./ Richter, R. (1991): The new institutional economics: An assessment, in: Richter, R./ Furobotn, E.G. (Hrsg., 1991), S. 1-34

Gairola, A. (2003): Prozessketten in Organisation und Technik, in: Bullinger, H.-J./ Warnecke, H.-J./ Westkämper, E. (Hrsg., 2003), S. 389-409

Gaitanides, M./ Stock, R. (2004): Interorganisationale Teams: Transaktionskostentheoretische Überlegungen und empirische Befunde zum Teamerfolg, in: Zeitschrift für Betriebswirtschaftliche Forschung, 56, 2004, August, S. 436-451

Galbraith, J. (1973): Designing complex organizations, Reading 1973

Galunic, C.D./ Rodan, S. (1998): Resource recombinations in the firm: Knowledge structures and the potential for Schumpeterian innovation, in: Strategic Management Journal, 19, 1998, 12, S. 1193-1201

Gamble, P.R./ Calder, M./ Stone, M. (2001): Customer knowledge management in the travel industry, Journal of Vacation Marketing, 7, 2001, 1, S. 83-91

Gamble, P.R./ Stone, M./ Woodcock, N./ Foss, B. (2006): Up Close & Personal?: Customer Relationship Marketing @ Work, 3. Aufl., London/ Philadelphia 2006

Ganz, W./ Helfen, M. (2003): Organisatorische Bewältigung von Dynamik und Wachstum in Unternehmen, in: Bullinger, H.-J./ Warnecke, H.-J./ Westkämper, E. (Hrsg., 2003), S. 671-684

Garcia-Murillo, M./ Annabi, H. (2002): Customer knowledge management, in: Journal of the Operational Research Society, 53, 2002, 8, S. 875-884

Gary, D. (1999): Customers fading away, in: Wireless Review, 16, 1999, 21, S. 22-26

Gary, H./ Aime, H. (Hrsg., 1994): Competence-based competition, New York 1994

Gassmann, O./ Kausch, C./ Enkel, E. (2005): Einbeziehung des Kunden in einer frühen Phase des Innovationsprozesses, in: Thexis, 20, 2005, 2, S. 9-12

Gebert, H./ Geib, M./ Kolbe, L.M./ Brenner, W. (2003): Knowledge-enabled customer relationship management, in: Journal of Knowledge Management, 7, 2003, 5, S. 107-123

Gebert, H./ Geib, M./ Kolbe, L.M./ Riempp, G. (2002): Towards customer knowledge management: Integrating customer relationship management and knowledge management concepts, http://www.alexandria.unisg.ch/EXPORT/DL/20412.pdf, (abgerufen am 12.03.2007)

Geib, M. (2006): Kooperatives Customer Relationship Management in Finanzdienstleistungsnetzwerken, Wiesbaden 2006

Geib, M./ Riempp, G. (2002): Customer Knowledge Management: Wissen an der Schnittstelle zum Kunden effizient handhaben, http://www.alexandria.unisg.ch/EXPORT/DL/28095.pdf, (abgerufen am 12.03.2007)

Geib, M./ Schierholz, R./ Kolbe, L.M. (2003): Trends im Customer Knowledge Management, http://www.alexandria.unisg.ch/EXPORT/DL/28172.pdf, (abgerufen am 12.03.2007)

Gemünden, H. (1995): Technologische Verflechtung, Innovationserfolg und „Dimensionierung des Unternehmens", in: Bühner, R./ Haase, K./ Wilhelm, J. (Hrsg., 1995), S. 280-301

Gemünden, H./ Heydebreck, P./ Herden, R. (1992): Technological interweavement: A means of achieving innovation success, in: R&D Management, 22, 1992, 4, S. 359-376

Gerecke, U. (2001): Customer Relationship Management: Strategische Ausrichtung des CRM unter IT-Gesichtspunkten, in: Controlling, 13, 2001, 4/5, S. 235-241

Gericke, S.H. (2001): Customer Relationship Management in der Assekuranz unter besonderer Berücksichtigung neuer Verfahren und moderner Informationstechnologie: Ziele, Nutzen, Inhalt und Umsetzung, Leipzig 2001

Gerybadze, A. (2003): Gruppendynamik und Verstehen in innovativen Communities, in: Herstatt, C./ Verworn, B. (Hrsg., 2003), S. 146-159

Gerybadze, A. (2004): Knowledge management, cognitive coherence, and equivocality in distributed innovation processes and MNCs, in: Management International Review, 44; 2004, 3, S. 103-128

Geschka, H./ Herstatt, C. (1991): Kundennahe Produktinnovation: Ergebnisse einer Befragung, in: Die Unternehmung, 45, 1991, 3, S. 207-219

Ghemawat, P. (1988): Dauerhafte Wettbewerbsvorteile aufbauen, in: Simon, H. (Hrsg., 1988), S. 18-29

Ghemawat, P. (1991): Commitment: The dynamic of strategy, New York 1991

Gibbert, M./ Leibold, M./ Probst, G.J.B. (2002): Five styles of customer knowledge management, and how smart companies use them to create value, in: European Management Journal, 20, 2002, 5, S. 459-469

Gierl, H./ Bartikowski, B. (2002): Eine Skala zur Identifikation zufriedener, indifferenter und unzufriedener Kunden, in: Marketing-ZFP, 24, 2002, 1, S. 49-66

Gierl, H./ Gehrke, G. (2004): Kundenbindung in industriellen Zulieferer-Abnehmer-Beziehungen, in: Zeitschrift für betriebswirtschaftliche Forschung, 56, 2004, 5, S. 215-232

Glaser, B.G./ Strauss, A.L. (1998): Grounded Theory: Strategien qualitativer Forschung, Bern 1998

Glazer, R. (1991): Marketing in an information-intensive environment: Strategic implications of knowledge as an asset, in: Journal of Marketing, 55, 1991, 4, S. 1-19

Glazer, R. (2000): Vom Wissen der Kunden profitieren, in: Harvard Business Manager, 22, 2000, 5, S. 32-44

Gnyawali, D.R./ Stewart, A.C./ Grant, J.H. (1997): Creation and utilization of organizational knowledge: An empirical study of the roles of organizational learning on strategic decision making, in: Academy of Management Proceedings, 28, 1997, S. 16-20

Göbel, E. (2002): Neue Institutionenpolitik. Konzeption und betriebswirtschaftliche Anwendungen, Stuttgart 2002

Goldsmith, R.E./ D'Hauteville, F./ Flynn, L.R. (1998): Theory and measurement of consumer innovativeness: A transnational evaluation, in: European Journal of Marketing, 32, 1998, 3/4, S. 340-353

Gomez, P./ Hahn, D./ Müller-Stewens, G./ Wunderer, R. (Hrsg., 1994): Unternehmerischer Wandel: Konzepte zur organisatorischen Erneuerung, Wiesbaden 1994

Gore, W.J./ Dyson, J.W. (Hrsg., 1964): The making of decisions: A reader in administrative behaviour, London 1964

Gouthier, M. H. J./ Schmid, S. (2001): Kunden und Kundenbeziehungen als Ressourcen von Dienstleistungsunternehmen, in: Die Betriebswirtschaft, 61, 2001, 2, S. 223-239

Gowan, A. (2003): Why customer knowledge will be key to building profits from data, in: Precision Marketing, 2, 2003, 5, S. 14-15

Grabher, G. (Hrsg., 1993): The embedded firm: On the sozioeconomics of industrial networks, London/ New York 1993

Grabner-Kräuter, S./ Schwarz-Musch, A. (2006): CRM: Grundlagen und Erfolgsfaktoren, in: Hinterhuber, H.H./ Matzler, K. (Hrsg., 2006), S. 173-192

Grant, R.M. (1991): The resource-based theory of competitive advantage: Implications for strategy formulation, in: California Management Review 33, 1991, 3, S. 14-135

Grant, R.M. (1996a): Prospering in dynamically-competitive environments: Organizational capability as knowledge integration, in: Organization Science, 7, 1996, 4, S. 375-387

Grant, R.M. (1996b): Toward a knowledge-based theory of the firm, in: Strategic Management Journal, 17, 1996, Winter Special Issue, S. 109-122

Grant, R.M. (1997): Contemporary strategy analysis, 3. Aufl., Malden 1997

Grant, R.M. (2002a): Contemporary strategy analysis, Malden/ Oxford 2002

Grant, R.M. (2002b): The knowledge based view of the firm, in: Choo, C.W./ Bontis, N. (Hrsg., 2000), S. 133-148

Greschner, J. (1996): Lernfähigkeit von Unternehmen: Grundlagen organisationaler Lernprozesse und Unterstützungstechnologien für Lernen im strategischen Management, Frankfurt et al. 1996

Griffin, A./ Hauser, J.R. (1993): The voice of the customer, in: Marketing Science, 12, 1993, 1, S. 1-27

Griffin, A./ Hauser, J.R. (1996): Integrating R&D and marketing: A review and analysis of the literature, in: Journal of Product Innovation Management, 13, 1996, 3, S. 191-215

Grochla, E. (Hrsg., 1980): Handwörterbuch der Organisation, 2. Aufl., Stuttgart 1980

Grønhaug, K./ Nordhaug, O. (1992): Strategy and competence in firms, in: European Management Journal, 10, 1992, 4, S. 438-443

Gronover, S./ Riempp, G. (2001): Kundenprozessorientiertes Multi-Channel-Management: Management von Mehrkanalsystemen bei Finanzdienstleistern, in: io Management, 77, 2001, 4, S. 25-31

Grooms, L. (2004): Customer knowledge grows sales, in: Apply, 4, 2004, 8, S. 6-10

Gruber, H./ Mandl, H./ Renkl, A. (2000): Was lernen wir in Schule und Hochschule: Träges Wissen?, in: Mandl, H./ Gerstenmaier, J. (Hrsg., 2000), S. 139-156

Gruner, K.E. (1997): Kundeneinbindung in den Produktinnovationsprozess: Bestandsaufnahme, Determinanten und Erfolgsauswirkungen, Wiesbaden 1997

Grunwald, W. (1995): Wie man Vertrauen erwirbt: Von der Misstrauens- zur Vertrauensorganisation, in: io Management, 64, 1995, 1/2, S. 73-77

Gulati, R. (1998): Alliances and networks, in: Strategic Management Journal, 19, 1998, 4, S. 293-318

Gulati, R. (1999): Network location and learning: The influence of network resources and firm capabilities on alliance formation, in: Strategic Management Journal, 20, 1999, 5, S. 397-421

Gulati, R./ Nohria, N./ Zaheer, A. (2000): Strategic networks, in: Strategic Management Journal, 21, 2000, 3, S. 203-215

Gulati, R./ Sytch, M. (2007): Dependence asymmetry and joint dependence in interorganizational relationships: Effects of embeddedness on a manufacturer's performance in procurement relationships, in: Administrative Science Quarterly, 52, 2007, 1, S. 32-69

Güldenberg, S. (1998): Wissensmanagement und Wissenscontrolling in lernenden Organisationen, 2. Aufl., Wiesbaden 1998

Günter, B. (1996): Kundenanalyse und Kundenzufriedenheit als Grundlage der Customer Integration, in: Kleinaltenkamp, M./ Fließ, S./ Jacob, F. (Hrsg., 1996), S. 57-71

Günter, B./ Helm, S. (Hrsg., 2003): Kundenwert: Grundlagen – Innovative Konzepte – Praktische Umsetzung, 2. Aufl., Wiesbaden 2003

Günter, B./ Helm, S. (Hrsg., 2006): Kundenwert: Grundlagen – Innovative Konzepte – Praktische Umsetzungen, 3. Aufl., Wiesbaden 2006

Günter, B./ Huber, O. (1996): Beschwerdemanagement als Instrument der Customer Integration, in: Kleinaltenkamp, M./ Fließ, S./ Jacob, F. (Hrsg., 1996), S. 245-257

Gupta, A.K./ Govindarajan, V. (1994): Organizing for knowledge flows within MNCs, in: International Business Review, 3, 1994, 4, S. 443-457

Gupta, A.K./ Govindarajan, V. (2000): Knowledge flows within multinational corporations, in: Strategic Management Journal, 21, 2000, 4, S. 473-496

Gupta, A.K./ Raj, S.P./ Wilemon, D. (1986): A model for studying R&D: Marketing interface in the product innovation process, in: Journal of Marketing, 50, 1986, 2, S. 7-17

Gurgul, G./ Rumyantseva, M./ Enkel, E. (2002): Customer integration: Establish a constant bilateral knowledge flow, http://www.ifb.unisg.ch/org/ifb/ifbweb.nsf/SysWebRessources/beitrag47/$FILE/DB47.pdf (abgerufen am 23.02.2007)

Hærem, T./ Von Krogh, G./ Roos, J. (1996): Knowledge-based strategic change, in: Von Krogh, G./ Roos, J. (Hrsg. 1996): Managing knowledge, perspectives on cooperation and competition, London et al. 1996, S. 116-136

Häflinger, G.E./ Meier, J.D. (Hrsg., 2000): Aktuelle Tendenzen im Innovationsmanagement, Festschrift für W. Popp zum 65. Geburtstag, Heidelberg 2000

Hägg, I./ Wiedersheimer-Paul, F. (Hrsg., 1984): Between markets and hierarchy, Uppsala 1984

Hahn, D./ Taylor, B. (Hrsg. 1997): Strategische Unternehmensplanung – Strategische Unternehmensführung: Stand und Entwicklungstendenzen, 7. Aufl., Heidelberg 1997

Hahn, D./ Taylor, B. (Hrsg., 1999): Strategische Unternehmensplanung – Strategische Unternehmensführung: Stand und Entwicklungstendenzen, 8. Aufl., Heidelberg 1999

Hahn, R./ Gaiser, A./ Héraud, J./ Müller, E. (1995): Innovationsfähigkeit und Unternehmensnetzwerke: Eine vergleichende Untersuchung von Unternehmen im Elsass und im Bodenseeraum, in: Zeitschrift für Betriebswirtschaft, 65, 1995, 3, S. 247-266

Håkansson, H. (1987): Industrial technological development: A network approach, London 1987

Håkansson, H./ Johanson, J. (1984): Heterogeneity in industrial markets and its implications for marketing, in: Hägg, I./ Wiedersheimer-Paul, F. (Hrsg., 1984), S. 7-14

Håkansson, H./ Snehota, I. (1995): Developing relationships in business networks, London 1995

Haleblian, J./ Finkelstein, S. (1999): The influence of organization acquisition experience on acquisition performance: A behavioural learning perspective, in: Administrative Science Quarterly, 44, 1999, 1, S. 49-56

Hall, B. P. (2002): Werte und Wissen bei der Schaffung lernender Organisationen, in: Bellmann, M./ Krcmar, H./ Sommerlatte, T. (Hrsg., 2002), S. 711-738

Halley, A./ Nollet, J./ Hardy, G./ Chiurciu, R.-M. (2006): Power relationships and their impact on competency development, in: Supply Chain Forum: An International Journal, 7, 2006, 2, S. 4-14

Hamel, G. (1991): Competition for competence and inter-partner learning within international strategic alliances, in: Strategic Management Journal, 12, 1991, Special Issue: Global Strategy, S. 83-103

Hamel, G. (1994): The concept of core competence, in: Hamel, G./ Heene, A. (Hrsg., 1994) S. 11-33

Hamel, G./ Doz, Y./ Prahalad, C.K. (1989): Collaborate with your competitors and win, in: Harvard Business Review, 67, 1989, 1, S. 133-139

Hamel, G./ Heene, A. (Hrsg., 1994): Competence-based competition, Chichester et al. 1994

Hamel, G./ Prahalad, C.K. (1990): Strategic intent: Managing in a global environment, in: McKinsey Quarterly, 27, 1990, 1, S. 62-74

Hamel, G./ Prahalad, C.K. (1993): Strategy as stretch and leverage, in: Harvard Business Review, 71, 1993, 2, S. 75-84

Hamel, G./ Prahalad, C.K. (1994): Competing for the future, Boston 1994

Hammann, P./ Freiling, J. (Hrsg., 2000): Die Ressourcen- und Kompetenzperspektive des Strategischen Managements, Wiesbaden 2000

Hammer, M./ Champy, J. (1993): Reengineering the corporation: A manifesto for business revolution, New York 1993

Hammer, M./ Champy, J. (2003): Business Reengineering: Die Radikalkur für das Unternehmen, 7. Aufl., Frankfurt et al. 2003

Handlbauer, G. (1999): Kundenorientiertes Wissensmanagement: Den Kunden als Partner gewinnen, in: io Management, 68, 1999, 9, S. 42-47

Handlbauer, G. (2002): Kundenorientiertes Wissensmanagement, in: Hinterhuber, H.H./ Matzler, K. (Hrsg., 2002), S. 157-176

Handlbauer, G./ Matzler, K. (1998): Säulen der kundenorientierten Unternehmensführung, in: Handlbauer, G./ Matzler, K./ Sauerwein, E./ Stumpf, M. (Hrsg., 1998), S. 113-128

Handlbauer, G./ Matzler, K./ Sauerwein, E./ Stumpf, M. (Hrsg., 1998): Perspektiven im Strategischen Management, Berlin/ New York 1998

Handlbauer, G./ Renzl, B. (2006): Kundenorientiertes Wissensmanagement, in: Hinterhuber, H.H./ Matzler, K. (Hrsg., 2006), S. 145-172

Hanft, A. (1996): Organisationales Lernen und Macht: Über den Zusammenhang von Wissen, Lernen, Macht und Struktur, in: Schreyögg, G./ Conrad, P. (Hrsg., 1996), S. 133-162

Hansen, M.T. (1999): The search-transfer problem: The role of weak ties in sharing knowledge across organization subunits, in: Administrative Science Quarterly, 44, 1999, 1, S. 82-111

Hanvanach, S./ Droge, D./ Calatone, R. (2003): Reconceptualizing the meaning and domain of marketing knowledge, in: Journal of Knowledge Management, 7, 2003, 4, S. 124-135

Harrigan, K.R. (1988): Strategic alliances and partner asymmetries, in: Management International Review, 28, 1988, Special Issue 4, S. 53-72

Harris, J.G./ Davenport, T.H. (2001): Crouching customer, hidden insight, in: CRM Project, 2, 2001, http://harris.crmproject.com (abgerufen am 11.11.2004)

Harting, C. (2002): Business-to-Business Marketing im Facility Management: Ein Handbuch für die erfolgreiche Marktbearbeitung, Berlin et al. 2002

Hartlieb, E. (2002): Wissenslogistik: Effektives und effizientes Management von Wissensressourcen, Wiesbaden 2002

Hayes, R. (2004): Would you credit it?, in: Printing World, 15, 2004, 7, S. 23

Hayes, R.H./ Wheelwright, S.C./ Clark, K.B. (1988): Dynamic manufacturing, New York 1988

Hedberg, B. (1981): How organizations learn and unlearn, in: Nystrom, P./ Starbuck, W. (Hrsg., 1981), S. 3-27

Heene, A./ Sanchez, R. (Hrsg. 1997): Competence-based strategic management, Chichester 1997

Helm, S. (2000): Kundenempfehlungen als Marketinginstrument, Wiesbaden 2000

Helm, S./ Günter, B. (2003): Kundenwert: Eine Einführung in die theoretischen und praktischen Herausforderungen der Bewertung von Kundenbeziehungen, in: Günter, B./ Helm, S. (Hrsg., 2003), S. 5-38

Helmke, S./ Uebel, M. F. (2001): Wesentliche Erfolgsfaktoren bei der Einführung von CRM, in: Direkt Marketing, 37, 2001, 5, S. 21

Henderson, R.M./ Clark, K.B. (1990): Architectural innovation: The reconfigurations of existing product technologies and the failure of established firms, in: Administrative Science Quarterly, 35, 1990, 1, S. 9-30

Hennemann, C. (1997): Organisationales Lernen und die lernende Organisation: Entwicklung eines praxisbezogenen Gestaltungsvorschlags aus ressourcenorientierter Sicht, München 1997

Henschel, A. (2001): Communities of Practice: Plattform für organisationales Lernen und den Wissenstransfer, Wiesbaden 2001

Heppner, K. (1996): Organisation des Wissenstransfers: Grundlagen, Barrieren, Instrumente, Wiesbaden 1997

Herbst, C. (2002): Interorganisationales Schnittstellenmanagement: Ein Konzept zur Unterstützung des Managements von Transaktionen, Frankfurt 2002

Herden, R. (1992): Technologieorientierte Außenbeziehungen im betrieblichen Innovationsmanagement: Ergebnisse einer empirischen Untersuchung, Heidelberg 1992

Hersey, P./ Blanchard, K.H. (1977): The management of organizational behaviour: Utilizing human resources, 3. Aufl., Englewood Cliffs 1977

Herstatt, C. (1991): Anwender als Quelle für die Produktinnovation, Zürich 1991

Herstatt, C./ Lüthje, C./ Lettl, C, (2002): Wie fortschrittliche Kunden zu Innovationen stimulieren, in: Harvard Business Manager, 24, 2002, 1, S. 60-68

Herstatt, C./ Verworn, B. (Hrsg., 2003): Innovationen initiieren, Wiesbaden 2003

Hildebrand, V.G. (1997): Individualisierung als strategische Option der Marktbearbeitung, Wiesbaden 1997

Hill, C.W.L. (1990): Cooperation, opportunism, and the invisible hand: Implications for transaction cost theory, in: Academy of Management Review, 15, 1990, 3, S. 500-513

Hill, W./ Fehlbaum, R./ Ulrich, P. (1992): Organisationslehre, Band 2, 4. Aufl., Bern et al. 1992

Hillig, A. (1997): Die Kooperation als Lernarena in Prozessen fundamentalen Wandels: Ein Ansatz zum Management von Kooperationskompetenz, Bern 1997

Hinterhuber, H.H./ Friedrich, S.A. (1999): Markt- und ressourcenorientierte Sichtweise zur Steigerung des Unternehmenswertes, in: Hahn, D./ Taylor, B. (Hrsg., 1997), S. 989-1016

Hinterhuber, H.H./ Handlbauer, G./ Matzler, K. (2003): Kundenzufriedenheit durch Kernkompetenzen: Eigene Potenziale erkennen, entwickeln, umsetzen, 2. Aufl., Wiesbaden 2003

Hinterhuber, H.H./ Matzler, K. (Hrsg., 2002): Kundenorientierte Unternehmensführung: Kundenorientierung, Kundenzufriedenheit, Kundenbindung, 3. Aufl., Wiesbaden 2002

Hinterhuber, H.H./ Matzler, K. (Hrsg., 2006): Kundenorientierte Unternehmensführung: Kundenorientierung, Kundenzufriedenheit, Kundenbindung, 5. Aufl., Wiesbaden, 2006

Hinterhuber, H.H./ Popp, W. (1994): Der Beitrag der strategischen Führung zu unternehmerischen Veränderungsprozessen, in: Gomez, P./ Hahn, D./ Müller-Stewens, G./ Wunderer, R. (Hrsg., 1994), S. 107-134

Hitt, M./ Ireland, R.D. (1985): Corporate distinctive competence, strategy, industry and performance, in: Strategic Management Journal, 6, 1985, 3, S. 273-293

Hofer, C.W./ Schendel, D. (1978): Strategy formulation: Analytical concepts, St. Paul et al. 1978

Hoffmann, W.H. (2003): Allianzmanagementkompetenz: Entwicklung und Institutionalisierung einer strategischen Ressource, in: Schreyögg, G./ Sydow, J. (Hrsg., 2003), S. 93-150

Holland, H. (2002): Direktmarketing-Fallstudien: Beispiele für Datenbanken, Adress-Selektionen, Mailings, Wiesbaden 2002

Holmqvist, M. (2004): Experiential learning processes of exploitation and exploration within and between organizations: An empirical study of product development, in: Organization Science, 15, 2004, 1, S. 70-81

Holsapple, C.W. (Hrsg., 2003a): Handbook on knowledge management 1: Knowledge matters, Berlin et al. 2003

Holsapple, C.W. (Hrsg., 2003b): Handbook on knowledge management 2: Knowledge directions, Berlin et al. 2003

Holtbrügge, D./ Berg, N. (2004): Knowledge transfer in multinational corporations: Evidence from German firms, in: Management International Review, 44, 2004, 3, S. 129-145

Holtshouse, D. (1998): Knowledge research issues, in: California Management Review, 40, 1998, 3, S. 277-280

Homans, G.C. (1961): Social behavior: Its elementary forms, New York 1961

Homans, G.C. (1974): Social behavior: Its elementary forms, 2. Aufl., New York 1974

Homburg, C. (2000): Kundennähe von Industriegüterunternehmen: Konzeption, Erfolgsauswirkungen, Determinanten, 3. Aufl., Wiesbaden 2000

Homburg, C./ Schäfer, H./ Schneider, J. (2008): Sales excellence: Vertriebsmanagement mit System, 5. Aufl., Wiesbaden 2008

Homburg, C./ Sieben, F. (2005): Customer Relationship Management (CRM): Strategische Ausrichtung statt IT-getriebenem Aktionismus, in: Bruhn, M./ Homburg, C. (Hrsg., 2005), S. 435-462

Homburg, C./ Werner, H. (1998): Kundenorientierung mit System: Mit Customer Orientation Management zu profitablem Wachstum, Frankfurt 1998

Homp, C. (2000): Entwicklung und Aufbau von Kernkompetenzen, Wiesbaden 2000

Horváth, P. (Hrsg., 2002): Performance Controlling: Strategie, Leistung und Anreizsystem effektiv verbinden, Stuttgart 2002

Horváth, P./ Gleich, R. (Hrsg., 2003): Neugestaltung der Unternehmensplanung, Stuttgart 2003

Huber, F./ Herrmann, A./ Braunstein, C. (2006): Der Zusammenhang zwischen Produktqualität, Kundenzufriedenheit und Unternehmenserfolg, http://www.alexandria.unisg.ch/Publikationen/38322, (abgerufen am 23.03.2006)

Huber, G.P. (1982): Organizational information systems: Determinants of their performance and behavior, in: Organization Science, 2, 1982, 1, S. 88-115

Huber, G.P./ Daft, R.L. (1987): The information environment of organizations, in: Jablin, F./ Putnam. L./ Roberts, K./ Porter, L. (Hrsg., 1987), S. 130-164

Hunt, S.D. (2000): A general theory of competition: Resources, competences, productivity, economic growth, Thousand Oaks et al. 2000

Huotari, M.-L./ Iivonen, M. (2004): Managing knowledge-based organizations through trust, in: Huotari, M.-L./ Iivonen, M. (Hrsg., 2004), S. 1-29

Huotari, M.-L./ Iivonen, M. (Hrsg., 2004): Trust in knowledge management and systems in organizations, Hershey/ London 2004

Husted, K./ Michailova, S. (2002): Diagnosing and fighting knowledge-sharing hostility, in: Organizational Dynamics, 31, 2002, 1, S. 60-73

Inkeles, A./ Coleman, J./ Smelser, N. (Hrsg., 1976): Annual Review of Sociology, 2, Palo Alto 1976

Inkpen, A.C. (1998): Learning and knowledge acquisition through international strategic alliances, in: The Academy of Management Executive; 12, 1998; 4, S. 69-80

Inkpen, A.C. (2000): Learning through joint ventures: A framework of knowledge acquisition, in: Journal of Management Studies, 37, 2000, 7, S. 1019-1043

Inkpen, A.C./ Crossan, M.M. (1995): Believing is seeing: Joint ventures and organization learning, in: Journal of Management Studies, Vol. 32, No. 5, S. 595-618

Inkpen, A.C./ Dinur, A. (1998): Knowledge management processes and international joint ventures, in: Organization Science, 9, 1998, 4, S. 454-469

Inkpen, A.C./ Tsang, E.W.K. (2005): Social capital networks and knowledge transfer, in: Academy of Management Review, 30, 2005, 1, S. 146-165

Itami, H./ Roehl, T.W. (1987): Mobilizing invisible assets, Cambridge 1987

Ivens, B. (2003): Key-Account-Management: Empirische Ergebnisse zu Kundenpriorisierung und Kundenreaktionen, in: Die Unternehmung, 57, 2003, 3, S. 217-235.

Ivens, B.S. (2004): Drivers and effects of customer-directed communication in business relationships: Theoretical foundations and an empirical study, in: Die Betriebswirtschaft, 64, 2002, 2, S. 195-210

Jablin, F./ Putnam, L./ Roberts, K./ Porter, L. (Hrsg., 1987): Handbook of organizational communication, Beverly Hills 1987

Jacob, F. (1995): Produktindividualisierung: Ein Ansatz zur innovativen Leistungsgestaltung im Business-to-Business-Bereich, Wiesbaden 1995

Jacob, F. (1996): Business Reengineering und Customer Integration, in: Kleinaltenkamp, M./ Fließ, S. / Jacob, F. (Hrsg., 1996), S. 193-201

Jacob, F. (2003): Kundenintegrations-Kompetenz: Konzeptionalisierung, Operationalisierung und Erfolgswirkung, in: Marketing-ZFP, 25, 2003, 2, S. 83-98

Jänig, C. (2004): Wissensmanagement: Die Antwort auf die Herausforderungen der Globalisierung, Berlin 2004

Jarillo, J.C. (1988): On strategic networks, in: Strategic Management Journal, 9, 1988, 1, S. 31-41

Jarillo, J.C./ Ricart, J.E. (1987): Sustaining networks, in: Interfaces, 17, 1987, 5, S. 82-91

Jarz, E.M. (1997): Entwicklung multimedialer Systeme: Planung von Lern- und Masseninformationssystemen, Wiesbaden 1997

Jaworski, B.J./ Kohli, A.K. (1993): Market orientation: Antecedents and consequences, in: Journal of Marketing, 57, 1993, 3, S. 53-70

Jelinek, M. (1979): Institutionalizing innovation: A study of organizational learning systems, New York 1979

Jensen, M.C./ Meckling, W.H. (1976): Theory of the firm: Managerial behavior, agency costs and ownership structure, in: Journal of Financial Economics, 3, 1976, 4, S. 305-360

Johanson J./ Mattson, L.-G. (1991): Interorganizational relations in industrial systems: A network approach compared with the transactions-cost approach, in: Thompson, G./ Frances, J./ Levacic , R./ Mitchell, J. (Hrsg., 1991), S. 256-264

Joshi, A.W./ Sharma, S. (2004): Customer knowledge development: Antecedents and impact on new product performance, in: Journal of Marketing, 68, 2004, 4, S. 47-59

Kale, P./ Singh, H./ Perlmutter, H. (2000): Learning and protection of proprietary assets in strategic alliances: Building relational capital, in: Strategic Management Journal, 21, 2000, 3, S. 217-237

Kaluza, B./ Blecker, T. (Hrsg., 2000): Produktions- und Logistikmanagement in virtuellen Unternehmen und Unternehmensnetzwerken, Berlin et al. 2000

Kapmeier, F. (2006): Dynamics of interorganizational learning in learning alliances, Frankfurt et al. 2006

Karle-Komes, N. (1997): Anwenderintegration in die Produktentwicklung: Generierung von Innovationsideen durch die Interaktion von Hersteller und Anwender innovativer industrieller Produkte, Frankfurt 1997

Kay, A.S. (2003). The curious success of knowledge management, in: Holsapple, C.W. (Hrsg., 2003b), S. 679-687

Keohane, R.O./ Nye, J.S. (1977): Power and interdependence: World politics in transition, Boston 1977

Kern, W. (1992): Industrielle Produktionswirtschaft, 5. Aufl., Stuttgart 1992

Kern, W./ Schröder, H.-H./ Weber, J. (Hrsg., 1996): Handwörterbuch der Produktionswirtschaft, 2. Aufl., Stuttgart 1996

Khanna, T./ Gulati, R./ Nohria, N. (1998): The dynamics of learning alliances: Competition, cooperation, and relative scope, in: Strategic Management Journal, 19, 1998, 3, S. 193-210

Kieser, A. (2002): Organisationstheorien, 5. Aufl., Stuttgart 2002

Kieser, A./ Koch, U./ Woywode, M. (1999): Wie man Bürokratien das Lernen beibringt, in: Zeitschrift für Führung und Organisation, 68, 1999, 3, S. 128-133

Killich, S. (2007): Formen der Unternehmenskooperation, in: Becker, T./ Dammer, I./ Killich, S./ Howaldt, J./ Loose, A. (Hrsg., 2007), S. 13-22

Killich, S./ Kopp, R. (2007): Wirksames Wissensmanagement in Netzwerken, in: Becker, T./ Dammer, I./ Killich, S./ Howaldt, J./ Loose, A. (Hrsg., 2007), S. 49-61

Kim, D.H. (1993): The link between individual and organizational learning, in: Sloan Management Review, 35, 1993, 1, S. 37-50

Kirchmann, E.M.W. (1994): Innovationskooperation zwischen Herstellern und Anwendern, Wiesbaden 1994

Kirsch, W. (1990): Unternehmenspolitik und strategische Unternehmensführung, München 1990

Kirsch, W. (1992): Kommunikatives Handeln, Autopoiese, Rationalität: Sondierungen zu einer evolutionären Führungslehre, München 1992

Kirsch, W./ Heeckt, N.-N. (2001): Evolutionäre Organisationstheorie VI: Unternehmenspolitik, Arbeitspapier des Seminars für Strategische Unternehmensführung der Ludwig-Maximilians-Universität München, http://www.zfog.bwl.uni-muenchen.de/files/eot/eot6.pdf, (abgerufen am 21.02.2007)

Kleer, M. (1991): Gestaltung von Kooperationen zwischen Industrie- und Logistikunternehmen: Ergebnisse theoretischer und empirischer Untersuchungen, Berlin 1991

Klein, J.A. (1989): Parenthetic learning in organizations: Toward the unlearning of the unlearning model, in: Journal of Management, 26, 1989, 3, S. 291-308

Klein, J.A./ Edge, G./ Kass, T. (1991): Skill-based competition, in: Journal of General Management, 16, 1991, 4, S. 1-15

Klein, J.A./ Hiscocks, P.G. (1994): Competence-based competition: A practical toolkit in: Gary, H./ Aime, H. (Hrsg., 1994), S. 183-212

Kleinaltenkamp, M. (1996): Customer Integration: Kundenintegration als Leitbild für das Business-to-Business-Marketing, in: Kleinaltenkamp, M./ Fließ, S./ Jacob, F. (Hrsg., 1996), S. 13-24

Kleinaltenkamp, M. (1997a): Kundenintegration, in: Wirtschaftswissenschaftliches Studium, 26, 1997, 7, S. 350-354

Kleinaltenkamp, M. (1997b): Integrativität als Kern einer umfassenden Leistungslehre, in: Backhaus, K./ Günter, B./ Kleinaltenkamp, M./ Plinke, W./ Raffée, H. (Hrsg., 1997), S. 83-114

Kleinaltenkamp, M./ Dahlke, B. (2003): Der Wert des Kunden als Informant: Auf dem Weg zu einem „Knowledge based customer value", in: Günter, B./ Helm, S. (Hrsg., 2003), S. 223-247

Kleinaltenkamp, M./ Fließ, S./ Jacob, F. (Hrsg., 1996): Customer Integration: Von der Kundenorientierung zur Kundenintegration, Wiesbaden 1996

Kleinaltenkamp, M./ Haase, M. (1999): Externe Faktoren in der Theorie der Unternehmung, in: Albach, H./ Eymann, E./ Luhmer, A./ Steven, M. (Hrsg., 1999), S. 167-194

Kleinaltenkamp, M./ Jacob, F. (1998): Marktdynamik und Marketingforschung im Business-to-Business-Bereich, in: Erichson, B./ Hildebrandt, L. (Hrsg., 1998), S. 235-259

Kleinaltenkamp, M./ Marra, A. (1995): Institutionenökonomische Analyse der „Customer Integration", in: Zeitschrift für betriebswirtschaftliche Forschung, 47, 1995, Sonderheft 35, S. 101-117

Klimecki, R.G./ Laßleben, H. (1996): „Organisationale Bildung" oder „Das Lernen des Lernens", in: Wagner, D./ Nolte, H. (Hrsg., 1996), S. 181-204

Klimecki, R.G./ Laßleben, H./ Riexinger-Li, B. (1994): Zur empirischen Analyse organisationaler Lernprozesse (Teil 1 von 2: Modellbildung und Methodik), in: Bussmann, W. (Hrsg., 1994), S. 9-37

Klimecki, R.G./ Thomae, M. (1997): Organisationales Lernen: Eine Bestandsaufnahme der Forschung, http://w3.ub.uni-konstanz.de/v13/volltexte/2000/396/pdf/396 _1.pdf (abgerufen am 22.03.2006)

Knörck, C. (2004): Das Phänomen Stickiness: Was tun, damit das Wissen nicht an seiner Quelle kleben bleibt?, in: Wissensmanagement, 6, 2004, 8, S. 34-36

Kofman, F./ Senge, P. (1993): Communities of commitment: The heart of learning organizations, in: Organizational Dynamics, 22, 1993, 2, S. 5-23

Kogut, B. (2000): The network as knowledge: Generative rules and the emergence of structure, in: Strategic Management Journal, 21, 2000, 3, S. 405-425

Kogut, B./ Shan, W./ Walker, G. (1993): Knowledge in the network and the network as knowledge: The structuring of new industries, in: Grabher, G. (Hrsg., 1993), S. 67-94

Kogut, B./ Zander, U. (1992): Knowledge of the firm, combinative capabilities, and the replication of technology, in: Organization Science, 3, 1992, 3, S. 383-397

Kogut, B./ Zander, U. (1993): Knowledge of the firm, and the evolutionary theory of the multinational corporation, in: Journal of International Business Studies, 24, 1993, 4, S. 625-645

Köhler, L. (2005): Produktinnovation in der Medienindustrie: Organisationskonzepte auf Basis von Produktplattformen, Wiesbaden 2005

Kohli, A.K./ Jaworski, B.J. (1990): Market orientation: The construct, research propositions, and managerial implications, in: Journal of Marketing, 54, 1990, 2, S. 1-18

Kohlöffel, K.M. (2000): Strategisches Management: Alle Chancen nutzen, neue Geschäfte erschließen, München/ Wien 2000

Köhne, M. (2004): Die Bedeutung von intraorganisationalen Netzwerken für den Wissenstransfer in Unternehmen, Bamberg 2004

Kolbe, L.M. (2003): Grundelemente erfolgreichen Customer Knowledge Management, in: Kolbe, L.M./ Österle, H./ Brenner, W. (Hrsg., 2003), S. 255-263

Kolbe, L.M./ Österle, H./ Brenner, W. (Hrsg., 2003): Customer Knowledge Management: Kundenwissen erfolgreich einsetzen, Berlin et al. 2003

Kolbe, L.M./ Österle, H./ Brenner, W./ Geib, M. (2003a): Grundlagen des Customer Knowledge Management, in: Kolbe, L.M./ Österle, H./ Brenner, W. (Hrsg., 2003), S. 3-21

Kosiol, E. (1973): Unternehmung, in: Kosiol, E. (Hrsg., 1973), S. 301-306

Kosiol, E. (Hrsg., 1973): Bausteine der Betriebswirtschaftslehre: Eine Sammlung ausgewählter Abhandlungen, Aufsätze und Vorträge, Berlin 1973

Kostova, T. (1999): Transnational transfer of strategic organizational practices: A contextual perspective, in: Academy of Management Review, 24, 1999, 2, S. 308-324

Kotabe, M./ Martin, X./ Domoto, H. (2003): Gaining from vertical partnerships: Knowledge transfer, relationship duration, and supplier performance improvement in the U.S. and Japanese automotive industries, in: Strategic Management Journal, 24, 2003, 4, S. 293-316

Krafft, M. (1999): Der Kunde im Fokus: Kundennähe, Kundenzufriedenheit, Kundenbindung und Kundenwert, in: Die Betriebswirtschaft, 59, 1999, 4, S. 511-530

Krafft, M. (2002): Kundenbindung und Kundenwert, Heidelberg 2002

Krallmann, H. (Hrsg., 2000): Wettbewerbsvorteile durch Wissensmanagement: Methodik und Anwendungen des Knowledge-Management, Stuttgart 2000

Krappmann, L. (2000): Soziologische Dimensionen der Identität: Strukturelle Bedingungen für die Teilnahme an Interaktionsprozessen. 9. Aufl., Stuttgart 2000

Krcmar, H. (2004): eBusiness, in: Lück, W. (Hrsg., 2004), S. 150

Kreikebaum, H./ Reinhardt, G.O./ Gilbert, D.U. (2002): Organisationsmanagement internationaler Unternehmen: Grundlagen und moderne Netzwerkstrukturen, 2. Aufl., Wiesbaden 2002

Kreis-Hoyer, P./ Grünberg, J. (2004): Definition und Typologie von Wissensnetzwerken, in: Caspers, R./ Bickhoff, N./ Bieger, T. (Hrsg., 2004), S. 109-148

Kreuz, P. (2002): Was die Kunden von morgen wollen, in: Wissensmanagement, 4, 2002, 6, S. 28-29

Kristensson, P./ Gustafsson, A./ Archer, T. (2004): Harnessing the creative potential among users, in: Journal of Product Innovation Management, 21, 2004, 1, S. 4-14

Kriwet, C.K. (1997): Inter- and intraorganizational knowledge transfer, Bamberg 1997

Kromrey, H. (2002): Empirische Sozialforschung: Modelle und Methoden der standardisierten Datenerhebung und Datenauswertung, 10. Aufl., Opladen 2002

Krüger, W. (2000): Auf der Wissensleiter zur Kernkompetenz, in: Steinle, C./ Eggers, B./ Thiem, H./ Vogel, B. (Hrsg., 2000), S. 235-260

Krüger, W./ Homp, C. (1997): Kernkompetenz-Management: Steigerung von Flexibilität und Schlagkraft im Wettbewerb, Wiesbaden 1997

Krystek, U. (1999): Vertrauen als Basis erfolgreicher strategischer Unternehmensführung, in: Hahn, D./ Taylor, B. (Hrsg., 1999), S. 266-288

Kutschker, M. (1999): Gestalten oder nicht gestalten? Eine feldtheoretische Ergänzung des Gestaltansatzes, in: Engelhard, J./ Oechsler, W.A. (Hrsg., 1999), S. 279-316

Lado, A.A./ Boyd, N.G./ Wright, P. (1992): A competency-based model of sustainable competitive advantage: Toward a conceptual integration, in: Journal of Management, 18, 1992, 1, S. 77-91

Lahti, R.K./ Darr, E.D./ Krebs, V.E. (2002): Developing the productivity of a dynamic workforce: The impact of informal knowledge transfer, in: Journal of Organizational Excellence, 21, 2002, 2, S. 13-21

Lam, A. (1997): Embedded firms embedded knowledge: Problems of collaboration and knowledge transfer in global cooperative ventures, in: Organizational Studies, 18, 1997, 6, S. 973-996

Lamb, R.B. (Hrsg., 1984): Competitive strategic management, Englewood Cliffs 1984

Lamb, R.B./ Shrivastava, P. (Hrsg., 1985): Advances in strategic management, 3. Aufl., Greenwich 1985

Lamnek, S. (1995): Qualitative Sozialforschung, Band 1: Methodologie, 3. Aufl., Weinheim 1995

Lampel, J./ Mintzberg, H. (1996): Customizing customization, in: MIT Sloan Management Review, 38, 1996, 1, S. 21-30

Langfield-Smith, K. (1992): Exploring the need for a shared cognitive map, in: Journal of Management Studies, 29, 1992, 3, S. 349-367

Lant, T./ Mezias, S. (1990): Managing discontinuous change: A simulation study of organizational learning and entrepreneurship, in: Strategic Management Journal, 11, 1990, 11, S. 147-179

Laux, H. (1990): Risiko, Anreiz und Kontrolle – Principal-Agent-Konzept: Einführung und Verbindung mit dem Delegationswert-Konzept, Berlin 1990

Law, L.-C. (2000): Die Überwindung der Kluft zwischen Wissen und Handeln aus situativer Sicht, in: Mandl, H./ Gerstenmaier, J. (Hrsg., 2000), S. 253-287

Lawson, B./ Samson, D. (2001): Developing innovation capability in organisations: A dynamic capabilities approach, in: International Journal of Innovation Management, 5, 2001, 3, S. 377-400

Lehmann, A.P. (1998): Qualität und Produktivität im Dienstleistungsmanagement, Wiesbaden 1998

Lehmann, H. (1992): Organisationstheorie, systemtheoretisch-kybernetisch orientierte Organisationstheorie, in: Frese, E. (Hrsg., 1992), Sp. 1838-1853

Lei, D./ Hitt, M.A./ Bettis, R. (1996): Dynamic core competences through meta-learning and strategic context, in: Journal of Management, 22, 1996, 4, S. 549-569

Lei, D./ Slocum, J.W./ Pitt, R. (1999): Designing organizations for competitive advantage: The power of unlearning and learning, in: Organizational Dynamics, 1, 1999, 1, S. 3-11

Leibold, M./ Probst, G.J.B./ Gibbert, M. (2005): Strategic management in the knowledge economy: New approaches and business, 2. Aufl., Erlangen 2005

Lengnick-Hall, C.A. (1996): Customer-contributions to quality: A different view of the customer-oriented firm, in: The Academy of Management Review, 21, 1996, 3, S. 791-824

Lenk, H. (1993): Interpretationskonstrukte: Zur Kritik der interpretatorischen Vernunft, Frankfurt 1993

Leonard, D./ Rayport, J.F. (1998): Innovative Produkte durch empathische Kundenbeobachtung, in: Harvard Business Manager, 20, 1998, 3, S. 68-78

Leonard, D./ Sensiper, S. (1998): The role of tacit knowledge in group innovation, in: California Management Review, 40, 1998, 3, S. 112-132

Leonard-Barton, D. (1988): Implementation as mutual adaptation of technology and organization, in: Research Policy, 17, 1988, 5, S. 251-267

Leonard-Barton, D. (1992): Core capabilities and core rigidities: A paradox in managing new product development, in: Strategic Management Journal, 13, 1992, Summer Special Issue, S. 111-125

Leonard-Barton, D. (1995): Wellsprings of knowledge: Building and sustaining the sources of innovation, Boston 1995

Lesser, E./ Mundel, D./ Wiecha, C. (2000): Managing customer knowledge, in: Journal of Business Strategy, 21, 2000, 6, S. 35-37

Levine, S./ White, P.E. (1961): Exchange as a conceptual framework for the study of interorganizational relationships, in: Administrative Science Quarterly, 5, 1961, 4, S. 583-601

Levinthal, D. (1988): A survey of agency models of organizations, in: Journal of Economic Behavior & Organization, 9, 1988, 2, S. 153-185

Levinthal, D./ March, J.G. (1993): The myopia of learning, in: Strategic Management Journal, 14, 1993, Special Issue, S. 95-112

Levitt, B./ March, J. (1988): Organizational learning, in: Annual Review of Sociology, 14, 1988, 1, S. 319-340

Levitt, T. (1983): After the sale is over ...„Relationship Management" between buyers and sellers is much like that between husbands and wifes, in: Harvard Business Review, 61, 1983, 5, S. 87-93

Levitt, T. (2004): Marketing-Kurzsichtigkeit, in: Harvard Business Manager, 26, 2004, 10, S. 106-129

Lewin, K. (1963): Feldtheorie in den Sozialwissenschaften, Bern/ Stuttgart 1963

Lewis, J.D. (1991): Strategische Allianzen: Informelle Kooperationen, Minderheitsbeteiligungen, Joint Ventures, Strategische Netze, Frankfurt/ New York 1991

Li, T./ Calantone, R.L. (1998): The impact of market knowledge competence on new product advantage: Conceptualization and empirical examination, in: Journal of Marketing, 62, 1998, Oktober, S. 13-29

Liebhart, U.E. (2002): Strategische Kooperationsnetzwerke: Entwicklung, Gestaltung und Steuerung, Wiesbaden 2002

Lilien, G.L./ Morrison, P.D./ Searls, K./ Sonnack, M./ Von Hippel, E. (2002): Performance assessment of the lead user idea-generation process for new product development, in: Management Science, 48, 2002, 8, S. 1042-1059

Lin, C.-F. (2002): Attribute-consequence-value linkages: A new technique for understanding customers' product knowledge, in: Journal of Targeting, Measurement and Analysis for Marketing, 10, 2002, 4, S. 339-352

Loasby, B.J. (1976): Choice, complexity, and ignorance: An inquiry into economic theory and the practice of decision-making, Cambridge et al. 1976

Loose, A./ Sydow, J. (1994): Vertrauen und Ökonomie in Netzwerkbeziehungen: Strukturationstheoretische Betrachtungen, in: Sydow, J./ Windeler, A. (Hrsg., 1994), S. 160-193

Lorange, P./ Probst, G.J.B. (1987): Joint ventures as self-organizing systems: A key to successful joint venture design and implementation, in: Columbia Journal of World Business, 13, 1987, 2, S. 71-78

Lorange, P./ Roos, J. (1992): Strategic alliances: Formation, implementation, and evolution, Cambridge 1992

Lück, W. (Hrsg., 2004): Lexikon der Betriebswirtschaft, 6. Aufl., München/ Wien 2004

Luczak, H. (Hrsg., 2003) Betriebliche Tertiarisierung: Der ganzheitliche Wandel vom Produktionsbetrieb zum dienstleistenden Problemlöser, Stuttgart 2003

Luhmann, N. (1987), Soziale Systeme: Grundriß einer allgemeinen Theorie, Frankfurt 1987

Luhmann, N. (1989): Vertrauen: Ein Mechanismus der Reduktion sozialer Komplexität, 3. Aufl., Stuttgart, 1989

Luhmann, N. (2003): Macht, 3. Aufl., Stuttgart 2003

Luhmann, N. (2006): Soziale Systeme: Grundriss einer allgemeinen Theorie, 12. Aufl., Darmstadt 2006

Lullies, V./ Bollinger, H./ Weitz, F./ Ortmann, R.G. (1993): Wissenslogistik: Über den betrieblichen Umgang mit Wissen bei Entwicklungsvorhaben, Frankfurt/ New York 1993

Lüthje, C. (2000): Kundenorientierung im Innovationsprozess: Eine Untersuchung der Kunden-Hersteller-Interaktion in Konsumgütermärkten, Wiesbaden 2000

Lüthje, C. (2004): Innovationserfolg durch Kundenintegration, Tagungsunterlage auf der TU Hamburg-Harburg auf der WINserv-Tagung am 25.03.2004 in München, http://www.aib.wiso.tu-muenchen.de/contentseiten/winserv/2_Keynote_Luethje.pdf (abgerufen am 08.02.2005)

Lyles, M.A. (1994): The impact of organizational learning on joint venture formations, in: International Business Review 3, 1994, 4, S. 459-467

Lyles, M.A./ Pedersen, T./ Pedersen, B. (2003): Knowledge gaps: The case of knowledge about foreign entry, Konferenzpapier der Copenhagen Business School auf der EIBA Annual Conference am 13.11.2003, Kopenhagen 2003

Lyles, M.A./ Von Krogh, G./ Roos, J./ Kleine, D. (1996): The impact of individual and organizational learning on formation and management of organizational cooperation, in: Von Krogh, G./ Roos, J. (Hrsg., 1996), S. 82-99

Macharzina, K. (1970): Interaktion und Organisation: Versuch einer Modellanalyse, München 1970

Macharzina, K. (1977): Führungstheorien und Führungssysteme, in: Macharzina, K./ Oechsler, W.A. (Hrsg., 1977), S. 19-54

Macharzina, K. (1999): Unternehmensführung: Das internationale Managementwissen: Konzepte – Methoden – Praxis, 3. Aufl., Wiesbaden 1999

Macharzina, K./ Oechsler, W.A. (Hrsg., 1977): Personalmanagement, Band 1: Mitarbeiterführung und Führungsorganisation, Wiesbaden 1977

Macharzina, K./ Wolf, J. (2005): Unternehmensführung: Das internationale Managementwissen: Konzepte – Methoden – Praxis, 5. Aufl., Wiesbaden 2005

Maciejewski, P.G. (2002): Customer Relationship Management (CRM), in: Bilanz & Buchhaltung, o. Jg., 2002, 7/8, S. 250-257

Madhavan, R./ Grover, R. (1998): From embedded knowledge to embodied knowledge: New product development as knowledge management, in: Journal of Marketing, 62, 1998, 4, S. 1-12

Mahling, D.E. (2000): Customer Knowledge Management, in: Knowledge Management, o. Jg., 2000, Oktober, S. 90-91

Mahoney, J.T. (1995): The management of resources and the resource of management, in: Journal of Business Research, 33, 1995, 2, S. 91-101

Mahoney, J.T./ Pandian, J.R. (1992): The resource based view within the conversation of strategic management, in: Strategic Management Journal, 13, 1992, 5, S. 363-380

Makadok, R. (2001): Toward a synthesis of the resource-based and dynamic-capability views of rent creation, in: Strategic Management Journal, 22, 2001, 5, S. 387-402

Maleri, R. (1973): Grundzüge der Dienstleistungsproduktion, Berlin et al. 1973

Maleri, R. (1991): Grundlagen der Dienstleistungsproduktion, 2. Aufl., Berlin et al. 1991

Maleri, R. (1997): Grundlagen der Dienstleistungsproduktion, 4. Aufl., Berlin et al. 1997

Malhotra, N. (1993): Marketing research: An applied orientation, Englewood Cliffs 1993

Malik, F. (1989): Strategie des Managements komplexer Systeme: Ein Beitrag zur Management-Kybernetik evolutionärer Systeme, 3. Aufl., Bern/ Stuttgart 1989

Mandl, H./ Friedrich, H.F./ Hron, A. (1988): Theoretische Ansätze zum Wissenserwerb, in: Mandl, H./ Spada, H. (Hrsg., 1988), S. 123-160

Mandl, H./ Gerstenmaier, J. (Hrsg., 2000): Die Kluft zwischen Wissen und Handeln: Empirische und theoretische Lösungssätze, Göttingen et al. 2000

Mandl, H./ Spada, H. (Hrsg., 1988): Wissenspsychologie, München/ Weinheim 1988

Mandl. H./ Gerstenmaier, J. (Hrsg., 2000): Die Kluft zwischen Wissen und Handeln: Empirische und theoretische Lösungsansätze, Göttingen et al. 2000

Mangold, M. (2002): Von Integration, Transaktion und Anreizen: Betrachtung des Phänomens der Kundenintegration aus zwei unterschiedlichen theoretischen Blickwinkeln, Arbeitspapierreihe „WINserv: Kundenintegration in Innovationsprozesse“ des Instituts für Marketing der Ludwig-Maximilians-Universität, München 2002

March, J.G. (1991): Exploration and exploitation in organizational learning, in: Organization Science, 2, 1991, 1, Special Issue: Organizational Learning: Papers in Honour of (and by) James G. March (1991), S. 71-87

March, J.G./ Olsen, J.P. (1975): The uncertainty of the past: Organizational learning under ambiguity, in: European Journal of Political Research, 3, 1975, 2, S. 147-171

March, J.G./ Olsen, J.P. (1976): Organizational learning and the ambiguity of the past, in: March, J.G./ Olsen, J.P. (Hrsg., 1976), S. 54-67

March, J.G./ Olsen, J.P. (Hrsg., 1976): Ambiguity and choice in organizations, Bergen 1976

March, J.G./ Simon, H.A. (1958): Organizations, New York et al. 1958

Marengo L. (1992): Structure, competence, and learning in an adaptive model of the firm, Arbeitspapier Nr. 9203 der University of Sussex, Brighton 1992

Marinova, D. (2004): Actualizing innovation effort: The impact of market knowledge diffusion in a dynamic system of competition, in: Journal of Marketing, 68, 2004, 3, S. 1-20

Mason, E.S. (1939): Price and production policies of large-scale enterprise, in: American Economic Review, 29, 1939, 1, S. 61-74

Mason, R.O./ Mitroff, I. (1981): Challenging strategic planning assumptions, Reading 1981

Matzler, K./ Bailom, F. (2006): Messung von Kundenzufriedenheit, in: Hinterhuber, H.H./ Matzler, K. (Hrsg., 2006), S. 241-270

Mayer, R.C./ Davis, J.H./ Schoorman, F.D. (1995): An integrative model of organizational trust, in: Academy of Management Review, 20, 1995, 3, S. 709-734

McEvily, S.K./ Chakravarthy, B. (2002): The persistence of knowledge-based advantage: An empirical test for product performance and technological knowledge, in: Strategic Management Journal, 23, 2002, 4, S. 285-305

McGill, M.E./ Slocum, J.W. (1993): Unlearning the organization, in: Organizational Dynamics, 22, 1993, 2, S. 67-79

McGill, M.E./ Slocum, J.W. (1996): Das intelligente Unternehmen, Stuttgart 1996

McKeen, J./ Smith, H. (2003): Making IT happen: Critical issues in IT management, Chichester 2003

Meffert, H. (2000): Marketing: Grundlagen marktorientierter Unternehmensführung, Konzepte, Instrumente, Praxisbeispiele, 9. Aufl., Wiesbaden 2000

Mellewigt, T. (2003): Management von Strategischen Kooperationen: Eine ressourcenorientierte Untersuchung in der Telekommunikationsbranche, Wiesbaden 2003

Merrifield, D.B. (1992): Global strategic alliances among firms, in: International Journal of Technology Management, 7, 1992, 1-3, S. 77-83

Mertins, K./ Heisig, P./ Vorbeck, J. (2001): Introduction, in: Mertins, K./ Heisig, P./ Vorbeck, J. (Hrsg., 2001), S. 1-10

Mertins, K./ Heisig, P./ Vorbeck, J. (Hrsg., 2001): Knowledge management: Best practices in Europe, Berlin et al. 2001

Metzger, C./ Seitz, H./ Eberle, F. (Hrsg., 2000): Impulse für die Wirtschaftspädagogik, Festschrift zum 65. Geburtstag von Prof. Dr. Rolf Dubs, St. Gallen 2000

Meyer, A./ Blümelhuber, C. (1997): Marketing orientiert sich zu wenig am Kunden, in: Belz, C. (Hrsg., 1997), S. 58-74

Meyer, A./ Schaffer, M. (2003): Die Kundenbeziehung als ein zentraler Unternehmenswert: Kundenorientierung als Werttreiber der Kundenbeziehung, in: Günter, B./ Helm, S. (Hrsg., 2003), S. 61-86

Meyer, J.-A. (Hrsg., 2002): New Economy in kleinen und mittleren Unternehmen, München 2002

Meyer, M. (1996): Kooperation mit Kunden: Theorie und Organisation von strategischen Netzwerkarrangements, in: Kleinaltenkamp, M./ Fließ, S./ Jacob, F. (Hrsg., 1996), S. 221-232

Meyer, M.H./ Utterback, J.M. (1993): The product family and the dynamics of core capability, in: Sloan Management Review, 34, 1993, 3, S. 29-47

Mieth, H.O. (1989): Kundenorientierung als Wachstumsfaktor, in: Albers, S./ Herrmann, H./ Kahle, E./ Kruschwitz, L./ Perlitz, M. (Hrsg., 1989), S. 153-163

Mildenberger, U. (2002): Strategisches Kompetenz-Management – Grenzen und Weiterentwicklungsmöglichkeiten: Wissensmanagement vs. (Kern-)Kompetenzmanagement – Versuch einer Abgrenzung, Bellmann, K./ Freiling, J./ Hammann, P./ Mildenberger, U. (Hrsg., 2002), S. 293-330

Miner, A./ Mezias, S. (1996): Ugly duckling no more: Pasts and futures of organizational learning research, in: Organization Science, 7, 1996, 1, S. 88-99

Mintzberg, H. (1979): The structuring of organizations: A synthesis of the research, Englewood Cliffs 1979

Mintzberg, H./ Ahlstrand, B./ Lampel, J. (1999): Strategy safari: A guided tour through the wilds of strategic management, New York 1999

Mitroff, I./ Emshoff, J.R. (1979): On strategic assumption-making: A dialectical approach to policy and planning, in: Academy of Management review, 4, 1979, 1, S. 1-12

Mizruchi, M.S./ Schwartz, M. (Hrsg., 1987): Intercorporate relations: The structural analysis of business, Cambridge 1987

Moffat, L./ Archer, N. (2004): Knowledge management in production alliances, in: Information Systems and e-Business Management, 2, 2004, 2, S. 241-267

Mohr, B./ Freudenthaler, K./ Hofer-Alfeis, J. (2002): Wissensgemeinschaften: Organisationsform für das verteilte Wissen; in: Bellmann, M./ Krcmar, H./ Sommerlatte, T. (Hrsg., 2002), S. 549-568

Montgomery, C.A. (Hrsg., 1995): Resource-based and evolutionary theories of the firm: Towards a synthesis, Boston et al. 1995

Morgan, I./ Rao, J. (2003): Making routine customer experiences fun, in: MIT Sloan Management Review 45, 2003, 1, S. 93-95

Morschett, D. (2005): Formen von Kooperationen, Allianzen, Netzwerken, in: Zentes, J./ Swoboda, B./ Morschett, D. (Hrsg., 2005), S. 377-404

Mowery, D.C./ Oxley, J.E./ Silverman, B.S. (1996): Strategic alliances and interfirm knowledge transfer, in: Strategic Management Journal, 17, 1996, Winter Special Issue, S. 77-91

Mueller, E.F./ Thomas, A. (1976): Einführung in die Sozialpsychologie, 2. Aufl., Göttingen 1976

Müller-Stewens, G./ Lechner, C. (2003): Strategisches Management: Wie strategische Alternativen zum Wandel führen, 2. Aufl., Stuttgart 2003

Müller-Stewens, G./ Osterloh, M. (1996): Kooperationsinvestitionen besser nutzen: Lernen als Know-how-Transfer oder Kontext-Transfer?, in: Zeitschrift Führung + Organisation, 65, 1996, 1, S. 18-24

Muth, M.M./ Donaldson, L. (1998): Stewardship theory and board structure: A contingency approach, in: Corporate Governance, 6, 1998, 1, S. 5-28

Narver, J.C./ Slater, S.F. (1990): The effect of a market orientation on business profitability, in: Journal of Marketing, 54, 1990, 4, S. 20-35

Nelson, R.P./ Winter, S.G. (1982): An evolutionary theory of economic change, Cambridge 1982

Nevis, E.C./ DiBella, A.J./ Gould, J.M. (1995): Understanding organizations as learning systems. In: Sloan Management Review, 36, 1995, 2, S. 73-85

Nilakant, V./ Rao, H. (1994): Agency theory and uncertainty in organizations: An evaluation, in: Organization Studies, 15, 1994, 5, S. 649-672

Nippa, M./ Grigoleit, J. (2006): Corporate Governance ohne Vertrauen? Ökonomische Konsequenzen der Agency-Theorie, Arbeitspapier Nr. 1/2006 der Fakultät für Wirtschaftswissenschaften der TU Bergakademie Freiberg, http://www.tu-freiberg.de/~wwwfak6/files/paper/2006/nippa1_1_2006.pdf?PHPSESSID=9629913a5e43583a9abd7330b38e4b49 (abgerufen am 22.08.2006)

Nohr, H./ Roos, A. (Hrsg., 2003): Customer Knowledge Management: Aspekte des Managements von Kundenwissen, Berlin 2003

Nolte, H. (Hrsg., 1998): Aspekte ressourcenorientierter Unternehmensführung, München/ Mering 1998

Nolte, H./ Bergmann, R. (1998): Ein Grundmodell des ressourcenorientierten Ansatzes der Unternehmensführung, in: Nolte, H. (Hrsg., 1998), S. 1-27

Nonaka, I. (1991): The knowledge-creating company, in: Harvard Business Review, 69, 1991, 6, S. 96-104

Nonaka, I. (1994): A dynamic theory of organizational knowledge creation, in: Organization Science, 5, 1994, 1, S. 14-37

Nonaka, I./ Konno, N. (1998): The concept of ba: Building a foundation for knowledge creation, in: California Management Review, 40, 1998, 3, S. 40-54

Nonaka, I./ Takeuchi, H. (1997): Die Organisation des Wissens: Wie japanische Unternehmen eine brachliegende Ressource nutzbar machen, Frankfurt 1997

Normann, R. (1991): Service management: Strategy and leadership in service business, 2. Aufl., Chichester 1991

North, K. (2005): Wissensorientierte Unternehmensführung: Wertschöpfung durch Wissen, 4. Aufl., Wiesbaden 2005

North, K./ Romhardt, K./ Probst, G.J.B. (2000): Wissensgemeinschaften: Keimzellen lebendigen Wissensmanagements, in: io Management, 69, 2000, 7-8, S. 52-62

Nystrom, P.C./ Starbuck, W.H. (1984): To avoid organizational crises unlearn, in: Organizational Dynamics, 12, 1984, 4, S. 53-65

Nystrom, P.C./ Starbuck, W.H. (Hrsg., 1981): Handbook of organizational design, Band 1, New York 1981

O'Brien, K. (2003): Differentiation begins with customer knowledge, in: American Printer, 126, 2003, 4, S. 8

Odenthal, S./ Wissel, G. (2002): Wissensmanagement in strategischen Kooperationen, in: Bellmann, M./ Krcmar, H./ Sommerlatte, T. (Hrsg., 2002), S. 231-250

Ofek, E./ Sarvary, M. (2001): Leveraging the customer base: Creating competitive advantage through knowledge management, in: Management Science Archive, 47, 2001, 11, S. 1441-1456

Ohlhausen, P. (2002): Methode zur Gestaltung wissensintensiver Kooperationen am Beispiel der Produktentwicklung, Heimsheim 2002

Ohlhausen, P./ Rüger, M./ Müller, M./ Bucher, M. (2003): Wissensmanagement, in: Bullinger, H.-J./ Warnecke, H.-J./ Westkämper, E. (Hrsg., 2003), S. 361-369

Olson, E.M./ Walker, O.C. Jr./ Ruekert, R.W. (1995): Organizing for effective new product development: The moderating role of product innovativeness, in: Journal of Marketing, 59, 1995, January, S. 48-62

Olsson, A./ Karlsson, S. (2003): The integration of customer needs in the establishment of an e-business system for internal service, in: International Journal of Logistics, 6, 2003, 4, S. 305-317

Oppermann, R. (1998): Marktorientierte Dienstleistungsinnovation: Besonderheiten von Dienstleistungen und ihre Auswirkung auf eine abnehmerorientierte Innovationsgestaltung, Göttingen 1998

Ordelheide, D./ Rudolph, B./ Büsselmann, E. (Hrsg., 1991): Betriebswirtschaftslehre und ökonomische Theorie, Stuttgart 1991

Ortmann, G./ Sydow, J./ Türk, K. (Hrsg. 1997): Theorien der Organisation: Die Rückkehr der Gesellschaft, Opladen 1997

Ossadnik, W. (1999): Planung und Entscheidung, in: Corsten, H./ Reiß, M. (Hrsg., 1999), S. 127-207

Österle, H./ Fleisch, E./ Alt, R. (Hrsg., 2000): Business networking: Shaping enterprise relationships on the internet, Berlin/ Heidelberg 2000

Österle, H./ Winter, R. (2003): Business Engineering, in: Österle, H./ Winter, R. (Hrsg., 2003), S. 3-19

Österle, H./ Winter, R. (Hrsg., 2003): Business Engineering: Auf dem Weg zum Unternehmen des Informationszeitalters, 2. Aufl., Berlin et al. 2003

Osterloh, M./ Frey, B.S. (2000): Motivation, knowledge transfer, and organizational forms, in: Organization Science, 11, 2000, 5, S. 538-550

Papmehl, A./ Siewers, R. (Hrsg., 1999): Wissen im Wandel: Die lernende Organisation im 21. Jahrhundert, Wien 1999

Parasuraman, A./ Grewal, D. (2000): The impact of technology on the quality-value-loyalty chain: A research agenda, in: Journal of the Academy of Marketing Science, 28, 2000, 1, S. 168-174

Park, C.W./ Feick, L./ Mothersbaugh, D.L. (1992): Consumer knowledge assessment: How product experience and knowledge of brands, attributes, and features affects what we think we know, in: Advances in Consumer Research, 19, 1992, 1, S. 193-198

Patterson, W.C. (1993): First-mover advantage: The opportunity curve, in: Journal of Management Studies, 30, 1993, 5, S. 759-777

Pattloch, A. (2001): CRM-Software-Lösungen: Faktoren und Tipps für die Auswahl, in: Direkt Marketing, 37, 2001, 5, S. 12-19

Pautzke, G. (1989): Die Evolution der organisatorischen Wissensbasis: Bausteine zu einer Theorie des organisatorischen Lernens, München, 1989

Pavitt, K. (1991): Key characteristics of the large innovating firm, in: British Journal of Management, 2, 1991, 1, S. 41-50

Pawlowsky, P. (1992): Betriebliche Qualifikationsstrategien und organisationales Lernen, in: Staehle, W./ Conrad, P. (Hrsg., 1992): Managementforschung, Band 2, Berlin 1992, S. 177-238

Pawlowsky, P. (1994): Wissensmanagement in der lernenden Organisation, Paderborn 1994

Pawlowsky, P. (1998): Integratives Wissensmanagement, in: Pawlowsky, P. (Hrsg., 1998), S. 9-46

Pawlowsky, P. (Hrsg., 1998): Wissensmanagement, Wiesbaden 1998

Pawlowsky, P./ Reinhardt, R. (Hrsg., 2002): Wissensmanagement für die Praxis: Methoden und Instrumente zur erfolgreichen Umsetzung, Neuwied 2002

Pawlowsky, P./ Reinhardt, R. (2002): Instrumente organisationalen Lernens: Die Verknüpfung zwischen Theorie und Praxis, in: Pawlowsky, P./ Reinhardt, R. (Hrsg., 2002), S. 1-35

Pearsons, T./ Shils, E./ Naegele, K.D./ Pitts, J.R. (Hrsg., 1965): Theories of society, New York 1965

Pelham, A.M./ Wilson, D.T. (1996): A longitudinal study of the impact of market structure, firm structure, strategy, and market orientation culture on dimensions of small-firm performance, in: Journal of the Academy of Marketing Science, 24, 1996, 1, S. 27-43

Pels, J. (1992): Identification and management of key clients, in: European Journal of Marketing, 26, 1993, 5, S. 5-21

Penrose, E.T. (1959): The growth of the firm, Oxford 1959

Pepels, W. (2004): Marketing: Lehr- und Handbuch, 4. Aufl., München 2004

Peritsch, M. (1998): Analyse und Gestaltung wissensbasierter Innovationsprozesse, Graz 1998

Perlitz, M. (1997): Internationales Management, Stuttgart 1997

Perrow, C. (1986): Economic theories of organization, in: Theory and Society, 15, 1986, 1/2, S. 11-45

Peteraf, M.A. (1993): The cornerstones of competitive advantage: A resource based view, in: Strategic Management Journal, 14, 1993, 3, S. 179-191

Peters, T.J./ Waterman, R.H. (1982): In search of excellence, New York 1982

Pfeffer, J. (1972): Interorganizational influence and managerial attitudes, in: Academy of Management Journal, 15, 1972, 3, S. 317-330

Pfeffer, J. (1981): Management as symbolic action: The creation and maintenance of organizational paradigms, in: Cummings, L.L./ Staw, B.M. (Hrsg., 1981), S. 1-52

Pfeffer, J. (1987): A resource dependence perspective on intercorporate relations, in: Mizruchi, M.S./ Schwartz, M. (Hrsg., 1987), S. 25-55

Pfeffer, J./ Davis-Blake, A. (1987): Understanding organizational wage structures: A resource dependence approach, in: Academy of Management Journal, 30, 1987, 3, S. 437-455

Pfeffer, J./ Salancik, G.R. (1978): The external control of organizations: A resource dependence perspective, New York 1978

Pfeffer, J./ Salancik, G.R. (2003): The external control of organizations: A resource dependence perspective, 2. Aufl., Stanford 2003

Pfohl, H.-C./ Flickinger, B.H. (1998): Kundennahe Logistik: Wertschöpfend, agil, beziehungsorientiert, Berlin 1998

Picot, A. (1987): Ökonomische Theorien und Führung, in: Wunderer, R./ Kieser, A./ Reber, G. (Hrsg., 1987), Sp. 1583-1595

Picot, A./ Dietl, H.M./ Franck, E. (1999): Organisation: Eine ökonomische Perspektive, 2. Aufl., Stuttgart 1999

Picot, A./ Eberspächer, J./ Braun, G. (2007): eHealth: Innovations- und Wachstumsmotor für Europa: Potenziale in einem vernetzten Gesundheitsmarkt, Berlin 2007

Picot, A./ Reichwald, R./ Wigand, R.T. (2001): Die grenzenlose Unternehmung: Information, Organisation und Management, 4. Aufl., Wiesbaden 2001

Piller, F.T. (2003): The customer as co-designer, in: Proceedings of the IEEE seminar on „Mass customization: Turning customer differences into business advantages“ am 27.02.2003, London 2003

Piller, F.T./ Müller, M. (2003): Mass Customization und Kundenintegration: Neue Wege zu konsequenter und effizienter Kundenorientierung, in: IM Information Management & Consulting, 18, 2003, 10, S. 54-61.

Piontkowski, U. (1976): Psychologie der Interaktion, München 1976

Pleschak, F./ Sabisch, H. (1996): Innovationsmanagement, Stuttgart 1996

Plinke, W. (1995): Grundkonzeption des Marketing, in: Kleinaltenkamp, M./ Plinke, W. (Hrsg., 1995): Technischer Vertrieb, Band 1, Berlin et al. 1995, S. 97-134

Plinke, W. (1996): Kundenorientierung als Voraussetzung der Customer Integration, in: Kleinaltenkamp, M./ Fließ, S./ Jacob, F. (Hrsg., 1996), S. 41-56

Plötner, O./ Jacob, F. (1996): Customer Integration und Kundenvertrauen, in: Kleinaltenkamp, M./ Fließ, S./ Jacob, F. (Hrsg., 1996), S. 105-119

Pohl, T. (2003): Die Integration von Kundenwissen in den Innovationsprozess, in: Nohr, H./ Roos, A. (Hrsg., 2003), S. 67-99

Polanyi, M. (1966): The tacit dimension, New York 1966

Polanyi, M. (1985): Implizites Wissen, Frankfurt 1985

Porter, M.E. (1980): Competitive strategy, New York 1980

Porter, M.E. (1985): Competitive advantage, New York 1985

Porter, M.E. (1987): Diversifikation: Konzerne ohne Konzept, in: Harvard Business Manager, 9, 1987, 4, S. 30-49

Porter, M.E. (1991): Towards a dynamic theory of strategy, in: Strategic Management Journal, 12, 1991, Winter Special Issue, S. 95-117

Porter, M.E. (1999a): Wettbewerbsstrategie (Competitive strategy): Methoden zur Analyse von Branchen und Konkurrenten, 10. Aufl., Frankfurt/ New York 1999

Porter, M.E. (1999b): Wettbewerbsvorteile (Competitive advantage): Spitzenleistungen erreichen und behaupten, 5. Aufl., Frankfurt/ New York 1999

Prahalad, C.K./ Hamel, G. (1990): The core competence of the corporation, in: Harvard Business Review, 68, 1990, 3, S. 79-91

Prahalad, C.K./ Hamel, G. (1992): How capabilities differ from core competencies: the case of Honda, in: Harvard Business Review, 70, 1992, 2, S. 66

Prahalad, C.K./ Ramaswamy, V. (2000): Co-opting customer competence, in: Harvard Business Review, 78, 2000, 1, S. 79-87

Prahalad, C.K./ Ramaswamy, V. (2003): The new frontier of experience innovation, in: MIT Sloan Management Review, 44, 2003, 4, S. 12-18

Prahalad, C.K./ Ramaswamy, V. (2004): Die Zukunft des Wettbewerbs: Einzigartige Werte mit dem Kunden gemeinsam schaffen, Wien 2004

Prange, C. (1996): Interorganisationales Lernen: Lernen in, von und zwischen Organisationen, in: Schreyögg, G./ Conrad, P. (Hrsg., 1996), S. 163-189

Prange, C. (2002): Organisationales Lernen und Wissensmanagement: Fallbeispiele aus der Unternehmenspraxis, Wiesbaden 2002

Prange, C./ Probst, G.J.B./ Rüling, C.-C. (1996): Lernen zu kooperieren – Kooperieren, um zu lernen: Plädoyer für eine lernorientierte Betrachtung von Unternehmenskooperationen, in: Zeitschrift Führung + Organisation, 65, 1996, 1, S. 10

Pratt, J.W./ Zeckhauser, R.J. (Hrsg., 1985): Principals and agents: The structure of business, Boston 1985

Probst, G.J.B. (1987): Selbstorganisation: Ordnungsprozesse in sozialen Systemen aus ganzheitlicher Sicht, Berlin/ Hamburg 1987

Probst, G.J.B. (1992): Organisation: Strukturen, Lenkungsinstrumente, Entwicklungsperspektiven, Landsberg/ Lech 1992

Probst, G.J.B. (1994): Wandel als Erneuerungsprozess: Organisationales Lernen und die Bewältigung von Wandel, in: Gomez, P./ Hahn, D./ Müller-Stewens, G./ Wunderer, R. (Hrsg., 1994), S. 295-320

Probst, G.J.B. (2001): Die Wissensunternehmung, in: Thom, N./ Zaugg, R.J. (Hrsg., 2001), S. 251-268

Probst, G.J.B./ Büchel, B.S.T. (1998): Organisationales Lernen: Wettbewerbsvorteil der Zukunft, 2. Aufl., Wiesbaden 1998

Probst, G.J.B./ Deussen, A./ Eppler, M.J./ Raub, S.P. (2000): Kompetenz-Management: Wie Individuen und Organisation Kompetenz entwickeln, Wiesbaden 2000

Probst, G.J.B./ Raub, S./ Romhardt, K. (1999): Wissen managen: Wie Unternehmen ihre wertvollste Ressource optimal nutzen, 3. Aufl., Frankfurt 1999

Proff, H. (2002): Grundlagen einer dynamischen Theorie der Kompetenzentwicklung zur Sicherung von Kompetenzvorteilen im Zeitablauf, in: Bellmann, K./ Freiling, J./ Hammann, P./ Mildenberger, U. (Hrsg.), S. 171-194

Pucik, V. (1991): Technology transfer in strategic alliances: Competitive collaboration and organizational learning, in: Agmon, T./ Von Glinow, M.A. (Hrsg., 1991), S. 121-138

Puppe, F./ Gappa, U./ Poeck, K./ Bamberger, S. (1998): Wissensbasierte Diagnose- und Informationssysteme, Berlin 1998

Quinn, J.B./ Anderson, P./ Finkelstein, S. (1996): Managing the professional intellect: Making the most of the best, in: Harvard Business Review, 74, 1996, 2, S. 71-80

Raabe, T. (1993): Konsumentenbeteiligung an der Produktinnovation, Frankfurt 1993

Rajan, R.G./ Zingales, L. (1998): Power in a theory of the firm, in: Quarterly Journal of Economics, 113, 1998, 2, S. 387-432

Rangarajan, D./ Chonko, L.B./ Jones, E./ Roberts, J.A. (2004): Organizational variables, sales force perceptions of readiness for change, learning, and performance among boundary-spanning teams: A conceptual framework and propositions for research, in: Industrial Marketing Management, 33, 2004, 4, S. 289-305

Rapp, R. (2000): Customer Relationship Management: Das neue Konzept zur Revolutionierung der Kundenbeziehungen, Frankfurt/ New York 2000

Rasche, C. (1994): Wettbewerbsvorteile durch Kernkompetenzen: Ein ressourcenorientierter Ansatz, Wiesbaden 1994

Raven, B.H. (1965): Social influence and power, in: Stein, I.D./ Fishbein, M. (Hrsg., 1965), S. 371-382

Raven, B.H. (1992): A power/ interaction model of interpersonal influence: French and Raven thirty years later, in: Journal of Social Behaviour and Personality, 7, 1992, 2, S. 217-244

Raven, B.H./ Rubin, J.Z. (1976): Social psychology: People in groups, New York 1976

Reckenfelderbäumer, M./ Busse, D. (2005): Kundenmitwirkung bei der Entwicklung von industriellen Dienstleistungen: Eine phasenbezogene Analyse, in: Bullinger, H.-J./ Scheer, A.-W. (Hrsg., 2005), S. 141-166

Redfield, R./ Linton, R./ Herskovits, M.J. (1936): Memorandum for the study of acculturation, in: American Anthropologist, 38, 1936, 1, S. 149-151

Reed, R./ DeFillippi, R.J. (1990): Causal ambiguity, barriers to imitation, and sustainable competitive advantage, in: Academy of Management Review, 15, 1990, 1, S. 88-102

Rehäuser, J./ Krcmar, H. (1996): Wissensmanagement im Unternehmen, in: Schreyögg, G./ Conrad, P. (Hrsg., 1996), S. 1-40

Reichart, S.V. (2002): Kundenorientierung im Innovationsprozess: Die erfolgreiche Integration von Kunden in den frühen Phasen der Produktentwicklung, Wiesbaden 2002

Reichheld, F.F./ Schefter, P. (2000): E-loyalty: Your secret weapon on the web, in: Harvard Business Review, 78, 2000, 4, S. 105-113

Reichwald, R./ Meyer, A./ Engelmann, M./ Walcher, D. (2007): Der Kunde als Innovationspartner: Konsumenten integrieren, Flop-Raten reduzieren, Angebote verbessern, Wiesbaden 2007

Reichwald, R./ Möslein, K./ Sachenbacher, H./ Englberger, H./ Oldenburg, S. (1998): Telekooperation: Verteilte Arbeits- und Organisationsformen, Berlin/ New York 1998

Reichwald, R./ Piller, F.T. (2002): Der Kunde als Wertschöpfungspartner: Formen und Prinzipien, in: Albach, H./ Kaluza, B./ Kersten, W. (Hrsg., 2002), S. 27-51

Reichwald, R./ Piller, F.T. (2003): Von Massenproduktion zur Co-Produktion: Kunden als Wertschöpfungspartner, in: Wirtschaftsinformatik, 45, 2003, 5, S. 515-519

Reichwald, R./ Piller, F.T. (2006): Interaktive Wertschöpfung – Open Innovation: Individualisierung und neue Formen der Arbeitsteilung, Wiesbaden 2006

Reichwald, R./ Schaller, C. (2005): Innovationsmanagement von Dienstleistungen: Herausforderungen und Erfolgsfaktoren in der Praxis, in: Bullinger, H.-J./ Scheer, A.-W. (Hrsg., 2005), S. 16

Reichwald, R./ Wildemann, H. (Hrsg., 1995): Innovation und Kreativität im Unternehmen, Stuttgart 1995

Reinhardt, R./ Eppler, M.J. (Hrsg., 2004): Wissenskommunikation in Organisationen: Methoden, Instrumente, Theorien, Berlin et al. 2004

Reiß, M. (1995): Temporäre Organisationsformen des Technologiemanagements, in: Zahn, E. (Hrsg., 1995), S. 521-552

Reiß, M. (1998): Mythos Netzwerkorganisation, in: Zeitschrift für Führung und Organisation, 68, 1998, 4, S. 224-299

Reiß, M./ Beck, T.C. (2000): Netzwerkorganisation im Zeichen der Koopkurrenz, in: Foschiani, S./ Habenicht, W./ Schmid, U./ Wäscher, G. (Hrsg., 2000), S. 315-340

Renzl, B. (2003): Wissensbasierte Interaktion: Selbst-evolvierende Wissensströme in Unternehmen, Wiesbaden 2003

Rice, R.E. (1992): Task analyzability, use of new media, and effectiveness: A multi-site exploration of media richness, in: Organization Science, 3, 1992, 4, S. 475-500

Rice, R.E./ Shook, D.E. (1990): Relationships of job categories and organizational levels to use of communication channels, including electronic mail: A meta-analysis and extension, in: Journal of Management Studies, 27, 1990, 2, S. 195-229

Richter, R. (1991): Institutionenökonomische Aspekte der Theorie der Unternehmung, in: Ordelheide, D./ Rudolph, B./ Büsselmann, E. (Hrsg., 1991), S. 395-429

Richter, R./ Furobotn, E.G. (Hrsg., 1991): The new institutional economics: A collection of articles from JITE, Tübingen 1991

Rieker, S.A. (1995): Bedeutende Kunden: Analyse und Gestaltung von langfristigen Anbieter-Nachfrager-Beziehungen auf industriellen Märkten, Wiesbaden 1995

Riempp, G. (2001): Customer Knowledge Management St. Gallen – Prozesse und Portale: Eine Rahmenarchitektur für CKM-Portale, https://extranet.iwi.unisg.ch/html/ccckm/project.html (abgerufen am 05.12.2003)

Riempp, G. (2003): Von den Grundlagen zu einer Architektur für Customer Knowledge Management, in: Kolbe, L.M./ Österle, H./ Brenner, W. (Hrsg., 2003), S. 23-55

Riempp, G. (2004): Integrierte Wissensmanagement-Systeme: Architektur und praktische Anwendung, Berlin 2004

Riempp, G./ Gronover, S. (2002): Customer knowledge and relationship management, in: Schögel, M./ Tomczak, T./ Belz, C. (Hrsg., 2002), S. 762-783

Ripperger, T. (1998): Ökonomik des Vertrauens: Analyse eines Organisationsprinzips, Tübingen 1998

Rogers, E.M. (2003): Diffusion of innovations, 5. Aufl., New York 2003

Rollins, M./ Halinen, A. (2005): Customer knowledge management competence: Towards a theoretical framework, in: Proceedings of the 38th Hawaii International Conference on System Sciences, Big Island 2005, S. 1-10

Romhardt, K. (1998): Die Organisation aus der Wissensperspektive: Möglichkeiten und Grenzen der Intervention, Wiesbaden 1998

Rosada, M. (1990): Kundendienststrategien im Automobilsektor: Theoretische Fundierung und Umsetzung eines Konzepts zur differenzierten Vermarktung von Sekundärdienstleistungen, Berlin 1990

Roscoe, D. (2001): The customer knowledge journey, in: Journal of Financial Services Marketing, 5, 2001, 4, S. 314-318

Rose, P.M. (2000): Analyse ausgewählter Methoden zur Identifikation dynamischer Kernkompetenzen, München/ Mering 2000

Ross, S.A. (1973): The economic theory of agency: The principal's problem, in: American Economic Review, 63, 1973, 2, S. 134-139

Rotering, C. (1990): Forschungs- und Entwicklungskooperationen zwischen Unternehmen, Stuttgart 1990

Rowley, J. (2002): Eight questions for customer knowledge management in e-business, in: Journal of Knowledge Management, 6, 2002, 5, S. 500-511

Rowley, J./ Haynes, L. (2005): Customer relationship management: The Matalan way, in: Marketing Review, 5, 2005, 2, S. 175-187

Rüdiger, M. (2002): „E-Customer-Innogration" in kleinen und mittleren Unternehmen: Potenziale der internetbasierten Kundeneinbindung in die Neuproduktentwicklung, in: Meyer, J.-A. (Hrsg., 2002), S. 319-330

Rudolf-Sipötz, E. (2001): Kundenwert: Konzeption – Determinanten – Management, Bamberg 2001

Rühli, E. (1994): Die Resource-based View of Strategy: Ein Impuls für einen Wandel im unternehmungspolitischen Denken und Handeln?, in: Gomez, P./ Hahn, D./ Müller-Stewens, G./ Wunderer, R. (Hrsg., 1994), S. 31-57

Rumelt, R.P. (1974): Strategy, structure and economic performance, Cambridge 1974

Rumelt, R.P. (1984): Towards a strategy theory of the firm, in: Lamb, R.B. (Hrsg., 1984), S. 556-570

Rümenapp, T. (2002): Strategische Konfigurationen von Logistikunternehmen: Ansätze zur konsistenten Ausrichtung in den Dimensionen Strategie, Struktur und Umwelt, Wiesbaden 2002

Saam, N.J. (2002): Prinzipale, Agenten und Macht: Eine machttheoretische Erweiterung der Agenturtheorie und ihre Anwendung auf Interaktionsstrukturen in der Organisationsberatung, Tübingen 2002

Sanchez, R. (1997): Managing articulated knowledge in competence-based competition, in: Sanchez, R./ Heene, A. (Hrsg. 1997), S. 163-187

Sanchez, R./ Heene, A. (1996): A systems view of the firm in competence-based competition, in: Sanchez, R./ Heene, A./ Thomas, H. (Hrsg. 1996), S. 39-84

Sanchez, R./ Heene, A. (1997): Competence-based strategic management: Concepts and issues for theory, research, and practice, in: Heene, A./ Sanchez, R. (Hrsg. 1997), S. 3-42

Sanchez, R./ Heene, A. (Hrsg. 1997): Strategic Learning and Knowledge Management, Chichester et al. 1997

Sanchez, R./ Heene, A./ Thomas, H. (1996): Introduction: Towards the theory and practice of competence-based competition, in: Sanchez, R./ Heene, A./ Thomas, H. (Hrsg. 1996), S. 1-35

Sanchez, R./ Heene, A./ Thomas, H. (Hrsg. 1996): Dynamics of competence-based competition: Theory and practice in the new strategic management, Chichester 1996

Sappington, D.E.M. (1991): Incentives in principal-agent relationships, in: Journal of Economic Perspectives 5, 1991, 2, S. 45-66

Sattelberger, T. (1996): Die lernende Organisation im Spannungsfeld von Strategie, Struktur und Kultur, in: Sattelberger, T. (Hrsg., 1996), S. 11-57

Sattelberger, T. (Hrsg., 1996): Die lernende Organisation: Konzepte für eine neue Qualität der Unternehmensentwicklung, 3. Aufl., Wiesbaden 1996

Sawhney, M./ Prandelli, E. (2000): Communities of creation: Managing distributed knowledge in turbulent markets, in: California Management Review, 42, 2000, 4, S. 24-54

Schächtele, A. (2004): Organisationales Lernen durch strategische Allianzen: Reflexe am Beispiel einer schweizerischen Versicherungsunternehmung, Gossau 2004

Schaffitzel, W. (1982): Das entscheidungstheoretische Rationalitätskonzept in der Betriebswirtschaftslehre, München 1982

Schaffry, A. (2004): Quo vadis Kundenbindung?, in: Direkt Marketing, 40, 2004, 2, S. 22-25

Schäper, C. (1996): Entstehung und Erfolg zwischenbetrieblicher Kooperation: Möglichkeiten öffentlicher Förderung, Wiesbaden 1996

Scheer, A.-W. (1999): Integriertes Geschäftsprozessmanagement mit dem ARIS House of Business Engineering, in: Scheer, A.-W./ Rosemann, M./ Schütte, R. (Hrsg., 1999), S. 19-30

Scheer, A.-W./ Rosemann, M./ Schütte, R. (Hrsg., 1999): Integrationsmanagement, Arbeitsbericht Nr. 65 des Instituts für Wirtschaftsinformatik der Westfälischen Wilhelms-Universität, Münster 1999

Schein, E.H. (1995): Unternehmenskultur: Ein Handbuch für Führungskräfte, Frankfurt 1995

Schenk, M. (1984): Soziale Netzwerke und Kommunikation, Tübingen 1984

Scheuble, S. (1998): Wissen und Wissenssurrogate: Eine Theorie der Unternehmung, Wiesbaden 1998

Schlick, C./ Killich, S. (2006): Identifikation von Kooperationspotenzialen in bestehenden Netzwerken, S. 151-183

Schnäbele, B. (1997): Mass customized Marketing: Effiziente Individualisierung von Vermarktungsobjekten und -prozessen, Wiesbaden 1997

Schneider, D. (1994): Allgemeine Betriebswirtschaftslehre, 3. Aufl., München/ Wien 1994

Schneider, D. (1997): Betriebswirtschaftslehre, Band 3: Die Theorie der Unternehmung, München/ Wien 1997

Schneider, U. (1996): Management in der wissensbasierten Unternehmung: Das Wissensnetz in und zwischen Unternehmen knüpfen, in: Schneider, U. (Hrsg., 1996), S. 13-48

Schneider, U. (2006): Das Management der Ignoranz: Nichtwissen als Erfolgsfaktor, Wiesbaden 2006

Schneider, U. (Hrsg., 1996): Wissensmanagement: Die Aktivierung des intellektuellen Kapitals, Frankfurt 1996

Schneider, W. (2000): Kundenzufriedenheit: Strategie, Messung, Management, Landsberg/ Lech 2000

Schoemaker, P.J.H./ Amit, R. (1997): The competitive dynamics of capabilities, in: Day, G.S./ Reibstein, D.J. (Hrsg., 1997), S. 368-394

Schoemaker, P.J.H./ Amit, R. (1998): Die Wettbewerbsdynamik von Fähigkeiten: Erarbeitung strategischer Aktiva für mehrere Zukunftsszenarien, in: Day, G.S./ Reibstein, D.J. (Hrsg., 1998), S. 419-445

Schögel, M./ Tomczak, T./ Belz, C. (Hrsg., 2002): Roadm@p to e-business, St. Gallen, 2002

Scholl, W. (1992): Informationspathologien, in: Frese, E. (Hrsg., 1992), Sp. 900-912

Scholz, M. (2008): Abgrenzung B2B, B2C und B2E, http://www.competence-site.de/ebusiness.nsf/44ed936957de26d7c1256911003d7e42/ea08571b9af95c02c1256a9d00504d41!OpenDocument (abgerufen am 16.01.2008)

Schrage, M. (2006): My customer, my co-innovator, in: Strategy + Business, 43, 2006, Summer, S. 3-4

Schreyögg, G. (1997): Theorien organisatorischer Ressourcen, in: Ortmann, G./ Sydow, J./ Türk, K. (Hrsg. 1997), S. 481-486

Schreyögg, G./ Conrad, P. (Hrsg., 1996): Wissensmanagement – Managementforschung, Band 6, Berlin 1996

Schreyögg, G./ Eberl, P. (1998): Organisationales Lernen: Viele Fragen, noch zu wenig neue Antworten, in: Die Betriebswirtschaft, 58, 1998, 4, S. 516-536

Schreyögg, G./ Kliesch, M. (2006): Zur Dynamisierung Organisationaler Kompetenzen: „Dynamic Capabilities“ als Lösungsansatz?, in: Schmalenbachs Zeitschrift für betriebswirtschaftliche Forschung, 58, 2006, 6, S. 455-476

Schreyögg, G./ Sydow, J. (Hrsg., 2003): Strategische Prozesse und Pfade – Managementforschung, Band 13, Wiesbaden 2003

Schröder, K.A. (2003): Mitarbeiterorientierte Gestaltung des unternehmensinternen Wissenstransfers: Identifikation von Einflussfaktoren am Beispiel von Projektteams, Wiesbaden 2003

Schubert, W./ Küting, K. (1981): Unternehmenszusammenschlüsse, München 1981

Schulz, M. (2001): The uncertain relevance of newness: Organizational learning and knowledge flows, in: Academy of Management Journal, 44, 2001, 4, S. 661-681

Schulze, J./ Thiesse, F./ Bach, V./ Österle, H. (2000): Knowledge enabled customer relationship management, in: Österle, H./ Fleisch, E./ Alt, R. (Hrsg., 2000), S. 143-160

Schüppel, J. (1996): Wissensmanagement: Organisatorisches Lernen im Spannungsfeld von Wissens- und Lernbarrieren, Wiesbaden 1996

Schuster, E./ Güntzel, K. (2003): Customer Relationship Management, in: Bullinger, H.-J./ Warnecke, H.-J./ Westkämper, E. (Hrsg., 2003), S. 352-360

Schwaner, J. (1996): Integration von Kunden und Lieferanten: Analyse langfristiger Geschäftsbeziehungen auf Businessmärkten, Wiesbaden 1996

Schwaninger, M. (1999): Intelligente Organisationen: Strukturen für organisationale Intelligenz und Kreativität, in: Papmehl, A./ Siewers, R. (Hrsg., 1999), S. 317-360

Schweitzer, M. (1994): Industrielle Fertigungswirtschaft, in: Schweitzer, M. (Hrsg., 1994), S. 569-746

Schweitzer, M. (Hrsg., 1994): Industriebetriebslehre, 2. Aufl., München 1994

Scott, R.W. (1987): Organizations: Rational, natural and open systems, Englewood Cliffs 1987

Scott, R.W. (1992): Organizations: Rational, natural, and open systems, 3. Aufl., Englewood Cliffs 1992

Seidel, M. (2003): Die Bereitschaft zur Wissensteilung: Rahmenbedingungen für ein wissensorientiertes Management, Wiesbaden 2003

Seidenberg, U. (2003): Ein erweitertes Modell der Kundenintegration, Arbeitspapier des Lehrstuhls für Betriebswirtschaftslehre, Produktions- und Logistikmanagement der Universität Siegen, Siegen 2003

Selznick, P. (1957): Leadership in administration, New York/ Tokio 1957

Sen, S./ Weiss, G.(1999): Learning in multiagent systems, in: Weiss, G. (Hrsg., 1999), S. 259-298

Senge, P. (1990): The fifth discipline: The art and practice of the learning organization, New York 1990

Senge, P. (1996): Building learning organizations, in: IEEE Engineering Management Review, 24, 1996, Spring, S. 96-104

Servatius, H.-G. (1996): Verschmelzung von Kunden- und Anbieterprozessen durch Systemführerschaft, in: Kleinaltenkamp, M./ Fließ, S./ Jacob, F. (Hrsg., 1996), S. 149-162

Sethi, R./ Smith, D.C./ Park, W. (2001): Cross-functional product development teams, creativity, and the innovativeness of new consumer products, in: Journal of Marketing Research, 38, 2001, 1, S. 73-85

Sexauer, H.J. (2002): Entwicklungslinien des Customer Relationship Management (CRM), in: Wirtschaftswissenschaftliches Studium, 31, 2002, 4, S. 218-222

Shannon, C.E. (1948a): A mathematical theory of communication, in: Bell System Technical Journal, 27, 1948, Juli, S. 379-423

Shannon, C.E. (1948b): A mathematical theory of communication, in: Bell System Technical Journal, 27, 1948, Oktober, S. 623-656

Shannon, C.E./ Weaver, W. (1949): A mathematical theory of communication, Urbana 1949

Shapiro, B.P. (1988): What the hell is „market oriented"?, in: Harvard Business Review, 66, 1988, 6, S. 119-125

Shapiro, C. / Varian, H.R. (1999): Information rules: A strategic guide to the network economy, Boston 1999

Shaw, B. (1985): The role of the interaction between the user and the manufacturer in medical equipment Innovation, in: R&D Management, 15, 1985, 4, S. 283-292

Shrivastava, P. (1983): A typology of organizational learning systems, in: Journal of Management Studies, 20, 1983, 1, S. 7-28

Shy, O. (1995): Industrial organization: Theory and application, Cambridge/ London 1995

Simmel, G. (1908): Vom Wesen der Kultur, in: Österreichische Rundschau, 15, 1908, 1, S. 36-42

Simon, H. (1988): Management strategischer Wettbewerbsvorteile, in: Zeitschrift für Betriebswirtschaft, 58, 1988, 4, S. 461-480

Simon, H. (Hrsg., 1988): Wettbewerbsvorteile und Wettbewerbsfähigkeit, Stuttgart 1988

Simon, H./ Von der Gathen, A. (2002): Das große Handbuch der Strategieinstrumente, Frankfurt/ New York 2002

Simon, H.A. (1957): Models of man, New York 1957

Simon, H.A. (1964): A behavioural model of rational choice, in: Gore, W.J./ Dyson, J.W. (Hrsg., 1964), S. 111-127

Simon, H.A. (1991): Bounded rationality and organizational learning, in: Organization Science, 2, 1991, 1, S. 125-134

Simonin, B.L. (1997): The importance of collaborative know-how: An empirical test of the learning organization, in: Academy of Management Journal, 40, 1997, 5, S. 1150-1174

Sivula, P./ Van den Bosch, F.A.J./ Elfring, T. (1997): Competence building by incorporating clients into the development of a business service firm's knowledge base, in: Sanchez, R./ Heene, A. (Hrsg. 1997), S. 121-137

Slater, S.F./ Narver, J.C. (1994): Does competitive environment moderate the market orientation-performance relationship?, in: Journal of Marketing, 58, 1994, 1, S. 46-55

Slater, S.F./ Narver, J.C. (1995): Market orientation and the learning organization, in: Journal of Marketing, 59, 1995, 3, S. 63-74

Smith, H.A./ McKeen, J.D. (2005): Developments in practice XVIII – Customer knowledge management: Adding value for our customers, in: Communications of AIS, 16, 2005, 36, S. 744-755

Snow, C.C./ Hrebiniak, L.G. (1980): Strategy, distinctive competence, and organizational performance, in: Administrative Science Quarterly, 25, 1980, 2, S. 317-335

Sole, D./ Edmondson, A. (2002): Bridging knowledge gaps: Learning in geographically dispersed cross-functional development teams, Choo, C.W./ Bontis, N. (Hrsg., 2002), S. 587-604

Sowell, T. (1980): Knowledge and decisions, New York 1980

Spahlinger, L.I./ Herrmann, A./ Huber, F./ Magin, S. (2003): Anwendung von Kundenwertkonzepten: Konzept zur effizienten Gestaltung von Kundenbeziehungen durch Kundenwertmanagement, in: Günter, B./ Helm, S. (Hrsg., 2003), S. 621-638

Spelsiek, J. (2005): Motivationsorientierte Steuerung des Wissenstransferverhaltens: Modellierung, empirische Analyse und Anreizgestaltung, Wiesbaden 2005

Spence, M./ Zeckhauser, R.J. (1971): Insurance, information, and individual action, in: American Economic Review, 61, 1971, 2, S. 380-387

Spencer, H. (1965): The principles of sociology, in: Pearsons, T./ Shils, E./ Naegele, K.D./ Pitts, J.R. (Hrsg., 1965), S. 139-143

Spender, J.-C. (1989): Industry recipes: The nature and sources of managerial judgement, Oxford 1989

Spender, J.-C. (1992): Limits to learning from the West, in: The International Executive, 34, 1992, 5, S. 389-410

Spender, J.-C. (1994): Organizational knowledge, collective practice and Penrose rents. In: International Business Review, 3, 1994, 4, S. 353-368

Spender, J.-C./ Grant, R.M. (1996): Knowledge and the firm: Overview, in: Strategic Management Journal, 17, 1996, Winter Special Issue, S. 5-9

Spremann, K. (1987): Agent and principal; in: Bamberg, G./ Spremann, K. (Hrsg., 1987), S. 3-37

Spremann, K. (1990): Asymmetrische Information, in: Zeitschrift für Betriebswirtschaft, 60, 1990, 5/6, S. 561-586

Spreng, R.A./ MacKoy, R.D. (1996): An empirical examination of a model of perceived service quality and satisfaction, in: Journal of Retailing, 72, 1996, 2, S. 201-214

Staehle, W.H. (1999): Management: Eine verhaltenswissenschaftliche Perspektive, 8. Aufl., München 1999

Stahl, H.K. (2000): Modernes Kundenmanagement, 2. Aufl., Renningen-Malmsheim 2000

Stahl, H.K. (2006): Kundenloyalität kritisch betrachtet, in: Hinterhuber, H.H./ Matzler, K. (Hrsg. 2006), S. 85-103

Stahl, H.K./ Hinterhuber, H.H./ Friedrich von den Eichen, S.A./ Matzler, K. (2006): Kundenzufriedenheit und Kundenwert, in: Hinterhuber, H.H./ Matzler, K. (Hrsg. 2006), S. 221-240

Starbuck, W.H. (1992): Learning by knowledge intensive firms, in: Journal of Management Studies, 29, 1992, 6, S. 713-740

Stata, R. (1989): Organizational learning: The key to management innovation, in: MIT Sloan Management Review, 30, 1989, 3, S. 63-74

Stauss, B. (2002): Kunden- und Mitarbeiterorientierung in der Unternehmensführung: Kundenwissens-Management (Customer Knowledge Management), in: Böhler, H. (Hrsg., 2002), S. 273-291

Stauss, B. (2006): Beschwerdemanagement als Instrument der Kundenbindung, in: Hinterhuber, H.H./ Matzler, K. (Hrsg. 2006), S. 315-334

Staw, B.M./ Cummings, L.L. (Hrsg., 1984): Research in organizational behavior, 6, Greenwich, 1984

Stein, I.D./ Fishbein, M. (Hrsg., 1965): Current studies in social psychology, New York 1965

Steinhoff, F. (2006): Kundenorientierung bei hochgradigen Innovationen: Konzeptualisierung, empirische Bestandsaufnahme und Erfolgsbetrachtung, Wiesbaden 2006

Steinle, C./ Eggers, B./ Thiem, H./ Vogel, B. (Hrsg., 2000): Vitalisierung: Das Management der neuen Lebendigkeit, Frankfurt 2000

Steinmann, H./ Schreyögg, G. (1997): Management: Grundlagen der Unternehmensführung, 4. Aufl., Wiesbaden 1997

Stewart, T.A. (1998): Der vierte Produktionsfaktor: Wachstum und Wettbewerbsvorteile durch Wissensmanagement, München/ Wien 1998

Strauss, A. (1994): Grundlagen qualitativer Sozialforschung: Datenanalyse und Theoriebildung in der empirischen und soziologischen Forschung, München 1994

Stumpf, M. (1998): Effektivere Teams durch den bewussten Einsatz kognitiver Präferenzen, in: Handlbauer, G./ Matzler, K./ Sauerwein, E./ Stumpf, M. (Hrsg., 1998), S. 387-402

Sumner, J. (2004): Connecting with your customer, in: KM Review, 7, 2004, 3, S. 2

Sveiby, K.E. (1998): Wissenskapital – Das unentdeckte Vermögen: Immaterielle Unternehmenswerte aufspüren, messen und steigern, Landsberg/ Lech 1998

Sydow, J. (1985): Der soziotechnische Ansatz der Arbeits- und Organisationsgestaltung, Frankfurt 1985

Sydow, J. (1995): Strategische Netzwerke: Evolution und Organisation, 3. Aufl., Wiesbaden 1995

Sydow, J. (1996): Erfolg als Vertrauensorganisation?, in: Office Management, 44, 1996, 7/8, S. 10-13

Sydow, J./ Van Well, B. (1996): Wissensintensiv durch Netzwerkorganisation: Strukturationstheoretische Analyse eines wissensintensiven Netzwerkes, in: Schreyögg, G./ Conrad, P. (Hrsg., 1996), S. 191-234

Sydow, J./ Windeler, A. (2003): Dienstleistungsproduktion in Projektnetzwerken: Implikationen für Dienstleistungsmanagement und -forschung, in: Bruhn, M./ Stauss, B. (Hrsg., 2003), S. 343-359

Sydow, J./ Windeler, A. (Hrsg., 1994): Management interorganisationaler Beziehungen: Vertrauen, Kontrolle und Informationstechnik, Opladen 1994

Szulanski, G. (1995): Unpacking stickiness: An empirical investigation of the barriers to transfer best practices inside the firm, in: Academy of Management Proceedings, o. Jg., 1995, S. 437-441

Szulanski, G. (1996): Exploring internal stickiness: Impediments to the transfer of best practice within the firm, in: Strategic Management Journal, 17, 1996, Winter Special Issue, S. 27-43

Tallman, S./ Jenkins, M./ Henry, N./ Pinch, S. (2004): Knowledge, clusters, and competitive advantage, in: Academy of Management Review, 29, 2004, 2, S. 258-271

Tanner, J. (2006): The Data Trap: There's more to customer knowledge than just data, in: CRM-Project, 5, 2006, March, S. 87-89

Taylor, S.A./ Baker, T.L. (1994): An assessment of the relationship between service quality and customer satisfaction in the formation of consumers' purchase intentions, in: Journal of Retailing, 70, 1994, 2, S. 163-178

Teece, D.J. (1986): Profiting from technological innovation: Implications for integration, collaboration, licensing and public policy, in: Research Policy, 15, 1986, 6, S. 285-305

Teece, D.J. (1998): Research directions for knowledge management, in: California Management Review, 40, 1998, 3, S. 289-292

Teece, D.J./ Pisano, G. (1994): The dynamic capabilities of firms: An introduction, in: Industrial and Corporate Change, 3, 1994, 3, S. 537-556

Teece, D.J./ Pisano, G./ Shuen, A. (1997): Dynamic capabilities and strategic management, in: Strategic Management Journal, 18, 1997, 7, S. 509-533

Teece, D.J./ Rumelt, R./ Dosi, G./ Winter, S. (1994): Understanding corporate coherence: Theory and evidence, in: Journal of Economic Behavior and Organization, 23, 1994, 1, S. 1-30

Teece, D.J./ Rumelt, R.P./ Schendel, D. (1991): Strategic management and economics, in: Strategic Management Journal, 12, 1991, 1, S. 5-29

Telser, L. (1961): How much does it pay whom to advertise?, in: The American Economic Review, 51, 1961, 2, S. 194-205

Terpstra, V./ David, K. (1985): The cultural environment of international business, Cincinnati 1985

Thibaut, J.W./ Kelley, H.H. (1959): The social psychology of groups, 5. Aufl., New York et al. 1959

Thiel, M. (2002): Wissenstransfer in komplexen Organisationen: Effizienz durch Wiederverwendung von Wissen und Best Practices, Wiesbaden, 2002

Thiele, M. (1997): Kernkompetenzorientierte Unternehmensstrukturen: Ansätze zur Neugestaltung von Geschäftsbereichsorganisationen, Wiesbaden 1997

Thobe, W. (2003): Externalisierung impliziten Wissens: Eine verhaltenstheoretisch fundierter Beitrag zum organisationalen Lernen, Frankfurt 2003

Thom, N. (1980): Grundlagen betrieblichen Innovationsmanagements, 2. Aufl., Königstein 1980

Thom, N. (1994): Innovationen als Gestaltungsaufgabe in einem sich wandelnden Umfeld: Überlegungen zu einem institutionalisieren Innovationsmanagement, in: Gomez, P./ Hahn, D./ Müller-Stewens, G./ Wunderer, R. (Hrsg., 1994), S. 321-360

Thom, N./ Zaugg, R.J. (Hrsg., 2001): Excellence durch Personal- und Organisationskompetenz, Bern 2001

Thomke, S./ Von Hippel, E. (2002): Kunden zu Erfindern machen, in: Harvard Business Manager, 24, 2002, 5, 51-60

Thommen, J.-P./ Achleitner, A.-K. (1998): Allgemeine Betriebswirtschaftslehre: Umfassende Einführung aus managementorientierter Sicht, Wiesbaden 1998

Thompson, G./ Frances, J./ Levacic , R./ Mitchell, J. (Hrsg., 1991): Markets, hierarchies and networks: The coordination of social life, London 1991

Thompson, J.D. (2003): Organizations in action: Social science bases of administrative theory, nachgedruckte und überarbeitete Auflage des Originals von 1967, New Brunswick 2003

Thorelli, H.B. (1986): Networks: Between markets and hierarchies, in: Strategic Management Journal, 7, 1986, 1, S. 37-51

Toffler, A. (1980): The third wave, New York 1980

Tomczak, T./ Cristofolini, M. (2002): Customer Intelligence – oder: Wie lerne ich meine Kunden besser kennen?, in: persönlich - Zeitschrift für Marketing und Unternehmensführung, 2, 2003, September, S. 82-85

Tomczak, T./ Reinecke, S./ Dittrich, S. (2006): Kundenpotenziale ausschöpfen: Gestaltungsansätze für Kundenbindung in verschiedenen Geschäftstypen, in: Hinterhuber, H.H./ Matzler, K. (Hrsg. 2006), S. 105-129

Tomczak, T./ Rudolf-Sipötz, E. (2003): Bausteine des Kundenwerts: Bestimmungsfaktoren des Kundenwertes: Ergebnisse einer branchenübergreifenden Studie, in: Günter, B./ Helm, S. (Hrsg., 2003), S. 133-161

Töpfer, A. (2001): Gezieltes Customer Relationship Management: Kundenwertanalyse als Grundlage für die Steigerung von Kundenzufriedenheit und Kundenbindung, in: Controlling, 13, 2001, 4/5, S. 185-195

Tries, J./ Piff, G. (2004): Wissenskommunikation als webbasierter Dialog mit dem Kunden, in: Reinhardt, R./ Eppler, M.J. (Hrsg., 2004), S. 352-368

Trommen, A. (2003): Mehrstufige Kundenintegration in Wertschöpfungssystemen: Analyse der Beteiligung direkter und indirekter Kunden am Leistungsprozess und Ableitung einer Marketingstrategie für Lieferanten, Wiesbaden 2003

Troßmann, E. (2002): Beschaffung und Logistik, in: Bea, F.X./ Dichtl, E./ Schweitzer, M. (Hrsg., 2002), S. 77-144

Tsai, W./ Ghoshal, S. (1998): Social capital and value creation: The role of intrafirm networks, in: Academy of Management Journal, 41, 1998, 4, S. 464-476

Tsoukas, H. (1996): The firm as a distributed knowledge system: A constructionist approach, in: Strategic Management Journal, 17, 1996, Winter Special Issue, S. 11-25

Ulrich, D./ Barney, J.B. (1984): Perspectives in organizations: Resource dependence, efficiency, and population, in: Academy of Management Review, 9, 1984, 3, S. 471-481

Ulrich, H. (1970): Die Unternehmung als produktives soziales System, 2. Aufl., Bern/ Stuttgart 1970

Ulrich, H./ Probst, G.J.B. (1991): Anleitung zum ganzheitlichen Denken und Handeln: Ein Brevier für Führungskräfte, 3. Aufl., Bern/ Stuttgart 1991

United Nations statistic division (2007): Classifications registry: ISIC Rev.3.1 - Detailed structure and explanatory notes, http://unstats.un.org/unsd/cr/registry/regcst.asp?Cl=17&Lg=1 (abgerufen am 17.08.2007)

Urban, G.L./ Von Hippel, E. (1988): Lead user analyses for the development of new customer products, in: Management Science, 34, 1988, 5, S. 569-582

Van De Ven, A.H./ Delbecq, A.L./ Koenig, R. (1976): Determinants of coordination modes within organizations, in: American Sociological Review, 41, 1976, 2, S. 322-338

Van den Bosch, F.A.J./ Volberda, H.W./ De Boer, M. (1999): Coevolution of firm absorptive capacity and knowledge environment: Organizational forms and combinative capabilities, in: Organization Science, 10, 1999, 5, S. 551-568

Van Gils, M.R. (1984): Interorganizational relations and networks, in: Drenth, P.J.D./ Thierry, H./ Willems, P.J./ De Wolff, C.J. (Hrsg., 1984), S. 1073-1100

Venkatraman, N. (1989): The concept of fit in strategy research: Toward a verbal and statistical correspondence, in: Academy of Management Review, 14, 1989, 3, S. 423-444

Verona, G. (1999): A resource-based view of product development, in: Academy of Management Review, 24, 1999, 1, S. 132-141

Vöge, B./ Schrader, C. (2002): Kundenwissen transparent: Effiziente Dialogmarketingmaßnahmen benötigen operationalisierbares Kundenwissen, in: Direkt Marketing, 38, 2002, 11, S. 26-29

Von Bertalanffy, L. (1949): Zu einer allgemeinen Systemlehre, in: Biologia Generalis, 19, 1949, 1, S. 114-129

Von der Oelsnitz, D. (1994): Prophylaktisches Krisenmanagement durch antizipative Unternehmensflexibilisierung, Bergisch Gladbach 1994

Von der Oelsnitz, D./ Hahmann, M. (2003): Wissensmanagement: Strategie und Lernen in wissensbasierten Unternehmen, Stuttgart 2003

Von Hippel, E. (1978a): A customer-active paradigm for industrial product idea generation, in: Research Policy, 7, 1978, 3, S. 240-266

Von Hippel, E. (1978b): Successful industrial products from customer ideas: A paradigm, evidence and implications, in: Journal of Marketing, 42, 1978, 1, S. 39-49

Von Hippel, E. (1986): Lead users: A source of novel product concepts, in: Management Science, 32, 1986, 7, S. 791-805

Von Hippel, E. (1994): „Sticky information“ and the locus of problem solving: Implications for innovation, in: Management Science, 40, 1994, 4, S. 429-439

Von Hippel, E. (1998): Economics of product development by users, in: Management Science, 44, 1998, 5, S. 629-644

Von Krogh, G. (1998): Care in knowledge creation, in: California Management Review, 40, 1998, 3, S. 133-154

Von Krogh, G./ Erat, P./ Macus, M. (2000): Exploring the link between dominant logic and company performance, in: Journal of Creativity and Innovation Management, 9, 2000, 2, S. 82-93

Von Krogh, G./ Köhne, M. (1998): Der Wissenstransfer in Unternehmen: Phasen des Wissenstransfers und wichtige Einflussfaktoren, in: Die Unternehmung, 52, 1998, 5/6, S. 235-252

Von Krogh, G./ Nonaka, I./ Aben, M. (2001): Making the most of your company's knowledge: A strategic framework, in: Long Range Planning, 34, 2001, 4, S. 421-439

Von Krogh, G./ Roos, J. (1995): A perspective on knowledge competence and strategy, in: Personel Review, 24, 1995, 3, S. 56-76

Von Krogh, G./ Roos, J. (1996): Arguments on knowledge and competence, in: Von Krogh, G./ Roos, J. (Hrsg., 1996), S. 100-115

Von Krogh, G./ Roos, J. (Hrsg., 1996): Managing knowledge: Perspectives on cooperation and competition, London et al. 1996

Von Krogh, G./ Venzin, M. (1995): Anhaltende Wettbewerbsvorteile durch Wissensmanagement, in: Die Unternehmung, 49, 1995, 6, S. 417-436

Von Wartburg, I. (2000): Wissensbasiertes Management technologischer Innovationen, Zürich 2000

Wagner, D./ Nolte, H. (Hrsg., 1996): Managementbildung: Grundlagen und Perspektiven, München 1996

Wahren, H.-K.E. (1987): Zwischenmenschliche Kommunikation und Interaktion in Unternehmen: Grundlagen, Probleme und Ansätze zur Lösung, Berlin 1987

Wahren, H.-K.E. (1996): Das Lernende Unternehmen: Theorie und Praxis des organisationalen Lernens, Berlin 1996

Walsh, J.P./ Ungson, G.R. (1991): Organizational memory, in: Academy of Management Review, 16, 1991, 1, S. 57-91

Wannenwetsch, H. (2005): Vernetztes Supply Chain Management: SCM-Integration über die gesamte Wertschöpfungskette, Berlin et al. 2005

Wathne, K./ Roos, J./ Von Krogh, G. (1996): Towards a theory of knowledge transfer in a cooperative context, in: Von Krogh, G./ Roos, J. (Hrsg., 1996), S. 55-81

Wayland, R.E./ Cole, P.M. (1997): Customer connections: New strategies for growth, Boston 1997

Weber, B. (1994): Autonomie und Abhängigkeit: Unternehmensnetzwerke aus systemtheoretischer Sicht: Zum Verhältnis von Autonomie und Abhängigkeit in Interorganisationsbeziehungen, in: Sydow, J./ Windeler, A. (Hrsg., 1994), S. 275-297

Weber, M. (1972): Wirtschaft und Gesellschaft, 5. Aufl., Tübingen 1972

Wecht, C.H. (2005): Frühe aktive Kundenintegration in den Innovationsprozess, Wien 2005

Weckmann, T. (2004): Customer Knowledge Management: Kunden angeln mit System, in: Direkt Marketing, 40, 2004, 11, S. IV-V

Weder, R. (1989): Joint Venture, Grüsch 1989

Weiber, R. (2002): Handbuch Electronic Business: Informationstechnologien – Electronic Commerce – Geschäftsprozesse, 2. Aufl., Wiesbaden 2002

Weiershäuser, S. (1996): Der Mitarbeiter im Beratungsprozess: Eine agenturtheoretische Analyse, Wiesbaden 1996

Weinkauf, K./ Woywode, M. (2004): Erfolgsfaktoren von virtuellen Teams: Ergebnisse einer aktuellen Studie, in: Schmalenbachs Zeitschrift für betriebswirtschaftliche Forschung, 56, 2004, Juni, S. 393-412

Weiss, G. (Hrsg., 1999): Multiagent systems: A modern approach to distributed artificial intelligence, Cambridge 1999

Weitz, B.A. (1981): Effectiveness in sales interactions: A contingency framework, in: Journal of Marketing, 45, 1981, 1, S. 85-103

Welge, M./ Häring, K./ Voss, A. (Hrsg., 2000): Management Development: Praxis, Trends und Perspektiven, Stuttgart 2000

Werner, M. (2004): Einflussfaktoren des Wissenstransfers in wissensintensiven Dienstleistungsunternehmen: Eine explorativ-empirische Untersuchung bei Unternehmensberatungen, Wiesbaden 2004

Wernerfelt, B. (1984): A resource-based view of the firm, in: Strategic Management Journal, 5, 1984, 2, S. 171-180

Wernerfelt, B. (1989): From critical resources to corporate strategy, in: Journal of General Management, 14, 1989, 3, S. 4-12

Wernerfelt, B. (1995): The resource-based view of the firm: Ten years after, in: Strategic Management Journal, 16, 1995, 3, S. 171-174

Wernerfelt, B./ Montgomery, C.A. (1986): What is an attractive industry?, in: Management Science, 31, 1986, 10, S. 1223-1230

Wiegand, M. (1996): Prozesse Organisationalen Lernens, Wiesbaden 1996

Wiig, K.M. (1993): Knowledge management foundations, Band 1, Arlington 1993

Wiig, K.M. (1997): Knowledge management: An introduction and perspective, in: Journal of Knowledge Management, 1, 1997, 1, S. 6-14

Wikström, S. (1995): The customer as co-producer, in: European Journal of Marketing, 30, 1995, 4, S. 6-19

Wilensky, H.L. (1967): Organizational intelligence, New York 1967

Williams, J.R. (1992): How sustainable is your competitive advantage?, in: California Management Review, 34, 1992, 3, S. 29-51

Williamson, O.E. (1975): Markets and hierarchies: Analysis and antitrust implications, New York 1975

Willke, H. (2001): Systemisches Wissensmanagement, 2. Aufl., Stuttgart 2001

Willke, H. (2005): Systemtheorie 2: Interventionstheorie, 4. Aufl., Stuttgart 2005

Winter, R. (2003): Modelle, Techniken und Werkzeuge im Business Engineering, in: Osterle, H./ Winter, R. (Hrsg., 2003), S. 87-118

Winter, S.G. (1995): Four Rs of profitability: Rents, resources, routines, and replication, in: Montgomery, C.A. (Hrsg., 1995), S. 147-178

Winzer, P. (Hrsg., 2004): Wissensbasierte Unternehmensorganisation: Inhalte, Instrumente, Szenarien, Aachen 2004

Witt, F.-J. (2004): Kundenlatenz, in: Controller Magazin, 29, 2004, 2, S. 145-154

Witte, E. (1973): Organisation für Innovationsentscheidungen, Göttingen 1973

Wojda F./ Barth, A. (Hrsg. 2006): Innovative Innovationsnetzwerke, Wiesbaden 2006

Wolf, J. (2003): Organisation, Management, Unternehmensführung: Theorien und Kritik, Wiesbaden 2003

Wolf, T. (2001): Unternehmenstransformation und Strategische Allianzen: Grundlagen, Perspektiven und Handlungsfelder der „Organizational transformation" sowie mögliche Implikationen für das Management strategischer Allianzen, Aachen 2001

Wolters, H. (1996): Auswirkungen der Systembeschaffung für die Customer Integration aus Sicht von Zuliefererunternehmen der Automobilindustrie, S. 233-244

Wunderer, R./ Kieser, A./ Reber, G. (Hrsg., 1987): Handwörterbuch der Führung, Stuttgart 1987

Wunderer, R./ Weibler, J. (1992): Vertikale und laterale Einflussstrategien: Zur Replikation und Kritik des „Profiles of organizational influence strategies (POIS)" und seiner konzeptionellen Weiterführung, in: Zeitschrift für Personalforschung, 6, 1992, 4, S. 515-536

Wurche, S. (1994): Vertrauen und ökonomische Rationalität in kooperativen Interorganisationsbeziehungen, in: Sydow, J./ Windeler, A. (Hrsg., 1994), S. 142-159

Zack, M.H. (1999): Developing a knowledge strategy, in: California Management Review, 41, 1999, 3, S. 125-145

Zack, M.H. (2003): Rethinking the knowledge based organisation, in: MIT Sloan Management Review, 44, 2003, 4, S. 67-71

Zahn, E. (1972): Systemforschung in der Bundesrepublik Deutschland, Göttingen 1972

Zahn, E. (1992): Konzentration auf Kompetenz: Ein Paradigmenwechsel im Strategischen Management?, in: Zahn, E. (Hrsg., 1992), S. 1-38

Zahn, E. (1996a): Kernkompetenzen, in: Kern, W./ Schröder, H.-H./ Weber, J. (Hrsg., 1996), Sp. 883-894

Zahn, E. (1996b): Strategische Erneuerung für den globalen Wettbewerb, Arbeitspapier Nr. 5/1996 des Lehrstuhls für Allgemeine Betriebswirtschaftslehre, Betriebswirtschaftliche Planung und Strategisches Management der Universität Stuttgart, Stuttgart 1996

Zahn, E. (1997): Wettbewerbsfähigkeit durch strategische Erneuerung, Arbeitspapier Nr. 5/1997 des Lehrstuhls für Allgemeine Betriebswirtschaftslehre, Betriebswirtschaftliche Planung und Strategisches Management der Universität Stuttgart, Stuttgart 1997

Zahn, E. (1998): Wissen und Strategie, in: Bürgel, H.D. (Hrsg., 1998), S. 41-52

Zahn, E. (1999): Strategiekompetenz: Voraussetzung für maßgeschneiderte Strategien, in: Zahn, E./ Foschiani, S. (Hrsg., 1999), Stuttgart 1999, S. 1-22

Zahn, E. (2000): Strategische Innovationen für den dynamischen Wettbewerb, in: Häflinger, G.E./ Meier, J.D. (Hrsg., 2000), S. 155-171

Zahn, E. (2001a): Lernen in Allianzen, in: Bellmann, K. (Hrsg., 2001), Berlin 2001, S. 11-30

Zahn, E. (2001b): Wertorientierung mit dynamischen Strategien, in: Zahn, E./ Foschiani, S. (Hrsg., 2001), S. 1-24

Zahn, E. (Hrsg., 1992): Erfolg durch Kompetenz: Strategie der Zukunft, Stuttgart 1992

Zahn, E. (Hrsg., 1995): Handbuch Technologiemanagement, Stuttgart 1995

Zahn, E./ Barth, T./ Foschiani, S./ Hertweck, A. (1998): Innovation, Wachstum, Ertragskraft: Wege zur nachhaltigen Unternehmensentwicklung, Arbeitspapier Nr. 1/1998 des Lehrstuhls für Allgemeine Betriebswirtschaftslehre, Betriebswirtschaftliche Planung und Strategisches Management der Universität Stuttgart, Stuttgart 1998

Zahn, E./ Bullinger, H.-J./ Gagsch, B. (2003a): Führungskonzepte im Wandel, in: Bullinger, H.-J./ Warnecke, H.-J./ Westkämper, E. (Hrsg., 2003), S. 255-273

Zahn, E./ Dillerup, R. (1995): Beherrschung des Wandels durch Erneuerung, in: Reichwald, R./ Wildemann, H. (Hrsg., 1995), S. 35-76

Zahn, E./ Foschiani, S. (2000): Wettbewerbsfähigkeit durch interorganisationale Kooperation, in: Kaluza, B./ Blecker, T. (Hrsg., 2000), S. 493-532

Zahn, E./ Foschiani, S. (Hrsg., 1999): Maßgeschneiderte Strategien - der Weg zur Alleinstellung im Wettbewerb, Stuttgart 1999

Zahn, E./ Foschiani, S. (Hrsg., 2001): Geschäftsstrategien im dynamischen Wettbewerb, Aachen 2001

Zahn, E./ Foschiani, S./ Lienhard, P./ Meyer, S. (2003b): Kundenorientierte Servicestrategien für hybride Produkte, in: Luczak, H. (Hrsg., 2003), S. 203-230

Zahn, E./ Foschiani, S./ Tilebein M. (2000a): Nachhaltige Wettbewerbsvorteile durch Wissensmanagement, in: Krallmann, H. (Hrsg., 2000), S. 239-270

Zahn, E./ Foschiani, S./ Tilebein, M. (2000b): Wissen und Strategiekompetenz als Basis für die Wettbewerbsfähigkeit von Unternehmen, in: Hammann, P./ Freiling, J. (Hrsg., 2000), S. 47-68

Zahn, E./ Greschner, J. (1996): Strategische Erneuerung durch organisationales Lernen, in: Bullinger, H.-J. (Hrsg., 1996), S. 41-74

Zahn, E./ Hülsmann, O. (2007): Systems Dynamics: Analyse komplexer Supply Chain Systeme, in: Supply chain management, 7, 2007, 3, S. 49-50

Zahn, E./ Kapmeier, F./ Tilebein, M. (2006): Formierung und Evolution von Netzwerken: Ausgewählte Erklärungsansätze, in: Wojda F./ Barth, A. (Hrsg., 2006), S. 129-150

Zahn, E./ Komes, N./ Walfort, R. (1995): Status der Markt- und Kundenorientierung in Innovationsprozessen: Eine Analyse auf Basis einer repräsentativen Umfrage in Unternehmen des Maschinenbaus und der elektronischen Industrie, Eschborn 1995

Zahn, E./ Richter, F.-J. (1995): Lernprozesse als Katalysatoren für das Technologiemanagement, in: Zahn, E. (Hrsg., 1995), S. 307-321

Zahn, E./ Schön, M. (2003): Dynamische Strategien, in: Horváth, P./ Gleich, R. (Hrsg., 2003), S. 167-183

Zahn, E./ Tilebein, M. (1998): Führung wandlungsfähiger Unternehmen – Eine Herausforderung in neuen Dimensionen, in: Industrie Management, 14, 1998, 6, S. 49-52

Zahn, E./ Tilebein, M. (2000): Lernprozesse in Organisationen: Implikationen für die Management-Weiterbildung, in: Welge, M./ Häring, K./ Voss, A. (Hrsg., 2000), S. 117-137

Zahra, S.A./ Ireland, R.D./ Hitt, M.A. (2000): International expansion by new venture firms: International diversity, mode of market entry, technological learning, and performance, in: Academy of Management Journal, 43, 2000, 5, S. 925-950

Zaltman, G./ Duncan, R./ Holbeck, J. (1973): Innovations and organizations, New York 1973

Zander, U./ Kogut, B. (1995): Knowledge and the speed of the transfer and imitation of organizational capabilities: An empirical test, in: Organization Science, 6, 1995, 1, S. 76-92

Zboralski, K. (2007): Wissensmanagement durch Communities of Practice: Eine empirische Analyse von Wissensnetzwerken, Wiesbaden 2007

Zelewski, S. (1999): Grundlagen, in: Corsten, H./ Reiß, M. (Hrsg., 1999), S. 1-125

Zentes, J./ Swoboda, B./ Morschett, D. (Hrsg., 2005): Kooperationen, Allianzen und Netzwerke: Grundlagen – Ansätze – Perspektiven, 2. Aufl., Wiesbaden 2005

Zollo, M./ Winter, S.G. (2002): Deliberate learning and the evolution of dynamic capabilities, in: Organization Science, 13, 2002, 3, S. 339-351

Zu Knyphausen, D. (1993): Why are firms different? Der „ressourcenorientierte Ansatz“ im Mittelpunkt einer aktuellen Kontroverse im Strategischen Management, in: Die Betriebswirtschaft, 53, 1993, 6, S. 771-792

Zu Knyphausen-Aufseß, D. (1995): Theorie der strategischen Unternehmensführung: State of the Art und neue Perspektiven, Wiesbaden 1995

PLANUNG, ORGANISATION UND UNTERNEHMUNGSFÜHRUNG

Herausgegeben von Prof. Dr. Dr. h. c. Norbert Szyperski, Köln, Prof. Dr. Winfried Matthes, Wuppertal, Prof. Dr. Udo Winand, Kassel, Prof. (em.) Dr. Joachim Griese, Bern, Prof. Dr. Harald F. O. von Kortzfleisch, Koblenz, Prof. Dr. Ludwig Theuvsen, Göttingen, und Prof. Dr. Andreas Al-Laham, Kaiserslautern

Band 124
Nicole Sodeik
Projektmanagement wertorientierter Mergers & Acquisitions
Lohmar – Köln 2009 • 440 S. • € 68,- (D) • ISBN 978-3-89936-805-5

Band 125
Christoffer-Martin F. Seubert
Build, Ally or Acquire – Die strategische Entscheidung über den Entwicklungsweg
Lohmar – Köln 2010 • 420 S. • € 67,- (D) • ISBN 978-3-89936-886-4

Band 126
Maren S. D. Breuer
Socio-Cognitive Dynamics in Strategic Processes
Lohmar – Köln 2010 • 360 S. • € 64,- (D) • ISBN 978-3-89936-954-0

Band 127
Shakib Manouchehri Far
Social Software in Unternehmen – Nutzenpotentiale und Adoption in der innerbetrieblichen Zusammenarbeit
Lohmar – Köln 2010 • 268 S. • € 57,- (D) • ISBN 978-3-89936-970-0

Band 128
Michaela Schaschke
Kultivierung von Kundenwissen – Ein Systematisierungsrahmen für das Customer Knowledge Management
Lohmar – Köln 2010 • 372 S. • € 65,- (D) • ISBN 978-3-89936-975-5

JOSEF EUL VERLAG